中 国 国 家 标 准 汇 编

560

GB 29124～29164

（2012 年制定）

中国标准出版社　编

中国标准出版社

北　京

图书在版编目(CIP)数据

中国国家标准汇编:2012年制定.560:
GB 29124～29164/中国标准出版社编.—北京:
中国标准出版社,2013.10
ISBN 978-7-5066-7290-0

Ⅰ.①中… Ⅱ.①中… Ⅲ.①国家标准-
汇编-中国-2012 Ⅳ.①T-652.1

中国版本图书馆CIP数据核字(2013)第183691号

中国标准出版社出版发行
北京市朝阳区和平里西街甲2号(100013)
北京市西城区三里河北街16号(100045)
网址 www.spc.net.cn
总编室:(010)64275323 发行中心:(010)51780235
读者服务部:(010)68523946
中国标准出版社秦皇岛印刷厂印刷
各地新华书店经销
*
开本 880×1230 1/16 印张 29.5 字数 902 千字
2013年10月第一版 2013年10月第一次印刷
*
定价 220.00 元

出 版 说 明

1.《中国国家标准汇编》是一部大型综合性国家标准全集。自1983年起，按国家标准顺序号以精装本、平装本两种装帧形式陆续分册汇编出版。它在一定程度上反映了我国建国以来标准化事业发展的基本情况和主要成就，是各级标准化管理机构，工矿企事业单位，农林牧副渔系统，科研、设计、教学等部门必不可少的工具书。

2.《中国国家标准汇编》收入我国每年正式发布的全部国家标准，分为“制定”卷和“修订”卷两种编辑版本。

“制定”卷收入上一年度我国发布的、新制定的国家标准，顺延前年度标准编号分成若干分册，封面和书脊上注明“20××年制定”字样及分册号，分册号一直连续。各分册中的标准是按照标准编号顺序连续排列的，如有标准顺序号缺号的，除特殊情况注明外，暂为空号。

“修订”卷收入上一年度我国发布的、被修订的国家标准，视篇幅分设若干分册，但与“制定”卷分册号无关联，仅在封面和书脊上注明“20××年修订-1，-2，-3，……”字样。“修订”卷各分册中的标准，仍按标准编号顺序排列(但不连续)；如有遗漏的，均在当年最后一分册中补齐。需提请读者注意的是，个别非顺延前年度标准编号的新制定的国家标准没有收入在“制定”卷中，而是收入在“修订”卷中。

读者配套购买《中国国家标准汇编》“制定”卷和“修订”卷则可收齐由我社出版的上一年度我国制定和修订的全部国家标准。

3.由于读者需求的变化，自1996年起，《中国国家标准汇编》仅出版精装本。

4.2012年我国制修订国家标准共2 101项。本分册为“2012年制定”卷第560分册，收入国家标准GB 29124～29164的最新版本。

中国标准出版社

2013年8月

出版说明

[illegible]

目　　录

GB/T 29124—2012　氢燃料电池电动汽车示范运行配套设施规范 …… 1
GB/T 29125—2012　压缩天然气汽车燃料消耗量试验方法 …… 7
GB/T 29126—2012　燃料电池电动汽车　车载氢系统　试验方法 …… 29
GB/T 29127—2012　救生艇及吊钩释放系统定期检验维护方法 …… 35
GB/T 29128—2012　船舶固定式气体灭火系统通用要求 …… 61
GB/T 29129—2012　船舶交流发电机组用柴油发动机 …… 83
GB/T 29130—2012　船用发动机转速表 …… 91
GB/T 29131—2012　船用钢丝绳隔振器 …… 101
GB/T 29132—2012　船舶与海上技术　海上环境保护　不同围油栏接头之间的连接适配器 …… 117
GB/T 29133—2012　船舶和海上技术　ECS 数据库　内容、质量、更新和测试 …… 125
GB/T 29134—2012　船舶和海上技术　导航　白昼信号灯 …… 139
GB/T 29135—2012　耙吸挖泥船疏浚监控系统 …… 147
GB 29136—2012　海绵钛单位产品能源消耗限额 …… 171
GB 29137—2012　铜及铜合金线材单位产品能源消耗限额 …… 181
GB 29138—2012　磷酸一铵单位产品能源消耗限额 …… 197
GB 29139—2012　磷酸二铵单位产品能源消耗限额 …… 207
GB 29140—2012　纯碱单位产品能源消耗限额 …… 217
GB 29141—2012　工业硫酸单位产品能源消耗限额 …… 225
GB 29142—2012　单端无极荧光灯能效限定值及能效等级 …… 235
GB 29143—2012　单端无极荧光灯用交流电子镇流器能效限定值及能效等级 …… 243
GB 29144—2012　普通照明用自镇流无极荧光灯能效限定值及能效等级 …… 251
GB 29145—2012　焙烧钼精矿单位产品能源消耗限额 …… 257
GB 29146—2012　钼精矿单位产品能源消耗限额 …… 267
GB/T 29147—2012　钢铁生产余热资源计算方法　涂镀 …… 279
GB/T 29148—2012　温室节能技术通则 …… 285
GB/T 29149—2012　公共机构能源资源计量器具配备和管理要求 …… 295
GB/T 29150—2012　垃圾卫生填埋场封场恢复植被生产线 …… 303
GB/T 29151—2012　城镇粪便消纳站 …… 311
GB/T 29152—2012　垃圾焚烧尾气处理设备 …… 319
GB/T 29153—2012　中水再生利用装置 …… 335
GB/T 29154—2012　燃煤锅炉袋式除尘器 …… 345
GB/T 29155—2012　透明翡翠(无色)分级 …… 355
GB/T 29156—2012　金属复合装饰板材生产生命周期评价技术规范(产品种类规则) …… 365
GB/T 29157—2012　浮法玻璃生产生命周期评价技术规范(产品种类规则) …… 380
GB/T 29158—2012　带辅助能源的太阳能热水系统(储水箱容积大于 0.6 m^3)技术规范 …… 395
GB/T 29159—2012　全玻璃真空太阳集热管用玻璃管 …… 401
GB/T 29160—2012　带辅助能源的太阳能热水系统(储水箱容积大于 0.6 m^3)性能试验方法 …… 419
GB/T 29161—2012　中子活化型煤炭在线分析仪 …… 427

GB/T 29162—2012 煤矸石分类 …… 445
GB/T 29163—2012 煤矸石利用技术导则 …… 449
GB/T 29164—2012 煤炭成分分析和物理特性测量标准物质应用导则 …… 453

ICS 43.020
T 04

中华人民共和国国家标准

GB/T 29124—2012

氢燃料电池电动汽车示范运行配套设施规范

Hydrogen fuel cell vehicles facilities for demonstration specifications

2012-12-31 发布　　　　2013-07-01 实施

中华人民共和国国家质量监督检验检疫总局
中国国家标准化管理委员会　发布

前言

本标准按照 GB/T 1.1—2009 给出的规则起草。

本标准由中华人民共和国工业和信息化部提出。

本标准由全国汽车标准化技术委员会(SAC/TC 114)归口。

本标准起草单位:清华大学、中国汽车技术研究中心。

本标准主要起草人:陈全世、朱家琏、何云堂、田光宇。

氢燃料电池电动汽车示范运行配套设施规范

1 范围

本标准规定了压缩氢燃料电池电动汽车示范运行配套设施的术语和定义、实施示范运行的基本条件、基本要求、加氢站(车)及氢燃料的加注、停车场所与维修车间的相关规范等。

本标准适用于压缩氢系统的额定工作压力不大于 35 MPa 的氢燃料电池电动汽车(以下简称汽车)示范运行相配套的加氢站、停车场所和维修车间。

2 规范性引用文件

下列文件对于本文件的应用是必不可少的。凡是注日期的引用文件,仅注日期的版本适用于本文件。凡是不注日期的引用文件,其最新版本(包括所有的修改单)适用于本文件。

GB/T 24548 燃料电池电动汽车 术语

GB 50177—2005 氢气站设计规范

QC/T 816—2009 加氢车技术条件

3 术语和定义

GB/T 24548 界定的以及下列术语和定义适用于本文件。

3.1

示范运行配套设施 facilities for demonstration

示范运行配套设施是指保障汽车示范运行所需的加氢站、停车场所和维修车间等。

3.2

排氢管 hydrogen vent pipe

排氢管是指固定于建筑物中的,用于汽车在室内排放氢气时的专用氢排放通道。

4 实施示范运行的基本条件

4.1 运行许可

参与示范运行的加氢站、停车场所和维修车间等设施,其结构、性能应经过授权部门的认可,符合相关标准要求,并取得所在行政区域的运营许可。

4.2 管理体系

承担示范运行的单位必须具备氢燃料电池电动汽车示范运行的完善的组织管理体系和安全生产责任制,并有周密的事故处理措施预案。

4.3 运行人员

参加示范运行的所有人员必须接受从事氢燃料电池电动汽车、加氢站、停车场所和维修车间等设施相关的专业和安全知识培训。

4.4 应急预案

《示范运行安全事故应急预案》的编制，应充分考虑国家及相关部门颁布的危险化学品事故应急救援处理预案的相关规定。

5 基本要求

5.1 在加氢站禁止使用手机等电子设备。

5.2 在加氢站禁止明火和其他可能激发明火的能源存在。不得携带火种进入禁火区。

5.3 对氢系统进行作业时，应采取防静电措施。

5.4 新安装或大修后的氢气系统必须做耐压、吹扫和气密试验，经检验并符合有关的要求，才能投入使用。

5.5 氢气系统运行时，不准对其敲击、紧固和带压修理。

5.6 不准向室内排放氢气；如果在室内进行氢系统吹洗、置换、放空降压等，必须通过排氢管将氢气安全排放到室外。

5.7 当氢气发生泄漏或积聚时，应立即切断气源，进行通风，不得进行可能发生火花的一切操作。

5.8 对汽车或氢系统如果要动用明火，必须保证动火区域的氢系统内部氢气的浓度不超过其下易燃极限。

5.9 在对氢系统的管道、阀门、接头等进行氢泄漏检查时，应采用规定的仪器和方法进行。

6 加氢站(车)及氢燃料的加注

6.1 加氢站(区)的管理

6.1.1 加氢站(区)必须保持与外界有明显的隔离设施和明确的出口、入口。

6.1.2 严禁吸烟和使用明火，因设备检修等情况必须动用明火时，要按照相关的规定，采取可靠的安全措施，并经批准后方可动火。

6.1.3 加氢站(区)内汽车之间的间距应符合紧急疏散的条件。

6.2 加氢作业

6.2.1 加氢之前，燃料电池系统、汽车高压电系统必须关闭；汽车必须在加氢站接地(除非汽车制造厂商申明不需采取接地措施)。

6.2.2 加氢作业时应遵循以下规定：

6.2.2.1 如遇强雷电等恶劣天气，或者在加氢站内外发生影响加氢安全的突发事件时，应按照《示范运行安全事故应急预案》的规定，停止加氢作业，关闭电源、气源。

6.2.2.2 汽车进站加氢时，应遵守加氢站的相关规定。

6.3 加氢车作业

6.3.1 加氢车必须符合 QC/T 816—2009 的要求。

6.3.2 加氢车停放必须符合 QC/T 816—2009 规定的区域。

6.3.3 使用加氢车进行氢加注作业的地点(区)应遵循以下规定：

6.3.3.1 加氢车与建筑物、构筑物的防火间距应符合 GB 50177—2005 中 3.0.2 的规定。

6.3.3.2 加氢车作业点附近必须配备灭火器材。

6.3.3.3 加氢车作业场地，应设有防静电接地装置。

6.3.4 加氢车加注作业参照6.2.2的要求进行。

6.4 加氢站维护与维修

加氢站内各种安全报警装置、器械与设备必须按规定定期进行检测、维护和维修；检测、维护和维修的记录必须妥善保存。

7 停车场所与维修车间

7.1 汽车进入停车场所和维修车间前，须首先开启室内的氢安全报警系统。

7.2 汽车驶入停车场所之前，须检查车载氢系统及安全装置，确保其工作正常，且无泄漏、无故障发生。

7.3 车载氢系统发生泄漏等故障的汽车，必须排除故障或将氢系统内的压力排至不大于0.05 MPa，才能进入停车场所和维修车间。

7.4 不应在停车场所和维修车间内对汽车进行加氢作业。

7.5 停车场所和维修车间中的安全报警系统发出危险警报时，应立即关闭氢系统、切断电源，在场工作人员按《示范运行安全事故应急预案》进行相关的处理。

ICS 43.020
T 40

中华人民共和国国家标准

GB/T 29125—2012

压缩天然气汽车燃料消耗量试验方法

Test methods for fuel consumption of CNG vehicles

2012-12-31 发布　　2013-07-01 实施

中华人民共和国国家质量监督检验检疫总局
中国国家标准化管理委员会　发布

前　言

本标准按照GB/T 1.1—2009给出的规则起草。

本标准参考了联合国欧洲经济委员会(ECE)2005年4月4日生效的ECE R101-02法规《关于就二氧化碳排放量和燃油消耗量对仅装内燃机或装混合动力系统乘用车认证、以及就电能消耗量和电动续驶里程对装混合动力系统乘用车和纯电动M1和N1类汽车认证的统一规定》关于天然气消耗量部分的技术内容。

本标准由中华人民共和国工业和信息化部提出。

本标准由全国汽车标准化技术委员会(SAC/TC 114)归口。

本标准起草单位:中国汽车技术研究中心、东风朝阳柴油机有限责任公司、联合汽车电子有限公司和广西玉柴机器股份有限公司。

本标准主要起草人:尤林华、刘桂彬、曹晓峰、贾贵起、贾雨、李玉、马玥、马杰、马宗华、戴春蓓、刘志文、贺兆欣。

压缩天然气汽车燃料消耗量试验方法

1 范围

本标准规定了以压缩天然气(CNG)为燃料的乘用车和商用车天然气燃料消耗量试验方法。

本标准适用于压缩天然气单一气体燃料乘用车和商用车天然气燃料消耗量试验,并适用于压缩天然气两用燃料乘用车和商用车的天然气燃料消耗量试验。

装用压缩天然气单一燃料发动机或两用燃料发动机的其他类型车辆的天然气燃料消耗量试验可参照本标准执行。

2 规范性引用文件

下列文件对于本文件的应用是必不可少的。凡是注日期的引用文件,仅注日期的版本适用于本文件。凡是不注日期的引用文件,其最新版本(包括所有的修改单)适用于本文件。

GB/T 12534 汽车道路试验方法通则

GB/T 12545.1 汽车燃料消耗量试验方法 第1部分:乘用车燃料消耗量试验方法

GB/T 12545.2 商用车燃料消耗量试验方法

GB/T 13610 天然气的组成分析 气相色谱法

GB 17691 车用压燃式、气体燃料点燃式发动机与汽车排气污染物限值及测量方法(中国Ⅲ、Ⅳ、Ⅴ阶段)

GB 18047 车用压缩天然气

GB 18352.3 轻型汽车污染物排放限值及测量方法(中国Ⅲ、Ⅳ阶段)

GB/T 19233 轻型汽车燃料消耗量试验方法

GB/T 20604—2006 天然气 词汇

GB/T 22723 天然气能量的测定

GB/T 27840 重型商用车辆燃料消耗量测量方法

QC/T 746 压缩天然气汽车高压管路

3 术语和定义

GB/T 20604—2006 界定的术语和定义适用于本文件。

3.1

天然气 natural gas;NG

以甲烷为主的复杂烃类混合物,通常也会有乙烷、丙烷和很少量更重的烃类,以及若干不可燃气体,如氮气和二氧化碳。

[GB/T 20604—2006,定义 2.1.1.1]

3.2

干气 dry natural gas

水蒸气摩尔分数不超过 0.005%[50×10^{-6}(摩尔)]的天然气。

[GB/T 20604—2006,定义 2.1.1.9]

3.3

燃烧参比条件　combustion reference condition

对天然气燃烧纯理论性地规定的压力和温度条件。

[GB/T 20604—2006,定义 2.6.1.1]

3.4

计量参比条件　metering reference conditions

测定被燃烧的天然气量时,纯理论性地规定的压力和温度。

[GB/T 20604—2006,定义 2.6.1.2]

3.5

标准参比条件　standard reference condition

对干的真实气体,其压力、温度和湿度(饱和态)的参比条件为 101.325 kPa 和 288.15 K。

[GB/T 20604—2006,定义 2.6.1.4]

3.6

理想气体　ideal gas

指遵循理想气体定律的气体。

[GB/T 20604—2006,定义 2.6.2.1]

3.7

压缩因子　compression factor

在指定压力和温度条件下任意质量气体的真实体积,与同样量气体在相同条件下由理想气体定律计算的体积相除之商。

[GB/T 20604—2006,定义 2.6.2.2]

3.8

密度　density

在规定的压力和温度下,气体的质量除以其体积。

[GB/T 20604—2006,定义 2.6.3.1]

3.9

高位发热量　superior calorific value

在燃烧反应的压力(p_1)保持恒定,除水以外的所有燃烧产物都恢复到与反应剂相同温度(T_1)下的气态,而水则冷凝成温度为 T_1 的液态的条件下,一定量燃气在空气中完全燃烧时以热量形式释放出的能量。

[GB/T 20604—2006,定义 2.6.4.1]

3.10

低位发热量　inferior calorific value

在燃烧反应的压力(p_1)保持恒定,所有燃烧产物都恢复到与反应剂相同的规定温度(T_1)下的气态的条件下,一定量燃气在空气中完全燃烧时以热量形式释放出的能量。

[GB/T 20604—2006,定义 2.6.4.2]

4　符号、代号和缩略语

4.1　表 1 中符号、代号和缩略语适用于本标准。

表 1　符号、代号和缩略语

符　号	单　位	定　义
D	km	实测汽车行驶距离
d_{air0}	kg/m^3	道路试验标准环境状态下空气密度
d_L	kg/L	液体燃料在 15 ℃,101.325 kPa 状态下的密度
$d_{NG,r}$	kg/m^3	试验用天然气在标准参比条件(15℃,101.325 kPa)下的密度
FC_0	$m^3/100$ km	基准天然气消耗量(15 ℃、101.325 kPa)
FC_r	$m^3/100$ km	试验天然气标准参比条件(15 ℃、101.325 kPa)下的消耗量
FC_r'	$m^3/100$ km	修正到道路试验标准环境状态下的天然气消耗量(15 ℃、101.325 kPa)
G_{20}		基准天然气,CH_4(100%)
G_{23}		基准天然气,CH_4(92.5%)+N_2(7.5%)(V/V)
$H_{G_{20}}$	MJ/m^3	基准天然气燃料 G_{20} 的低位发热量(15 ℃、101.325 kPa)
$H_{G_{23}}$	MJ/m^3	基准天然气燃料 G_{23} 的低位发热量(15 ℃、101.325 kPa)
$H_{L,low}$	MJ/kg	液体燃料基准状态(15 ℃、101.325 kPa)低位发热量
$H_{NG,low}$	MJ/m^3	天然气标准参比条件(15 ℃、101.325 kPa)低位发热量
$\overline{H}^0$	kJ/mol	混合物的理想摩尔发热量(高位或低位)
$\overline{H}_j^0$	kJ/mol	混合物中组分 j 的理想摩尔发热量(高位或低位)
$\hat{H}^0$	MJ/kg	混合物的理想质量发热量(高位或低位)
$\hat{H}_j{}^0$	MJ/kg	混合物中组分 j 的理想质量发热量(高位或低位)
$\widetilde{H}$	MJ/m^3	混合物的真实气体体积发热量(高位或低位)
$\widetilde{H}^0$	MJ/m^3	混合物的理想气体体积发热量(高位或低位)
$\widetilde{H}_j^0$	MJ/m^3	混合物中组分 j 的理想气体体积发热量(高位或低位)
M	kg/kmol	混合物的摩尔质量
M_j	kg/kmol	混合物中组分 j 的摩尔质量
m_1	g	实测试验天然气消耗质量
p_1	kPa	试验状态下天然气实测压力
p_{air}	kPa	道路试验实际大气压力
p_{air0}	kPa	道路试验标准环境状态大气压力
p_r	kPa	天然气标准参比条件压力,101.325 kPa
R	$J \cdot mol^{-1} \cdot K^{-1}$	摩尔气体常数(R=8.314 510)
T_1	K	试验状态下天然气实测温度
T_{air}	K	道路试验环境实际空气温度
T_{air0}	K	道路试验标准环境状态空气温度
T_r	K	天然气标准参比条件温度,288.15 K(15 ℃)
V_1	L	实测试验天然气消耗体积(T_1,p_1)
x_j	%	混合物中组分 j 的摩尔分数
Z_{mix}		气体压缩因子
ρ	kg/m^3	真实气体密度
ρ^0	kg/m^3	理想气体密度

5 试验条件

5.1 道路试验条件应符合 GB/T 12534 规定。

5.2 采用底盘测功机试验或碳平衡法时,轻型汽车试验条件应符合 GB/T 19233 和 GB 18352.3 规定;重型汽车试验条件应符合 GB/T 27840 规定。

5.3 轻型汽车和重型汽车试验用天然气燃料应分别符合 GB 18352.3 和 GB 17691 的要求,或采用符合 GB 18047 规定的车用天然气燃料,其组分、密度和发热量等参数应为已知,并满足汽车和发动机制造企业的要求。

5.4 试验用润滑油应符合企业规定,并应在试验报告中注明。

6 试验仪器设备

6.1 天然气流量计

6.1.1 允许使用的天然气流量计型式

6.1.1.1 变压型质量流量计:采用科里奥利原理(或相似原理)测量质量流量的仪器。

6.1.1.2 定压型体积流量计:在一定试验压力下测量天然气体积流量的仪器(不包括质量流量计用于定压测量),试验压力可采用调压器调节和设定。

6.1.1.3 低压型流量计:安装于减压调节器与发动机之间低压管道中的测量用燃料流量计。

6.1.1.4 高压型流量计:安装于压缩天然气供气装置(包括车辆 CNG 气瓶、定置式 CNG 供气设备和 CNG 储气瓶等)与减压调节器之间高压管道中的测量用燃料流量计。

6.1.2 天然气流量计精度

天然气流量计精度应为测量值的±0.5%。

6.1.3 天然气流量计安装

6.1.3.1 采用高压流量计测量时,应在管路中安装卸压阀,以便在流量计拆卸之前卸除管路中气压。

6.1.3.2 高压型流量计的连接应采用耐高压管。

6.1.3.3 对定压型高压流量计,应在其上游安装调压器;调压器出口压力应设定为流量计规定值。

6.1.3.4 采用低压流量计测量时,在流量计与发动机之间应安装稳压箱等装置,以消除燃料压力脉动。

6.1.3.5 在流量计与发动机之间安装的稳压箱等装置不应影响发动机正常运行。

6.1.3.6 为保证燃料流量计的正常功能,流量计及附件应合理布置、连接和安装,并在试验中不应松动或脱落。所有连接管路和连接部位不允许任何泄漏现象。

6.1.3.7 流量计连接用高压燃气管路应符合 QC/T 746 规定。

6.1.3.8 在底盘测功机上试验时,如果采用天然气燃料流量计测量天然气燃料消耗量,流量计的安装应符合附录 A 的规定。

6.1.3.9 在底盘测功机上试验采用车载 CNG 气瓶供气时,天然气燃料流量计安装应符合图 A.1、图 A.2 或图 A.3 规定。

6.1.3.10 在底盘测功机上试验采用定置式 CNG 供气设备供气时,天然气燃料流量计安装应符合图 A.4、图 A.5 或图 A.6 规定。

6.1.3.11 道路试验时,天然气流量燃料计安装应符合附录 A 中图 A.1、图 A.2 或图 A.3 的规定。

6.1.4 **其他仪器设备**

6.1.4.1 通用试验仪器设备应符合 GB/T 12534 标准的规定。

6.1.4.2 轻型汽车底盘测功机应符合 GB/T 19233 和 GB 18352.3 规定。

6.1.4.3 重型汽车底盘测功机应符合 GB 27840 规定。

6.1.4.4 碳平衡法所用的气体分析仪，轻型汽车试验应符合 GB 18352.3 规定，重型汽车试验应符合 GB 17691 规定。

7 试验项目和试验方法

7.1 试验项目

7.1.1 可根据试验目的选择所需试验项目。

7.1.2 各类车型试验项目见表 2。

表 2 试验项目及试验方法

车 型	试验项目	试验方法
M_1 类、最大设计总质量不超过 3 500 kg 的 M_2 类和 N_1 类	模拟城市、市郊和综合循环燃料消耗量试验	按 GB/T 19233 规定
	90 km/h 等速行驶燃料消耗量试验	按 GB/T 12545.1 规定
	120 km/h 等速行驶燃料消耗量试验	按 GB/T 12545.1 规定
最大设计总质量超过 3 500 kg 的 M_2 类、M_3 类和 N_2 类、N_3 类	等速行驶燃料消耗量试验	按 GB/T 12545.2 规定
	商用车辆燃料消耗量试验	按 GB/T 27840 规定

7.2 试验方法

7.2.1 试验一般要求应符合 GB/T 12534 的规定。

7.2.2 各试验项目的试验方法应符合表 2 规定。

7.2.3 天然气燃料消耗量的测量可采用流量计实测法或碳平衡法。

7.2.4 如采用流量计测量天然气消耗量，应同时测量记录行驶时间和行驶距离。

7.2.5 采用体积流量计测量天然气消耗量的同时，应测量流量计入口或出口的温度和压力，以修正燃料流量。

7.2.6 采用碳平衡法时，应按相关标准要求测量 CO_2、CO 和 THC(或 CH_4 和 NMHC)等排放量。

7.3 采用汽油起动的压缩天然气汽车试验

7.3.1 对采用汽油起动再切换至气体燃料运行的压缩天然气单一气体燃料和两用燃料汽车，制造企业应提供发动机起动过程的控制策略。在进行 GB/T 19233 或 GB/T 27840 标准规定的工况法燃料消耗量试验时，应符合 7.3.2 和 7.3.3 的规定。

7.3.2 当采用碳平衡法时，如果发动机从汽油起动至切换为气体燃料运行的时间不大于 60 s，则可依据按 GB/T 19233 或 GB/T 27840 要求所测得的 CO、CO_2 和 THC(或 CH_4 +NMHC)的排放量，采用 8.1 中式(1)计算得出天然气消耗量。

7.3.3 当采用天然气流量计测量时，应将起动过程的汽油消耗量换算为天然气消耗量，并计入天然气总消耗量。

8 燃料消耗量计算方法

8.1 碳平衡法

8.1.1 采用碳平衡法时，天然气密度采用 G_{20} 和 G_{23} 在标准参比条件(288.15 K、101.325 kPa)下的平均值(0.654 kg/m^3)。

8.1.2 天然气消耗量可根据所测得的 CO、CO_2 和 THC(或 CH_4＋NMHC)排放量，按式(1)计算：

$$FC_0 = \frac{0.1336}{0.654} \times (0.749 \times THC + 0.429 \times CO + 0.273 \times CO_2) \quad \cdots\cdots\cdots\cdots\cdots (1)$$

式中：

FC_0 ——基准天然气消耗量(15 ℃、101.325 kPa)，m^3/100 km；

THC ——实测总碳氢排放量(当测量 CH_4 和非甲烷碳氢 NMHC 时，应为 CH_4 和 NMHC 排放量之和)，g/km；

CO ——实测一氧化碳排放量，g/km；

CO_2 ——实测二氧化碳排放量，g/km。

8.2 流量计测量法

8.2.1 采用燃料流量计测量天然气流量时，天然气燃料消耗量应按 8.2.2 和 8.2.3 计算。

8.2.2 采用质量流量计时，天然气燃料消耗量按式(2)计算：

$$FC_r = \frac{m_1}{10^5 \times d_{NG,r} \times D} \quad \cdots\cdots\cdots\cdots\cdots (2)$$

式中：

FC_r ——试验天然气标准参比条件(15 ℃，101.325 kPa)下的消耗量，m^3/100 km；

m_1 ——实测试验天然气消耗质量，g；

$d_{NG,r}$ ——试验用天然气标准参比条件下(15 ℃，101.325 kPa)密度，kg/m^3；

D ——实测汽车行驶距离，km。

8.2.3 采用体积流量计时，天然气燃料消耗量按式(3)计算：

$$FC_r = \frac{V_1}{10^5 \times D} \times \frac{p_1 \times T_r}{p_r \times T_1} \times \frac{Z_{mix}(t_r, p_r)}{Z_{mix}(t_1, p_1)} \quad \cdots\cdots\cdots\cdots\cdots (3)$$

式中：

FC_r ——试验天然气标准参比条件(15 ℃，101.325 kPa)下的消耗量，m^3/100 km；

V_1 ——实测天然气消耗体积(T_1，p_1)，L；

T_r ——标准参比条件温度，288.15 K；

p_r ——标准参比条件压力：101.325 kPa；

p_1 ——试验状态下天然气实测压力，kPa；

T_1 ——试验状态下天然气实测温度($T_1 = t_1 + 273.15$)，K；

D ——实测汽车行驶距离，km；

$Z_{mix}(t_1, p_1)$ ——混合气压缩因子(温度 t_1，压力 p_1)；

$Z_{mix}(t_r, p_r)$ ——混合气压缩因子(温度 t_r，压力 p_r)。

8.3 道路试验环境校正

8.3.1 采用道路试验方法测量汽车天然气消耗量时，如果道路试验环境偏离标准状态，则应对道路试验环境进行修正。

8.3.2 道路试验标准环境状态为：

大气压力：$p_{air0}=100$ kPa；

空气温度：$T_{air0}=293$ K；

空气密度：$d_{air0}=1.189$ kg/m^3。

8.3.3 天然气消耗量应按式(4)修正到标准环境状态下：

$$FC'_r=\frac{FC_r}{k_1\times k_2} \qquad (4)$$

其中：

$$k_1=1+0.0025(293-T_{air}) \qquad (5)$$

$$k_2=1+0.0021(p_{air}-100) \qquad (6)$$

式中：

FC_r——试验天然气标准参比条件(15℃,101.325 kPa)下的消耗量，m^3/100 km；

FC'_r——修正到道路试验标准环境状态下的试验天然气消耗量(15 ℃,101.325 kPa)，m^3/100 km；

k_1——环境温度校正系数；

k_2——大气压力校正系数；

p_{air}——道路试验实际大气压力，kPa；

T_{air}——道路试验环境实际空气温度，K。

8.4 修正为基准天然气消耗量

8.4.1 当采用流量计测量汽车天然气消耗量时，如需将试验结果修正为基准天然气消耗量，应按8.4.2和8.4.3规定的方法计算。

8.4.2 底盘测功机试验时，按式(7)修正为基准天然气消耗量：

$$FC_0=FC_r\times\frac{H_{NG,low}}{\left(\frac{H_{G_{20}}+H_{G_{23}}}{2}\right)} \qquad (7)$$

式中：

FC_0——基准天然气消耗量(15 ℃、101.325 kPa)，m^3/100 km；

FC_r——试验天然气标准参比条件(15 ℃,101.325 kPa)下的消耗量，m^3/100 km；

$H_{G_{20}}$——基准燃料G_{20}的低位发热量(15 ℃、101.325 kPa)，MJ/m^3；

$H_{G_{23}}$——基准燃料G_{23}的低位发热量(15 ℃、101.325 kPa)，MJ/m^3；

$H_{NG,low}$——试验天然气低位发热量(15 ℃、101.325 kPa)，MJ/m^3。

8.4.3 道路试验时，按式(8)修正为基准天然气消耗量：

$$FC_0=FC'_r\times\frac{H_{NG,low}}{\left(\frac{H_{G_{20}}+H_{G_{23}}}{2}\right)} \qquad (8)$$

式中：

FC_0——基准天然气消耗量(15 ℃、101.325 kPa)，m^3/100 km；

FC'_r——修正到道路试验标准环境状态下的天然气消耗量(15 ℃、101.325 kPa)，m^3/100 km；

$H_{G_{20}}$——基准燃料G_{20}的低位发热量(15 ℃、101.325 kPa)，MJ/m^3；

$H_{G_{23}}$——基准燃料G_{23}的低位发热量(15 ℃、101.325 kPa)，MJ/m^3；

$H_{NG,low}$——试验天然气低位发热量(15 ℃、101.325 kPa)，MJ/m^3。

附 录 A
（规范性附录）
压缩天然气汽车——天然气流量计安装方法

A.1 概述

在进行压缩天然气汽车天然气消耗量试验时，天然气流量计的安装方法应符合本附录规定。

A.2 天然气流量计安装方法

A.2.1 采用车载CNG气瓶供气时，高压流量计（变压型）的安装应符合图A.1规定。

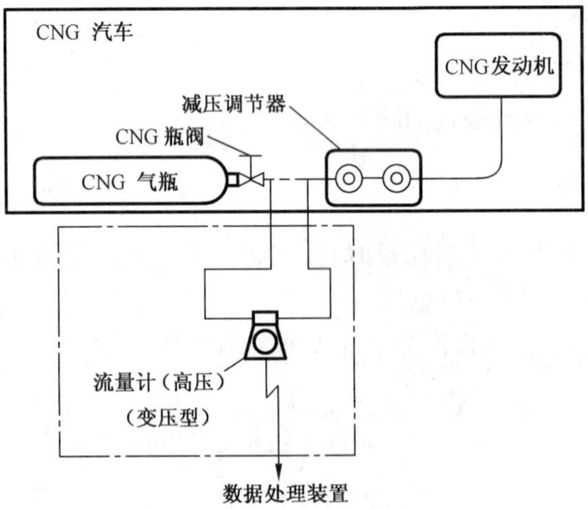

图A.1 车载CNG气瓶供气时高压流量计（变压型）安装示意图

A.2.2 采用车载CNG气瓶供气时，高压流量计（定压型）的安装应符合图A.2规定。

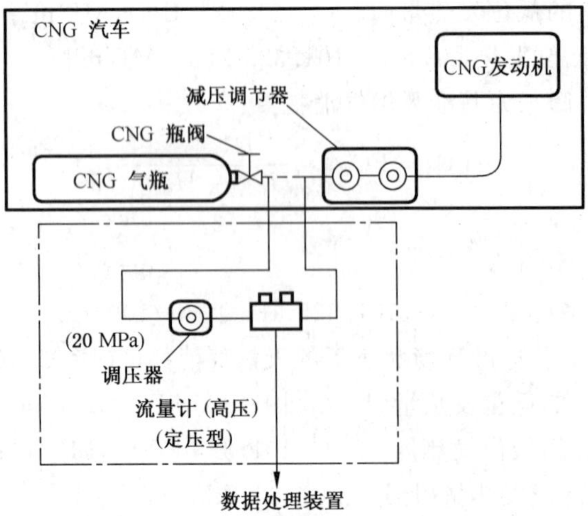

图A.2 车载CNG气瓶供气时高压流量计（定压型）安装示意图

A.2.3 采用车载 CNG 气瓶供气时,低压流量计的安装应符合图 A.3 规定。

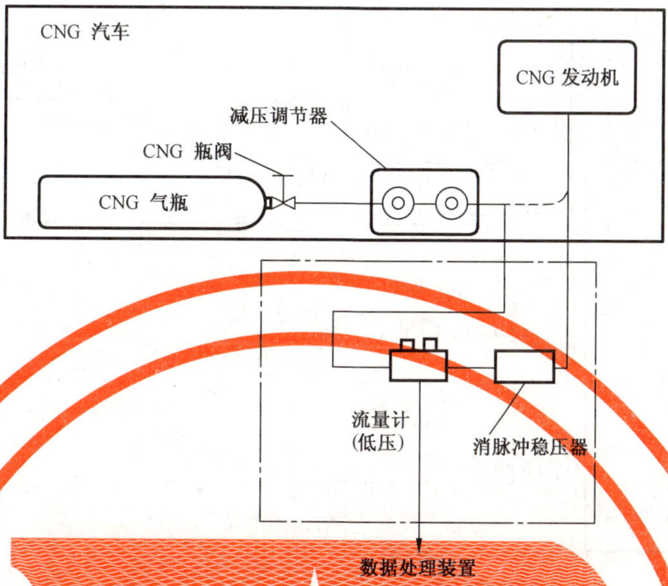

图 A.3 车载 CNG 气瓶供气时低压流量计安装示意图

A.2.4 采用定置式 CNG 供气设备供气时,高压流量计(变压型)的安装应符合图 A.4 规定。

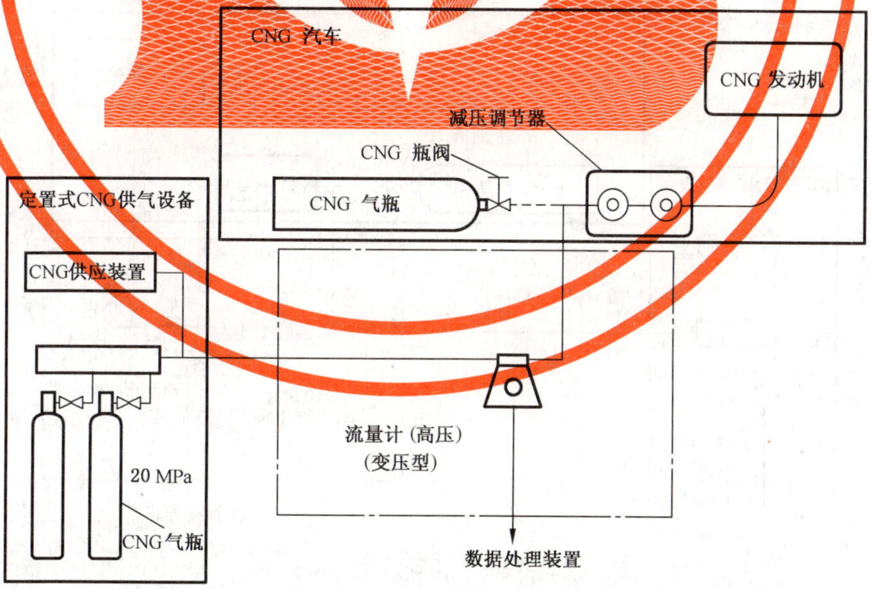

图 A.4 定置式 CNG 供气设备供气时高压流量计(变压型)安装示意图

A.2.5 采用定置式 CNG 供气设备供气时,高压流量计(定压型)的安装应符合图 A.5 规定。

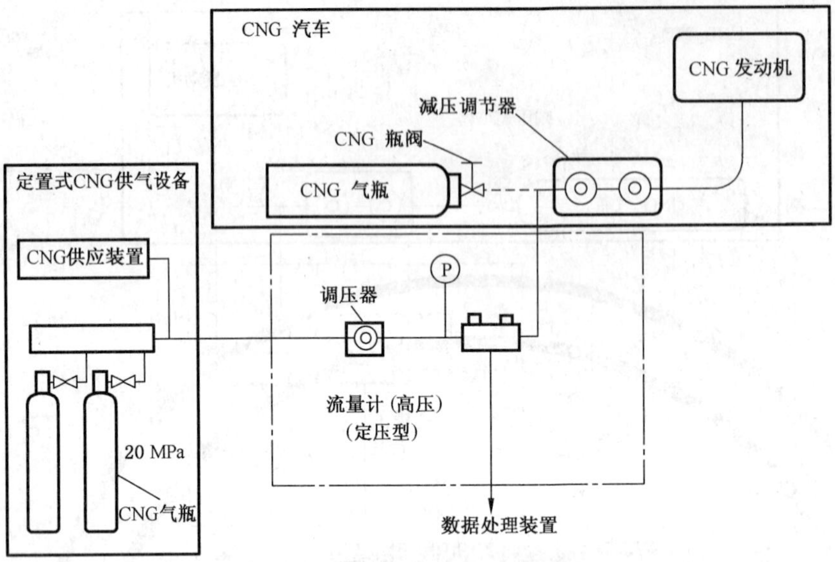

图 A.5 定置式 CNG 供气设备供气时高压流量计(定压型)安装示意图

A.2.6 采用定置式 CNG 供气设备供气和低压流量计时应符合图 A.6 规定。

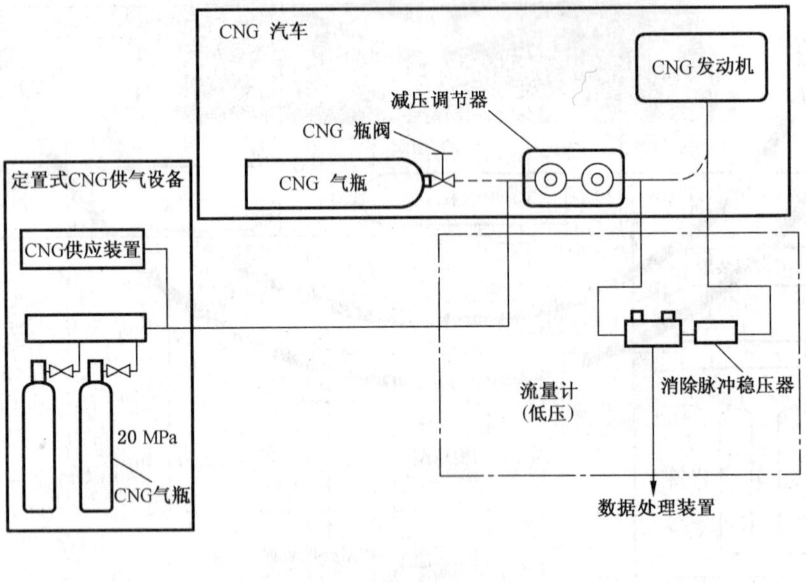

图 A.6 定置式 CNG 供气设备供气时低压流量计安装示意图

附 录 B
(规范性附录)
天然气密度和发热量计算方法

B.1 概述

本附录规定天然气密度、发热量的计算方法。

B.2 压缩因子的计算

考虑到真实气体的非理想性,在计算体积发热量、密度等参数时,需要对气体体积进行修正。

对体积非理想性的修正是通过压缩因子 Z_{mix} 来进行的。在计量参比条件下(温度 t_2,压力 p_2),压缩因子 Z_{mix} 的计算公式(B.1)如下:

$$Z_{mix}(t_2, p_2) = 1 - \left(\sum_{j=1}^{N} x_j \times \sqrt{b_j}\right)^2 \qquad \cdots\cdots(\text{B.1})$$

式中:

$\sqrt{b_j}$ ——求和因子。

表 B.2 给出了天然气常有组分在三个计量参比条件下的求和因子的数值;同时给出了各纯组分的压缩因子 Z_j,其中 b_j 与 Z_j 的关系为:$b_j = 1 - Z_j$。

B.3 密度计算

B.3.1 理想气体

理想气体密度按式(B.2)计算:

$$\rho^0(t, p) = \left(\frac{p}{R \times T}\right) \sum_{j=1}^{N} x_j \times M_j \qquad \cdots\cdots(\text{B.2})$$

式中:

$\rho^0(t, p)$——理想气体的密度(温度 t,压力 p);

R ——摩尔气体常数($R = 8.314\ 510\ \text{J} \cdot \text{mol}^{-1} \cdot \text{K}^{-1}$);

T ——绝对温度($T = t + 273.15$),K;

x_j ——混合物中组分 j 的摩尔分数;

M_j ——混合物中组分 j 的摩尔质量。

表 B.1 给出了天然气中各组分摩尔质量。

B.3.2 真实气体

真实气体密度按式(B.3)计算:

$$\rho(t, p) = \frac{\rho^0(t, p)}{Z_{mix}(t, p)} \qquad \cdots\cdots(\text{B.3})$$

式中:

$\rho(t, p)$ ——真实气体密度(温度 t,压力 p);

$\rho^0(t, p)$ ——理想气体密度(温度 t,压力 p);

$Z_{mix}(t,p)$——气体的压缩因子(温度 t,压力 p)。

B.4 发热量计算

B.4.1 摩尔发热量计算

B.4.1.1 理想气体

已知组成的混合物在温度 t_1 下的摩尔发热量按式(B.4)计算：

$$\overline{H}^0(t_1)=\sum_{j=1}^{N}x_j\times\overline{H}_j^0(t_1) \qquad \text{(B.4)}$$

式中：

$\overline{H}^0(t_1)$ ——混合物的理想摩尔发热量(高位或低位)；

$\overline{H}_j^0(t_1)$——混合物中组分 j 的理想摩尔发热量(高位或低位)；

x_j ——混合物中组分 j 的摩尔分数。

表 B.3 给出了天然气各组分在不同燃烧参比条件下的理想气体摩尔发热量。

B.4.1.2 真实气体

本标准中,真实气体摩尔发热量与理想气体摩尔发热量在数值上视为相等。

由理想气体摩尔发热量精确计算真实气体摩尔发热量时,要求对混合物进行焓修正计算。对典型的车用天然气而言,该修正值非常小,由此产生的误差不超过 50 J/mol(0.005%),可将其忽略不计。

B.4.2 质量发热量计算

B.4.2.1 理想气体

已知组成的混合物在温度 t_1 下的理想气体质量发热量按式(B.5)计算：

$$\hat{H}^0(t_1)=\frac{\overline{H}^0(t_1)}{M} \qquad \text{(B.5)}$$

其中：

$$M=\sum_{j=1}^{N}x_j\times M_j \qquad \text{(B.6)}$$

式中：

M ——混合物的摩尔质量；

M_j ——混合物中组分 j 的摩尔质量；

$\hat{H}^0(t_1)$——混合物的理想质量发热量(高位或低位)；

$\overline{H}^0(t_1)$——混合物的理想摩尔发热量(高位或低位)；

x_j ——混合物中组分 j 的摩尔分数。

已知组成的混合物在温度 t_1 下的质量发热量也可采用式(B.7)计算：

$$\hat{H}^0(t_1)=\sum_{j=1}^{N}\left(x_j\times\frac{M_j}{M}\right)\hat{H}_j^0(t_1) \qquad \text{(B.7)}$$

式中：

$\hat{H}_j{}^0(t_1)$——混合物中组分 j 的理想质量发热量(高位或低位)。

表 B.4 给出了天然气各组分在不同燃烧参比条件下的理想气体质量发热量。

B.4.2.2 真实气体

本标准中,真实气体质量发热量与理想气体质量发热量在数值上视为相等。

B.4.3 体积发热量计算

B.4.3.1 理想气体

已知组成的混合物，在燃烧温度 t_1，计量温度 t_2 和压力 p_2 时的理想气体体积发热量按式(B.8)计算：

$$\widetilde{H}^0[t_1,V(t_2,p_2)]=\overline{H}^0(t_1)\times\frac{p_2}{R\times T_2} \quad \text{(B.8)}$$

式中：

$\widetilde{H}^0[t_1,V(t_2,p_2)]$——混合物的理想气体体积发热量(高位或低位)；

$\overline{H}^0(t_1)$——混合物的理想摩尔发热量(高位或低位)；

R——摩尔气体常数；

T_2——绝对温度($T_2=t_2+273.15$)，K。

此外，理想气体体积发热量还可采用式(B.9)计算：

$$\widetilde{H}^0[t_1,V(t_2,p_2)]=\sum_{j=1}^{N}x_j\widetilde{H}_j^0[(t_1,V(t_2,p_2)] \quad \text{(B.9)}$$

式中：

$\widetilde{H}_j^0(t_1,V(t_2,p_2)]$——混合物中组分 j 的理想气体体积发热量(高位或低位)。

表 B.5 给出了天然气各组分在不同燃烧参比条件下的理想气体体积发热量。

B.4.3.2 真实气体

气体混合物在燃烧温度 t_1 和压力 p_1，计量温度 t_2 和压力 p_2 时的真实气体体积发热量按式(B.10)计算：

$$\widetilde{H}[t_1,V(t_2,p_2)]=\frac{\widetilde{H}^0[t_1,V(t_2,p_2)]}{Z_{mix}(t_2,p_2)} \quad \text{(B.10)}$$

式中：

$\widetilde{H}[t_1,V(t_2,p_2)]$——混合物的真实气体体积发热量(高位或低位)；

$\widetilde{H}^0[t_1,V(t_2,p_2)]$——混合物的理想气体体积发热量(高位或低位)；

$Z_{mix}(t_2,p_2)$——在计量参比条件下的压缩因子。

表 B.1 天然气各组分摩尔质量

序号	组分	摩尔质量 kg/kmol	序号	组分	摩尔质量 kg/kmol
1	甲烷(CH_4)	16.043	9	一氧化碳(CO)	28.010
2	乙烷(C_2H_6)	30.070	10	氢气(H_2)	2.015 9
3	丙烷(C_3H_8)	44.097	11	二氧化硫(SO_2)	64.065
4	丁烷(C_4H_{10})	58.123	12	氦气(He)	4.002 6
5	水(H_2O)	18.015 3	13	氖气(Ne)	20.179 7
6	氮气(N_2)	28.013 5	14	氩气(Ar)	39.948
7	氧气(O_2)	31.998 8	15	氪气(Kr)	83.80
8	二氧化碳(CO_2)	44.010	16	氙气(Xe)	131.29

表 B.2 天然气各组分在不同计量参比条件下的压缩因子和求和因子

组分	0 ℃,101.325 kPa		15 ℃,101.325 kPa		20 ℃,101.325 kPa	
	Z	$\sqrt{b}$	Z	$\sqrt{b}$	Z	$\sqrt{b}$
甲烷	0.997 6	0.049 0	0.998 0	0.044 7	0.998 1	0.043 6
乙烷	0.990 0	0.100 0	0.991 5	0.092 2	0.992 0	0.089 4
丙烷	0.978 9	0.145 3	0.982 1	0.133 8	0.983 4	0.128 8
丁烷	0.957 2	0.206 9	0.965 0	0.187 1	0.968 2	0.178 3
氢气	1.000 6	−0.004 0	1.000 6	−0.004 8	1.000 6	−0.005 1
水	0.930 0	0.264 6	0.945 0	0.234 5	0.952 0	0.219 1
硫化氢	0.990 0	0.100 0	0.990 0	0.100 0	0.990 0	0.100 0
一氧化碳	0.999 3	0.026 5	0.999 5	0.022 4	0.999 6	0.020 0
氦气	1.000 5	0.000 6	1.000 5	0.000 2	1.000 5	0.000 0
氖气	1.000 5	0.000 6	1.000 5	0.000 2	1.000 5	0.000 0
氩气	0.999 0	0.031 6	0.999 2	0.028 3	0.999 3	0.026 5
氮气	0.999 5	0.022 4	0.999 7	0.017 3	0.999 7	0.017 3
氧气	0.999 0	0.031 6	0.999 2	0.028 3	0.999 3	0.026 5
二氧化碳	0.993 3	0.081 9	0.994 4	0.074 8	0.994 4	0.072 8
二氧化硫	0.976 0	0.154 9	0.979 0	0.144 9	0.980 0	0.141 4
空气	0.999 41	—	0.999 58	—	0.999 63	—

表 B.3 天然气各组分在不同燃烧参比条件下的理想气体摩尔发热量

组分	理想摩尔发热量 $\overline{H}^0$/(kJ · mol^{-1})							
	25 ℃		20 ℃		15 ℃		0 ℃	
	高位	低位	高位	低位	高位	低位	高位	低位
甲烷	890.63	802.60	891.09	802.65	891.56	802.69	892.97	802.82
乙烷	1 560.69	1 428.64	1 561.41	1 428.74	1 562.14	1 428.84	1 564.34	1 429.12
丙烷	2 219.17	2 043.11	2 220.13	2 043.23	2 221.10	2 043.37	2 224.01	2 043.71
丁烷	2 877.40	2 657.32	2 878.57	2 657.45	2 879.76	2 657.60	2 883.82	2 658.45
氢气	285.83	241.81	285.99	241.76	286.15	241.72	286.63	241.56
水	44.016	0	44.224	0	44.433	0	45.074	0
硫化氢	562.01	517.99	562.19	517.97	562.38	517.95	562.94	517.87
一氧化碳	282.98	282.98	282.95	282.95	282.91	282.91	282.80	282.80

表 B.4 天然气各组分在不同燃烧参比条件下的理想气体质量发热量

组分	理想质量发热量 $\hat{H}^0$/(MJ·kg^{-1})							
	25 ℃		20 ℃		15 ℃		0 ℃	
	高位	低位	高位	低位	高位	低位	高位	低位
甲烷	55.516	50.029	55.545	50.032	55.574	50.035	55.662	50.043
乙烷	51.90	47.51	51.93	47.51	51.95	47.52	52.02	47.53
丙烷	50.33	46.33	50.35	46.34	50.37	46.34	50.44	46.35
丁烷	49.51	45.72	49.53	45.72	49.55	45.72	49.62	45.74
氢气	141.79	119.95	141.87	119.93	141.95	119.91	142.19	119.83
水	2.44	0	2.45	0	2.47	0	2.50	0
硫化氢	16.49	15.20	16.50	15.20	16.50	15.20	16.52	15.19
一氧化碳	10.10	10.10	10.10	10.10	10.10	10.10	10.10	10.10

表 B.5 天然气各组分在不同燃烧参比条件下的理想气体体积发热量

组分	理想体积发热量 $\widetilde{H}^0$/(MJ·m^{-3})											
	15/15 ℃		0/0 ℃		15/0 ℃		25/0 ℃		20/20 ℃		25/20 ℃	
	高位	低位	高位	低位	高位	低位	高位	低位	高位	低位	高位	低位
甲烷	37.706	33.948	39.840	35.818	39.777	35.812	39.735	35.808	37.044	33.367	37.024	33.365
乙烷	66.07	60.43	69.79	63.76	69.69	63.75	69.63	63.74	64.91	59.39	64.88	59.39
丙烷	93.94	86.42	99.22	91.18	99.09	91.16	99.01	91.15	92.29	84.94	95.25	84.93
丁烷	121.79	112.40	128.66	118.61	128.48	118.57	128.73	118.56	119.66	110.47	119.62	110.47
氢气	12.102	10.223	12.788	10.777	12.767	10.784	12.725	10.788	11.889	10.050	11.882	10.052
水	1.88	0	2.01	0	1.98	0	1.96	0	1.84	0	1.83	0
硫化氢	23.78	21.91	25.12	23.10	25.09	23.11	25.07	23.11	23.37	21.53	23.36	21.53
一氧化碳	11.96	11.96	12.62	12.62	12.62	12.62	12.63	12.63	11.76	11.76	11.76	11.76
任何情况下,燃烧和计量的参比压力均为 101.325 kPa。												

附 录 C
（规范性附录）
试验结果报告

［最大尺寸：A4（210 mm×297 mm）］

C.1 厂牌（制造厂的商品名称）

C.2 型式和商品的一般描述

C.3 型式的识别方法

C.4 车辆类型

C.5 生产日期

C.6 车辆识别代号（VIN）

C.7 里程表读数（km）

C.8 制造厂名称和地址

C.9 底盘型号及生产企业（重型）

C.10 总装厂的地址（轻型）

C.11 最高设计车速（km/h）

C.12 迎风面积（m^2）

C.13 空气阻力系数

C.14 整车整备质量（轻型）

C.15 整车整备质量及轴荷（重型）

C.16 最大设计总质量（轻型）

C.17 最大设计总质量及轴荷（重型）

C.18 半挂牵引车承受的最大设计静载荷（kg）（重型）

C.19 最大设计牵引质量（kg）（重型）

C.20 载质量利用系数（重型）

C.21 列车最大总质量（kg）（重型）

C.22 外形尺寸：长×宽×高（mm）（重型）

C.23 额定载客数（轻型）

C.24 额定载客数（含驾驶员）（重型）

C.25 驾驶室准乘人数（重型）

C.26 车身型式（轻型）

C.27 驱动轮：前、后、4×4（轻型）

C.28 驱动型式（重型）

C.29 发动机

C.29.1 型号及生产企业

C.29.2 型式

C.29.3 排量（cm^3）

C.29.4 编号

C.29.5 NG燃料供给系统原理：混合器/喷射

C.29.6 最大功率（kW）

C.29.7 最大扭矩（Nm）

C.29.8 怠速转速（r/min）

C.29.9 增压器:有/无

C.29.10 点火系统:传统点火/电子点火[1)]

C.29.11 制造厂推荐的燃料(NG)

C.29.12 CNG 钢瓶数及型号

C.30 变速器

C.30.1 变速器型号及生产企业

C.30.2 变速器型式:手动/自动

C.30.3 主副变速器(重型)(有/无)

C.30.4 挡位数

C.30.5 各挡速比

C.30.6 主减速比

C.31 轮胎

C.31.1 轮胎生产企业

C.31.2 型号/尺寸/充气压力(前/后)

C.31.3 受载下滚动周长(轻型)

C.31.4 轮胎个数(重型)

C.31.5 滚动半径(重型)

C.31.6 滚动阻力系数(重型)

C.31.7 半挂车轮胎型号、个数及生产企业(重型)

C.31.8 半挂车轮胎气压(前/后)(kPa)(重型)

C.32 润滑剂

C.32.1 厂牌

C.32.2 型号

C.33 行驶阻力

C.33.1 行驶阻力确定方法

C.33.2 采用滑行法需附上试验报告、计算报告或其他相关资料的复印件

C.34 试验结果

C.34.1 轻型汽车

C.34.1.1 CO_2 排放量

C.34.1.1.1 市区 CO_2 排放量(g/100 km)

C.34.1.1.2 市郊 CO_2 排放量(g/100 km)

C.34.1.1.3 综合 CO_2 排放量(g/100 km)

C.34.1.2 天然气燃料消耗量

C.34.1.2.1 市区燃料消耗量(m^3/100 km)

C.34.1.2.2 市郊燃料消耗量(m^3/100 km)

C.34.1.2.3 综合燃料消耗量(m^3/100 km)

C.34.1.2.4 等速行驶燃料消耗量(m^3/100 km)

C.34.2 重型汽车

C.34.2.1 市区燃料消耗量(m^3/100 km)

C.34.2.2 公路燃料消耗量(m^3/100 km)

C.34.2.3 高速燃料消耗量(m^3/100 km)

C.34.2.4 综合燃料消耗量(m^3/100 km)

C.34.2.5 等速行驶燃料消耗量(m^3/100 km)

C.34.2.6 特征里程分配比例

C.34.2.6.1 市区比例(%)

C.34.2.6.2 公路比例(%)

C.34.2.6.3 高速比例(%)

C.35 负责进行试验的检验机构

C.36 试验地点

C.37 试验日期

C.38 试验报告日期

C.39 试验报告编号

C.40 签名

附　录　D
（资料性附录）
压缩天然气汽车天然气——液体燃料消耗量换算方法

D.1　概述

D.1.1　本附录阐述将压缩天然气汽车天然气燃料消耗量换算为当量汽油或柴油等液体燃料消耗量的方法。

D.1.2　天然气燃料汽车的燃料消耗量一般用 $m^3/100$ km 表示，即汽车行驶 100 km 距离所消耗的天然气燃料立方米数。汽油或柴油等液体燃料汽车燃料消耗量一般用 L/100 km 表示，即汽车行驶 100 km 距离所消耗的液体燃料升数。一般情况下，每立方米天然气燃料的发热量与每升液体燃料的发热量不相等，所以不能简单地对天然气燃料与汽、柴油等液体燃料的消耗量进行比较。因此，必须建立天然气燃料消耗量与汽油或柴油等液体燃料消耗量之间的关系。本附录旨在建立天然气燃料消耗量与汽、柴油等液体燃料消耗量的换算关系。

D.2　换算方法

D.2.1　通过标准参比条件下天然气燃料与液体燃料低位发热量的等价关系进行换算。

D.2.2　天然气燃料组分的测定应符合 GB/T 13610 规定。

D.2.3　天然气低位发热量应按 GB/T 22723 规定的方法测定，或采用附录 B 规定的方法计算得出。

D.2.4　将天然气燃料汽车的燃料消耗量换算为液体燃料消耗量时，可采用式(D.1)或式(D.2)和式(D.3)计算：

$$\mathrm{FC}_{\mathrm{NG-L}}=\frac{H_{\mathrm{NG,low}}}{H_{\mathrm{L,low}}\times d_{\mathrm{L}}}\times \mathrm{FC}_{\mathrm{NG}} \qquad \cdots\cdots\cdots\cdots (\mathrm{D.1})$$

令换算系数 $k_{\mathrm{NG-L}}$ 为：

$$k_{\mathrm{NG-L}}=\frac{H_{\mathrm{NG,low}}}{H_{\mathrm{L,low}}\times d_{\mathrm{L}}} \qquad \cdots\cdots\cdots\cdots (\mathrm{D.2})$$

则：

$$\mathrm{FC}_{\mathrm{NG-L}}=k_{\mathrm{NG-L}}\times \mathrm{FC}_{\mathrm{NG}} \qquad \cdots\cdots\cdots\cdots (\mathrm{D.3})$$

式中：

$\mathrm{FC}_{\mathrm{NG-L}}$——天然气燃料消耗量换算的当量液体燃料消耗量，L/100 km；

$\mathrm{FC}_{\mathrm{NG}}$ ——天然气燃料消耗量（15 ℃、101.325 kPa ），$m^3/100$ km；

$H_{\mathrm{NG,low}}$——天然气标准参比条件（15 ℃、101.325 kPa ）低位发热量，MJ/m^3；

$H_{\mathrm{L,low}}$ ——液体燃料标准参比条件（15 ℃、101.325 kPa ）低位发热量，MJ/kg；

d_{L} ——液体燃料在基准状态下（15 ℃、101.325 kPa）的密度，kg/L。

ICS 43.080.01
T 47

中华人民共和国国家标准

GB/T 29126—2012

燃料电池电动汽车　车载氢系统试验方法

Fuel cell electric vehicles—Onboard hydrogen system—Test methods

2012-12-31 发布　　　　2013-07-01 实施

中华人民共和国国家质量监督检验检疫总局
中国国家标准化管理委员会　发布

前　言

本标准按照 GB/T 1.1—2009 给出的规则起草。

本标准由中华人民共和国工业和信息化部提出。

本标准由全国汽车标准化技术委员会(SAC/TC 114)归口。

本标准起草单位:中国汽车技术研究中心、浙江大学化工机械研究所、清华大学、同济大学、深圳市标准技术研究院、上海神力科技有限公司、大连化学物理研究所、上海舜华新能源系统有限公司。

本标准主要起草人:郑津洋、何云堂、陈全世、侯永平、邵忠瑛、王益群、张若谷、侯明、张存满。

燃料电池电动汽车　车载氢系统 试验方法

1　范围

本标准规定了燃料电池电动汽车的车载氢系统的试验方法。

本标准适用于使用压缩氢作为燃料，环境温度15 ℃时，工作压力不超过35 MPa的燃料电池电动汽车。

2　规范性引用文件

下列文件对于本文件的应用是必不可少的。凡是注日期的引用文件，仅注日期的版本适用于本文件。凡是不注日期的引用文件，其最新版本（包括所有的修改单）适用于本文件。

GB/T 24548　燃料电池电动汽车　术语

GB/T 24549　燃料电池电动汽车　安全要求

GB/T 26779—2011　燃料电池电动汽车　加氢口

GB/T 26990—2011　燃料电池电动汽车　车载氢系统　技术条件

3　术语和定义

GB/T 24548界定的术语和定义适用于本文件。

4　试验条件

4.1　车辆条件

4.1.1　车载氢系统应按照规定程序批准的产品图样和其他技术文件制造，并提供合格证明。

4.1.2　车载氢系统应符合GB/T 24549的要求，且氢系统及其装置的安装应保证在正常使用条件下，能安全、可靠地运行。

4.2　环境条件

4.2.1　试验过程中大气压力应不低于91 kPa，温度在5 ℃～35 ℃之间。相对湿度应该小于95%，试验场地应保持干燥。

4.2.2　在试验场地距离地面1.2 m高处测量风速，平均风速应小于3 m/s，阵风小于5 m/s。

5　试验设备和仪器

试验设备和仪器应按照制造厂商的要求进行检测、维护和校准。氢泄漏量测量的准确度应符合表1的规定。

表 1 试验用仪表要求

序号	参数	要求
1	时间	仪表精度不低于 60 s
2	距离	仪表精度为 1%
3	压力	准确度不低于 1.5 级，测量量程为测量值的 1.5～3 倍
4	流量	准确度不低于 1.5 级，测量量程为测量值的 1.5～3 倍

6 试验方法

6.1 总则

6.1.1 储氢容器和管路

6.1.1.1 检查氢系统管路安装位置及走向是否避开热源以及电器、蓄电池等可能产生电弧的地方，检查高压管路及部件是否可靠接地。

6.1.1.2 检查储氢容器和管路是否装在乘客舱、行李舱厢或其他通风不良的地方；但如果不可避免时，应检查是否采取了与乘客舱和行李舱的隔离措施。

6.1.1.3 当储氢容器安装紧固后，分别在车辆坐标系 X、Y、Z 三个方向施加 8 倍于充满标称工作压力氢气的储氢容器重力的力，测量检查储氢容器与固定座的相对位移。

6.1.1.4 检查支撑和固定管路的金属零件与管路是否接触，但管路与支撑和固定件焊接的情况例外。

6.1.1.5 检查刚性管线排列是否整齐，是否与相邻部件接触和摩擦。检查管路是否具有抗震和消除热胀冷缩影响的措施；对于弯曲管路，测量其中心线曲率半径。测量管路支撑点间隔的距离。

6.1.1.6 测量储氢容器的附件的安装位置距离车辆边缘距离。

6.1.1.7 检查储氢容器、管道其对可能受热源的影响等，是否有适当的隔热保护措施。对于直接暴露在阳光下的储氢容器及管路，检查其是否有必要的遮盖物。

6.1.2 氢气泄漏量

6.1.2.1 氢气泄漏量：将试验车辆内的储氢容器加注至 100% 的工作压力，并将其放置在密闭空间内，按照规定的要求进行静置 8 h，测量其氢气的渗透速率。

6.1.2.2 检查在安装氢系统的封闭或半封闭的空间内部是否安装有氢探测器，用标准混合气检查探测器是否能够实时检测氢气的泄漏浓度，并将信号传递给氢气泄漏警告装置；检查氢气泄漏警告装置能否根据氢气泄漏浓度的大小发出不同的警告信号。

6.1.2.3 检查氢气泄漏警告装置是否安装在驾驶员容易识别的部位。

6.1.2.4 检查当氢探测器发生短路、断路等故障时能否及时向驾驶员发出故障报警信号。

6.1.3 加氢口

6.1.3.1 检查加氢口的形状及尺寸是否符合 GB/T 26779—2011 的要求，并测量加氢口的安装位置和高度。

6.1.3.2 如果加氢口周围有暴露的电气端子、电气开关和点火源，则测量它们之间的距离，检查是否符合 GB/T 26990—2011 的规定。

6.1.4 **氢气的排放**

当压力释放阀排放氢气时，检查排放气体流动的方位、方向是否远离人、电源、火源。

ICS 47.020.50
U 27

中华人民共和国国家标准

GB/T 29127—2012

救生艇及吊钩释放系统定期检验维护方法

Measures for periodic servicing and maintenance of lifeboats and release gears

2012-12-31 发布　　　　2013-07-01 实施

中华人民共和国国家质量监督检验检疫总局
中国国家标准化管理委员会　发布

前　言

本标准按照 GB/T 1.1—2009 给出的规则起草。

本标准由中国船舶重工集团公司提出。

本标准由全国船舶舾装标准化委员会救生分技术委员会(SAC/TC 129/SC 1)归口。

本标准起草单位:青岛北海船舶重工有限责任公司。

本标准主要起草人:王力、赵建国、卢卫东、刘永梅。

救生艇及吊钩释放系统定期检验维护方法

1 范围

本标准规定了救生艇及其吊钩释放系统进行定期检验和维护的准备，检验和维护项目以及相关的要求。

本标准适用于吊索降放式玻璃纤维增强塑料全封闭救生艇及其吊钩释放系统的定期检验和维护。

2 规范性引用文件

下列文件对于本文件的应用是必不可少的。凡是注日期的引用文件，仅注日期的版本适用于本文件。凡是不注日期的引用文件，其最新版本(包括所有的修改单)适用于本文件。

GB 12135 气瓶定期检验站技术条件

GB 13004 钢质无缝气瓶定期检验与评定

国际海上人命安全公约(SOLAS公约)

3 定期检验和维护的准备

3.1 救生艇应满足的国际公约情况

对于不同时期制造的救生艇，在技术性能上应满足SOLAS公约及海大决议在不同时期的修正案的要求。

3.2 救生艇详细资料

3.2.1 救生艇产品证书

证书应有下列主要信息：

a) 救生艇的发证机关；

b) 救生艇的制造厂家；

c) 救生艇制造年月；

d) 救生艇的型号、尺度、额定乘员人数、总质量等参数；

e) 救生艇发动机型号；

f) 救生艇吊钩及释放机构的型号及安全工作负荷。

3.2.2 救生艇维护及检修记录

定期检验人员进行检验前，应先核查救生艇执行周检及月检的记录情况参见附录A，在确认周检和月检被正常有效地执行后，再进行相关的检验。

3.2.3 救生艇技术资料

救生艇应有下列技术资料：

a） 救生艇总布置图；

b） 救生艇使用维护手册（含吊钩释放系统、柴油机等主要设备使用维护手册）。

3.3 检验时间的确定

检验时间的确定应考虑下列因素：

a） 在母船停泊及天气状况允许的情况下进行检验；

b） 应考虑到检修时会发生的不可预见事件，对母船启航造成的影响；

c） 考虑入级船级社及现场验船师的要求。

3.4 检验人员

检验人员应满足下列要求：

a） 执行定期检验维护的机构及人员应具有相应的资质并得到生产厂家或船籍国政府的授权，定期检验人员应持有可进行相关检验的资格证书；

b） 救生艇及吊钩释放系统的检验和维护通常由不少于两个人共同完成，其中一人可以是检验人员的助手；

c） 检验人员应备有必要的计量器具，这些器具应在检验合格有效期内；

d） 检验人员应严格遵守被检方的有关安全方面的各项要求。

3.5 安全条款

进行救生艇尤其是涉及艇的吊钩释放系统的检验维护时，应做好以下安全工作：

a） 检验前应确认救生艇的外部环境安全可靠；

b） 检验前应确认整个降放装置（包括吊艇架、艇机、吊索等）均处于安全工作状态；

c） 检验前应确认救生艇在吊艇架上进行了安全可靠的固定；

d） 检验前应将吊钩的转移负荷装置与吊艇架的相应部件进行安全可靠的连接。

4 救生艇的定期检验及维护

4.1 救生艇定期检验分类

救生艇的定期检验分为周检、月检及年度检验。周检及月检由船员完成并进行记录，参见附录 A，年度检验由获得授权的专业人员完成。本标准中如果未进行特殊说明，定期检验是指年度检验。

4.2 艇体结构及密性

4.2.1 定期检验要求

根据玻璃纤维增强塑料的老化规律，并结合救生艇结构设计的特点，对于使用年限在 5 a 以内的艇，只需进行常规外观检查。对于使用年限在 5 a 以上的艇，既要进行常规外观检查，必要时还要进行超负载试验来检验艇的结构强度（通常在 5 a 检验时进行）。

4.2.2 艇体常规外观检查

艇体常规外观检查项目及要求如下：

a） 艇外应进行以下检查：

   1） 检查胶衣层。如果胶衣层出现划伤或裂纹，应给予修补；如果胶衣层出现严重的色变，应及时联系专业厂家进行颜色的复原处理，以满足醒目的国际橙色要求；

2） 检查艇体外型。如果艇体出现严重的变形，应及时联系专业厂家进行修理；

3） 检查艇体结构完好性。对艇体结构层是否有损伤进行检查，特别是吊钩/吊座区域。对艇体出现的裂纹、断裂、孔洞等结构损伤，应及时联系专业厂家进行等强度修补。

b） 艇内应进行以下检查：

1） 检查艇内所有的外露部位，表面如果有裂纹，应确定是胶衣层还是结构层的损伤，并根据损伤程度进行修复；

2） 检查重点：机舱、舱壁及二次胶接的部位。

4.2.3 超负载试验

依次将空载（载有全部属具的重量）、满载（载有全部属具及核定乘员的重量）、25％超载、50％超载状态的救生艇通过吊钩吊起，测量各种状态下的龙骨变形并对艇体进行认真检查。救生艇经受25％超载时的龙骨变形不应超过艇长的1/400，而在各种状态下其结构不应有任何损坏。

超载重量的分布应与救生艇在作业条件下的载荷成比例。

4.2.4 艇体密性检查

艇体密性检查项目及要求如下：

a） 将救生艇放入水中，检查水线以下艇体密性；尤其应注意对艉轴、舵杆、喷水泵进水口、静水压力释放器进水口、艇底塞等处的检查；

b） 采用冲水试验检查水线以上艇体密性。尤其应注意对登艇门、舱盖、驾驶楼窗等处的检查；冲水试验在喷嘴处的压力应不小于0.1 MPa，喷嘴离试验项目的距离不大于3 m，喷嘴直径不小于16 mm。

结构及密性检查记录表参见表B.1。

4.3 发动机及推进系统检查

4.3.1 检查项目及要求

发动机及推进系统检查项目及要求如下：

a） 根据发动机使用说明书要求，更换滑油、齿轮箱油、冷却液等；

b） 根据发动机使用说明书要求，更换燃油滤器、滑油滤器、空气滤器等；

c） 检查发动机自由端传动皮带的张紧度应正常，如果磨损严重，应换新；

d） 检查发动机海水泵叶轮及泵轴密封圈应工作正常；

e） 检查燃油管路应无泄漏；燃油箱上的各附件功能正常，无泄漏；

f） 检查发动机排烟管的外包隔热层正常完好；

g） 检查冷却水管路及接头应无泄漏，管体及附件应无严重锈蚀、老化现象；

h） 检查发动机在安装位置上可靠固定，紧固螺栓已锁紧，发动机无走位现象；

i） 检查联轴器应可靠连接、紧固及锁紧；

j） 检查尾轴密封装置安装固定牢固，并有效锁紧；

k） 检查发动机在全速运转时，尾轴无异常振动、声响及异常发热现象；

l） 螺旋桨应可靠固定并有效锁紧，外表面无严重的锈蚀现象，桨叶形状应光顺，无卷曲及缺痕，桨叶表面不应有海生物及其他附着物。

4.3.2 试验验证

试验前应进行必要的检查。应确认有足够的燃油储备量供试验使用；确认发动机遥控软轴安装正确到位；检查油底壳滑油量、齿轮箱油量、冷却液量等应满足试验要求。

试验项目及内容如下：

a) 将救生艇置于水中进行以下内容空车运转试验：
   1) 启动发动机空车怠速运转 5 min；
   2) 空车额定转速(或全速)的 50%转速运转 5 min；
   3) 空车额定转速(或全速)的 75%转速运转 10 min；
   4) 空车额定转速(或全速)运转 10 min；
   5) 试验期间，检查各仪表指示稳定；无水温及油压报警；柴油机无异常声响及发热现象。
b) 在上述空车试验的基础上，进行以下内容的带负荷运转试验：
   1) 正车怠速运转 5 min；
   2) 正车额定转速(或全速)的 50%转速运转 20 min；
   3) 正车额定转速(或全速)的 75%转速运转 20 min；
   4) 正车额定转速(或全速)运转 30 min；
   5) 倒车额定转速(或全速)运转 5 min；
   6) 试验期间，检查各仪表指示稳定；无水温及油压报警；发动机无异常的声响及发热现象；尾轴前密封无泄漏，尾轴无异常振动及发热现象。

发动机及推进系统检查记录表参见表 B.2。

4.4 电气系统检查

电气系统检查项目及要求如下：

a) 蓄电池及电缆应进行以下项目检查：
   1) 检查确认蓄电池安装固定牢固可靠；
   2) 检查确认蓄电池电缆接头无腐蚀现象、连接固定可靠无松动；
   3) 检查确认电缆无破损或腐蚀；
   4) 检查确认蓄电池电压正常；
b) 检查确认舱内灯应工作正常并有备用灯泡；
c) 检查确认搜索灯应工作正常；
d) 检查确认示位灯应工作正常。

电气系统检查记录表参见表 B.3。

4.5 喷水系统检查

4.5.1 检查项目及要求

喷水系统检查项目及要求如下：

a) 检查喷水泵及固连件/管件的状况，应无松动、破损、无过度锈/腐蚀、漏水情况发生；
b) 检查各操纵件的安装、操作正常；
c) 检查喷水阀操纵软轴外皮应无破损，两端连接及固定应无松动脱落；
d) 检查系统淡水冲洗接口及附件应无损坏，功能正常；
e) 检查喷水系统操作说明应齐全、清晰。

4.5.2 试验验证

将轻载状态的救生艇放入水中，启动发动机使其全速运转并打开喷水阀进行洒水试验以验证整个喷水系统功能应满足要求且水膜能覆盖艇表面，并同时检查水泵及其管路和连接处应无漏水现象，管路及喷嘴应无堵塞,每一喷嘴喷水畅通。试验后应接入淡水,冲洗整个管路。

喷水系统检查记录表参见表 B.4。

4.6 应急供气系统检查

4.6.1 进行应急供气系统检查前,应查看空气瓶及减压阀证书等相关资料。

4.6.2 空气瓶的定期检验应符合 GB 13004 的要求,检验机构应符合 GB 12135 的要求。气瓶在使用过程中,发现有严重腐蚀、损伤或对其安全可靠性有怀疑时,应尽快进行检验。

4.6.3 若救生艇使用超过 3a 均应提供空气瓶定期检验报告。

4.6.4 应急供气系统检查项目及要求如下:

a) 检查空气瓶、集气管的状况,应无过度锈蚀及损坏;

b) 检查高压管路及附件应无破损漏气现象;

c) 检查减压阀应工作正常读数正确,无锈蚀和损坏;

d) 检查整个系统的密性,应无漏气现象;

e) 检查空气瓶压力,如果压力低于使用维护手册的要求,应充气至规定的压力;

f) 检查压力平衡阀状况,应无锈蚀且可正常开启和关闭;

g) 检查空气系统操作说明应齐全、清晰。

应急供气系统检查记录表参见表 B.5。

4.7 操纵系统检查

4.7.1 检查项目及要求

操纵系统检查项目及要求如下:

a) 检查整个系统各部件的安装应正确、完整;

b) 检查舵杆应无严重锈蚀,舵杆填料函安装固定可靠并水密;

c) 检查舵托固定牢固,无严重锈蚀,螺栓紧固,并有效锁紧。

4.7.2 试验验证

试验验证项目及要求如下:

a) 救生艇在全速下的操舵试验:正舵→左满舵→正舵→右满舵→正舵→左满舵→正舵,操舵正常;

b) 救生艇在全速下的应急操舵试验:正舵→左舵 15°→正舵→右舵 15°→正舵→左舵 15°→正舵,操舵正常。

操纵系统检查记录表参见表 B.6。

4.8 排污系统检查

4.8.1 检查项目及要求

排污系统检查项目及要求如下:

a) 检查排污泵工作应正常,应无损坏;

b) 检查艇底塞应无锈蚀和损坏,且附件齐全,功能正常。

4.8.2 试验验证

操作排污泵进行排污试验,检验其排污水效果,应能将艇内的水排出。试验中排污管路应无漏水现象。

排污系统检查记录表参见表 B.7。

4.9 舾装件检查

舾装件检查项目及要求如下：

a) 检查救生绳及其安装应牢固可靠；
b) 检查用于放置食品、淡水和细小属具的水密箱的箱体及附件的老化程度，确认其能正常使用；
c) 检查雨水收集装置及安装附件应齐备完好；
d) 检查艏缆释放装置的安装固定、锈蚀状况，确定其能正常使用；
e) 检查滑架、护舷的安装固定及金属件的锈蚀情况，确定其能正常使用；
f) 检查驾驶楼窗的水密性能和透光性，确定驾驶人员能够清楚地观察外部情况；
g) 检查舱口盖的整体结构及其附件的状况，确定其能正常使用；
h) 检查安全带应安装固定牢固可靠，锁紧扣功能完好；
i) 检查登艇梯及安装附件，应能正常使用；
j) 检查栏杆扶手应无严重锈蚀(或老化)且安装牢固可靠；
k) 检查系缆桩应无严重锈蚀且安装牢固可靠(包括安装处的艇体无损坏)；
l) 检查通风装置应功能完好，无严重锈蚀(或老化)，安装固定牢固；
m) 检查固艇装置应无严重锈蚀且安装牢固可靠(包括安装处的艇体无损坏)；
n) 检查其他舾装件应功能完好且安全可靠。

舾装件检查记录表参见表 B.8。

4.10 属具配备情况检查

4.10.1 检查公约要求配备的属具齐全，缺失的应予以补充。

4.10.2 对于有时效要求的属具，应检查核实其证书及属具时效。

4.10.3 对部分属具应进行效用测试，确保其能够满足要求。

属具配备情况检查记录表参见表 B.9。

4.11 救生艇标志检查

4.11.1 救生艇标志检查

救生艇标志检查项目及要求如下：

a) 乘员定额标志：救生艇上应以经久的明显字迹标明所批准的救生艇的乘员定额；
b) 船名及船籍港标志：救生艇所从属的船舶名称及船籍港应以粗体罗马字母标明于艇艏两侧；
c) 船名及救生艇号码标志：识别救生艇所从属船舶和救生艇号码的标志，应能从空中看清；
d) 反光带：反光带的分布应满足国际海上人命安全公约(SOLAS 公约)的要求且状况良好。

4.11.2 救生艇标牌检查

救生艇标牌检查项目及要求如下：

a) 救生艇铭牌：应采用耐腐蚀材料制作，字迹清晰、耐久；固定在救生艇登艇门附近；救生艇铭牌应包含救生艇型号、尺度、额定乘员人数、空载及满载重量、艇的系列号、制造材料、生产日期、证书号、验船师印章以及救生艇制造商的名称和地址等内容；
b) 救生艇 IMO 标牌：应采用耐腐蚀材料制作，尺寸为 ϕ100 mm，蓝底白色图案，清晰、耐久；标牌应粘贴牢固且位置符合要求；救生艇 IMO 标牌包括：
   1) 救生艇/救助艇降落水面标牌；

2) 扣紧座位安全带标牌；
3) 关紧舱口盖标牌；
4) 启动发动机标牌；
5) 释放降落标牌；
6) 开始供气标牌(油轮型艇)；
7) 开始喷水标牌(油轮型艇)；

c) 救生艇内部指示标牌：救生艇内凡需要标明名称或存放位置的设备及属具，都应有指示标牌来标明；

d) 救生艇外部标牌：用于明确救生艇运输过程中吊装操作注意事项等外部标牌，应粘贴在救生艇外部相应位置。

标志及标牌检查记录表参见表 B.10。

5 吊钩释放系统的定期检验及维护

5.1 吊钩释放系统定期检验和维护前的准备

进行吊钩释放系统定期检验前，除了应完成第 3 章所要求的准备工作外，还应进行以下内容的准备：

a) 应将吊钩的转移负荷装置与吊艇架的相应部件进行安全可靠的连接，使救生艇负荷完全由转移负荷装置承担；

b) 吊钩释放系统进行 5 a 定期检验时，应准备合适配载物，以便进行 1.1 倍工作负荷下的释放试验；

c) 应完成降放装置年度检验中的绞车动态制动试验(使用空艇)，并对救生艇及其吊钩释放系统(尤其是吊钩的安装固定)进行认真检查，确认没有任何损坏。

5.2 吊钩释放系统定期检验分类

吊钩释放系统的定期检验分为周检、月检、年度检验及 5 a 检验。周检及月检由船员完成并进行记录，参见附录 A，年度检验及 5 a 检验由获得授权的专业人员完成。本标准中如果未进行特殊说明，定期检验是指年度检验或 5 a 检验。

5.3 吊钩释放系统的年度检验

5.3.1 全面外观检查

全面外观检查内容及要求如下：

a) 检查吊钩各部件及附件安装连接的完整性及正确性；
b) 检查吊钩上所有的注油嘴工作正常；
c) 检查吊钩座上的每只与艇体固连的螺栓均应紧固，并可靠锁紧，无严重锈蚀；
d) 检查吊钩座与吊钩架体的连接应可靠；
e) 检查释放器各部件及附件安装连接的完整性及正确性；
f) 检查静压释放装置各部件及附件安装连接的完整性及正确性；
g) 检查静压释放装置应固定可靠，无锈蚀现象；
h) 检查释放器上静压锁紧指示处在正确位置上；
i) 检查释放软轴的走线顺滑，不应有急弯。

5.3.2 各部件功能检查

各部件功能检查内容及要求如下：

a) 检查应急释放装置相对位置正确，功能正常；

b) 检查释放手柄定位装置功能正常；

c) 检查吊钩及吊钩轴转动灵活，无严重锈蚀；

d) 检查释放销轴的复位功能正常，无严重锈蚀；锁紧面及吊钩尾部不应有明显的磨损。

将救生艇负荷从转移负荷装置上转移回吊钩，以便进行下一步系统功能检查。

5.3.3 试验验证

将救生艇完全放入水中，进行以下内容的试验：

a) 艇入水后，静压释放装置应可自动打开；

b) 两只吊钩可被同步零负荷释放；

c) 两只吊钩可同步复位锁紧；

d) 两只吊钩可被同步带负荷释放；

e) 艇吊出水面后，静压释放装置可自动锁紧。

吊钩释放系统年度检验检查记录表参见表 B.11。

5.4 吊钩释放系统 5 a 检验

5.4.1 检验项目

吊钩释放系统 5 a 检验包括年度检验及以下检验项目：

a) 吊钩释放软轴的拆装检查及调整；

b) 静压释放装置及附件的拆装检查及调整；

c) 吊钩及吊钩轴的拆装检查；

d) 吊钩释放销的拆装检查；

e) 释放器释放手柄及传动装置的拆装检查。

5.4.2 试验验证

将救生艇完全放入水中，进行以下内容的试验：

a) 艇入水后，静压释放装置应可自动打开；

b) 两只吊钩可被同步零负荷释放；

c) 两只吊钩可同步复位锁紧；

d) 两只吊钩可被同步带负荷释放(救生艇分别处于空载和 1.1 倍满载状态)；

e) 艇吊出水面后，静压释放装置可自动锁紧。

吊钩释放系统 5 a 检验检查记录表参见表 B.12。

6 检验结论

在对救生艇总体性能、主要设备、舾装件、属具、标志和标牌等项目的定期检验以及对吊钩释放系统的全面检查过程中，应填写各个项目的检验记录表格，对救生艇及其吊钩释放系统各方面的性能做出判断，得出最终检验结论并出具检验报告。

7 检验记录

在记录表中列出了吊索降放式玻璃钢全封闭救生艇及其吊钩释放系统定期检查内容，可根据具体情况做适当的取舍。

记录检验结果时，应进行客观的填写及描述。

记录表以外的检验内容，可在表中适当位置用手加写。

记录表的每一页均应由高级船员或船东代表签字，作为检验工作的确认。

记录表应作为检验报告的附件，与检验报告一同存档备查。

8 检验报告

检验人员依照本标准的要求，对救生艇及吊钩释放系统进行了检验，对其总体性能是否能够满足要求做出判定。

检验报告格式参见表B.13。

检验报告应由检验人员、船方代表及验船师签字确认，并一式两份，检验机构、船方各执一份存档备查。

附 录 A
（资料性附录）
救生艇及吊钩释放系统的周检及月检项目

A.1 救生艇周检及月检项目

A.1.1 概述

船员应按照救生艇制造商提供的使用维护手册的要求执行周检及月检。进行月检前，应首先完成周检项目。

A.1.2 艇体常规外观检查

艇体常规外观检查为月检项目。

a) 艇外检查见 4.2.2a)；

b) 艇内检查见 4.2.2b)。

A.1.3 主机及推进系统检查

a) 周检项目：
   1) 检查主机的各种液位满足使用要求；
   2) 检查主机可在 2 min 内冷机启动、怠速下运转、空负荷下全速运转，主机仪表盘所有仪表工作正常；
   3) 检查齿轮箱换向功能正常；
   4) 进行柴油机使用说明书要求的周检内容检查。

b) 月检项目：
   1) 检查主机的辅助起动系统功能正常；
   2) 进行柴油机使用说明书要求的月检内容检查。

A.1.4 电气系统检查

电气系统检查为月检项目。

a) 蓄电池及电缆：
   1) 检查确认蓄电池电压正常；
   2) 检查确认蓄电池电缆接头无腐蚀现象、连接固定可靠无松动；
   3) 检查确认电缆无破损或腐蚀。

b) 检查确认舱内灯应工作正常并有备用灯泡。

c) 检查确认搜索灯应工作正常。

d) 检查确认示位灯应工作正常。

A.1.5 喷水系统检查

a) 周检项目：
   检查外部喷水管及附件完好无损，喷嘴无堵塞。

b) 月检项目：

1） 检查确认喷水操纵器灵活无阻塞、加注黄油、推拉手柄2次～3次；
2） 检查喷水系统进口阀应固定牢固，无过度锈蚀，可以正常打开和关闭；
3） 检查喷水泵皮带松紧度及磨损情况，确认其能正常使用；
4） 检查内部喷水管路及附件完好无损。

A.1.6 应急供气系统检查

a） 周检项目：
检查空气瓶内空气压力，如果压力低于使用维护手册的要求，应充气至规定的压力。
b） 月检项目：
1） 检查空气系统外观及其完整性；
2） 检查压力平衡阀，并做维护保养，确保其处于正常工作状态。

A.1.7 操纵系统检查

a） 周检项目：
1） 检查操舵轮，左右转动舵柄确认舵轮运动平缓、连续、到位；
2） 检查舵可左右灵活转动。
b） 月检项目：
1） 检查应急舵杆妥善存放，并可靠固定；
2） 检查应急操舵转换机构工作正常。

A.1.8 排污系统检查

a） 周检项目：
检查排污系统管路应无破损。
b） 月检项目：
检查排污泵工作应正常，无损坏。

A.1.9 舾装件检查

a） 周检项目：
1） 检查艏缆释放装置应安装正确功能完好；
2） 检查滑架、护舷应安装牢固，无损坏；
3） 检查驾驶楼窗透光板应清洁；
4） 检查舱口盖及附件应功能完好；
5） 检查安全带应安装牢固功能完好；
6） 检查栏杆扶手应安装牢固可靠；
7） 检查通风装置应功能完好；
8） 检查固艇装置应牢固可靠。
b） 月检项目：
月检项目同周检项目。

A.1.10 属具检查

a） 周检项目：
检查艇篙、搜索灯等常用属具配备齐全随时可用。
b） 月检项目：

检查淡水、口粮、火焰信号、烟雾信号、急救药包、防晕船药、手持灭火器等标明有效期的属具应在有效期内，超出有效期的应予以更换。

A.1.11 标志及标牌检查

a) 周检项目：
   1) 救生艇 IMO 标牌应齐全；
   2) 救生艇内部指示标牌应齐全。
b) 月检项目：
   1) 救生艇两舷船名及船籍港标志应清晰；
   2) 救生艇顶部船名及救生艇号码标志应清晰。

A.2 吊钩释放系统周检及月检项目

A.2.1 周检项目

a) 检查索环与吊钩的连接情况。索环与钩头连接密合，索环被挡在吊索护架内；
b) 检查吊钩已被正确锁紧；
c) 检查吊钩不应有损伤。包括腐蚀、灰尘、过多的盐分堆积或附着生物；
d) 检查释放手柄处于锁紧位置并被安全锁紧；
e) 检查静压释放装置处于正确的锁紧位置；
f) 检查所有软轴不应有损伤；
g) 检查所有的操作标牌应齐全清晰，内容正确，粘贴位置合适；
h) 检查整个吊钩释放系统的有关部件已充分涂油脂保护；
i) 检查确认吊钩及释放器已安全锁紧；
j) 将救生艇负荷从转移负荷装置上转移回吊钩，并恢复救生艇的绑扎固定。

A.2.2 月检项目

a) 检查吊钩，确认钩头在工作范围内能够自由转动，没有任何阻滞，否则，需要进行调整；
b) 检查释放手柄操作灵活，如存在阻滞，则需要进行相关的检查；
c) 检查软轴的连接情况，确认软轴已可靠连接、释放软轴已可靠密封，并且抽拉正常；
d) 检查确认系统的应急释放可正常操作；
e) 检查确认吊钩及释放器的复位可正常操作；
f) 检查确认吊钩及释放器已安全锁紧；
g) 将救生艇负荷从转移负荷装置上转移回吊钩，并恢复救生艇的绑扎固定。

附 录 B
（资料性附录）
检查记录表

B.1 救生艇定期检查记录表见表 B.1～表 B.13。

表 B.1 救生艇定期检验结构及密性检查记录表

艇体结构常规检查		
序号	检查项目及内容	检查结果
1	艇体外型是否变形、程度、位置	
2	外表面胶衣层有无色变、划伤、裂纹、程度	
3	外部结构层有无裂纹、断裂、孔洞、位置	
4	内表面胶衣层有无裂纹、位置	
5	内部结构层有无裂纹、位置	
6	艇内合拢缝有无开裂、位置	
超负载试验		
序号	试验项目及内容	试验结果
1	依次将空载、满载、25%超载、50%超载状态的救生艇通过吊钩吊起，测量各种状态下的龙骨变形并对艇体进行认真检查。 救生艇经受25%超负载时的龙骨变形不应超过艇长的1/400，而在各种状态下其结构不应有任何损坏。 超载重量的分布应与救生艇在作业条件下的载荷成比例	
艇体密性检查		
序号	检查项目及内容	检查结果
1	水线以下艇体密性	
2	水线以上艇体密性	
检验结论		

表 B.2 救生艇定期检验发动机及推进系统检查记录表

发动机及推进系统检查		
序号	检查项目及内容	检查结果
1	根据发动机使用说明书要求，更换滑油、齿轮箱油、冷却液等	
2	根据发动机使用说明书要求，更换燃油滤器、滑油滤器、空气滤器等	

表 B.2（续）

<table>
<tr><td colspan="3">发动机及推进系统检查</td></tr>
<tr><td>序号</td><td>检查项目及内容</td><td>检查结果</td></tr>
<tr><td>3</td><td>检查发动机自由端传动皮带的张紧度应正常，如果磨损严重，应换新</td><td></td></tr>
<tr><td>4</td><td>检查发动机海水泵叶轮及泵轴密封圈应工作正常</td><td></td></tr>
<tr><td>5</td><td>检查燃油管路应无泄漏；燃油箱上的各附件功能正常，无泄漏</td><td></td></tr>
<tr><td>6</td><td>检查发动机排烟管的外包隔热层，发动机运行时表面温度应不高于 60 ℃</td><td></td></tr>
<tr><td>7</td><td>检查冷却水管路及接头应无泄漏，管体及附件应无严重锈蚀、老化现象</td><td></td></tr>
<tr><td>8</td><td>检查发动机在安装位置上可靠固定，紧固螺栓已锁紧，发动机应无走位现象</td><td></td></tr>
<tr><td>9</td><td>检查联轴器应可靠连接、紧固及锁紧</td><td></td></tr>
<tr><td>10</td><td>检查艉轴密封装置安装固定牢固，并有效锁紧</td><td></td></tr>
<tr><td>11</td><td>检查发动机在全速运转时，艉轴无异常振动、声响及异常发热现象</td><td></td></tr>
<tr><td>12</td><td>螺旋桨应可靠固定并有效锁紧。表面无严重的锈蚀。桨叶无卷曲及缺痕，桨叶表面无海生物及其他附着物</td><td></td></tr>
<tr><td colspan="3">试验验证</td></tr>
<tr><td>序号</td><td>试验项目及内容</td><td>验证结果</td></tr>
<tr><td rowspan="3">1</td><td>将救生艇置于水中进行空车运转试验</td><td rowspan="3"></td></tr>
<tr><td>启动发动机空车怠速运转 5 min。
空车额定转速（或全速）的 50%转速运转 5 min。
空车额定转速（或全速）的 75%转速运转 10 min。
空车额定转速（或全速）运转 10 min</td></tr>
<tr><td>试验期间，检查各仪表指示稳定；无水温及油压报警；柴油机无异常声响及发热现象</td></tr>
<tr><td rowspan="3">2</td><td>发动机带负荷运转试验</td><td rowspan="3"></td></tr>
<tr><td>正车怠速运转 5 min。
正车额定转速（或全速）的 50%转速运转 20 min。
正车额定转速（或全速）的 75%转速运转 20 min。
正车额定转速（或全速）运转 30 min。
倒车额定转速（或全速）运转 5 min</td></tr>
<tr><td>试验期间，检查各仪表指示稳定；无水温及油压报警；柴油机无异常的声响及发热现象；艉轴前密封无泄漏，艉轴无异常振动及发热现象</td></tr>
<tr><td>检 验 结 论</td><td colspan="2"></td></tr>
</table>

表 B.3 救生艇定期检验电气系统检查记录表

电气系统检查		
序号	检查项目及内容	检查结果
1	检查确认蓄电池安装固定牢固可靠	
2	检查确认蓄电池电缆接头无腐蚀现象、连接固定可靠无松动	
3	检查确认电缆无破损或腐蚀	
4	检查确认蓄电池电压正常	
5	检查确认舱内灯应工作正常并有备用灯泡	
6	检查确认搜索灯应工作正常	
7	检查确认示位灯应工作正常	
检验结论		

表 B.4 救生艇定期检验喷水系统检查记录表

喷水系统检查		
序号	检查项目及内容	检查结果
1	检查喷水泵，应无破损、过度锈蚀及漏水现象	
2	检查内外部喷水管及其连接处应牢固，无损坏现象	
3	检查喷水操纵装置应无过度锈蚀，操作正常	
4	检查喷水阀操纵软轴外皮应无破损，两端连接及固定情况应无松动脱落	
5	检查喷水系统进口阀应固定牢固，无过度锈蚀，可以正常打开和关闭	
6	检查系统淡水冲洗接口布置应满足规范要求，应能用淡水冲洗整个管路系统	
7	检查喷水系统操作说明应齐全、清晰	
试验验证		
序号	试验项目及内容	验证结果
1	将救生艇放入水中，启动发动机使其全速运转(脱开螺旋桨装置)，打开喷水阀，观察喷水系统工作情况	
	检查喷水泵应运转正常，无漏水现象。 检查喷水进口阀应无漏水现象。 检查内部喷水管及连接处应无漏水现象。 观察艇外表面水膜覆盖情况，洒水水膜应能遮盖艇的表面。 检查喷嘴应无堵塞，连接处应无漏水现象。 试验后应接入淡水，冲洗整个管路	
检验结论		

表 B.5　救生艇定期检验应急供气系统检查记录表

应急供气系统检查		
序号	检查项目及内容	检查结果
1	检查空气瓶的状况，应无过度锈蚀及损坏	
2	检查集气管及其连接状况，应无松动，集气管应无过度锈蚀、损坏以及漏气现象	
3	检查高压管路及其连接状况，应无松动，高压管应无破损漏气现象	
4	检查减压阀应工作正常读数正确，无锈蚀和损坏	
5	检查整个系统的密性，应无漏气现象	
6	检查空气瓶压力，如果压力低于使用维护手册的要求，应充气至规定压力	
7	检查压力平衡阀状况，应无锈蚀且可正常开启和关闭	
8	检查空气系统操作说明应齐全、清晰	
检验结论		

表 B.6　救生艇定期检验操纵系统检查记录表

操纵系统检查		
序号	检查项目及内容	检查结果
1	检查操舵轮，左右转动舵柄确认舵轮运动平缓、连续、到位	
2	检查导流舵可左右灵活转动	
3	检查整个系统各部件的安装应正确、完整	
4	检查舵杆应无严重锈蚀，舵杆填料函安装固定可靠并水密	
5	检查舵托固定牢固，无严重锈蚀，螺栓紧固，并有效锁紧	
6	检查应急操舵装置功能正常	
试验验证		
序号	试验项目及内容	验证结果
1	救生艇在全速下的操舵试验	
	正舵→左满舵→正舵→右满舵→正舵→左满舵→正舵。操舵正常	
2	救生艇在全速下的应急操舵试验	
	正舵→左舵 15°→正舵→右舵 15°→正舵→左舵 15°→正舵，操舵正常	
检验结论		

表 B.7 救生艇定期检验排污系统检查记录表

排污系统检查		
序号	检查项目及内容	检查结果
1	检查排污泵应工作正常，无损坏	
2	检查排污系统管路应无破损	
3	检查艇底塞应无锈蚀和损坏。把手和盖齐全	
试验验证		
序号	试验项目及内容	验证结果
1	排污泵排污试验 操作排污泵进行排污试验，检验其排水效果，应能将艇内的水排出。试验中排污管路应无漏水现象	
2	艇底塞排水效果试验 检查艇底塞的排水效果，应能使艇内的水自动流出	
检验结论		

表 B.8 救生艇定期检验舾装件检查记录表

舾装件检查		
序号	检查项目及内容	检查结果
1	检查救生绳及其安装应牢固可靠	
2	检查食品箱、淡水箱和属具箱的箱体强度、刚性、材料以及附件的老化程度，确认其能正常使用	
3	检查雨水收集装置及安装附件应齐备完好	
4	检查艏缆释放装置的安装固定、锈蚀状况，确定其能正常使用	
5	检查滑架、护舷的安装固定及金属件的锈蚀情况，确定其能正常使用	
6	检查驾驶楼窗的水密性和透光性，确定驾驶人员能够清楚地观察外部情况	
7	检查舱口盖的整体结构(包括强度、刚性、材料的老化程度等)及其附件的状况，确定其能正常使用	
8	检查安全带应安装固定牢固可靠，锁紧扣功能完好	
9	检查登艇梯及安装附件，应能正常使用	
10	检查栏杆扶手应无严重锈蚀(或老化)且安装牢固可靠	
11	检查系缆桩应无严重锈蚀且安装牢固可靠(包括安装处的艇体无损坏)	
12	检查通风装置应功能完好，无严重锈蚀(或老化)，安装固定牢固	
13	检查固艇装置应无严重锈蚀且安装牢固可靠(包括安装处的艇体无损坏)	
14	检查其他舾装件应功能完好且安全可靠	
检验结论		

表 B.9　救生艇定期检验属具配备情况检查记录表

属具配备情况检查				
序号	检查项目	数量	附注	检查结果
1	可浮桨	(2)个	数量足够,配齐桨架、桨叉(以短绳或链条系于艇上)	
2	带钩艇篙	2个		
3	可浮水瓢	1只		
4	水桶	2只		
5	救生手册	1本		
6	罗经	1只	具有发光剂或适当照明装置,固定在操舵位置。应进行效用试验	
7	海锚	1只	配有耐震锚索1根	
8	艇艏缆	2根	长度不小于从艇存放位置至最轻载水线距离的2倍或15 m取其长者,靠近艇艏位置	
9	太平斧	2把	艇的艏艉各1把	
10	淡水	3 L/人	装在水密容器内。应在保质期内	
11	不锈水勺	1个	系有短绳	
12	不锈饮料量杯	1个		
13	口粮	1份/人	每人不少于10 000 kJ,气密包装并存放在水密容器内。应在保质期内	
14	火箭降落伞火焰信号	4支	符合国际海上人命安全公约(SOLAS公约)要求。应在有效期内	
15	手持火焰信号	6支	符合国际海上人命安全公约(SOLAS公约)要求。应在有效期内	
16	漂浮烟雾信号	2支	符合国际海上人命安全公约(SOLAS公约)要求。应在有效期内	
17	防水手电筒	1只	适于摩氏通信,连同备用电池1副及备用灯泡1只,装在水密容器内。应进行效用试验	
18	日光信号镜	1面	包括与船舶、飞机通信用法须知	
19	救生图解	1张	印在防水硬纸上或装在防水容器内	
20	哨笛	1只		
21	急救药包	1套	置于用后可盖紧的水密箱内。应在有效期内	
22	防晕船药	1份/人	每人配备48 h用量。应在有效期内	
23	清洁袋	1个/人		
24	水手刀	1把	用短绳系于艇上	
25	开罐头刀	3把		
26	可浮救生环	2个	系有长度不小于30 m的浮索	

表 B.9（续）

属具配备情况检查				
序号	检查项目	数量	附注	检查结果
27	钓鱼用具	1套		
28	主机工具	1套		
29	手持灭火器	1具	适用扑灭油类火灾。应在有效期内	
30	搜索灯	1具	可连续工作不少于3 h。应进行效用试验	
31	雷达反射器	1具		
32	保温用具	(2)件	额定乘员10%或2件，取其大者	
33	可浮索	1根	长度不少于50 m，具有足够拖带救生筏的强度。救生艇兼做救助艇时配备	
检验结论				

表 B.10　救生艇定期检验标志及标牌检查记录表

标志及标牌检查			
序号	检查项目	检查内容	检查结果
1	救生艇尺度及乘员定额标志	字迹清晰；标明于救生艇入口附近	
2	救生艇所属船名及船籍港标志	粗体罗马字母；标明于艇艏两侧	
3	救生艇所属船名及救生艇号码标志	标明于救生艇顶部，字体尺度适当，可以从空中看清	
4	反光带	反光带的分布应满足国际公约的要求且现存状况良好	
5	救生艇出厂铭牌	数量1块，耐腐蚀材料制作；须标明的内容应完整；固定于艇外部登艇门附近	
6	IMO救生艇/救助艇降落水面标牌	数量1块；贴在救生艇外部、母船舷内一侧	
7	IMO扣紧座位安全带标牌	数量2块；贴在救生艇内部艉门及侧门附近	
8	IMO关紧舱口盖标牌	数量2块；贴在救生艇内部艉门及侧门上	
9	IMO启动发动机标牌	数量1块；贴在主机操纵器附近	
10	IMO释放降落标牌	数量1块；贴在吊钩释放器附近	
11	IMO开始供气标牌(油轮型艇)	数量1块；贴在空气表(或放气阀)附近	
12	IMO开始喷水标牌(油轮型艇)	数量1块；贴在喷水控制器附近	
13	内部指示标牌	足够数量的指示标牌，标明救生艇内设备及属具的名称或存放位置	
14	外部标牌	救生艇吊装操作注意事项等标牌；贴在艇外相应位置	
检验结论			

表 B.11 吊钩释放系统年度检验检查记录表

吊钩释放系统检查		
序号	检查项目及内容	检查结果
1	检查吊钩各部件及附件安装连接的完整性及正确性	
2	吊索环扣与吊钩连接正确，并被吊索挡板有效挡住。吊索挡板转动灵活	
3	吊钩外表面及啮合面不应有固状物沉积	
4	吊钩及吊钩轴无严重锈蚀，吊钩转动灵活	
5	检查释放销轴的锁紧面不应有明显的磨损	
6	检查吊钩尾部的磨损情况，不应超出安全使用范围	
7	吊钩上所有的注油嘴工作正常	
8	吊钩座的固定螺栓紧固，可靠锁紧，无严重锈蚀	
9	吊钩座与吊钩架体的连接应可靠	
10	检查释放器各部件及附件安装连接的完整性及正确性	
11	释放手柄被置于锁紧位置时，可被可靠锁紧	
12	释放手柄在释放位置的定位装置功能正常	
13	释放软轴两端的固定点无松动，软轴无严重锈蚀现象，软轴外皮应无裂纹及损坏现象	
14	释放器上静压锁紧指示处在正确位置上	
15	检查静压释放装置各部件及附件安装连接的完整性及正确性	
16	静压释放器应固定可靠，无锈蚀现象	
17	对释放手柄进行释放及锁紧操作时不应有阻滞现象	
18	检查应急释放装置可正常操作，各附件齐全	
19	检查确认当置释放手柄处于释放位置时，两只吊钩可被同时打开	
20	吊钩复位后，将释放手柄置于锁紧位置，可将两只吊钩同时正确锁紧	
21	将救生艇完全放入水中后，静压锁紧装置应可自动打开	
22	艇在水中时，检查静压释放装置的管路不应有泄漏	
23	将救生艇吊出水面后，静压锁紧装置可自动锁紧，这种打开与锁紧的状态有关人员可清楚地观察到	
24	吊钩释放系统的操作使用标牌齐全，字迹清晰，内容及粘贴位置正确	

表 B.11（续）

试验验证		
序号	试验项目及内容	验证结果
1	救生艇完全浮于水中。 将释放手柄置于锁紧位置，两只吊钩可同时被正确锁紧	
2	救生艇完全浮于水中。 操纵释放手柄，可同时将两只吊钩释放	
3	空载状态的救生艇被刚刚吊出水面。 操纵释放手柄，可同时将两只吊钩释放	
检验结论		

表 B.12　吊钩释放系统 5 a 检验检查记录表

吊钩释放系统检查		
序号	检查项目及内容	检查结果
1	检查吊钩各部件及附件安装连接的完整性及正确性	
2	吊索环扣与吊钩连接正确，并被吊索挡板有效挡住。吊索挡板转动灵活	
3	去除吊钩外表面固状沉积物，并进行防腐处理	
4	检查吊钩轴无损坏及变形，吊钩转动灵活	
5	检查释放销轴无损坏及变形，其锁紧面无明显的磨损	
6	检查吊钩尾部的磨损情况，不应超出安全使用范围	
7	吊钩上所有的注油嘴工作正常	
8	吊钩座的固定螺栓紧固，可靠锁紧，无严重锈蚀	
9	吊钩座与吊钩架体的连接应可靠	
10	检查释放器各部件及附件安装连接的完整性及正确性	
11	释放手柄被置于锁紧位置时，可被可靠锁紧	
12	释放手柄在释放位置的定位装置功能正常	
13	释放软轴无严重锈蚀及损坏现象；软轴两端调节正确、到位，固定牢固可靠	
14	释放器上静压锁紧指示位置正确	
15	检查静压释放装置各部件及附件安装连接的完整性及正确性	
16	静压释放器应固定可靠，无锈蚀现象	
17	对释放手柄进行释放及锁紧操作时不应有阻滞现象	

表 B.12（续）

吊钩释放系统检查		
序号	检查项目及内容	检查结果
18	检查应急释放装置可正常操作，各附件齐全	
19	检查确认当置释放手柄处于释放位置时，两只吊钩可被同时打开	
20	吊钩复位后，将释放手柄置于锁紧位置，可将两只吊钩同时正确锁紧	
21	将救生艇完全放入水中后，静压锁紧装置应可自动打开	
22	艇在水中时，检查静压释放装置的管路不应有泄漏	
23	将救生艇吊出水面后，静压锁紧装置可自动锁紧，这种打开与锁紧的状态有关人员可清楚地观察到	
24	吊钩释放系统的操作使用标牌齐全，字迹清晰，内容及粘贴位置正确	
试验验证		
序号	试验项目及内容	验证结果
1	救生艇完全浮于水中。 将释放手柄置于锁紧位置，两只吊钩可同时被正确锁紧	
2	救生艇完全浮于水中。 操纵释放手柄，可同时将两只吊钩释放	
3	空载状态的救生艇被刚刚吊出水面。 操纵释放手柄，可同时将两只吊钩释放	
4	1.1 倍满载状态的救生艇被刚刚吊出水面。 操纵释放手柄，可同时将两只吊钩释放	
检验结论		

表 B.13　救生艇及吊钩释放系统定期检验报告

申请检验船舶名称：		
检验机构：	检验时间：	检验地点：
救生艇主要参数	船籍国：	救生艇型号：
	船东：	救生艇编号：
	发证机关：	乘员人数：
	制造厂家：	吊钩型号：
	制造日期：	吊钩安全工作负荷：

表 B.13（续）

检验项目及结论	艇体结构及密性	
	发动机及推进系统	
	电气系统	
	喷水系统	
	应急供气系统	
	操纵系统	
	排污系统	
	舾装件	
	属具配备情况	
	标志及标牌	
	吊钩释放系统	
船方代表：	验船师：	检验人员：

ICS 47.020.50
U 23

中华人民共和国国家标准

GB/T 29128—2012

船舶固定式气体灭火系统通用要求

General requirements for marine fixed gas fire-extinguishing systems

2012-12-31 发布　　2013-07-01 实施

中华人民共和国国家质量监督检验检疫总局
中国国家标准化管理委员会　发布

前　言

本标准按照 GB/T 1.1—2009 给出的规则起草。

本标准由中国船舶工业集团公司提出。

本标准由全国船用机械标准化技术委员会船舶消防分技术委员会(SAC/TC 137/SC 8)归口。

本标准起草单位:中国船舶工业综合技术经济研究院、南京消防器材股份有限公司、九江中船长安消防设备有限公司、江西三星气龙新材料股份有限公司、武汉中标联科技开发有限公司、公安部天津消防科学研究所、福建天广消防科技股份有限公司。

本标准主要起草人:汪远、梁俊、龙寅、莫英华、刘连喜、凌文刚、黄如良、郭新峰、郭新茂。

船舶固定式气体灭火系统通用要求

1 范围

本标准规定了船舶固定式气体灭火系统(以下简称"系统")的定义、分类、设计与结构、要求、试验方法、检验规则。

本标准适用于船舶机器处所和货油泵舱用固定式全淹没高压二氧化碳灭火系统、固定式全淹没低压二氧化碳灭火系统、固定式全淹没七氟丙烷(HFC-227ea)灭火系统、固定式全淹没三氟甲烷(HFC-23)灭火系统、固定式全淹没混合气体(IG-541)灭火系统。

使用其他种类灭火剂的气体灭火系统也可参照采用。

2 规范性引用文件

下列文件对于本文件的应用是必不可少的。凡是注日期的引用文件,仅注日期的版本适用于本文件。凡是不注日期的引用文件,其最新版本(包括所有的修改单)适用于本文件。

GB 4396　二氧化碳灭火剂

GB/T 4968　火灾分类

GB/T 16283　固定式灭火系统基本术语

GB 18614　七氟丙烷(HFC-227ea)灭火剂

GB 20128　惰性气体灭火剂

GB 50193—1993　二氧化碳灭火系统设计规范(2010 年版)

GB 50370—2005　气体灭火系统设计规范

ISO 14520-9　气体灭火系统　物理性能和系统设计　第 9 部分:七氟丙烷(HFC-227ea)灭火剂(Gaseous fire-extinguishing systems—Physical properties and system design—Part 9: HFC 227ea extinguishment)

ISO 14520-10　气体灭火系统　物理性能和系统设计　第 10 部分:三氟甲烷(HFC-23)灭火剂(Gaseous fire-extinguishing systems—Physical properties and system design—Part 10: HFC 23 extinguishment)

ISO 14520-15　气体灭火系统-物理性能和系统设计　第 15 部分:惰性气体(IG-541)灭火剂(Gaseous fire-extinguishing systems—Physical properties and system design—Part 15: IG-541 extinguishment)

IEC 60331　着火条件下电缆的试验(Tests for electric cable under fire conditions—Circuit integrity)

3 术语和定义

GB/T 4968 和 GB/T 16283 中界定的以及下列术语和定义适用于本文件。

3.1

混合气体(IG-541)灭火剂　inert fire extinguishing agent IG-541

氮气、氩气和二氧化碳按一定质量比混合而成的灭火剂。

3.2

充装密度 fill density

贮存容器内灭火剂的质量与该贮存容器容积之比,单位为千克每立方米(kg/m^3)。

3.3

装量系数 loading factor

低压二氧化碳系统贮存容器内液态二氧化碳体积与该贮存容器容积之比。

3.4

贮存压力 storage pressure

贮存容器内按最大充装密度充装二氧化碳(高压系统),在20 ℃环境中的平衡压力。

贮存容器内按最大装量系数充装二氧化碳(低压系统),当容器内达到-19 ℃时的平衡压力。

贮存容器内按最大充装密度充装七氟丙烷,氮气充压后在20 ℃环境中的平衡压力。

贮存容器内按最大充装密度充装三氟甲烷,在20 ℃环境中的平衡压力。

贮存容器内按最大充装密度充装混合气体(IG-541),在20 ℃环境中的平衡压力。

3.5

最大工作压力 maximum working pressure

按最大充装密度或装量系数(低压二氧化碳系统)充装灭火剂(七氟丙烷系统在氮气充压后),在灭火剂最高贮存温度下容器中的平衡压力。

3.6

最小工作压力 minimum working pressure

按最大充装密度或装量系数(低压二氧化碳系统)充装灭火剂(七氟丙烷系统在氮气充压后),在灭火剂最低贮存温度下容器中的平衡压力。

3.7

喷射时间 discharge time

对于七氟丙烷系统和三氟甲烷系统在20 ℃环境条件下,喷头喷出设计浓度所需灭火剂量95%的时间。

对于低压二氧化碳系统、高压二氧化碳系统、混合气体(IG-541)系统在20 ℃环境条件下,喷头喷出设计浓度所需灭火剂量85%的时间。

3.8

保护处所的净容积 the net volume of a protected space

保护处所总容积中自由状灭火剂气体能达到的容积。

3.9

组合分配系统 combined distribution system

用一套灭火剂贮存装置,通过管网的选择分配,保护两个或两个以上保护处所的系统。

3.10

全淹没灭火系统 total flooding extinguishing system

在规定的时间内,向保护处所喷放设计规定用量的灭火剂,并使其均匀地充满整个保护处所的灭火系统。

3.11

灭火浓度 flame extinguish concentration

在标准大气压和规定的温度条件下,扑灭某种火灾所需气体灭火剂在空气中的最小体积百分比。

3.12

无毒性反应浓度(NOAEL) NOAEL concentration

观察不到由灭火剂毒性影响产生生理反应的灭火剂最大浓度。

3.13

有毒性反应浓度(LOAEL)　LOAEL concentration

能观察到由灭火剂毒性产生生理反应的灭火剂最小浓度。

3.14

浸渍时间　soaking time

在保护处所内维持设计规定的灭火剂浓度,使火灾完全熄灭所需的时间。

3.15

泄压口　pressure relief opening

灭火剂喷放时,防止保护处所内压超过允许压强,泄放压力的开口;设置在保护处所外墙或顶部用以泄放保护处所内部超压的开口。

4　分类

4.1　类型

4.1.1　根据系统对应的保护处所数量,系统可分为:

a)　单元独立系统;

b)　组合分配系统。

4.1.2　根据所用灭火介质的不同,系统可分为:

a)　固定式高(低)压二氧化碳系统;

b)　固定式七氟丙烷系统;

c)　固定式三氟甲烷系统;

d)　固定式混合气体(IG-541)灭火系统。

4.2　基本参数

系统的基本参数见表1。

表1　基本参数表

系统类别	喷射时间 ≤ s	贮存压力 MPa	最大工作压力 MPa	最小工作压力 MPa	最大充装密度 kg/m³	工作温度 ℃	灭火剂贮存温度 ℃
固定式高压二氧化碳系统	120	5.07	15.0	3.5	670.00	0～49	0～49
固定式低压二氧化碳系统		1.97	2.2	1.8	950.00	−23～50	−20～−18
固定式七氟丙烷系统	10	2.50	4.2	2.0	1 120.00	0～50	0～50
		4.20	6.7	3.6	950.00(焊接容器)		
			5.3		1 120.0(无缝容器)		
		5.60	7.6	4.2	1 080.00		
固定式三氟甲烷系统		4.20	13.7	1.4	760.00	−20～50	−20～50
固定式混合气体(IG-541)系统	120	15.0	17.2	13.6	211.15	0～50	0～50
		20.0	23.2	18.0	281.06		

5 设计与结构

5.1 组成

系统一般由灭火剂贮存装置(通常包括容器、容器阀等)、单向阀、选择阀、总控阀(低压二氧化碳系统)、启动装置、集流管、连接管、喷头、信号反馈装置、安全泄放装置、控制盘、检漏装置、减压装置(混合气体(IG-541)系统)、低泄高封阀(具有驱动气体瓶组的系统)、管路管件及吊钩支架等部件组成。

5.2 灭火剂

系统所用灭火剂应分别符合 GB 4396、GB 18614、GB 20128、ISO 14520-9、ISO 14520-10、ISO 14520-15 的要求,相关性能要求参见附录 A。

5.3 启动

5.3.1 系统应只能手动启动。手动启动不应仅由单一动作完成,且应具有防止误动作的措施。在灭火剂贮存容器处,应能就地完成系统的手动启动。

5.3.2 系统应具有延迟启动功能,以保证保护处所内的人员在系统施放前得以撤离。延迟时间为 20 s~40 s,延时期间在保护处所应有声光报警。

5.3.3 系统如设有区域选择阀,系统启动时,应在选择阀开启后开启主控阀。

5.3.4 系统的启动不应导致失电或者使船舶的机动性降低。

5.3.5 系统启动时,应在保护处所、机舱集控室和驾驶室发出声光报警信号。

5.3.6 当系统采用手动电气启动时,启动回路不宜穿越保护处所。

5.4 运行

5.4.1 系统的操作与控制应包括对开口封闭装置、通风机械等设备的联动操作与控制。系统启动释放灭火剂时应能自动关闭开口封闭装置和(或)通风机械,以关闭保护处所内除泄压口外的开口,保证灭火剂浓度。

5.4.2 系统应设置两套电源。

5.4.3 系统及其部件应具有船用环境适应性,能承受船舶正常的环境温度变化、振动、湿度、碰撞、冲击和腐蚀的影响。

5.4.4 系统贮存容器及其他部件、管道的公称压力,不应小于在工作温度上限时所承受的工作压力。

5.4.5 安装在保护处所内的部件应能承受火灾期间可能出现的高温。系统所有在保护处所内的管路、管件、喷头和支吊架以及采用的焊接材料,其材料熔点不应低于 925 ℃。

5.4.6 系统的控制设备应易于接近和操作,在每一个操作部位都应张贴有永久性的操作指南。

5.5 安装设计

5.5.1 应按保护处所内的可燃物,选取相应的灭火设计浓度。当几种可燃物共存或混合时,灭火设计浓度应按其中最大的灭火设计浓度确定。系统的灭火设计浓度至少为灭火浓度的 130%。

5.5.2 对于保护机器处所的二氧化碳系统,所需二氧化碳灭火剂设计用量至少为式(1)或式(2)计算值的较大者。

$$W = K_1 V_1 / 0.56 \qquad (1)$$

$$W = K_2 V_0 / 0.56 \qquad (2)$$

式中:

W ——保护处所灭火剂设计用量的数值,单位为千克(kg);

K_1——浓度系数，取 0.40，当货船小于 2 000 总吨时，取 0.35；

V_1——最大的保护处所容积的数值，此容积算至机舱棚的某水平面为止，该水平面面积不大于从双层底至机舱棚最低部分的中点处水平面积的 40%，单位为立方米（m^3）；

K_2——浓度系数，取 0.35，当货船小于 2 000 总吨时，取 0.30；

V_0——最大的保护处所包括机舱棚在内的总容积的数值，单位为立方米（m^3）。

5.5.3 对于保护货油泵舱的二氧化碳系统，当运载货油闪点大于 60 ℃且货油泵单独设在一处所内时，所需二氧化碳灭火剂设计用量按 5.5.2 计算；当运载货油闪点不大于 60 ℃时，所需二氧化碳灭火剂设计用量应按式（3）计算：

$$W = K_3 V_0 / 0.56 \qquad \cdots\cdots(3)$$

式中：

K_3——浓度系数，取 0.45。

5.5.4 对于七氟丙烷系统和三氟甲烷系统，保护处所所需灭火剂设计用量应按式（4）计算；对于混合气体（IG-541）系统，保护处所所需灭火剂设计用量应按式（5）计算：

$$W = \frac{V}{S} \cdot \frac{C}{(100 - C)} \qquad \cdots\cdots(4)$$

$$W = \frac{V}{S} \ln\left(\frac{100}{100 - C}\right) \qquad \cdots\cdots(5)$$

式中：

C——灭火剂设计浓度的数值，为体积浓度，单位为百分比（%）；

V——保护处所净容积的数值，单位为立方米（m^3）；

S——灭火剂过热蒸汽（七氟丙烷、三氟甲烷灭火剂）或气体（混合气体（IG-541）灭火剂）在标准大气压和保护处所最低环境温度下的比容的数值，单位为立方米每千克（m^3/kg）。

注 1：式（4）和式（5）计算的灭火剂设计用量包括了在施放灭火剂时，因被保护处所气压增高而可能流失的灭火剂量。

注 2：灭火剂设计用量应按保护处所预期的最低环境温度条件，以保护处所的净容积为依据计算确定。

5.5.5 对于七氟丙烷系统、三氟甲烷灭火剂过热蒸汽，或混合气体（IG-541）系统灭火剂气体在标准大气压和保护处所最低环境温度下的比容应按式（6）计算：

$$S = S_0 + K_s \cdot T \qquad \cdots\cdots(6)$$

式中：

S_0——灭火剂过热蒸汽（七氟丙烷、三氟甲烷灭火剂）或气体[混合气体（IG-541）灭火剂]在标准大气压和 0 ℃温度下的比容的数值，单位为立方米每千克（m^3/kg），对于七氟丙烷系统为 0.126 9，对于三氟甲烷系统为 0.316 4，对于混合气体（IG-541）系统为 0.657 5；

K_s——灭火剂过热蒸汽或气体比容的温度变化系数，单位为立方米每千克摄氏度[$m^3/(kg℃)$]，对于七氟丙烷系统取 0.000 513，对于三氟甲烷系统取 0.001 2，对于混合气体（IG-541）系统为 0.002 4；

T——保护处所最低环境温度，单位为摄氏度（℃）。

5.5.6 计算保护处所净容积时，应包括机舱舱底容积、门、窗框容积以及在火灾中能够施放到保护处所中压缩空气的标准状态容积，应扣除下列物体（但不局限于）所占容积：

a) 辅机；

b) 锅炉；

c) 冷凝器；

d) 蒸发器；

e) 主机；

f) 减速齿轮箱；

g) 油柜；

h) 轴隧。

5.5.7 对于七氟丙烷系统、三氟甲烷系统和混合气体(IG-541)系统，灭火剂的储存量，应为保护处所的灭火设计用量与储存容器内的灭火剂剩余量和管道内的灭火剂剩余量之和，应按式(7)计算：

$$W_0 = W + W_s \qquad (7)$$

式中：

W_0——系统灭火剂储存量的数值，单位为千克(kg)；

W_s——系统灭火剂剩余量的数值，单位为千克(kg)。

对于七氟丙烷系统、三氟甲烷系统，灭火剂剩余量应按式(8)计算：

$$W_s = \Delta W_1 + \Delta W_2 \qquad (8)$$

式中：

ΔW_1——储存容器内的灭火剂剩余量的数值，单位为千克(kg)；

ΔW_2——管道内的灭火剂剩余量的数值，单位为千克(kg)。

注 1： 储存容器内的灭火剂剩余量，可根据储存容器内虹吸管管口以下的容器容积量换算；

注 2： 均衡管网和只含一个封闭空间的非均衡管网，其管网内的灭火剂剩余量均可不计；保护处所中含有两个或两个以上封闭空间的非均衡管网，其管网内的灭火剂剩余量，可根据各支管与最短支管之间长度差值的容积量计算。

对于混合气体(IG-541)系统，灭火剂剩余量应按式(9)计算：

$$W_s \geqslant 2.7V_2 + 2.0V_p \qquad (9)$$

式中：

V_2——系统全部储存容器的总容积的数值，单位为立方米(m^3)；

V_p——管网的管道内容积的数值，单位为立方米(m^3)。

5.5.8 保护处所围护结构承受内压的允许压强，不宜低于 2 000 Pa。应采取措施控制灭火剂施放时在保护处所内产生的压力变化，以使保护处所内的压力变化在－5 000 Pa～2 000 Pa 之间。保护处所可设置泄压口或防爆泄压孔，宜设置在围护结构墙体上。系统的泄压口应位于保护处所净高的 3/4 以上。泄压口面积应按式(10)计算：

$$F_x = K_x \frac{Q_x}{\sqrt{P_f}} \qquad (10)$$

式中：

F_x——泄压口面积的数值，单位为平方米(m^2)；

K_x——泄压口面积系数，对于二氧化碳系统取 0.456，对于七氟丙烷系统取 0.15，对于三氟甲烷系统取 0.087，对于混合气体灭火系统取 1.1；

Q_x——灭火剂在保护处所的平均喷放速率的数值，单位为千克每秒(kg/s)；

P_f——保护处所围护结构承受内压的允许压强的数值，单位为帕(Pa)。

5.5.9 各气体灭火系统管网计算应采用经验证和批准的设计方法。对于船用二氧化碳灭火系统管网计算，宜符合 GB 50193—1993(2010 年版)中 4.0.1～4.0.9 的规定；对于船用七氟丙烷灭火系统管网计算，应符合 GB 50370—2005 中 3.3.15～3.3.18 的规定；对于船用混合气体灭火系统管网计算，应符合 GB 50370—2005 中 3.4.8～3.4.11 的规定。

5.5.10 在预期浓度下使用时可能使人员致癌、致变、致畸的灭火剂不应使用。灭火剂设计浓度不应大于无毒性反应浓度(NOAEL)。任何情况下灭火剂在预期的最高环境温度下的实际浓度不应高于有毒性反应浓度(LOAEL)。

5.5.11 应采取措施以保证在发生火灾，灭火剂施放时或施放后，自保护处所泄漏至疏散通道的烟气产物不致对人员造成危害。控制站和火灾期间要求有人值班的其他处所，应确保其内的氟化氢(HF)和氯化氢(HCl)浓度值低于百万分之五。其他气体产物的浓度也应低于在暴露期内可能造成危险的浓度。

5.5.12 对所有船舶，灭火系统的设计手册应提出控制灭火剂分解产物的建议程序。在客船上，灭火系统的布置不应使灭火剂分解产物对人员健康造成危害。

5.5.13 如果系统的灭火剂容器布置在保护处所外。其储瓶间应位于安全和随时可到达之处，并应有效通风。储瓶间应能从开敞甲板进入，且在任何情况下应与保护处所分开。储瓶间的门应向外开启，且储瓶间和毗连围闭处所之间的舱壁和甲板，包括门和关闭其任何开口的其他设施，均应为气密。当储瓶间毗邻保护处所时，其间舱壁和甲板应具有 A-60 的耐火试验等级。储瓶间的通道不应穿过保护处所。

5.5.14 如果系统的灭火剂容器布置在被保护处所内，处所中的容器应均匀地分布，并应满足下列规定：

a) 设有一套位于保护处所外的手动启动装置，该装置设有两套位于保护处所外的动力源，并即刻可用；
b) 对连接容器的电源电路实施故障或断电监测，并设置声光报警予以显示；
c) 连接容器的气动、电动或液压动力源为双套，并互相分离。对气动或液压动力源实施失压监测，并设置声光报警予以显示；
d) 在保护处所内，系统释放所必需的电路采用满足 IEC 60331 标准或其他等效标准所规定的耐火电缆。当系统由液压或气动操作释放时，系统的释放管路为钢管、铜管等耐热管材；
e) 压力容器均设有自动的超压释放装置。当容器暴露于火势下且系统未动作时，该装置能安全地将容器内的内容物质排放至保护处所内；
f) 容器、电路以及任何系统的释放管路，布置成当保护处所由于机械性损坏、火灾或爆炸(即单个故障概念)等原因而造成任一动力释放管(线)路，或容器阀损坏时，仍能至少将达到灭火浓度所需的灭火剂量尽可能均匀地释放至保护处所；
g) 对容器由于泄漏和释放而造成的压力降实施监测，并在保护处所、驾驶室或消防控制设备集中布置的处所设置声光报警装置予以显示。

5.5.15 系统同一集流管上的储存容器，其规格、充压压力和充装量应相同。系统应设有方便检查容器内灭火剂量的装置。

5.5.16 两个或两个以上的保护处所采用组合分配系统进行保护时，一个组合分配系统保护的保护处所不应超过 8 个。当采取组合分配系统时，灭火剂储存量应按储存量最大的保护处所确定。组合分配系统应设置控制灭火剂流向的选择阀，保证将灭火剂输送到适当的保护处所中。选择阀应设有标明其保护处所的永久性铭牌，其公称直径应与该保护处所灭火系统的主管道相同。灭火剂输送管道应清楚地标明该管道通往的处所。应有适当的措施以防止灭火剂因误动作而注入任何处所。

5.5.17 系统分配管路以及喷头的布置应使灭火剂能在保护处所中得到均匀的分布。当保护对象属可燃液体时，喷头射流方向不应朝向液体表面。管网上不应采用四通管件进行分流。喷头宜贴近保护处所顶面安装，距顶面的最大距离不宜大于 0.5 m。每一安装末端喷头的分支管路上，应超出末端喷头至少 50 mm，以防阻塞。

5.5.18 系统容器阀和集流管之间应采用挠性连接。储存容器和集流管应采用支架固定牢固，储存容器应最少使用两个支架。在储存容器或容器阀上，应设置安全泄压装置。组合分配系统的集流管，应设置安全泄压装置。在通向每个保护处所的灭火系统主管道上，应设置压力讯号器或流量讯号器。

5.5.19 系统的控制设备应成组的安装于尽可能少的处所。

5.5.20 在潮湿环境中，容器安装时底部与甲板之间最少应保持 50 mm 的间距。

5.5.21 应在分配管路上安装相应的管路附件以便进行气密性试验和压力试验。

6 要求

6.1 外观

6.1.1 系统各部件应无加工缺陷或机械损伤，部件外表面应进行防腐处理，防腐涂层、镀层应完整、均匀。

6.1.2 灭火剂贮存容器、加压或启动装置气瓶，应在容器的外表正面标注内贮灭火剂或气体的名称或商品名称，字迹应明显、清晰。

6.1.3 系统的每一操作部位均应标明操作或使用方法，单向阀、选择阀应标明介质流动方向。在每一选择阀上还应标明保护处所或保护对象的名称或代号。

6.1.4 铭牌应牢固地设置在系统明显部位，注明：产品名称、型号规格、执行标准代号、贮存压力、灭火剂总量、装置重量、使用温度范围、生产单位、产品编号、出厂日期等内容。

6.2 性能

6.2.1 系统的运行参数应符合4.2的要求。系统启动后，其动作应准确、可靠无故障，系统动作程序应在选择阀开启后打开容器阀。

6.2.2 系统灭火性能应符合下列要求：

a) 对于B类油盘火，系统应在灭火剂喷放结束后30 s内灭火。浸渍时间结束后，开启围闭处所，不应出现复燃。系统扑灭油盘火后，油盘内所剩燃油应能覆盖住油盘表面。

注：油盘火是将装入特定尺寸形状油盘内的燃油引燃形成的火源。

b) 对于B类喷射火，系统应在灭火剂喷放结束后30 s内灭火。在灭火后15 s切断燃油的喷射。浸渍时间结束后，开启围闭处所前，重新喷射燃油15 s，不应出现复燃。开启围闭处所后，不应出现复燃。

注：喷射火是通过雾化装置，以特定的压力和流量喷射出燃油并引燃而形成的火源。

c) 对于A类木垛火，系统扑灭木垛火后，木垛的重量损失不应超过60%。

6.2.3 系统管路在1.5倍最大工作压力的水压下不应出现渗漏。

6.2.4 系统灭火剂输送管路在最大工作压力的气体压力下，关断气源3 min内压力降不应超过试验压力的10%。系统启动管路，在启动气体储存压力下，关断气源3 min内压力降不应超过试验压力的10%。

6.2.5 系统分配管网应能根据相关指令将灭火剂输送到相应的保护处所。

6.3 设计手册

对于所有船舶，灭火系统的设计手册应对建议的灭火剂分解产物的控制程序加以说明，包括碳氟化物灭火剂HF(氢氟酸)蒸气，其可能削弱人员的逃生能力。很明显，灭火剂长时间暴露在高温下将产生更高浓度的这类气体。与释放率相关的探测器的类型和敏感度的选择，应使灭火剂在升高温度下的暴露时间降至最小。在客船上，灭火系统的布置应使灭火剂分解物不致对人员的健康构成威胁，例如，在客船上，分解物不应施放到集合站附近。其他减轻措施包括撤离和戴面罩。

7 试验方法

7.1 外观

用目视的方法检查系统的外观。结果应符合6.1的要求。

7.2 模拟联动

组装一个包括全部结构部件的灭火系统，可用氮气或压缩空气替代灭火剂，手动启动系统，检查系统工作情况。结果应符合6.2.1的要求。

7.3 灭火

7.3.1 试验室

灭火试验应在 500 m^3 试验室进行，试验室应符合下列要求：

a) 试验室面积为 100 m^2，顶板高度为 5 m，长度和宽度均不小于 8 m。试验室设置一扇能关闭的出入门，其面积约为 4 m^2。试验室顶板上设置总面积不小于 6 m^2 的可关闭的通风口。见图 1。

b) 当试验室的门和通风口都关闭时，试验室无泄漏。在每次试验前确认门、通风口和其他贯穿处（如仪表通过的开口处等）的密封完整性。

单位为毫米

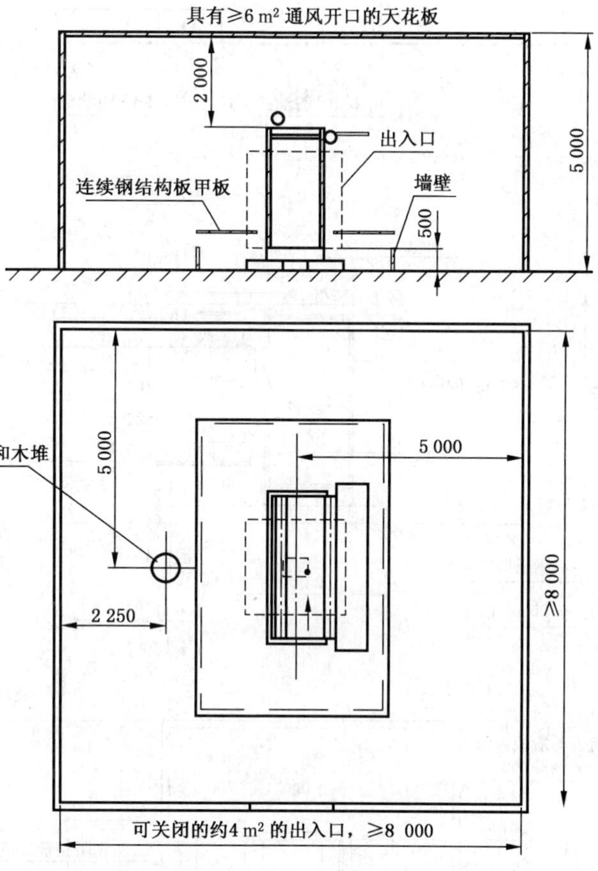

图 1 试验室示意图

7.3.2 试验模型

灭火试验采用发动机模型进行，发动机模型置于试验室的正中央，发动机模型应符合以下要求：

a) 发动机模型尺寸为 3 m×1 m×3 m（长度×宽度×高度），采用厚度为 5 mm 的钢板建造。模型上应配置两根直径为 0.3 m，长度为 3 m 的钢管，用于模拟排气管。同时还要安装一块平钢板，作为遮挡板，采用厚度为 5 mm 的花钢板制作。在模型的顶部应放置一个 3 m^2 的油盘。见图 1 和图 2。

b) 发动机模型周围布置一圈钢板平台，其尺寸为 6 m×4 m×0.75 m（长度×宽度×高度），采用花钢板制作，模拟甲板。具有按表 3 的要求设置试验火情的措施。

单位为毫米

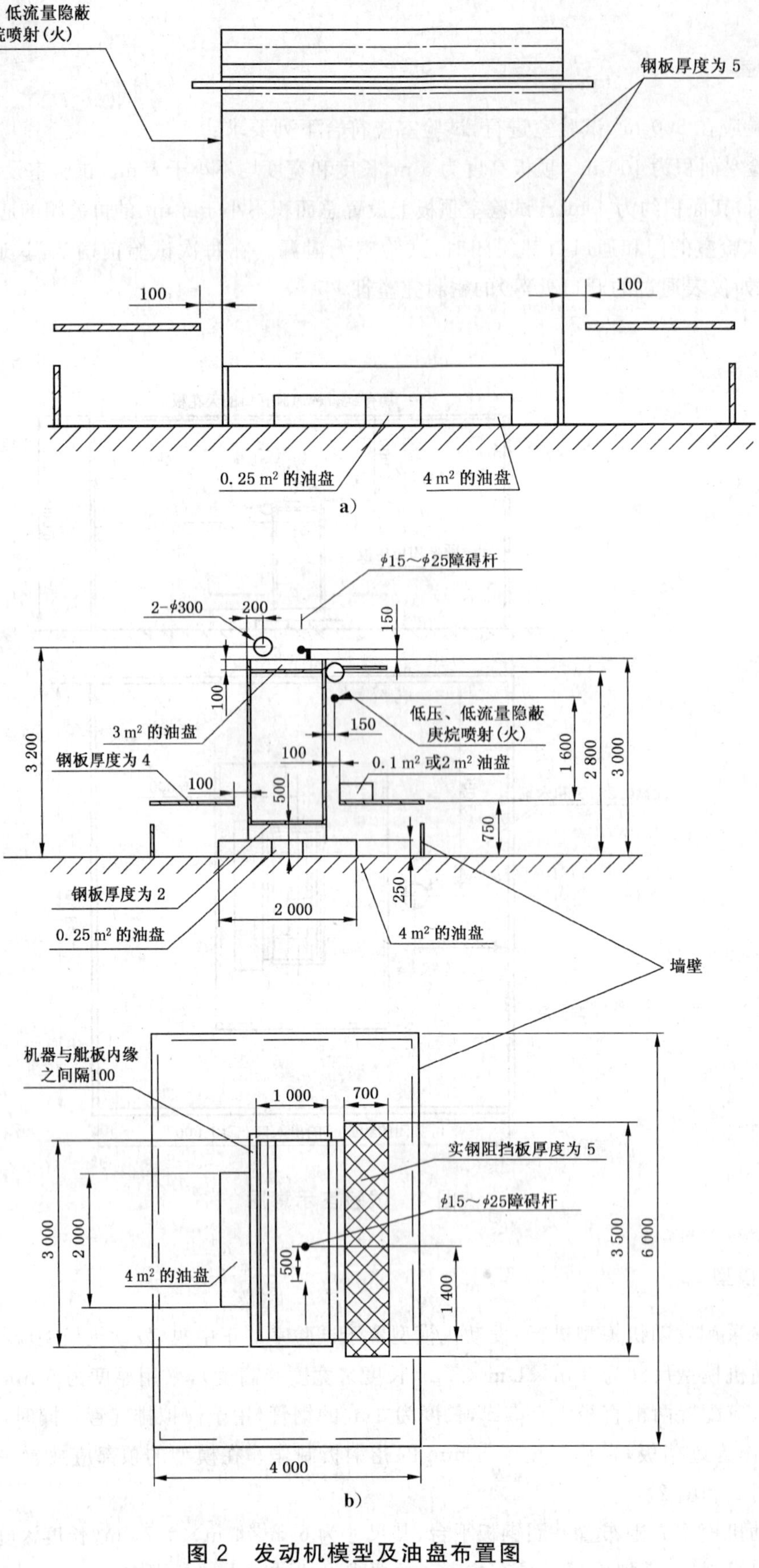

图 2　发动机模型及油盘布置图

7.3.3 仪器仪表

应配备仪器仪表连续测量和记录下列数据：

a) 三个垂直高度(1.0 m、2.5 m 和 4.5 m)的温度；

b) 封闭试验室的内部压力；

c) 试验室二分之一高度处的氧气、二氧化碳、一氧化碳和其他相关产物的浓度；

d) 火焰熄灭指示；

e) 喷射火燃油喷嘴压力；

f) 喷射火燃油流量；

g) 系统喷头压力。

仪器仪表应计量合格，并在有效期内。试验中所有需测量的量，其测量误差不应超过表 2 规定的数值。

表 2 测量误差

单位为百分之一

<table>
<tr><th>参数</th><th>误差</th></tr>
<tr><td>长度</td><td>±2</td></tr>
<tr><td>体积</td><td>±5</td></tr>
<tr><td>压力</td><td>±3</td></tr>
<tr><td>流量</td><td rowspan="3">±5</td></tr>
<tr><td>温度</td></tr>
<tr><td>浓度</td></tr>
</table>

7.3.4 灭火剂量

试验灭火系统的灭火剂量，按生产单位提供的设计浓度计算。对于试验 1(见表 4)，应采用设计浓度的 77%(但不低于杯式燃烧试验灭火浓度)计算灭火剂量。试验前应测量封闭试验室内的环境温度，并以此温度作为计算灭火剂量的预期温度。

7.3.5 灭火试验项目

7.3.5.1 试验火情的参数按表 3 的规定。

表 3 试验火情及参数

火情编号	试验火情	燃料	主 要 参 数	公称热释放率 MW
a	油罐火	庚烷	圆形钢质油罐，内径为 ϕ76 mm～ϕ100 mm，高度不小于 100 mm，壁厚不小于 2 mm。油罐底部垫水，加入燃料不少于 30 mm，液面距罐口 10 mm～20 mm	0.001 2～0.002 0
b	0.25 m^2 的油盘火	庚烷	正方形钢质油盘，尺寸为 0.5 m×0.5 m×0.25 m(长度×宽度×高度)，壁厚不小于 2 mm。油盘底部垫水，加入燃料不少于 30 mm，液面距盘口 150 mm±10 mm	0.35

表 3（续）

火情编号	试验火情	燃料	主要参数	公称热释放率 MW
c	2.1 m^2 的油盘火	轻柴油/商用工业燃料油	矩形钢质油盘，尺寸为 3.0 m×0.7 m×0.25 m(长度×宽度×高度)，壁厚不小于 2 mm。油盘底部垫水，加入燃料不少于 30 mm，液面距盘口 150 mm±10 mm	3
d	4 m^2 的油盘火	轻柴油/商用工业燃料油	正方形钢质油盘，尺寸为 2.0 m×2.0 m×0.25 m(长度×宽度×高度)，壁厚不小于 2 mm。油盘底部垫水，加入燃料不少于 30 mm，液面距盘口 150 mm±10 mm	6
e	低压喷射火	庚烷	全锥形喷射火，喷射角 120°～125°，公称喷射压力 0.80 MPa，燃油流量 0.16 kg/s±0.010 kg/s，燃油温度 20 ℃±5 ℃	5.8±0.6
f	低压低流量喷射火	庚烷	全锥形喷射火，喷射角 80°，公称喷射压力 0.85 MPa，燃油流量 0.03 kg/s±0.005 kg/s，燃油温度 20 ℃±5 ℃	1.1±0.1
g	高压喷射火	轻柴油/商用工业燃料油	标准角度(在 0.6 MPa 时喷射角 80°)全锥形喷射火，公称喷射压力 15 MPa，燃油流量(0.05±0.002)kg/s，燃油温度 20 ℃±5 ℃	1.8±0.2
h	木垛火	云杉或冷杉	木垛采用含水率为 9%～13%的云杉、冷杉或密度相当的松木制成。木垛共四层，每层六根方木。方木横截面为 50 mm×50 mm，长 450 mm。木垛层间相互垂直放置，方木之间间隔均匀，形成正方形，钉成木垛。木垛应由面积为 0.25 m^2 的正方形钢制油盘中的商用庚烷引燃。在预燃期内，木垛应在油盘中心正上方，距离油盘 300 mm～600 mm	0.3
i	0.10 m^2 的油盘火	庚烷	正方形钢质油盘，尺寸为 0.31 m×0.31 m×0.25 m(长度×宽度×高度)，壁厚不小于 2 mm。油盘底部垫水，加入燃料不少于 30 mm，液面距盘口 150 mm±10 mm	0.14

7.3.5.2 灭火试验项目应采用单个或组合火情进行，见表 4，各火情位置可参见图 2。灭火系统应进行表 4 中所有灭火试验项目的试验。对已成功通过所有灭火试验项目的灭火系统，若需进行新型喷头和相关分配系统设备的评估，则只需进行试验 1。试验 1 也用来确定喷头的最小设计压力。

表 4 灭火试验项目

试验序号	火情组合
1	火情 a，置于封闭试验室的 8 个角上。在试验室距顶板 150 mm，距每面墙 50 mm 处放置 4 只油罐；在试验室地面距每面墙 50 mm 处放置 4 只油罐
2	对于喷射时间不大于 10 s 的灭火系统为： ——火情 b，置于发动机模型主体中心正下方； ——火情 e，置于发动机模型顶部，方向为水平正对障碍杆，距离障碍杆 0.5 m； ——火情 g，置于发动机模型顶部。 总火负荷：7.95 MW。

表 4（续）

试验序号	火　情　组　合
2	对于喷射时间大于 10 s 的灭火系统为： ——火情 b，置于发动机模型主体中心正下方； ——火情 i，置于遮挡板下方的模拟甲板上。 总火负荷：0.49 MW
3	火情 c，置于遮挡板下方的模拟甲板上； 火情 h，置于发动机模型横向中心线上，距模型中心 2.75 m 处； 火情 f，置于与遮挡板紧邻的模拟排气管下方，距模拟甲板 1.6 m 处，方向沿发动机模型纵向中心线水平向前。 总火负荷：4.4 MW
4	火情 d，置于发动机模型主体中心正下方。 总火负荷：6 MW

7.3.6　试验程序

7.3.6.1　按表 3 的要求，设置试验火情。对油盘火，试验前应测定加入燃油的量和液面距盘口的高度；对喷射火，试验前应测定喷射燃油的流量和压力。

7.3.6.2　预燃时，应对试验室进行通风。系统施放时，试验室内氧气浓度不应低于 20%。

7.3.6.3　预燃结束后，应关闭门、顶板上的通风口和其他通风口。

7.3.6.4　试验火情应进行预燃，灭火剂施放前的预燃时间：

a）喷射火为 5 s～15 s；

b）油盘火为 2 min；

c）木垛火为 6 min。

7.3.6.5　在灭火剂施放结束后，试验室应保持封闭，其浸渍时间应为 15 min。

7.3.7　观测记录

7.3.7.1　试验前应观测和记录下列内容：

a）试验室温度、燃油温度、发动机模型温度；

b）灭火剂容器初始重量；

c）灭火剂分配系统和喷头的完整性；

d）木垛初始重量。

7.3.7.2　试验期间应观测和记录下列内容：

a）点火程序开始时间；

b）试验开始时间（点燃）；

c）通风口关闭时间；

d）系统启动时间；

e）灭火剂喷放结束时间；

f）喷射火燃油切断时间；

g）所有的火被扑灭的时间；

h) 复燃时间(如在浸渍时间内发生);

i) 浸渍期结束时间;

j) 从试验开始,按7.3.3的规定连续测量和记录的物理量。

7.3.7.3 灭火试验报告参照附录B的要求进行编写。

7.3.7.4 结果应符合4.2、6.2.2的要求。

7.4 耐压性

7.4.1 系统管路水压试验用介质应为清水,气压试验加压介质可采用空气或氮气。

7.4.2 当进行水压试验时,应以不大于0.5 MPa/s的速率缓慢升压至试验压力,保压5 min。结果应符合6.2.3的要求。

7.4.3 当水压试验条件不具备时,可采用气压强度试验代替。气压强度试验压力取值:二氧化碳灭火系统和三氟甲烷灭火系统为80%水压强度试验压力,混合气体(IG-541)灭火系统取10.5 MPa,七氟丙烷灭火系统取1.15倍最大工作压力。

7.4.4 当进行气压试验时,应事先采取有效的安全措施,且应防止系统误动作。试验时,应先用加压介质进行预试验,试验压力宜为0.2 MPa。然后,逐步缓慢增加压力,当压力升至试验压力的50%时,如未发现异状或泄漏,继续按试验压力的10%逐级升压,每级稳压3 min,直至试验压力。保压检查管道各处。结果应符合6.2.3的要求。

7.4.5 灭火剂输送管道经水压强度试验合格后还应进行气密性试验,经气压强度试验合格且在试验后未拆卸过的管道可不进行气密性试验。

7.4.6 灭火剂输送管道在水压试验合格后,或气密性试验前,应进行吹扫。

7.5 气密性

7.5.1 进行气密性试验时,应以不大于0.5 MPa/s的升压速率缓慢升压至试验压力,关断试验气源3 min后检查管道压力下降情况。结果应符合6.2.4的要求。

7.5.2 气密性试验应采取有效的安全措施,且应防止系统误动作。加压介质可采用空气或氮气。

7.6 功能

功能试验在系统装船后进行。试验时,将0.7 MPa的压缩空气接入系统的分配管网并检查分配管网连通情况。结果应符合6.2.5的要求。

8 检验规则

8.1 检验分类

系统的检验分为型式检验和出厂检验。

8.2 型式检验

8.2.1 系统有下列情况之一时,应进行型式检验:

a) 新产品试制定型鉴定时;

b) 正式投产后,如结构、材料、工艺有重大改变时;

c) 产品停产一年以上,恢复生产时;

d) 质量监督机构提出要求时。

8.2.2 系统的型式检验项目见表5。

表5 试验项目和顺序

序号	项目名称	型式检验	出厂检验	要求章条号	试验方法章条号
1	外观	●	●	6.1	7.1
2	模拟联动	●	●	6.2.1	7.2
3	灭火	●	—	4.2、6.2.2	7.3
4	耐压性	●	●	6.2.3	7.4
5	气密性	●	—	6.2.4	7.5
6	功能	●	—	6.2.5	7.6
注1：●为必检项目；—为不检项目。 注2：二氧化碳系统可不进行灭火试验。					

8.2.3 系统的型式检验数量为一套。

8.2.4 系统所有型式检验项目均符合要求，则判定为型式检验合格。若有不符合要求的项目，应加倍取样复验。复验全部符合要求，仍判定系统型式检验合格；若复验仍有不符合要求的项目，则判定系统型式检验不合格。

8.3 出厂检验

8.3.1 系统的出厂检验应逐套进行。

8.3.2 系统的出厂检验项目见表5。

8.3.3 系统的所有出厂检验项目均符合要求，则判定为出厂检验合格。若有项目不符合要求的，允许查明原因采取纠正措施后进行复验。复验符合要求，仍判定系统出厂检验合格；若复验仍有不符合要求的项目，则判定该套系统出厂检验不合格。

附 录 A
（资料性附录）
相关灭火剂标准中对灭火剂性能的要求

A.1 GB 4396—2005 中有关二氧化碳灭火剂特性的要求见表 A.1。

表 A.1 二氧化碳灭火剂特性

性 能	要 求
纯度(体积分数)/%	≥99.5
水含量(质量分数)/%	≤0.015
油含量	无
醇类含量(乙醇计)	≤30
总硫化物含量/(mg/kg)	≤5.0
注：对非发醇法所得的二氧化碳，醇类含量不作规定。	

A.2 ISO 14520-10:2005 中有关三氟丙烷灭火剂特性和三氟甲烷物理特性的要求见表 A.2 和表 A.3。

表 A.2 三氟甲烷灭火剂特性表

性 能	要 求
纯度(质量分数)/%(mol/mol)	≥99.9
酸度	$\leq 3\times10^{-6}$
水分	$\leq 10\times10^{-6}$
蒸发残留物(质量分数)/%	≤0.01
悬浮物或沉淀物	不可见

表 A.3 三氟甲烷物理特性

性 能	单 位	数 值
摩尔质量	—	70
101.3 MPa 时的沸点	℃	−82.0
冰点	℃	−155.2
临界温度	℃	25.9
临界压力	MPa	4.836
临界体积	cm^3/mol	133
临界密度	kg/m^3	525
蒸汽压力(20 ℃)	MPa	4.180
液态密度(20 ℃)	kg/m^3	806.6
饱和蒸汽密度(20 ℃)	kg/m^3	263.0

表 A.3（续）

性　能	单　位	数　值
过热蒸汽比容(103.1 kPa,20 ℃)	m^3/kg	0.340 9
化学式	CHF_3	
化学名称	Trifluoromethane	

A.3 GB 18164—2002 中有关七氟丙烷灭火剂特性的要求见表 A.4。

表 A.4　七氟丙烷灭火剂特性

性　　能	要　　求
纯度(体积分数)/%	≥99.6
酸度(以 HF 计)/(mg/kg)	≤1
水分/(mg/kg)	≤10
蒸发残留物/%	≤0.01
悬浮物或沉淀物	不可见

A.4 ISO 14520-9:2006 中有关七氟丙烷灭火剂特性和七氟丙烷物理特性的要求见表 A.5 和表 A.6。

表 A.5　七氟丙烷灭火剂特性

性　　能	要　　求
纯度(质量分数)/%	≥99.6
酸度(质量分数)	$\leqslant 3\times10^{-6}$
水分(质量分数)	≤10
蒸发残留物/%	≤0.01
悬浮物或沉淀物	不可见

表 A.6　七氟丙烷物理特性

性　能	单　位	数　值
摩尔质量	—	170
101.3 MPa 时的沸点	℃	−16.4
冰点	℃	−127
临界温度	℃	101.7
临界压力	MPa	2.926
临界体积	cm^3/mol	274
临界密度	kg/m^3	573
蒸汽压力(20 ℃)	MPa	39
液态密度(20 ℃)	kg/m^3	1 410

表 A.6(续)

性 能	单 位	数 值
饱和蒸汽密度(20 ℃)	kg/m^3	3.103 5
过热蒸汽比容(103.1 kPa,20 ℃)	m^3/kg	0.137 4
化学式	CHF_3CHFCF_3	
化学名称	Heptafluoropropane	

A.5 GB 20128—2006 中关于混合气体灭火剂的特性要求见表 A.7 和表 A.8。

表 A.7 IG 541 惰性气体灭火剂性能指标

性 能	要 求
二氧化碳含量/%	7.6~8.4
氩气含量/%	37.2~42.8
氮气含量/%	48.8~55.2

表 A.8 IG 541 混合气体灭火剂特性表

性 能	要 求		
	氩气	氮气	二氧化碳
纯度/%	≥99.97	≥99.99	≥99.5
水分含量(质量分数)/%	$\leqslant 4\times10^{-4}$	$\leqslant 5\times10^{-4}$	$\leqslant 1\times10^{-3}$
氧含量(质量分数)/%	$\leqslant 3\times10^{-4}$	$\leqslant 3\times10^{-4}$	$\leqslant 1\times10^{-3}$

A.6 ISO 14520-15:2005 中关于混合气体灭火剂的特性要求见表 A.9 和表 A.10。

表 A.9 IG 541 混合气体灭火剂特性表

性 能	要 求		
	氩气	氮气	二氧化碳
纯度(体积分数)/%	≥99.997	≥99.99	≥99.5
水分含量(质量分数)/%	$\leqslant 4\times10^{-6}$	$\leqslant 5\times10^{-6}$	$\leqslant 10\times10^{-6}$
氧含量(质量分数)/%	$\leqslant 3\times10^{-6}$	$\leqslant 3\times10^{-6}$	$\leqslant 10\times10^{-6}$
注:本表仅列出了主要成分,其他成分可能包括碳氢化合物、CO、NO、NO_2,这些成分最多不能超过 20×10^{-6}。			

表 A.10 IG 541 惰性气体灭火剂物理特性

性 能	单 位	数 值
摩尔质量	—	34
101.3 MPa 时的沸点	℃	−196

表 A.10（续）

性能	单位	数值
冰点	℃	−78.5
临界温度	℃	—
临界压力	MPa	—
临界体积	cm^3/mol	—
临界密度	kg/m^3	—
蒸汽压力(20 ℃)	MPa	152
液态密度(20 ℃)	kg/m^3	—
饱和蒸汽密度(20 ℃)	kg/m^3	3.103 5
过热蒸汽比容(103.1 kPa,20 ℃)	m^3/kg	0.697
化学式	N_2 52%(体积分数)	
	Ar 40%(体积分数)	
	CO_2 8%(体积分数)	
化学名称	Nitrogen	
	Argon	
	Carbon dioxide	

附　录　B
（资料性附录）
灭火试验报告要求

灭火试验的试验报告应包括下列内容：

a） 进行试验的试验室名称和地址；

b） 试验报告日期和试验报告标识号；

c） 委托方姓名和地址；

d） 试验目的；

e） 系统部件的取样方法；

f） 产品生产单位或供应商的名称和地址；

g） 产品名称和其他识别标志；

h） 对试验产品的描述：

——图纸；

——说明书；

——装配指南；

——内含材料的技术说明；

——试验系统详图。

i） 产品供货时间；

j） 试验时间；

k） 试验方法；

l） 每次试验的布置图纸；

m） 试验设备和使用仪器仪表的检定和校准；

n） 试验结论；

o） 试验方法的偏离(如有)；

p） 试验时和试验后观测到的试验情况；

q） 报告日期和签名。

ICS 47.020.20
U 44

中华人民共和国国家标准

GB/T 29129—2012

船舶交流发电机组用柴油发动机

Marine disel engine for alternating current generating sets

2012-12-31 发布　　2013-07-01 实施

中华人民共和国国家质量监督检验检疫总局
中国国家标准化管理委员会　发布

前　言

本标准按照 GB/T 1.1—2009 给出的规则起草。

本标准由中国船舶工业集团公司提出。

本标准由全国船用机械标准化技术委员会(SAC/TC 137)归口。

本标准起草单位:中国船舶工业综合技术经济研究院、淄博淄柴新能源有限公司、广州中标联检验认证技术开发有限公司、潍柴动力股份有限公司、中船重工集团第711研究所、淄博柴油机总公司、河南柴油机重工有限责任公司。

本标准主要起草人:孙猛、陈民忠、王延瑞、陈志忠、胡新志、李宗立、祁超、李志勇、郭新峰、郭新茂。

船舶交流发电机组用柴油发动机

1 范围

本标准规定了船舶交流发电机组用柴油发动机(以下简称柴油机)的要求、试验方法、检验规则和标志、包装、运输和贮存。

本标准适用于船舶主电源和应急电源交流发电机组用柴油机的设计、制造和验收。

2 规范性引用文件

下列文件对于本文件的应用是必不可少的。凡是注日期的引用文件,仅注日期的版本适用于本文件。凡是不注日期的引用文件,其最新版本(包括所有的修改单)适用于本文件。

GB/T 699—1999 优质碳素结构钢

GB/T 700—2006 碳素结构钢

GB/T 725 内燃机产品名称和型号编制规则

GB/T 1173—1995 铸造铝合金

GB/T 1221—2007 耐热钢棒

GB/T 1348—2009 球墨铸铁件

GB/T 2820.2 往复式内燃机驱动的交流发电机组 第2部分:发动机

GB/T 3077—1999 合金结构钢

GB/T 3190—2008 变形铝及铝合金化学成分

GB/T 3475 船用柴油机调速系统技术要求和试验方法

GB/T 5741 船用柴油机排气烟度测量方法

GB/T 6072.1 往复式内燃机 性能 第1部分:功率、燃料消耗和机油消耗的标定及试验方法 通用发动机的附加要求

GB 8840 船用柴油机排气烟度限值

GB/T 9439—2010 灰铁铸件

GB/T 9911 船用柴油机辐射的空气噪声测量方法

GB 11871 船用柴油机辐射的空气噪声限值

GB/T 13306 标牌

GB/T 21404 内燃机 发动机功率的确定和测量方法 一般要求

CB/T 1146.8 舰船设备环境试验与工程导则 倾斜和摇摆

CB/T 3254.2 船用柴油机台架试验 试验方法

CB* 3256—1985 船用柴油机振动评级

CB/T 3853 船用柴油机轴系扭转振动测量方法

CB/T 3894 船用柴油机清洁度限值

CB/T 3895 船用柴油机清洁度测量方法

JB/T 4403—1999 蠕墨铁铸件

3 术语和定义

GB/T 2820.2 界定的及下列术语和定义适用于本文件。

3.1

柴油发电机组 diesel generating set

柴油发动机驱动发电机运转，将机械能转化为电能的发电设备。

3.2

额定功率 rated power

由制造厂标定的，柴油机在一定的环境下所能发出的功率。

4 型号命名

柴油机型号命名应符合 GB/T 725 的规定。

5 要求

5.1 外观

柴油机外观应无明显缺陷，涂漆完整。按柴油机使用保养说明书规定的程序起动柴油机时，热工参数在规定的范围内，无漏油、漏水、漏气现象。

5.2 材料

柴油机主要零部件的典型材料见表 1，也可采用性能不低于表 1 规定且已经证明同样适用的其他材料。

表 1 主要零部件典型材料

名称	材料牌号	标准号
气缸套	HT200、HT250	GB/T 9439—2010
气缸盖	R_UT300 HT250 QT400-18	JB/T 4403—1999 GB/T 9439—2010 GB/T 1348—2009
曲轴	QT600-3、QT700-2、QT800-2、QT900-2 45A 42CrMoA、45	GB/T 1348—2009 GB/T 699—1999 GB/T 3077—1999
连杆	45 35CrMo、42CrMo	GB/T 699—1999 GB/T 3077—1999
活塞(一体式)	HT250 QT500-7、QT600-3 ZL108、ZL109	GB/T 9439—2010 GB/T 1348—2009 GB/T 1173—1995

表 1（续）

名称		材料牌号	标准号
活塞 （组合式）	活塞顶	40Cr、42CrMo	GB/T 3077—1999
	活塞裙	HT250 QT700-2、QT500-7、QT600-3 2A80 ZL108	GB/T 9439—2010 GB/T 1348—2009 GB/T 3190—2008 GB/T 1173—1995
活塞环		HT250 QT500-7、QT600-3	GB/T 9439—2010 GB/T 1348—2009
活塞销		20 15CrMo、12CrNi2、15Cr、20CrMnTi、20Cr	GB/T 699—1999 GB/T 3077—1999
凸轮		15CrMo、12CrNi2、15Cr、20CrMnTi	GB/T 3077—1999
凸轮轴		20、45 20Cr、40Cr、20CrMnMo、20CrMnTi、15CrMo、12CrNi2	GB/T 699—1999 GB/T 3077—1999
连杆螺栓		50A 35CrMo、35CrMoA、42CrMo、40CrNi	GB/T 699—1999 GB/T 3077—1999
进、排气阀		40Cr10Si2Mo、53Cr21Mn9Ni4N	GB/T 1221—2007
齿轮		40、45A 40CrNi、15CrMo、35CrMo、42CrMo、20CrMnTi	GB/T 699—1999 GB/T 3077—1999
机体、机座、油底壳		HT200、HT250、HT280 QT400-18 Q235A	GB/T 9439—2010 GB/T 1348—2009 GB/T 700—2006

5.3 性能

5.3.1 功率

5.3.1.1 柴油机应具有在 110% 额定功率连续运转 1 h 的能力。

5.3.1.2 能在标定工况至空载之间的任一负荷下持续运转。

5.3.1.3 必要时，可以根据 GB/T 6072.1 的规定对不同环境条件下的柴油机功率进行修正。

5.3.2 起动

5.3.2.1 主电源交流发电机组用柴油机在周围环境温度不低于 5 ℃时，不采取任何机外措施应能顺利起动。起动时间不超过 10 s。

5.3.2.2 应急电源交流发电机组用柴油机在周围环境温度不低于 0 ℃时，不采取任何机外措施应能顺利起动。起动时间不超过 10 s。

5.3.3 倾斜、摇摆

5.3.3.1 主电源交流发电机组用柴油机应能在横倾 15°、纵倾 7.5°、横摇 22.5°、纵摇 10°的条件下正常工作。

5.3.3.2 应急电源交流发电机组用柴油机应能在横倾 22.5°、纵倾 10°、横摇 22.5°、纵摇 10°的条件下正常工作。

5.3.4 调速

柴油机在额定工况下的调速性能应符合 GB/T 3475 的规定。

5.3.5 振动

柴油机振动包括发电机组轴系扭转振动以及在支架、底座、联轴器和发电机上产生的纵向振动，柴油机的振动应达到 CB* 3256—1985 中 C 级及以上的要求。

5.3.6 噪声

柴油机的噪声应符合 GB 11871 的规定。

5.3.7 排气烟度

柴油机的排气烟度应符合 GB 8840 的规定。

5.3.8 清洁度

柴油机的清洁度限值应符合 CB/T 3894 的规定。

5.3.9 超速保护

功率大于 220 kW 的柴油机应装有独立的超速保护装置，以防止柴油机转速达到或大于额定转速的 115%。

6 试验方法

6.1 外观

目视检查柴油机外观，结果应符合 5.1 的要求。

6.2 材料

查验柴油机主要零部件的材质证明及其工艺文件，包括材料化学成分、材料的主要力学性能、热处理工艺等。结果应符合 5.2 的要求。

6.3 功率

按照 GB/T 21404 规定的方法进行功率试验，结果应符合 5.3.1 的要求。

6.4 起动

按照 CB/T 3254.2 规定的方法进行起动试验，结果应符合 5.3.2 的要求。

6.5 倾斜、摇摆

按照 CB/T 1146.8 规定的方法进行倾斜、摇摆试验，结果应符合 5.3.3 的要求。

6.6 调速

按照 GB/T 3475 规定的方法进行调速特性试验，结果应符合 5.3.4 的要求。

6.7 振动

按照 CB/T 3853 规定的方法进行振动试验，结果应符合 5.3.5 的要求。

6.8 噪声

按照 GB/T 9911 规定的方法进行噪声试验，结果应符合 5.3.6 的要求。

6.9 排气烟度

按照 GB/T 5741 规定的方法进行排气烟度试验，结果应符合 5.3.7 的要求。

6.10 清洁度

按照 GB/T 3895 规定的方法进行清洁度限值的测量，结果应符合 5.3.8 的要求。

6.11 超速保护

调整柴油机转速，当柴油机转速达到 113%～115%额定转速时，超速保护装置应迅速动作，使柴油机停车，试验 3 次均应成功，结果应符合 5.3.9 的要求。

7 检验规则

7.1 检验分类

柴油机的检验分为型式检验和出厂检验。

7.2 检验时机

具有下列情况之一时，柴油机应进行型式检验：

a) 新产品试制、定型或鉴定；
b) 转厂生产的首制产品；
c) 产品材料、结构、工艺有较大改变，可能影响产品性能；
d) 国家质量监督部门提出要求。

7.3 型式检验

7.3.1 柴油机的型式检验项目按表 2 进行。

表 2 检验项目表

序号	项目名称	型式检验	出厂检验	要求章条号	检验方法章条号
1	外观	●	●	5.1	6.1
2	材料	●	●	5.2	6.2
3	功率	●	●	5.3.1	6.3
4	起动	●	●	5.3.2	6.4
5	倾斜、摇摆	●	—	5.3.3	6.5
6	调速	●	●	5.3.4	6.6
7	振动	●	—	5.3.5	6.7
8	噪声	●	—	5.3.6	6.8

表 2（续）

序号	项目名称	型式检验	出厂检验	要求章条号	检验方法章条号
9	排气烟度	●	—	5.3.7	6.9
10	清洁度	●	—	5.3.8	6.10
11	超速保护	●	●	5.3.9	6.11
注：●为必检项目；—为不检项目。					

7.3.2 柴油机的型式检验的样品数量为一台。

7.3.3 柴油机的全部检验项目符合要求，判定柴油机的型式检验合格。若有不符合要求项目，允许加倍取样复验，所有项目需重新试验。若复验符合要求，仍判定柴油机的型式检验合格；若复验仍有不符合要求的项目，则判定柴油机的型式检验不合格。

7.4 出厂检验

7.4.1 柴油机的出厂检验项目和顺序按表 2 进行。

7.4.2 柴油机应逐台进行出厂检验。

7.4.3 全部检验项目符合要求的柴油机，判定出厂检验合格。若有不符合要求项目，允许采取纠正措施后复验。若复验符合要求，仍判定该柴油机的出厂检验合格。若复验仍有不符合要求的项目，则判定该柴油机的出厂检验不合格。

8 标志、包装、贮存

8.1 每台发动机产品上应有标牌，标牌应按 GB/T 13306 规定制作。标牌中至少应包括如下内容：

a) 制造厂名；

b) 产品名称；

c) 商标；

d) 额定功率，kW；

e) 额定转速，r/min；

f) 产品型号标记；

g) 制造日期和编号；

h) 质量，kg；

i) 船检标志。

8.2 包装前应对进气、排气系统封盖，防止杂物落入。

8.3 产品用木箱包装。木箱应坚实牢固，便于起吊，适合长途运输。

8.4 装箱时产品应牢固固定在木箱底板上，防止运输过程中移位、损坏。

8.5 产品包装箱内应随带如下文件、物品：

a) 产品合格证；

b) 产品使用说明书；

c) 装箱单及附件、备件。

8.6 柴油机应储存于通风干燥、无腐蚀的仓库内，并定期查看油封情况。油封到期后，用户应按要求重新进行油封。

ICS 47.020.20
U 44

中华人民共和国国家标准

GB/T 29130—2012

船用发动机转速表

Ships-tachomaters for marine engines

2012-12-31 发布　　2013-07-01 实施

中华人民共和国国家质量监督检验检疫总局
中国国家标准化管理委员会　发布

前　言

本标准按照 GB/T 1.1—2009 给出的规则起草。

本标准参考日本工业标准 JIS F 7002—1992《船用发动机转速表》。

本标准由中国船舶工业集团公司提出。

本标准由全国船用机械标准化技术委员会(SAC/TC 137)归口。

本标准起草单位:中国船舶工业综合技术经济研究院、哈尔滨工程大学、广州中标联检验认证技术开发有限公司。

本标准主要起草人:孙猛、宋恩哲、祁超、郭新峰、郭新茂。

船用发动机转速表

1 范围

本标准规定了船用发动机转数计以及转速表(简称转速表)的术语、分类、要求、试验方法、检验规则、标志、包装、运输和贮存。

本标准适用于转速表的设计、制造和验收。

2 规范性引用文件

下列文件对于本文件的应用是必不可少的。凡是注日期的引用文件,仅注日期的版本适用于本文件。凡是不注日期的引用文件,其最新版本(包括所有的修改单)适用于本文件。

GB/T 2423.16 电工电子产品环境试验 第2部分:试验方法 试验J及导则:长霉

GB/T 2423.17 电工电子产品环境试验 第2部分:试验方法 试验Ka:盐雾

CB 1146.2 舰船设备环境试验与工程导则 低温

CB 1146.3 舰船设备环境试验与工程导则 高温

CB 1146.4 舰船设备环境试验与工程导则 湿热

CB 1146.7 舰船设备环境试验与工程导则 碰撞

CB 1146.8 舰船设备环境试验与工程导则 倾斜和摇摆

CB 1146.9 舰船设备环境试验与工程导则 振动(正弦)

CB 1146.11 舰船设备环境试验与工程导则 霉菌

CB 1146.12 舰船设备环境试验与工程导则 盐雾

3 术语和定义

下列术语和定义适用于本文件。

3.1

表盘直径 dial diameter

离心式和磁电式两种类型的转速表在刻度盘上显示的直径,单位为毫米。

3.2

驱动轴 driving shaft

直接与转速表相连的传动轴。

注:若转速表由弹性轴驱动,驱动轴表示通过弹性轴与主机相连的传动轴;若转速表由皮带轮驱动,驱动轴表示与转速表相连的皮带轮轴。

3.3

转速比 speed ratio

对于离心式和磁电式两种类型的转速表,转速比表示为驱动轴转速表示数值与驱动轴转速的比值。

3.4

正常工作 normally operation

转速表在规定的工作条件下,其性能参数变化均在预定范围内的工作状态。

4 分类

4.1 类型

转速表分为转数计、离心式转速表、磁电式转速表和电子式转速表4种类型。

4.2 结构、外型和尺寸

4.2.1 转数计

转数计的构造应能通过机械方法计量主轴转数的总数,按驱动系统划分转数计有往复驱动式和旋转驱动式两种类型,基本参数见表1。转数计可以与旋转式方向计量器结合使用。

表1 转数计基本参数

<table>
<tr><th colspan="2">型式</th><th>刻度位数</th><th>固定方式</th><th>转数最大值
r/min</th></tr>
<tr><td>往复式驱动</td><td>直线型</td><td>7位</td><td rowspan="3">直立式</td><td>—</td></tr>
<tr><td rowspan="2">旋转式驱动</td><td>弹性轴型</td><td rowspan="2">7位或8位</td><td rowspan="2">300</td></tr>
<tr><td>方向驱动型</td></tr>
<tr><td colspan="5">注1:往复式驱动型计量发动机转数与往复装置周期数的比率,旋转驱动型计量发动机转数与驱动轴转数的比率。
注2:旋转方向计量器通过由发动机旋转驱动的接触点来计量发动机的旋转方向,同时又能测量转速。
注3:标识旋转方向的箭头或文字,黑色表示向前,红色表示向后。</td></tr>
</table>

4.2.2 离心式转速表

离心式转速表按驱动系统可分为直接驱动型、弹性轴型和皮带轮型,基本参数见表2。离心式转速表应能显示瞬时转速和发动机旋转方向。

表2 离心式转速表基本参数

<table>
<tr><th>类型</th><th>公称直径
mm</th><th>底座类型</th><th>固定方式</th><th>刻度盘的最大刻度</th><th>转速范围
r/min</th></tr>
<tr><td rowspan="3">直接驱动型</td><td>70</td><td rowspan="9">立式</td><td rowspan="3">直立式</td><td rowspan="8">接近于1.4倍的伺服速率</td><td rowspan="2">300～4 800</td></tr>
<tr><td>100</td></tr>
<tr><td>150</td><td>250～4 000</td></tr>
<tr><td rowspan="5">弹性轴型</td><td>70</td><td rowspan="4">平底式</td><td rowspan="4">300～1 800</td></tr>
<tr><td>90</td></tr>
<tr><td>100</td></tr>
<tr><td>120</td></tr>
<tr><td>150</td><td rowspan="2">直立式</td><td>250～1 800</td></tr>
<tr><td>皮带轮型</td><td>100</td><td>—</td><td>400～2 000</td></tr>
<tr><td colspan="6">注1:旋转方向计量器通过由发动机旋转驱动的接触点来计量发动机的旋转方向,同时又能测量转速。
注2:标识旋转方向的箭头或文字,黑色表示向前,红色表示向后。</td></tr>
</table>

4.2.3 磁电式转速表

磁电式转速表按驱动系统可分为直接驱动型和弹性轴型，基本参数见表3，磁电式转速表应能显示瞬时转速和发动机旋转方向。

表3 磁电式转速表基本参数

<table>
<tr><th>类型</th><th>公称直径
mm</th><th>底座类型</th><th>固定方式</th><th>刻度盘的最大刻度</th><th>转速范围
r/min</th></tr>
<tr><td rowspan="4">直接驱动型</td><td>90</td><td rowspan="2">立式</td><td rowspan="5">直立式</td><td rowspan="5">接近于1.4倍的伺服速率。向前和向后有相同的设置</td><td rowspan="4">150～2 400</td></tr>
<tr><td>150</td></tr>
<tr><td rowspan="2">200</td><td>悬挂式</td></tr>
<tr><td rowspan="2">立式</td></tr>
<tr><td>弹性轴型</td><td>150</td><td>150～1 800</td></tr>
<tr><td colspan="6">注：当发动机单向旋转时，无需向前或向后标识，但应标明单向旋转方向。</td></tr>
</table>

4.2.4 电子式转速表

电子式转速表按驱动系统可分为非接触型、直接驱动型和弹性轴型，基本参数见表4。电子式转速表应能显示瞬时转速和发动机旋转方向。电子式转速表的接收器类型、符号见表5。

表4 电子式转速表类型

<table>
<tr><th>类型</th><th>检测系统</th><th>固定方式</th></tr>
<tr><td rowspan="2">非接触型</td><td rowspan="3">频率</td><td>螺栓固定</td></tr>
<tr><td>直立式</td></tr>
<tr><td rowspan="5">直接驱动型</td><td>螺栓固定</td></tr>
<tr><td rowspan="2">交流电压</td><td>直立式</td></tr>
<tr><td>凸缘式</td></tr>
<tr><td rowspan="2">直流电压</td><td>直立式</td></tr>
<tr><td>凸缘式</td></tr>
<tr><td>弹性轴型</td><td>交流电压</td><td>直立式</td></tr>
<tr><td colspan="3">注：对于单向旋转的发动机，电子式转速表可不标明旋转方向。</td></tr>
</table>

表5 电子式转速表接收器类型符号表

<table>
<tr><th colspan="3">类型</th><th>符号</th><th>刻度盘类型</th></tr>
<tr><td rowspan="3">表面式</td><td rowspan="2">含照明</td><td>内置调光器</td><td>SD</td><td rowspan="3">150、200</td></tr>
<tr><td>外置调光器</td><td>SL</td></tr>
<tr><td>无照明</td><td>—</td><td>SE</td></tr>
</table>

表 5(续)

类型			符号	刻度盘类型
嵌入式	含照明	外置调光器	FL	100、130、150、200
	无照明	—	FE	
半嵌入式	含照明	外置调光器	HL	150、200
	无照明	—	HE	150

注 1：首字母 S、F、H 分别代表表面式、嵌入式及半嵌入式；第二个字母 D、L、E 分别代表调光器内置、外置及无调光器。

注 2：转数计可以放在刻度盘尺寸为 200 的无照明的表面式和嵌入式接收器上，在这种情况下符号中应添加 R 字母表示。

注 3：接收器还可以是数字式或虚拟仪表。

5 要求

5.1 准确性

5.1.1 往复式驱动转数计

往复式驱动转数计应能保持其准确性，计数误差范围在±0.02%之间。

5.1.2 旋转式驱动转数计

旋转式驱动转数计应能保持其准确性，计数误差范围在±0.02%之间。

5.1.3 离心式和电磁式转速表

离心式和电磁式转速表刻度盘读数的容许误差应小于最大刻度的±1%，跳转度数应在最大刻度的1%以内。对于正反方向旋转的转速表，容许误差应小于正反向旋转最大刻度之和的±1%，跳转度数应在正反向旋转最大刻度之和的1%以内。数字式转速表显示误差应小于量程的±0.25%。

5.1.4 电子式转速表

电子式转速表应能保持其准确性，计数误差范围在±0.02%之间。

5.2 环境适应性

5.2.1 温度

转速表在−15 ℃～55 ℃条件下应能正常工作，应无涂层龟裂、脱落或零部件变形等缺陷。

5.2.2 湿热

转速表在高温 55 ℃±2 ℃，相对湿度(93±2)%的条件下应能正常工作，无锈蚀涂镀层脱落现象。

5.2.3 倾斜、摇摆

转速表在前、后、左、右 4 个方向各倾斜 22.5°；在前后、左右 2 水平轴向摇摆±22.5°、周期 10 s，转速表应能正常工作。

5.2.4 振动

转速表在频率 2 Hz～100 Hz、最大加速度±39 m/s^2 的 3 向振动环境条件下应能正常工作。

5.2.5 碰撞

转速表应能承受峰值加速度 50 m/s^2，脉冲持续时间 16 ms～20 ms，每分钟重复 30 次，碰撞次数不低于 1 000 次±10 次后，应能正常工作，并无机械损伤、接触不良和紧固件松动等现象。

5.2.6 盐雾

转速表的金属零件在 GB/T 2423.17 规定的盐雾条件下，应无锈蚀涂镀层脱落现象。

5.2.7 霉菌

转速表的绝缘材料和涂覆件在 GB/T 2423.16 规定的霉菌条件下，长霉等级应不低于 2 级要求。

6 试验方法

6.1 准确性

对不同类型的转速表以其最大转速各正转和反转 5 000 次。结果应符合 5.1 的要求。

6.2 高温

按 CB 1146.3 规定的方法对转速表进行高温试验。结果应符合 5.2.1 的要求。

6.3 低温

按 CB 1146.2 规定的方法对转速表进行低温试验。结果应符合 5.2.1 的要求。

6.4 湿热

按 CB 1146.4 规定的方法对转速表进行湿热试验。结果应符合 5.2.2 的要求。

6.5 倾斜、摇摆

按 CB 1146.8 规定的方法对转速表进行倾斜、摇摆试验。结果应符合 5.2.3 的要求。

6.6 振动

按 CB 1146.9 规定的方法对转速表进行振动试验。结果应符合 5.2.4 的要求。

6.7 碰撞

按 CB 1146.7 规定的方法对转速表进行碰撞试验。结果应符合 5.2.5 的要求。

6.8 盐雾

按 CB 1146.12 规定的方法对转速表进行盐雾试验。结果应符合 5.2.6 的要求。

6.9 霉菌

按 CB 1146.11 规定的方法对转速表进行霉菌试验。结果应符合 5.2.7 的要求。

7 检验规则

7.1 检验分类

转速表的检验分为型式检验和出厂检验。

7.2 型式检验

7.2.1 有下列情况之一时转速表应进行型式检验：

a) 新产品或老产品转厂生产时的试制、定型或鉴定；

b) 正式生产后，若结构、材料、工艺有较大改变，可能影响产品性能；

c) 停产 4 年后恢复生产；

d) 国家质量监督机构提出要求。

7.2.2 转速表型式检验的项目和顺序见表 6。

表 6 检验项目表

序号	检验项目	型式检验	出厂检验	要求章条号	试验方法章条号
1	准确性	●	●	5.1	6.1
2	高温	●	—	5.2.1	6.2
3	低温	●	—	5.2.1	6.3
4	湿热	●	—	5.2.2	6.4
5	倾斜、摇摆	●	—	5.2.3	6.5
6	振动	●	—	5.2.4	6.6
7	碰撞	●	—	5.2.5	6.7
8	盐雾	●	—	5.2.6	6.8
9	霉菌	●	—	5.2.7	6.9
注：●为必检项目；—为不检项目。					

7.2.3 转速表型式检验的数量为 1 台。

7.2.4 转速表所有样品全部检验项目符合要求则判为型式检验合格。若有不符合要求的项目，允许加倍取样进行复验，若复验符合要求，则仍判转速表型式检验合格；若复验时仍有不符合要求的项目，则判转速表型式检验不合格。

7.3 出厂检验

7.3.1 转速表出厂检验项目和顺序见表 6。

7.3.2 转速表应逐台进行出厂检验。

7.3.3 全部检验项目符合要求的转速表，判定出厂检验合格。若有任一项不符合要求，允许在采取纠正措施后进行复验，若复验符合要求，则仍判该台转速表出厂检验合格；若复验时仍有不符合要求的项目，则判该台转速表出厂检验不合格。

8 标志、包装、运输和贮存

8.1 标志

每个转速表上应有铭牌，铭牌应包括如下内容：

a) 制造厂名称；

b) 产品型号及名称；

c) 产品编号；

d) 检验标印；

e) 产品重量；

f) 制造日期。

8.2 包装与运输

8.2.1 转速表在检验合格后应装入有防潮措施的包装箱内并固定，以保证在运输过程中，产品与包装箱不发生相对位移。

8.2.2 包装箱内应有产品说明书，产品合格证和装箱单。

8.2.3 包装箱外表面应标明：

a) 产品型号及名称；

b) 制造厂名；

c) 毛重、净重；

d) 装箱日期；

e) 包装箱尺寸；

f) 发货站名及收货站名、收货单位名称；

g) 注明“小心轻放”及“防潮”等标志。

8.2.4 转速表的运输过程中其包装箱不应受到雨雪淋湿和烈日直接照射。

8.3 贮存

转速表的贮存应放在干燥通风良好、周围空气无腐蚀性气体的库房中，没有日晒和雨雪的侵入。

ICS 47.020.20
U 40

中华人民共和国国家标准

GB/T 29131—2012

船用钢丝绳隔振器

Wire rope isolator for ships

2012-12-31 发布　　2013-07-01 实施

中华人民共和国国家质量监督检验检疫总局
中国国家标准化管理委员会　发布

前言

本标准按照 GB/T 1.1—2009 给出的规则起草。

本标准由中国船舶重工集团公司提出。

本标准由全国船用机械标准化技术委员会甲板与机舱辅机分技术委员会(TC 137/SC 2)归口。

本标准起草单位:中国船舶重工集团公司第七〇四研究所、海军工程大学、常州市环宇减震器厂。

本标准主要起草人:钱网生、王强、何琳、孙洪军、严国新。

船用钢丝绳隔振器

1 范围

本标准规定了船用钢丝绳隔振器(以下简称隔振器)的要求、试验方法、检验规则、标志、包装、运输和贮存。

本标准适用于船舶电子仪器、电控设备及辅机等设备的钢丝绳隔振器的设计、制造和验收。

2 规范性引用文件

下列文件对于本文件的应用是必不可少的。凡是注日期的引用文件,仅注日期的版本适用于本文件。凡是不注日期的引用文件,其最新版本(包括所有的修改单)适用于本文件。

GB/T 191 包装储运图示标志

GB/T 3098.6—2000 紧固件机械性能 不锈钢螺栓、螺钉和螺柱

GB/T 3280—2007 不锈钢冷扎钢板和钢带

GB/T 3880.1—2006 一般工业用铝及铝合金板、带材 第1部分:一般要求

GB/T 4237—2007 不锈钢热扎钢板和钢带

GB/T 9944—2002 不锈钢丝绳

GB/T 15168—1994 振动与冲击隔离器性能测试方法

GJB 150.11—1986 军用设备环境试验方法 盐雾试验

GJB 150.16—1986 军用设备环境试验方法 振动试验

GJB 150.18—1986 军用设备环境试验方法 冲击试验

GJB 4000—2000 舰船通用规范

3 要求

3.1 设计

3.1.1 在满足静、动态性能的条件下,隔振器在垂向、纵向、横向应占有尽量小的空间尺寸。

3.1.2 设计的夹板和绳孔应考虑尽量减小钢丝绳所受的应力,夹板与钢丝绳的配接,既要做到钢丝绳的夹紧,又不致产生断丝、夹扁等现象。

3.1.3 钢丝绳与相连接的部件之间在承受振动和冲击时,不应有任何松动和滑移现象,钢丝无断裂,上、下夹板、底板、卡板(或螺钉)有足够的强度。

3.2 结构

隔振器由钢丝绳、上、下夹板、卡板或螺钉等部件构成。钢丝绳弹性体通过固定板和卡板或螺钉固定,并装配成一体。隔振器安装孔分螺孔和通孔两种形式。隔振器主要外形结构见附录A。

3.3 安装

隔振器在船用设备中的安装方式通常有平置(Z向)、侧挂(X、Y向)等方式,如附录B所示。

3.4 外观质量

3.4.1 由钢丝绳构成的弹性体部分应排列均匀，表面无锈斑。不应有折痕、凸起、擦伤、断丝和外露钢丝抽头。各股间捻制松紧度均匀一致。

3.4.2 上、下夹板、底板、卡板等固定件表面应光滑无毛刺、无锈斑、无机械划伤，上夹板与下夹板(或底板)平行，颜色均匀一致。除不锈钢材料外，隔振器固定件和连接件表面应经防腐蚀处理，光滑、无裂纹。

3.4.3 各部件装配应牢固，排列整齐。钢丝绳无断丝和滑移等现象。

3.5 尺寸与质量

隔振器在无载荷状态下的结构尺寸和公差应符合设计图纸的要求，安装孔孔距的公差范围为：孔距小于100 mm的，公差为±0.3 mm；孔距大于100 mm的，公差为±0.5 mm。质量的误差范围为±5%。

3.6 产品标志

每只隔振器均应有标志，标志文字和商标图案应清晰醒目。标志应置于易于识别的部位，且不易破损。标志内容应包括：

a) 生产厂标识；

b) 产品型号和规格；

c) 出厂编号；

d) 制造日期。

3.7 材料

3.7.1 隔振器中的钢丝绳应采用经预变形的柔性不锈钢丝绳。其他零部件，如上、下夹板、底板、螺钉、卡板可采用不锈钢材料，也可采用铝合金或其他耐海水、耐盐雾的合金材料，当采用铝合金材料且连接孔为螺纹孔时，应选配合适的螺套。

3.7.2 隔振器各零部件的材料按表1，采用其他材料时，其力学性能不应低于表1推荐的材料。选用的不锈钢丝绳应符合GB/T 9944—2002中6.3.1的要求，其绳径、结构、最小破断力及其质量按表2。

表1 隔振器主要零部件的材料

零部件名称	材料		
	名称	牌号	标准号
钢丝绳	不锈钢丝绳	06Cr19Ni10	GB/T 9944—2002
上、下夹板、底板	不锈钢钢板	06Cr19Ni10、06Cr19Ni10N	GB/T 3280—2007 GB/T 4237—2007
	铝合金板	2A12、5A06	GB/T 3880.1—2006
卡板	不锈钢钢板	06Cr19Ni10、06Cr19Ni10N	GB/T 3280—2007
固定螺钉	不锈钢	A2-70	GB/T 3098.6—2000

表 2 隔振器中不锈钢丝绳的结构、绳径、最小破断力、质量

结构	公称直径/mm	允许偏差/mm	最小破断拉力/kN	参考质量/(kg/100m)
3×7	0.8	$^{+0.08}_{0}$	0.488	0.238
	1.0	$^{+0.12}_{0}$	0.686	0.375
	1.2		0.931	0.540
6×7+IWS	1.6	$^{+0.20}_{0}$	2.15	1.20
	1.8		2.25	1.35
	2.0		2.94	1.65
	2.4	$^{+0.30}_{0}$	4.10	2.40
6×19+IWS	3.2	$^{+0.30}_{0}$	7.85	4.30
	4.0	$^{+0.40}_{0}$	10.7	6.70
	4.8		16.5	9.70
	5.0		17.4	10.5
	5.6		22.3	12.8
	6.0		23.5	14.9
	6.4		28.5	16.4
	7.2	$^{+0.50}_{0}$	34.7	20.8
	8.0	$^{+0.56}_{0}$	40.1	25.8
	9.5	$^{+0.66}_{0}$	53.4	36.2
6×19+IWR	11.0	$^{+0.76}_{0}$	72.5	53.0
	12.7	$^{+0.84}_{0}$	101	68.2
	14.3	$^{+0.91}_{0}$	127	87.8
	16.0	$^{+0.99}_{0}$	156	106
	19.0	$^{+1.14}_{0}$	221	157
	22.0	$^{+1.22}_{0}$	295	213
	25.4	$^{+1.27}_{0}$	380	278
	28.5	$^{+1.37}_{0}$	474	357

3.8 性能

3.8.1 静态性能

3.8.1.1 额定载荷静变形

同一型号规格的隔振器在承载方向上额定载荷下的静变形值变化范围应在±20%内。产生的塑性变形(残余变形)应不大于隔振器自由高度的1.5%。

3.8.1.2 额定载荷静刚度

同一型号规格的隔振器在额定载荷下的静刚度值变化范围应在±20%内。

3.8.1.3 静载荷-变形曲线

同一型号规格的隔振器静载荷-变形曲线的变化范围应在±20%内。

3.8.2 动态性能

3.8.2.1 固有频率

同一型号规格的隔振器在承载方向上额定载荷下的固有频率变化范围应在±15%内。

3.8.2.2 动刚度

同一型号规格的隔振器的动刚度值变化范围应在±30%内。

3.8.2.3 共振放大因子

隔振器的共振放大因子应不大于3.5。

3.8.3 抗冲击性能

3.8.3.1 隔冲效果

隔振器在额定载荷处的隔冲效果应大于85%。

隔冲效果按式(1)计算：

$$\eta=\left(1-\frac{A_1}{A_0}\right)\times 100\% \qquad \cdots\cdots(1)$$

式中：

η ——隔冲效果；

A_1——冲击加速度最大响应值，单位为米每二次方秒(m/s^2)；

A_0——冲击加速度最大输入值，单位为米每二次方秒(m/s^2)。

3.8.3.2 允许最大冲击塑性变形

隔振器在承受冲击后，产生的塑性变形应不大于隔振器自由高度的6%。

3.9 环境条件

3.9.1 盐雾

当隔振器的夹板、卡板等为铝合金材料时，隔振器经GJB 4000—2000中072.4.1.14规定的盐雾大气条件应能正常工作，主要金属件表面不应有锈斑和腐蚀物，且不影响隔振器静态、动态性能参数。

3.9.2 振动

隔振器经 GJB 4000—2000 中 072.4.2.3 规定的振动环境应能正常工作，其钢丝绳不能有松动、滑移和断丝的现象，静刚度、动刚度变化应在±20%内。

3.10 疲劳特性

隔振器在正常工作环境中应能承受振动疲劳，其结构完好，钢丝绳无松动和断丝，各紧固件无松动，静刚度和动刚度变化范围不超过 20%。

3.11 蠕变特性

隔振器在施加额定载荷后，总的蠕变量不能超过额定载荷变形量的 15%。

4 检验方法

4.1 外观

目视检验隔振器的外观及标志，结果应符合 3.4 和 3.6 的要求。

4.2 尺寸与质量

用长度类量具和衡器检查隔振器主要尺寸和质量，结果应符合 3.5 的要求。

4.3 材料

通过审定产品图样和材料合格清单检验所选用的材料，结果应符合 3.7 的要求。

4.4 额定载荷静变形

测量额定载荷下的静变形时，应先从零载荷到 1.25 倍的额定载荷进行一次预加载，加载速度不应大于 8 mm/min。预加载 15 min 后正式加载至额定载荷，测量其变形值，结果应符合 3.8.1.1 的要求。

4.5 额定载荷静刚度

按 GB/T 15168—1994 中 4.4 规定的方法进行试验和测量静刚度值。结果应符合 3.8.1.2 要求。

4.6 静载荷-变形曲线

垂向试验时，可单只进行，试验如图 1 所示；纵向和横向试验时，可用夹具，两只并联进行试验，如图 2 和图 3 所示。静载荷-变形曲线按 GB/T 15168—1994 中 4.3 和 4.4 规定的方法进行试验和测量，给出的静载荷-变形曲线，结果应符合 3.8.1.3 要求。

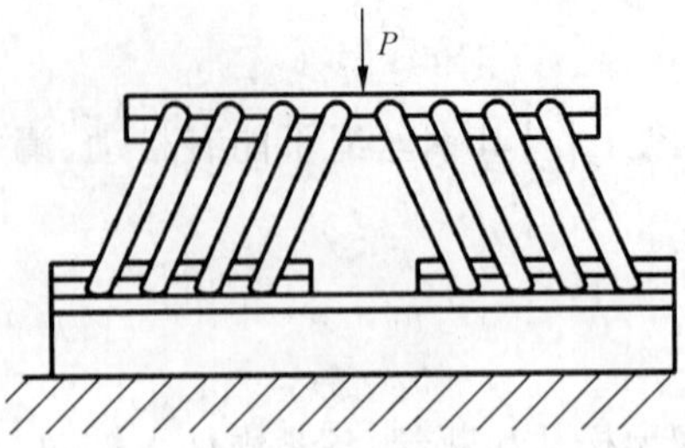

图 1　垂向静态试验安装示意图

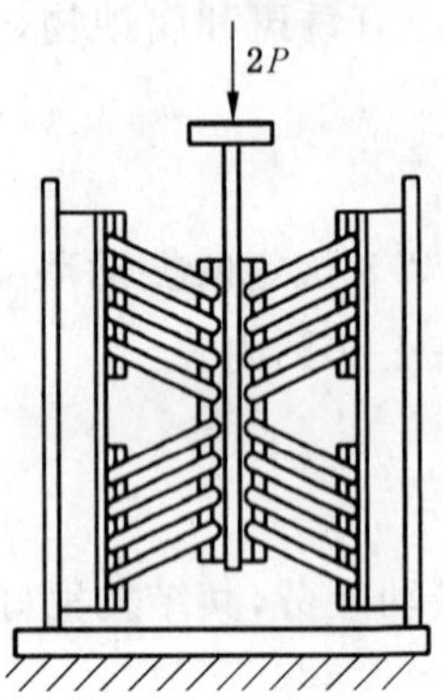

图 2　纵向静态试验安装示意图

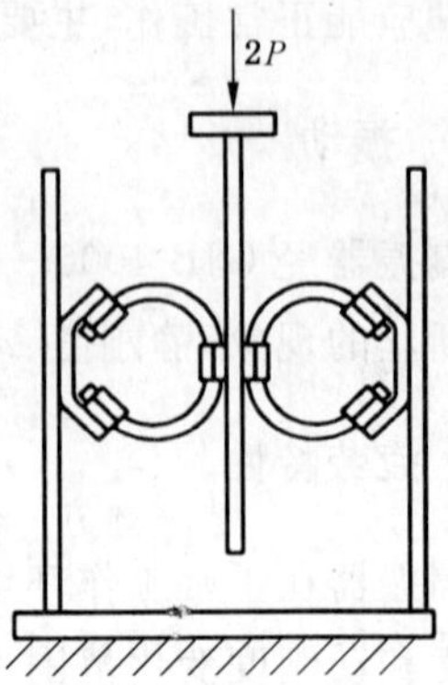

图 3　横向静态试验安装示意图

4.7　固有频率

按 GB/T 15168—1994 中第 5 章规定的方法进行试验和测量，用基础激励时，输入幅值为 0.6 mm ±0.1 mm；用恒定激励法激励时，响应幅值为 1.8 mm±0.2 mm。结果应符合 3.8.2.1 的要求。

4.8　动刚度

根据试验所得的固有频率，按 GB/T 15168—1994 中 5.5.2.1 规定的方法计算动刚度，结果应符合 3.8.2.2 的要求。

4.9　共振放大因子

按 GB/T 15168—1994 中 5.5.2.2 规定的方法进行试验，然后按式(2)计算共振放大因子，结果应符合 3.8.2.3 的要求。

$$Q=\frac{D_1}{D_0} \qquad \cdots\cdots(2)$$

式中：

Q——共振放大因子；

D_1——共振时的响应幅值，单位为毫米(mm)；

D_0——输入激励幅值，单位为毫米(mm)。

4.10　隔冲效果

按 GJB 150.18—1986 规定的方法进行冲击试验，测量频率范围为 2 Hz～2.5 kHz，隔冲效果按式(1)计算，结果应符合 3.8.3.1 的要求。

4.11　允许最大冲击塑性变形

按 GJB 150.18—1986 规定的方法进行冲击试验，并测量隔振器的最大塑性变形，结果应符合 3.8.3.2 的要求。

4.12　环境条件试验

4.12.1　盐雾

按 GJB 150.11—1986 规定的方法进行盐雾试验，结果应符合 3.9.1 的要求。

4.12.2 振动

按 GJB 150.16—1986 规定的方法进行振动试验，结果应符合 3.9.2 的要求。

4.13 疲劳特性

隔振器安装到振动台或振动试验机上，加载到额定载荷，在固有频率处承受 5×10^5 次振动循环，隔振器的响应振幅为 1.3 mm±0.1 mm，结果应符合 3.10 的要求。

4.14 蠕变特性

隔振器上承载额定静载荷(模拟质量块)，并在隔振器上放置百分表。1 h 后测量其从无载状态开始的变形，在随后的 6 h 中每隔 1 h 测量 1 次蠕变和温度，然后间隔 24 h 测量 1 次。隔振器的蠕变量至少进行 10 d。以横坐标为时间(单位：h)，纵坐标为变形量，所绘曲线即为隔振器随时间的蠕变特性曲线。隔振器的蠕变特性应符合 3.11 的要求。

5 检验规则

5.1 检验分类

本标准规定的检验分为：

a) 型式检验；

b) 出厂检验。

5.2 检验条件

5.2.1 进行隔振器试验和测量的仪器设备应具有检定证书，并在有效期内。

5.2.2 试验时测量仪器和设备的误差应不大于 1%。

5.3 型式检验

5.3.1 检验项目

型式检验项目、顺序见表 3。

表 3 检验项目

序号	检查或试验	型式检验	出厂检验	要求章条号	检查或试验方法章条号
1	外观质量	●	●	3.4	4.1
2	尺寸与质量	●	●	3.5	4.2
3	产品标志	●	●	3.6	4.1
4	材料	●	●	3.7	4.3
5	额定载荷静变形	●	●	3.8.1.1	4.4
6	额定载荷静刚度	●	○	3.8.1.2	4.5
7	静载荷-变形曲线	●	○	3.8.1.3	4.6
8	固有频率	●	○	3.8.2.1	4.7

表 3(续)

序号	检查或试验	型式检验	出厂检验	要求章条号	检查或试验方法章条号
9	动刚度	●	○	3.8.2.2	4.8
10	共振放大因子	●	○	3.8.2.3	4.9
11	隔冲效果	●	○	3.8.3.1	4.10
12	允许最大冲击塑性变形	●	—	3.8.3.2	4.11
13	盐雾	●	—	3.9.1	4.12.1
14	振动	●	—	3.9.2	4.12.1
15	疲劳	●	—	3.10	4.13
16	蠕变	●	—	3.11	4.14
注:“●”为必检项目;“○”为订购方与承制方协商检验项目;“—”为不检项目。					

5.3.2 受检样品数量

隔振器型式检验的样品数至少为4只。

5.3.3 合格判据

如果所有样品通过表3规定的全部检验项目,即判为合格。

若提交鉴定检验的样品在试验中出现故障或某个项目不能满足规定要求时,应停止试验。待查出故障原因,排除故障并提出分析报告,经合格鉴定单位认可后,加倍取样重新进行型式检验。

复检时若所有样品的全部检验项目均符合要求,则判定隔振器型式试验合格。若复验后仍有不符合要求项目,即判定隔振器型式试验不合格。

5.4 出厂检验

5.4.1 隔振器应逐只进行出厂检验,涉及动态性能和破坏试验的项目应分批进行。

5.4.2 隔振器出厂检验项目见表3。

5.4.3 隔振器出厂检验项目全部符合要求,判定隔振器出厂检验合格。

若有不符合要求项目,允许返修后复验一次。若复检时全部出厂试验项目均符合要求,则判定出厂检验合格。若复验后仍有不符合要求的项目,则判定该只隔振器出厂检验不合格。

6 标志、包装、运输与贮存

6.1 封存和包装

6.1.1 隔振器用塑料袋封装,再用硬纸板或木质包装箱包装。

6.1.2 包装箱中应有产品检验合格证、使用说明书、装箱清单等随机文件。

6.2 运输和贮存

6.2.1 隔振器可采用任何方式运输。运输过程中,隔振器应避免受雨雪淋袭。

6.2.2 隔振器在无承载状态下贮存在通风良好的室内,并防止与酸、碱等物质接触。

6.2.3 隔振器的贮存期为 5 a。

6.3 标志

6.3.1 包装箱外应有按 GB/T 191 规定的“怕湿”、“禁止翻滚”、“小心轻放”等字样或符号。

6.3.2 包装箱外应用清楚、整齐的文字说明下列内容：

a) 收货单位和地址；

b) 发货单位和地址、制造厂名；

c) 隔振器型号、规格及数量；

d) 隔振器净重及连同包装箱的毛重；

e) 包装箱外形尺寸。

附 录 A
（资料性附录）
钢丝绳隔振器主要外形结构

A.1 钢丝绳隔振器主要外形结构

钢丝绳隔振器主要外形结构见图 A.1。

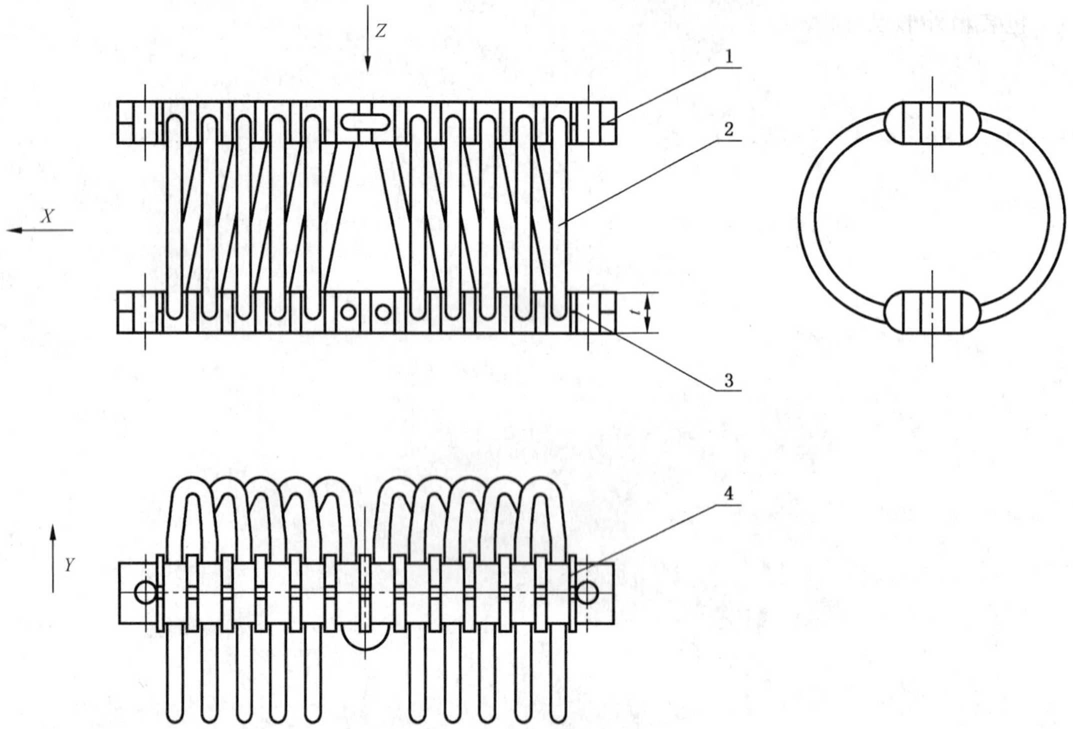

说明：
1——上夹板；
2—— 不锈钢丝绳；
3——下夹板；
4——卡板。

a） 螺旋型钢丝绳隔振器

图 A.1 钢丝绳隔振器外形结构简图

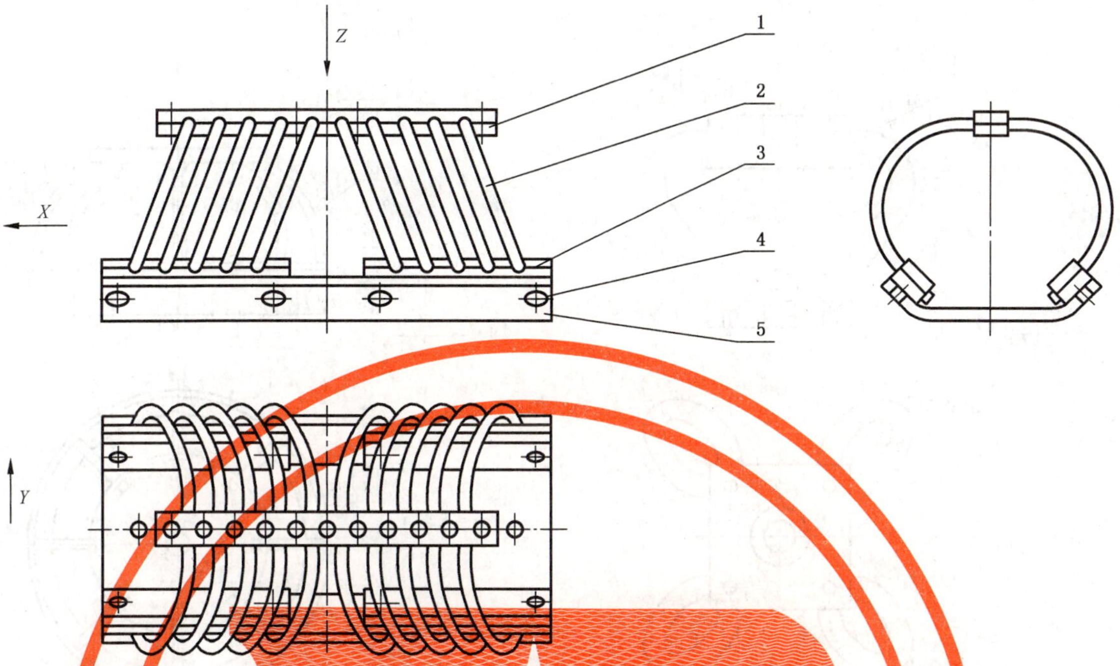

说明：
1——上夹板；
2——不锈钢丝绳；
3——下夹板；
4——固定螺钉；
5——底板。

b) 拱形钢丝绳隔振器

图 A.1（续）

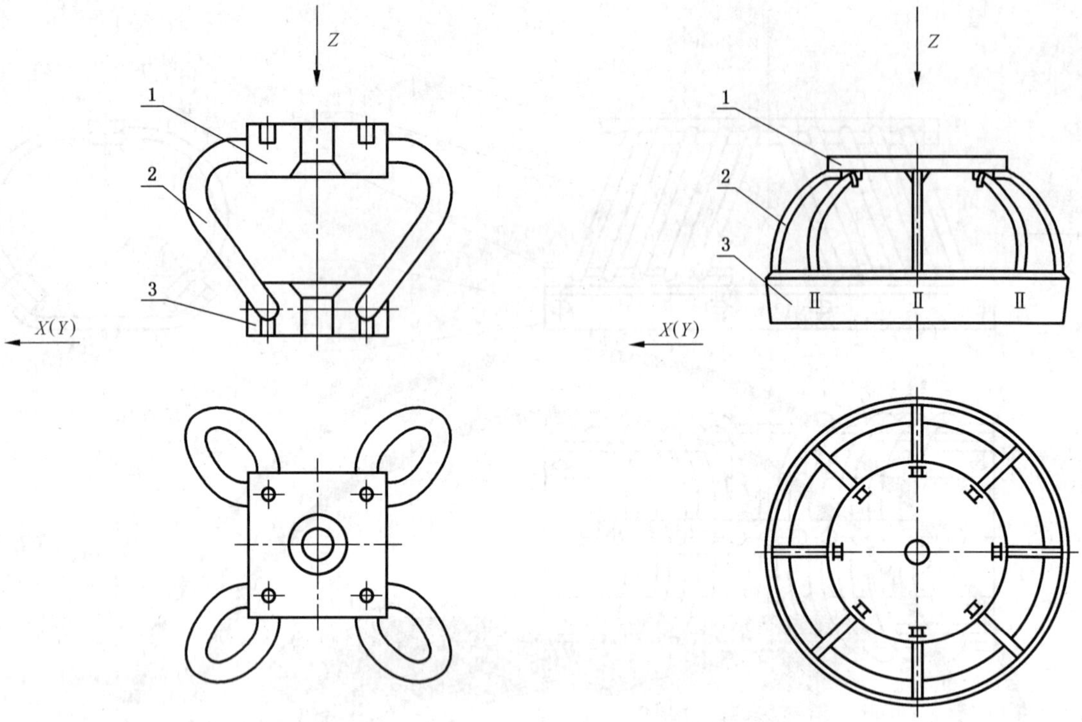

c.1)　　c.2)

说明：

1——上夹板；

2——不锈钢丝绳；

3——下夹板。

c)　灯笼型钢丝绳隔振器

图 A.1（续）

附　录　B
（资料性附录）
钢丝绳隔振器安装的一般型式

B.1　安装型式

隔振器的安装型式见图 B.1。

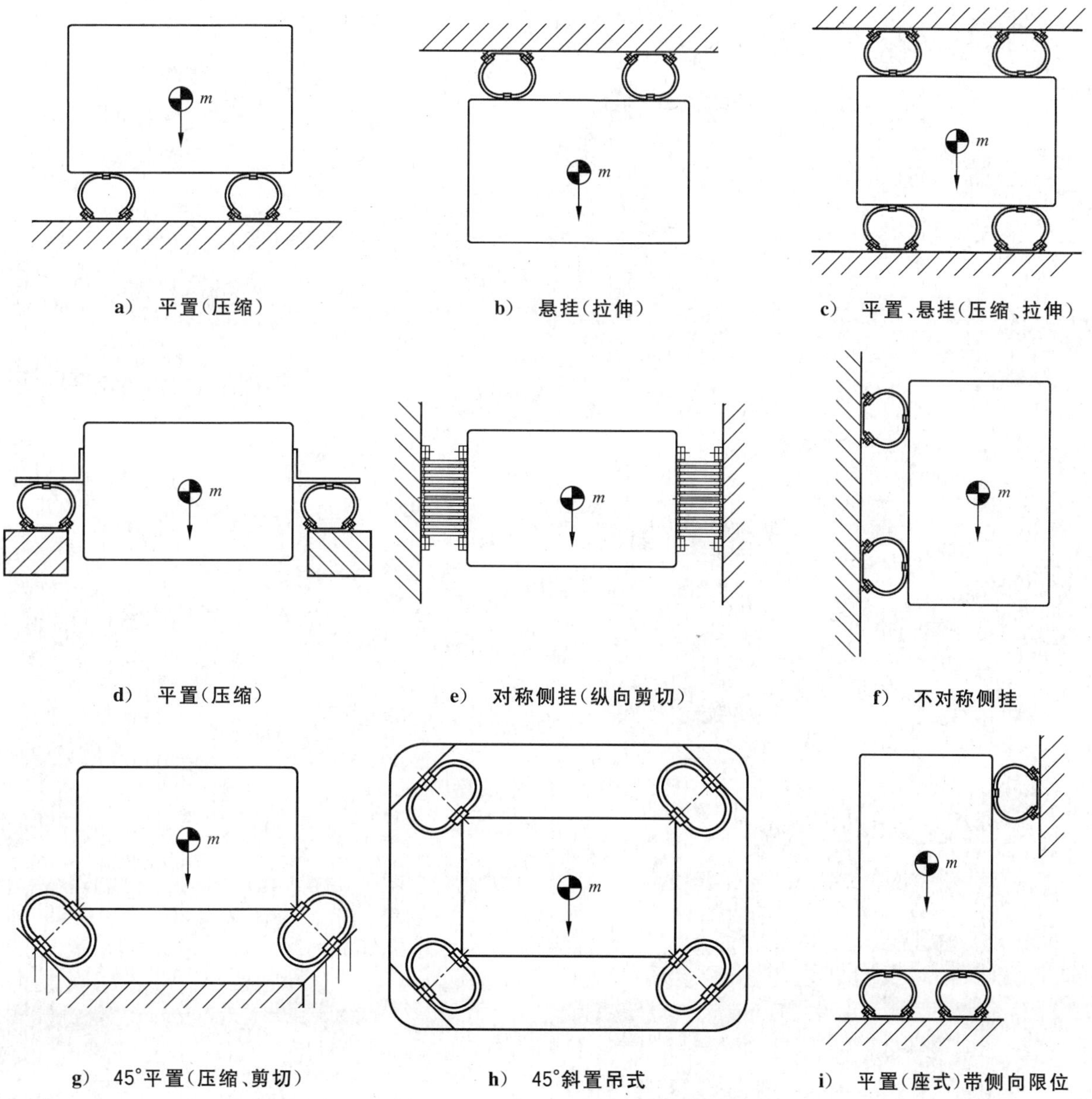

图 B.1　钢丝绳隔振器安装型式

ICS 13.020.40
U 47

中华人民共和国国家标准

GB/T 29132—2012/ISO 16446:2002

船舶与海上技术　海上环境保护
不同围油栏接头之间的连接适配器

Ships and marine technology—Marine environmental protection—Adaptor for joining dissimilar boom connectors

(ISO 16446:2002,IDT)

2012-12-31 发布　　2013-07-01 实施

中华人民共和国国家质量监督检验检疫总局
中国国家标准化管理委员会　发布

前　言

本标准按照 GB/T 1.1—2009 给出的规则起草。

本标准使用翻译法等同采用 ISO 16446:2002《船舶与海上技术　海上环境保护　不同围油栏接头之间的连接适配器》。

与本标准中规范性引用的国际文件有一致性对应关系的我国文件如下：

——GB/T 21478—2008　船舶与海上技术　海上环境保护　溢油处理相关术语(ISO 16165:2001,IDT)

本标准做了下列编辑性修改：

——修改了图 1 中的标注方法；

——参考文献中取消了文中未提到的三个参考文件。

本标准由中国船舶工业集团公司提出。

本标准由全国船用机械标准化技术委员会(SAC/TC 137)归口。

本标准起草单位：中国船舶工业综合技术经济研究院、深圳市计量质量检测研究院。

本标准主要起草人：魏华兴、黄伟中、李菊欢、朱建华、张华。

船舶与海上技术　海上环境保护 不同围油栏接头之间的连接适配器

1　范围

本标准规定了使用标准适配器连接用于防止溢油扩散且具有不同类型接头的围油栏的通用方法。

本标准中没有提到所有的安全注意事项，若有任何安全方面的注意事项，则与使用过程有关。在使用本标准前，使用者有责任制定合适的安全健康操作规程，并明确相关规定的适用范围。

2　规范性引用文件

下列文件对于本文件的应用是必不可少的。凡是注日期的引用文件，仅注日期的版本适用于本文件。凡是不注日期的引用文件，其最新版本(包括所有的修改单)适用于本文件。

ISO 16165　船舶与海上技术　海上环境保护　溢油处理相关术语(Ships and marine technology—Marine environment protection—Terminology relating to oil spill response)

3　术语和定义

ISO 16165 界定的以及下列术语和定义适用于本文件。

3.1

围油栏　boom

控制漂浮物移动的浮动式机械屏障。

3.2

系船索　bridle

附属于围油栏的设备，分担由于拖曳或者固定围油栏而产生的额外负重。

3.3

吃水　draft

围油栏低于水位线的垂直深度的最小值。

3.4

端部连接器　end connector

用于围油栏段之间或者围油栏段与附属装置之间互相连接的器件。

3.5

干舷　freeboard

围油栏高于水位线的垂直高度的最小值。

3.6

抗拉强度　tensile strength

将围油栏材料拉到断裂点所需的力。

4　一般功能注意事项

4.1　能够成功使用适配器连接不同类型的围油栏接头的重要前提是，任何围油栏接头的设计满足

4.2～4.8 的要求。

4.2 围油栏接头应具有足够的强度，以能承受与所连接的围油栏类型、尺寸以及用途相关的压力。

4.3 应避免围油栏段与段之间的油泄漏。

4.4 无论在水中、水外，还是在含有油分、污物或冰块，或者波浪较大的水中，围油栏接头应牢固，且易于连接和拆卸。相对于那些需要互相嵌入连接的接头，宜选用能够简单地通过将端部拉在一起进行连接的接头。

4.5 围油栏接头应是对称的（没有主、辅区别），且应能抵抗变形（例如当卷轴旋紧时）。

4.6 围油栏接头应由蝶形螺母或自锁装置锁紧或牢固连接。这些锁紧装置应易于操作（例如戴手套时），且不需要使用工具，更适宜用于围油栏或围油栏端部连接器的牢固连接。当需要使用工具的时候，所需工具应是常用工具。

4.7 围油栏接头对围油栏的性能不应有任何不利影响（例如干舷和稳性）。若围油栏有设计要求时，围油栏接头应能传递围油栏段之间的拉伸力。

注：对于某些围油栏，适配器的使用可能会造成接头附近干舷尺寸的减小。但在紧急情况下，考虑到适配器能连接不同围油栏的作用，可忽略干舷尺寸的潜在损失。

4.8 围油栏接头对人应是安全的。

5 设计要求

5.1 制造厂商或用户应提供适当数量的适配器，以便能将接头不匹配的围油栏连接起来。适配器的一端用于连接现有接头，另一端形成可满足下述配合要求的平板。本标准鼓励使用单独的适配器，以免为满足配合规范而对现有接头设计进行改变所可能带来的不利影响。但在某些情况下，通过直接改变现有接头设计而不使用单独的适配器也可满足配合要求，但这种选择只有在接头上所要求的孔距不影响已存在的螺纹孔或其他接头特性，且制造厂商或用户能够确保设计更改不会改变接头的受力或性能的情况下才是可行的。

5.2 适配器的一端应为一个带有标准配合面的平板，平板上至少应有三个直径不小于 16 mm 的孔，用来装配直径为 12 mm 的螺栓[1)]（连同适配器），如图 1 所示（图 1 中所示的围油栏接头形式是一个简化的一般形式的示例）。以围油栏的设计水位线作为参考点，第一个孔的中心线应在水位线以上 120 mm，第二个孔的中心线应在第一个孔中心线以下 240 mm，第三个孔的中心线应在第一个孔中心线以下 300 mm。对于大型适配器，附加的孔与第一个孔中心线的距离递增量应为 300 mm。孔间的距离应以第一个孔的中心线为基准进行测量，以免出现累积公差。为了确保能按本标准与其他适配器进行准确的配合，适配器配合面上孔中心到外边缘的距离应不超过 25 mm，到配合面内侧的距离应不小于 26 mm。配合面应平滑整洁。

5.3 若在没有使用单独适配器的情况下，这些孔应包含在现有接头的设计中，且不应对接头的性能和受力特性产生不利影响。

5.4 若围油栏有单独的受拉构件（链、索等），则对于每个受拉构件，适配器上也应有一个对应的孔。这些孔应布置在配合面的内侧，以便于钩环或其他固定装置对受拉构件进行安全固定。

5.5 装配螺栓（包括垫圈和尼龙自锁螺母）应通过一个固定链条或绳索系在适配器上，以免不使用时放错地方。

5.6 围油栏与适配器的连接应确保围油栏接头满足第 4 章的要求。

5.7 围油栏与适配器的连接不应减小整个围油栏系统的设计抗拉强度。

5.8 制造厂商应对其制造的接头，在连接适配器的情况下，进行负荷承受能力测试，确保安全。

注：围油栏抗拉强度性能试验方法参见 ASTM F1093。

---

1) 例如 AISI 316 不锈钢螺栓。

5.9 当孔直接设计在现有接头上(不使用适配器)时,这些孔在不使用时应加以密封以防止泄漏(例如合适的塑料塞、橡胶塞、螺栓等)。

单位为毫米

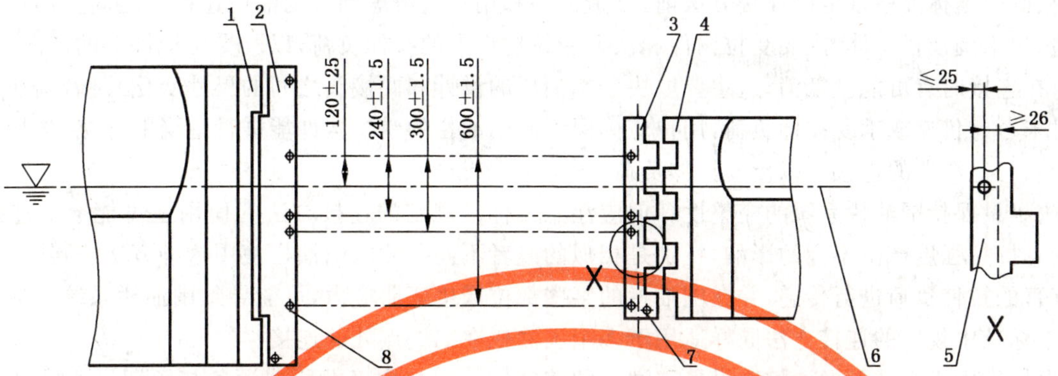

说明:

1——围油栏 A 型接头(五孔接头);

2——适用于 A 型接头的标准适配器;

3——适用于 B 型接头的标准适配器;

4——围油栏 B 型接头(四孔接头);

5——配合面(虚线左边部分);

6——设计水位线;

7——供钩环或固定器对受拉构件进行固定连接的孔;

8——孔(ϕ16±0.7)。

a) 围油栏与标准适配器的连接

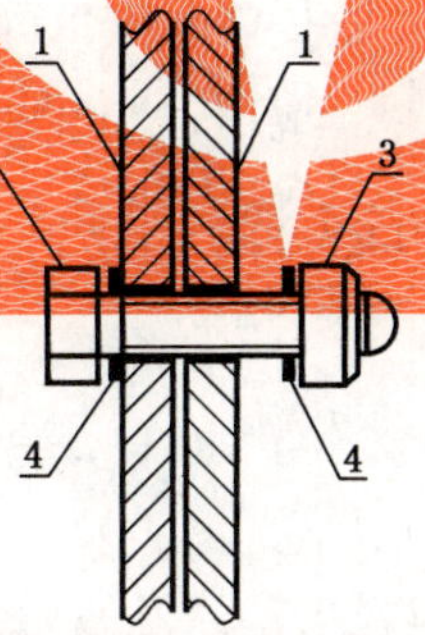

说明:

1——适配器板;

2——12 mm×60 mm 螺栓;

3——尼龙自锁螺母;

4——平垫圈。

b) 螺栓连接细节

水位线上方的第一个孔应易于接近,且能尽量减小泄漏。

水位线下方的第一个孔一般应位于油层下面,且与受拉构件构成一直线。

供钩环或固定器对受拉构件进行固定连接的孔应位于配合面外部。

对于小型围油栏(例如 250 mm),适配器为了设置必要的孔,可能比接头还要长。

注:该图为两个不同的围油栏接头与相应的标准适配器连接的侧视图示例。

图 1 围油栏与适配器连接示例

6 操作注意事项

6.1 在使用本标准中规定的连接方法前,制造厂商和用户应考虑到各围油栏连接段之间拉伸负荷的正常传递,包括围油栏本体、主要受拉构件和次要受拉构件上的拉伸负荷,以及受拉构件上的定向负荷(这一负荷在连接时有可能被抵消,这主要取决于围油栏的设计和两接头之间的尺寸变化)。若围油栏本体设计时未考虑传递或承受拉伸负荷,用户应确保不同围油栏的受拉构件能进行适当的连接(包括彼此间的连接和与适配器的连接),以传递拉伸负荷。

6.2 应尽量保持围油栏系统的完整性。但应注意本标准规定的连接方法的使用也可能会对连接的围油栏的总抗拉强度产生不利的影响,特别是相似的或者不同尺寸的围油栏使用这种方法连接时,将有可能对有害的拉伸负荷进行传递,并在围油栏的某些部位产生弯曲应力,可能导致围油栏系统故障。

6.3 本标准中规定的连接方法同样适用于多个围油栏在同一点处的连接。

6.4 本标准中没有涉及溢油控制设备与溢油的兼容性。用户应确保所选设备与预期发生的溢油物质相兼容。

参 考 文 献

[1] ASTM F1093—1999 Standard test methods for tensile strength characteristics of oil spill response boom

ICS 47.020.70
U 65

中华人民共和国国家标准

GB/T 29133—2012/ISO 19379:2003

船舶和海上技术　ECS数据库　内容、质量、更新和测试

Ships and marine technology—ECS databases—Contene, quality, updating and testing

(ISO 19379:2003, IDT)

2012-12-31 发布　　　　2013-07-01 实施

中华人民共和国国家质量监督检验检疫总局
中国国家标准化管理委员会　发布

前　言

本标准按照GB/T 1.1—2009给出的规则起草。

本标准使用翻译法等同采用ISO 19379:2003《船舶和海上技术　ECS数据库　内容、质量、更新和测试》(英文版)。

本标准相对于ISO 19379:2003做了下列编辑性修改:

a) 删去了国际标准的前言和引言;

b) “本国际标准”一词,在本标准中改为“本标准”;

c) 标识小数的“,”改为“.”。

本标准由中国船舶工业集团公司提出。

本标准由全国海洋船标准化技术委员会(SAC/TC 12)归口。

本标准起草单位:中国船舶工业综合技术经济研究院。

本标准主要起草人:康元。

船舶和海上技术 ECS数据库 内容、质量、更新和测试

1 范围

本标准规定了生成ECS数据库的要求和测试方法，以及有关安全航行的数据库内容、质量和更新的要素。

本标准对生成和测试ECS数据库提供指导。但它既不提供设计和开发数据库的详细方法和技术，也不涉及详细的质量管理步骤。

本标准的主要用户是ECS数据库的制造商。本标准也可供ECS制造商和政府监管机构参考。

2 规范性引用文件

下列文件对于本文件的应用是必不可少的。凡是注日期的引用文件，仅注日期的版本适用于本文件。凡是不注日期的引用文件，其最新版本(包括所有的修改单)适用于本文件。

ISO 9000:2000(所有部分) 质量管理和质量保证标准(Quality management and quality assurance standards)

3 术语和定义

下列术语和定义适用于本文件。

3.1

电子海图显示与信息系统 electronic chart display and information system,ECDIS

符合国际海事组织(IMO)ECDIS性能标准(经修正的IMO A.817(19)决议)要求的导航信息系统。

3.2

电子海图系统 electronic chart system,ECS

将ECS数据库中的船舶位置、相关航海图数据和信息以电子信息化形式显示在屏幕上的导航信息系统。该系统不完全符合IMO对ECDIS的要求，且不满足SOLAS第Ⅴ章对携带的海图的要求。

3.3

ECS数据库 ECS Database

内容、质量和更新满足标准化要求，与ECS一起使用的数据库。

3.4

矢量数据表示 vector data presentation

通过坐标、属性和适当代码规定的点、线、多边形和文字等描述地理要素表示海图的数字方法。

3.5

光栅数据表示 raster data presentation

通过像素点阵图样或网格点数字化表示全部或部分海图的方法。

3.6

航海图或航海出版物 nautical chart or nautical publication

按照航海要求编撰，由政府水道部门或其他相关机构正式出版或授权出版的专用地图、书籍和编制地图、书籍的专用数据库。

3.7

工作数据库　working database

从 ECS 数据库中分离的或对其添加的数据库，包括对 ECS 数据库的补充、变更和更新。

3.8

突出要素　conspicuous features

清晰且显著可见的自然或人造物体。

3.9

源文件　source document

任何作为编制 ECS 数据库信息资源的印刷(例如：纸)或电子(例如：数字化)形式的材料。

3.10

分辨率　resolution

与位置储存最小单元对应的尺寸(按源文件的比例)。

注：对于矢量数据，分辨率对应于最小坐标单位或子单位。对于光栅数据，分辨率符合组成光栅图像的像素尺寸。对于上述任一种情况，分辨率表示空间要素中可辨别的最小尺寸，或采集到的两个分离实体空间要素之间的最小距离。

3.11

重现精确度　reproduction accuracy

由源文件提供的一个给定要素的地理位置与相应实体在 ECS 数据库中重现位置之间的真实距离(按源文件的比例)。

3.12

编码错误　encoding error

ECS 数据库与所依据的源文件之间的差异，包括所有应用于 ECS 数据库更新的航海通告。

4　要求

4.1　ECS 数据库内容

4.1.1　一般内容

4.1.1.1　ECS 数据库至少应包含与最新版航海图安全航行同等的数据和信息。

4.1.1.2　ECS 数据库可由多信息源编制而成。

4.1.1.3　从航海图中得到的数据和信息可与其他信息源的数据集成，集成不应使源自航海图的数据或信息质量下降，且不会使 ECS 数据库使用的数据或信息被认为不源于航海图。

4.1.1.4　ECS 数据库制造商应保持对所使用源文件的跟踪记录。

4.1.1.5　ECS 数据库制造商可以对 ECS 数据库加入扩展显示范围的功能，加入扩展显示功能的数据库不能与原 ECS 数据库分开使用。即 ECS 用户总可以放大查看最小的细节。

4.1.2　详细内容

与 ECS 数据库内容有关的测试见 5.3.2 和 5.3.5。ECS 数据库应至少包括下列可用航海图元素。

4.1.2.1　高潮位线以上或以下的信息

高潮位线以上或以下信息包括：

a)　所有深度不大于 50 m 的等深线；

b)　所有深度不大于 50 m 的点测深；

c)　所有深度小于 50 m(或者未知深度，当认为对海面航行危险时)的孤立危险物的标识和细节，例如：残骸、岩石、障碍、近海平台、暗礁等；

d) 可航行的运河、河流；

e) 边界，例如：航道、沟渠、疏浚区和扫海区；

f) 干涸线；

g) 海岸线、沿岸建筑和人造流量控制结构，例如：水坝、水闸、堰和堤坝；

h) 桥梁、架空管线和电缆，标明可航行水域的水平和垂直净空。

4.1.2.2 助航设备

助航设备包括：

a) 所有固定式和浮动式助航设备，包括导航标识、编号的指示和细节；

b) 导航线；

c) 航线系统和分道方案；

d) 推荐航线；

e) 突出要素。

4.1.2.3 其他要素

a) 水下电缆和管线；

b) 特定区域，例如：
   1) 锚泊区域和禁止锚泊区域；
   2) 警戒区域，例如：警告区域、禁止区域、禁止捕鱼区域、避航区域；
   3) 管制区域，例如：渔场、近海生产区域、倾倒区域；
   4) 军事演习区域；
   5) 国际边界和国家限制区域；

c) 轮渡航线；

d) 海床性质，例如：沙滩、泥土、岩石、海绵体等；

e) 距离标记。

4.1.2.4 文字信息

文字信息包括：

a) 有关航行安全警示信息的指示和内容；

b) 地名。

4.1.2.5 元数据

元数据包括：

a) ECS 数据库制造商和航海图来源的标识。ECS 数据库中所有采自航海图或其他政府官方文件之外的部分均应在元数据中包含相关信息，以便 ECS 制造商用于给用户生成适当的警示；

b) ECS 数据库现行日期。如果数据库由多张航海图生成，则该 ECS 数据库现行日期为从最近更新日期到最早航海图的日期；

c) 大地基准和与 WGS-84 的偏移。若有，矢量格式的 ECS 数据库的大地基准应为 WGS-84。光栅格式的 ECS 数据库的大地基准应为 WGS-84，也可由其源基准产生，但应在元数据中标明对 WGS-84 的偏移。如果 ECS 数据库中包含一个大地基准未知的区域，应在元数据中予以标明；

d) 深度基准和高程基准；

e) 比例范围或数据库分辨率范围，若不同；

f) 根据源数据的比例和位置精确度以及重现精确度给出 ECS 数据库对于特定航行目的的适用性指示,ECS 制造商可以用该指示在 ECS 数据库与一个准确性符合安全航行要求的持续定位系统联合使用时提醒用户,见表 1。

表 1 ECS 数据库航行目的的适用性

航行目的	源数据的比例	ECS 数据库的水平偏差 m
能在限制水域中使用	≥1∶20 000	≤10
能在靠近港口时使用	≥1∶50 000	≤50
能在近海航行	≥1∶100 000	≤100
不与持续定位系统配合使用	—	>100

4.1.2.6 其他信息

ECS 数据库应包含 ECS 制造商制作 ECS 数据库的必要信息,例如:水平和垂直的测量单位等。

4.2 ECS 数据库质量

数据库质量由 ECS 数据库的生产步骤、源资料、分辨率和海图要素重现精确度、数据的正确性和完整性组成。这些项目应包含于制造商的质量管理程序中。

4.2.1 产品规范

ECS 数据库制造商应形成并维护 ECS 数据库说明的产品规范:

a) 符合的行业、政府或国际标准和规则,当适用时;

b) 颁发给产品的型式认可或入级证书,当适用时;

c) ECS 数据库的数据结构,例如:矢量、光栅、矢量和光栅同时或其他;

d) ECS 数据库的属性,例如:分辨率、重现精确度的最大允许误差、编码完整性的最大允许误差;

e) ECS 数据库封装,包括如何将 ECS 数据库的不同部分、片段、单元组合为 ECS 数据库的独立产品;

f) ECS 数据库的更新方法;

g) 使用 ECS 数据库时的限制。

4.2.2 过程控制

ECS 数据库制造商应具有符合认证标准(例如 ISO 9000 系列标准)要求的适宜的质量管理体系。在制造商的质量管理体系内部,应有保证 ECS 数据库符合产品规范和本标准要求的程序,包括下列各项:

a) 选择、购买、检查和接受源资料的书面程序;

b) 过程中关键阶段的书面记录,包括源资料注册、地理基准、地理修正、转换到数字格式(光栅或矢量)和编制直至最终产品;

c) 中间和最终产品的内部质量管理程序文件,包括:不合格处理、预防和纠正措施;

d) 编码规范提供了从源文件中获取信息和在 ECS 数据库中对要素和几何图元进行分类的规则。

注:编码规范仅应用于含矢量数据的 ECS 数据库。

4.2.3 源文件

4.2.3.1 在本标准中,源文件是指任何作为编制 ECS 数据库信息资源的印刷(例如:纸)或电子(例如:数字化)形式的材料。典型的源文件包括但不限于下列各项:

a) 航海图;

b) 航海出版物和通告(例如:灯光和无线电通信信号列表、航行指南、航海通告);

c) 水道测绘;

d) 地形测绘;

e) 图像。

4.2.3.2 政府机构(例如:水文局、海事管理局、港务局)或私人组织可出版源文件。适用时,用于编制 ECS 数据库的源文件应包含下列信息:

a) 大地基准和对 WGS-84 的偏移(若有);

b) 深度基准;

c) 高程基准;

d) 比例尺;

e) 覆盖面积的最小和最大坐标;

f) 地理参数所需的全部元素(例如:边界标志、网格线、投影)。

注:当源文件在给定的区域内的航海信息是可得到的唯一文件时,可以不受上述要求限制。

4.2.3.3 ECS 数据库的制造商应保持 ECS 数据库所使用的所有源文件的记录,以反映 ECS 数据库实际使用源的每个版次、版本、子集。每个源文件记录应至少包括下列信息:

a) 发布机构(例如:机构、组织或公司);

b) 发布机构的确认依据(例如:目录号);

c) 版次、重印或重新发布号和日期。

上述信息可以被编码于 ECS 数据库中,允许通过适当的方式查询、检索和显示(例如:ECS 数据库逻辑存贮单元的参数或元数据)。

4.2.4 分辨率

与 ECS 数据库分辨率有关的测试规定见 5.3.3。

4.2.4.1 ECS 数据库的分辨率取决于数字化硬件和软件、编码程序等。通常,其尺寸(源文件的比例)由用于位置储存的最小单元决定。对于矢量数据应与最小坐标单位或子单位尺寸一致;对于光栅数据应与位图组成像素尺寸一致。在以上两种情况中,分辨率是指可以被识别的最小空间要素,或被独立采集的分离要素的最小距离。

4.2.4.2 当 ECS 数据库显示与源文件保持同一比例时,ECS 数据库的分辨率应保证 ECS 能够从源文件生成详细、真实和可理解的表达信息。无论何种情况,在 1∶1 的比例下,分辨率不应低于 0.2 mm;或在 1∶N 的源文件比例下,不应低于 0.2×N mm(见表 2)。

表 2 ECS 数据库分辨率示例

比例	数据库地面分辨率 m
1∶1 000	≤0.2
1∶10 000	≤2.0
1∶50 000	≤10.0

4.2.5 重现精确度

与 ECS 数据库重现精确度有关的测试规定见 5.3.4。

4.2.5.1 重现精确度定义为源文件提供的给定要素地理位置和 ECS 数据库相应实体位置之间的真实距离(按源文件的比例)。

4.2.5.2 ECS 数据库中任何要素的重现精确度在比例为 1∶1 时应不低于 0.5 mm;或在比例为 1∶N 时,不低于 0.5×N mm。

4.2.6 编码正确性和完整性

与编码完整性有关的测试规定见 5.3.2 和 5.3.5。

4.2.6.1 正确和完整的编码应符合 ECS 数据库制造商的编码规范,并且至少应符合下列要求:

a) ECS 数据库应不包含任何危及航行安全的编码错误,这些错误是指在表 3 中列出的严重编码错误;

b) ECS 数据库任何其他编码错误都归类为非严重错误。受非严重编码错误影响的要素数量不应超过 1/200(相应的可接受标准为 99.5%)。

表 3 严重编码错误

要素	严重编码错误
深度不大于 50 m 的等深线	要素缺少; 深度值错误或缺少
深度不大于 50 m 的点测深值	要素缺少; 深度值错误或缺少
深度小于 50 m 孤立危险物的标识和细节 (或深度未知,当认为对水面航行有危险时)	要素缺少; 要素级别属性错误(例如:误将岩石编码成残骸); 深度值错误或缺少; 水位指示错误或缺少(例如:误将水上编码成水下)
可航行的运河,可航行的河流	要素缺少; 深度值错误或缺少
边界	要素缺少; 深度值错误或缺少 疏浚年代错误或缺少
干涸线	要素缺少
海岸线	要素缺少
沿岸建筑和人造流量控制结构,例如水坝、船闸、堰和堤坝	要素缺少; 水位指示错误或缺少
桥梁、架空管线和电缆,标明可航行水域的水平和垂直净空	要素缺少; 水平和垂直净空错误或缺少
固定式和浮动式助航设备的标识和细节	要素缺少; 所有国际航道标志协会(IALA)标志:IALA 级别属性错误或缺少(例如:误将正面编码成侧面)或子类错误或缺少(例如:误将左舷编码成右舷)要素特性编码错误或缺少(例如:颜色、形状、数字错误);

表 3（续）

要素	严重编码错误
固定式和浮动式助航设备的标识和细节	所有船用或航空信号:颜色、特征(例如:误将固定编码成闪光)、信号周期、信号组(例如:误将 FI 编码成 FI(3))范围和光弧界限错误或缺少
导航线	要素缺少
航线系统和分道方案	要素缺少; 要素级别属性错误(例如:误将推荐通航分道编码成分道航行通航制); 通航指示错误或缺少(例如:误将单向编码成双向); 水道深度值错误或缺少
推荐航线	要素缺少; 通航指示错误或缺少(例如:误将单向编码成双向)
突出要素	要素缺少; 要素级别属性或描述错误(例如:烟囱而非桅杆)
水下电缆和管线	要素缺少
特定区域	要素缺少; 有关区域的禁止、限制、规则、功能或警告编码错误或缺少
轮渡航线	要素缺少
海床性质	要素缺少; 海床性质编码错误
距离标记	要素缺少; 距离值错误或缺少
有关航行安全警示信息的指示和内容	要素缺少; 注意事项错误编码,除错别字之外改变了信息含意(例如:除光栅数据库中的纸质航海图外,提示说明"准线")
元数据	ECS 数据库制造商编码缺少; 源航海图编码错误或缺少; ECS 数据库现行日期编码错误或缺少; 大地基准或与 WGS-84 的偏移编码错误或缺少; 深度基准编码错误或缺少; 高程基准编码错误或缺少; 比例范围或数据库分辨率范围编码错误或缺少; 航行目的编码错误或缺少; 数据库适用性编码错误或缺少

4.2.6.2 在本标准上下文中,编码错误(严重或非严重)定义为 ECS 数据库与所依据的源文件之间的差异,包括所有应用于 ECS 数据库更新的航海通告。

4.2.6.3 严重编码错误的定义是基于相关信息由编制 ECS 数据库的源(或源文件)生产的假设。

4.3 ECS 数据库更新

与 ECS 数据库更新有关的测试规定见 5.3.6。

ECS数据库的制造商应负责定期获得和制作客户资料，以便将更新数据应用于客户的数据库。

注：制造商能够提供当前的程序以便能及时地满足用户的更新要求。

4.3.1 当数据库由制造商交付使用时，应至少与当前和最新区域航海图的时效性兼容，并遵守本标准中的设定。

4.3.2 ECS数据库制造商应对应每个ECS数据库一个月至少发布一次当前更新和发布日期的目录。

4.3.3 ECS数据库制造商应每月至少公布一次ECS数据库更新。更新资料应包含制造商上月15日前接收的ECS数据库包含的全部与航海图有关的航海通告(或公开发布，例如：在网上发布)。在航海图更新频率低于每月更新的地区，ECS数据库应和航海图保持相同的更新频率。

注：4.3.2和4.3.3的要求可以通过替换整个ECS数据库来满足。

4.3.4 当对ECS数据库有影响的新版航海图或新航海图发布时，ECS数据库制造商应发布ECS数据库的更新。此更新应从发行机构获得新版本或新航海图源文件后，根据生产过程在最短时间内提供，且全部新版本和新海图应同时处理。

4.3.5 当ECS数据库制造商收到根据新版航海图或新航海图发布的航海通告而无法将其包含在4.3.4提及的新版本或航海图的下一次更新中时，ECS数据库制造商应注明数据库中受影响的航海图(注明海图编号和海图图名)不再是现行航海图。

5 测试方法

5.1 概述

下述测试方法可供ECS数据库制造商、国家注册机构和指定的测试机构或组织使用。

5.2 生产过程的测试

5.2.1 产品规范

验证有一份包含数据结构描述、数据库属性、封装、更新和使用该产品的详细说明的正式产品规范。

5.2.2 过程控制

验证存在经正式认证的质量体系，其中包含按照4.2要求对ECS数据库所有元素核查的文件化程序。

5.2.3 源文件

验证源文件日志的准确性，并符合4.2.3的要求。

5.3 ECS数据库的测试

本条包含了推荐的最少测试项目的说明，以检查ECS数据库是否符合本标准。

5.3.1 测试工具

5.3.1.1 测试使用测试ECS数据库的装置进行。该装置由ECS或专用软件程序组成，能执行下列操作：

a) 检查当光栅图像被当作源文件使用时，光栅图像的分辨率应高于本标准允许值；
b) 以原格式装载ECS数据库(即向客户发货的同一格式)；
c) 能显示ECS数据库的颜色和符号，以便于进行本标准测试；
d) 显示已选择的地理位置；
e) 改变显示比例；
f) 提供关于显示比例的信息；

g) 在 ECS 数据库的图像上移动光标，并在光标的每一具体位置显示其地理坐标；

h) 测量两个位置之间的距离；

i) 从 ECS 数据库内提供下列各项信息：

1) 参考的源文件；

2) 大地基准，如果大地基准与 WGS-84 不同或大地基准信息未知时，提供适当的至或自 WGS-84 参数两者之间的偏移；

3) 深度基准；

4) 高程基准；

5) 预定显示比例；

6) ECS 数据库更新日期。

5.3.1.2 ECS 数据库制造商应保持一个使用 INT 3(根据 IHO M-4)航海图的 ECS 测试数据库。

5.3.2 框架结构

检查 ECS 数据库是否包含 4.1.2.5 所列的全部元数据。

5.3.3 分辨率

分辨率要求见 4.2.4。

5.3.3.1 矢量数据

矢量数据应符合下列要求：

a) 当光栅图像作为一种源使用时，检查光栅图像分辨率应不低于本标准的最低允许值；

b) 检查 ECS 数据库分辨率，通过观察点状物体的位置，或沿线或沿多边形顶点的位置，确保它们被置于不低于本标准最低分辨率允许值的网格。

5.3.3.2 光栅数据

检查光栅图像分辨率应不低于本标准的最低允许值。

5.3.4 重现精确度

重现精确度要求见 4.2.5。

测试光栅数据库的重现精确度应以与源文件有相应位置关系的 ECS 数据库的位置比较为基础。如果源文件为纸介质时，不应将 ECS 数据库的打印输出图与源图重叠的方法进行本测试。

为了通过数据库中坐标与源文件中的坐标对比来检查 ECS 数据库的重现精确性，位置应处在相同的大地基准。如果 ECS 数据库的位置为不同的大地基准，应考虑偏移量(存储在 ECS 数据库中)。

测试重现精确度应采用下列方法。

5.3.4.1 矢量格式 ECS 数据库

5.3.4.1.1 概述

测试矢量数据库的重现精确度应基于突出要素，而不应用纬线与子午线的交叉点，其位置可以清楚地识别，例如：

a) 点要素在源文件和 ECS 数据库中都通过符号标识精确地表现它们的位置，例如灯塔、浮标、灯标；

b) 明显的线/范围要素的顶点，例如：清晰的人造海岸线、限制或管制区域。

实际的测试程序取决于ECS数据库的生产过程，多数情况下，这些程序可以归类为以下类型之一。

5.3.4.1.2 纸介质至矢量的转换

重现精确度应通过从源文件测量的有突出要素的地理坐标（见5.3.4.2.2）与ECS数据库中编码相应的要素坐标进行比较来测量。

对于每项要素，使用ECS数据库测试装置提供的功能，验证源文件点的位置与ECS数据库点的位置之间的距离不大于0.5×N mm，其中1∶N为源文件的比例。

注：在从纸介质至矢量的转换中，纸质海图通过数字化仪被转化为数字矢量格式，无中间步骤。

5.3.4.1.3 光栅至矢量的转换

重现精确度可通过与上条相同的程序进行测试，或（更便捷的）检验光栅图象的重现精确度，通过从光栅海图上测量的突出要素地理坐标（见5.3.4.2.2）与ECS数据库中编码相应的要素坐标进行比较来测量。

可采用下列步骤：

a) 按相同的程序要求将一个ECS数据库用于光栅格式专用设备，该光栅海图可以被加载，检验光栅海图的重现精确度并验证所需的全部操作；

b) 对于每项要素，使用ECS数据库测试装置提供的功能，验证源文件点的位置与ECS数据库点的位置之间的距离不大于0.5×N mm，其中1∶N为源文件的比例。

注：光栅至矢量的转换（屏幕数字化）可以首先将纸质海图通过扫描转化为数字光栅格式，或用光栅航海图作为源，用CAD工作站进行光栅图像矢量化。

5.3.4.1.4 矢量至矢量的转换

重现精确度可通过从源文件测量的有突出要素的地理坐标（见5.3.4.2.2）与ECS数据库中编码相应的要素坐标进行比较来测量。

对于每项要素，使用ECS数据库测试装置提供的功能，验证源文件点的位置与ECS数据库点的位置之间的距离不大于（0.5的N倍）mm，其中1∶N为源文件的比例。

注：在从矢量至矢量的转换中，是指源矢量格式海图被转换为不同的矢量格式。

5.3.4.2 光栅格式数据库

5.3.4.2.1 应在源文件可见的纬线与子午线的交叉点上测试重现精确度。不应将海图边缘的点（特别是海图的四角）用于重现精确度测试。

5.3.4.2.2 验证重现精确度不低于本标准的限值。

5.3.4.2.3 使用ECS检测装置提供的功能，验证来自于源文件的点与来自于ECS数据库的点在每个交叉点之间的距离不大于0.5×N mm，1∶N是ECS数据库当前设备显示器的比例。

5.3.5 ECS数据库内容的细节

按4.1.2的要求，对ECS数据库内容的细节与源数据内容进行比较，验证其正确性和完整性符合4.2.6的要求。

5.3.6 更新ECS数据库

验证数据库及其更新应符合4.3.1、4.3.2和4.3.3的要求。

参 考 文 献

［1］ IHO Chart INT-3,Use of symbols and abbreviations

［2］ IHO M-4:200,Regulations of the IHO for international charts and chart specifications of the IHO

［3］ IHO S-57:1996,IHO Transfer Standard for Digital Hydrographic Data

［4］ IMO A. 817(19):1995, Performance standards for electronic chart display and information systems(ECDIS)

［5］ IMO MSC. 64(67):1996 (Annex 5),Amendment to the performance standards for ECDIS

［6］ IMO MSC. 86(70):1998 (Annex 4),Amendments to the performance standards for ECDIS

ICS 47.020.70
U 65

中华人民共和国国家标准

GB/T 29134—2012/ISO 25861:2007

船舶和海上技术　导航　白昼信号灯

Ships and marine technology—Navigation—Daylight signalling lamps

(ISO 25861:2007,IDT)

2012-12-31 发布　　2013-07-01 实施

中华人民共和国国家质量监督检验检疫总局
中国国家标准化管理委员会　发布

前　言

本标准按照 GB/T 1.1—2009 给出的规则起草。

本标准采用翻译法等同采用 ISO 25861:2007《船舶和海上技术　导航　白昼信号灯》(英文版)。

与本标准中规范性引用文件有一致性对应关系的我国文件如下:

——GB 4208—2008　外壳防护等级(IP 代码)(IEC 60529:2001,IDT)

——GB 7000.1—2007　灯具　第 1 部分:一般要求与试验(IEC 60598-1:2003,IDT)

——GB/T 15868—1995　全球海上遇险与安全系统(GMDSS)　船用无线电设备和海上导航设备通用要求　测试方法和要求的测试结果(IEC 945:1994,IDT)

——GB/T 24954—2010　船舶和海上技术　高速船用探照灯(ISO 17884:2004,IDT)

本标准由中国船舶工业集团公司提出。

本标准由全国海洋船标准化技术委员会航海仪器分技术委员会(SAC/TC 12/SC 5)归口。

本标准起草单位:中国船舶工业综合技术经济研究院、大连市船用电器有限公司、海星海事电气集团有限公司。

本标准主要起草人:严苹、王泽忠、纪殿秀、傅文隆、金兴升。

船舶和海上技术　导航　白昼信号灯

1　范围

本标准规定了符合《白昼信号灯性能标准》[IMO MSC.95(72)决议]的白昼信号灯的要求和型式试验等。

本标准适用于遵守经修正的1974年《国际海上人命安全公约(SOLAS)》第V章以及现行的《国际高速船安全规则》第8章规定的船舶所要求的白昼信号灯。

若本标准与IMO MSC.95(72)决议中的表述一致，则所有这些文本用斜体字打印，并且用括弧标识出条款编号。

2　规范性引用文件

下列文件对于本文件的应用是必不可少的。凡是注日期的引用文件，仅注日期的版本适用于本文件。凡是不注日期的引用文件，其最新版本(包括所有的修改单)适用于本文件。

ISO 17884　船舶和海上技术　高速船用探照灯(Ship and marine technology—Searchlights for high-speed craft)

IEC 60529　外壳防护等级(IP代码)[Degrees of provided by enclosures(IP Code)]

IEC 60598-1　灯具　第1部分：一般要求与试验(Luminaires—Part 1:General requirements and tests)

IEC 60945　船用导航与无线电通信设备和系统　一般要求　试验方法和要求的试验结果(Maritime navigation and radiocommunication equipment and systems—General requirements—Methods of testing and required test results)

IMO A.694(17)决议　全球海上遇险与信息系统(GMDSS)的船用无线电设备和电子导航辅助设备的一般要求(General requirements for shipborne radio equipment forming part of the Global marine distress and information system(GMDSS) and for electronic navigational aids)

IMO A.813(19)决议　船用电气电子设备电磁兼容性(EMC)一般要求(General requirements for electromagnetic compatibility(EMC) for all electrical and electronic ship's equipment)

IMO MSC.95(72)决议　白昼信号灯性能标准(Performance standards for daylight signaling lamps)

3　术语和定义

ISO 17884界定的以及下列术语和定义适用于本文件。

注：IMO使用的"半角发散值"和"十分之一角发散值"与"半峰值发散角"和"十分之一峰值发散角"同义。

3.1

白昼信号灯　daylight signaling lamps

采用聚集光束适合于向观察人员发送白光信号的固定式或便携式信号灯。

[IMO MSC.95(72),4]。

3.2

关灯时间 switch-off time

白昼信号灯断开后,发光强度减少到规定发光强度的5%时所需要时间。

[IMO MSC.95(72),4]。

4 要求

4.1 要求的功能及其可用性[IMO MSC.95(72),1.2,5.1]

白昼信号灯应能在白天和夜晚用灯光信号在船舶之间或船岸之间传送信息。

白昼信号灯应能发出间断的灯光信号,便于观察人员直观地清晰地辨别。

4.2 开灯和关灯时间[IMO MSC.95(72),5.2.6]

开灯和关灯时间之和不应超过500 ms。

4.3 发光强度[IMO MSC.95(72),5.2]

4.3.1 在白天大气透射率为0.8的条件下,白昼信号灯发出的光信号的可见度应至少为2 n mile,等同于60 000 cd的发光强度。

4.3.2 白昼信号灯的轴向发光强度应至少达到最大发光强度的90%。

4.3.3 白昼信号灯的发光强度在其分布中心应最大。应从发光强度分布的中心均匀地减弱。

4.3.4 半峰值发散角α_h不应大于9°,十分之一峰值发散角α_t不应大于14°。

4.3.5 白昼信号灯的有效发光部分应为圆形。

4.4 光的色度[IMO MSC.95(72),5.2.5]

白色信号光的色度应在国际照明委员会(CIE)规定的下列色度图的直角坐标范围内,见表1。

表1 色度坐标

色度坐标	x	0.525	0.525	0.452	0.310	0.310	0.443
	y	0.382	0.440	0.440	0.348	0.283	0.382

4.5 故障、警告、报警和指示[IMO MSC.95(72),5.3]

4.5.1 白昼信号灯应有表明其各种工作状态的指示。

4.5.2 如果不用船舶电源而使用独立电源,白昼信号灯应有电池电量指示器,并固定在白昼信号灯或电池的外壳上。

4.6 人机工程学和操作控制[IMO MSC.95(72),6]

4.6.1 白昼信号灯及其要求使用的任何电池应设计成能保证在预定用途中可安全手持使用。白昼信号灯应能由戴厚重工作手套的人员操作使用。

4.6.2 白昼信号灯的操作控制应符合IMO A.694(17)和IEC 60945的有关要求。

4.7 耐久性和环境适应性[IMO MSC.95(72),7.1]

4.7.1 白昼信号灯的结构应符合IEC 60598的要求。

4.7.2 发光体应安全地固定在白昼信号灯上，应避免使用螺旋式插座。

4.7.3 白昼信号灯的设计应保证在黑暗的条件下也能容易地更换发光体。

4.7.4 瞄准具应以固定的姿态平行于光轴安装。

4.7.5 白昼信号灯的所有部件应由防磁材料制造。

4.7.6 防护等级至少应符合 IEC 60529 的 IP 56 的要求。

4.7.7 白昼信号灯的结构设计应避免水汽凝结。

4.7.8 使用的材料应能经受工作时产生的高温。

4.7.9 有关白昼信号灯的耐久性和环境适应性应符合 IMO A.694(17)决议以及IEC 60945 的有关要求。

4.8 电磁兼容性/电磁干扰[IMO MSC.95(72),7.2]

4.8.1 有关白昼信号灯的电磁兼容性/电磁干扰应符合 IMO A.694(17)和 A.813(19)决议以及 IEC 60945 的有关要求。

4.8.2 仅应在白昼信号灯不是纯电阻负载时进行试验。

4.9 电源[IMO MSC.95(72),7.3]

4.9.1 白昼信号灯不应只依靠船舶主电源或应急电源供电。

4.9.2 白昼信号灯应配备一个总重量不超过 7.5 kg 的便携式电池。

4.9.3 便携式电池应有足够的能量，维持白昼信号灯工作不少于 2 h。

4.9.4 白昼信号灯的电源应符合 IMO A.694(17)决议以及IEC 60945 和 ISO 17884 的有关要求。

4.10 维护[IMO MSC.95(72),7.4]

白昼信号灯的维护应符合 IMO A.694(17)决议以及IEC 60945 的有关要求。

4.11 备用和后备装置[IMO MSC.95(72),8]

每个白昼信号灯应至少配备三个符合型式试验要求的备用发光体。

4.12 安全防护[IMO MSC.95(72),9]

4.12.1 白昼信号灯工作期间，其外部部件的温度不应超过手动操作时的限制。

4.12.2 白昼信号灯还应符合 IMO A.694(17)决议以及IEC 60945 的有关要求。

4.12.3 最高表面温度应符合 IEC 60598-1 的要求。

4.13 连续工作和使用期限

固定式白昼信号灯的连续工作和使用期限应符合 ISO 17884 的要求。

4.14 冲击

固定式白昼信号灯的抗冲击应符合 ISO 17884 的要求。

4.15 固定式白昼信号灯的水平和俯仰照射范围

固定式白昼信号灯的水平和俯仰照射范围应符合 ISO 17884 的要求。

4.16 安装

4.16.1 若采用基座方式安装白昼信号灯，灯中心点到周边 900 mm 半径范围内不应有遮挡物，以使灯光基本覆盖船的左右舷和艄艉区域。

4.16.2 安装在基座上的白昼信号灯，其瞄准具的高度一般保持在距甲板 1.5 m 的高度。为了保证这一高度，必要时可在基座下安装一个平台。

4.16.3 若在有平台的基座上安装的白昼信号灯距甲板 230 mm 以上，则在平台的周围应有 1.3 m 高的护栏。

5 型式试验

5.1 发光强度试验

白昼信号灯发光强度的试验要求见 ISO 17884。并应符合下列要求：

a) 光度计

光度计在水平和垂直方向上的精度至少为 0.2°。

为了测量开灯时间和关灯时间，光度计的读数每秒应不少于 250 次，积分时间常数不大于 4 ms。

b) 几何条件

应通过试验的方法确定限制的光度计距离。

c) 程序

应采用一个适用的标定灯对整体测量装配进行标定检查，该标定用灯已按照可溯源的国家标准对进行试验时选用的测量距离进行标定。检查应有记录文档。

d) 发光强度测量

所有测量值(发光强度分布曲线、测量期间的电流和电压、环境温度、测量区的标定检查)应有记录文档。

5.2 色度试验

白昼信号灯色度试验的要求见 ISO 17884。并应符合下列要求：

a) 色度计

色度计测量系统的检查应有记录文档。

b) 几何条件

应调整白昼信号灯的发光体与色度计最前端之间的测量距离，使发光体能完全和均匀地照到测光探头的表面。

c) 色度测量

所有测量值(色度坐标、测量期间的电流和电压、环境温度、测量区的标定检查)应有记录文档。

5.3 开灯时间和关灯时间测试

应在白昼信号灯的光轴方向上用光度计分别测量开灯时间和关灯时间。开灯时间应在发光强度从 0 cd 升至 57 000 cd 时进行测量，关灯时间应在发光强度从最大强度降至 3 000 cd 时进行测量。试验应进行 3 次。

5.4 耐久性和环境适应性试验

白昼信号灯耐久性和环境适应性试验应符合 IEC 60945 和 IEC 60529 的要求。

5.5 电池容量试验

5.5.1 白昼信号灯应配备一个经过认可的具有最大消耗功率的发光体。

5.5.2 首先，应按照电池制造厂商的使用说明对电池充电，再与白昼信号灯连接。之后，白昼信号灯应连续工作2 h。2 h工作周期结束时，应在保持与电池连接的情况下，在白昼信号灯的光轴方向上测量发光强度。

5.5.3 待通过认可的每个类型的电池应进行3次试验。

5.5.4 如果所测量的发光强度在每一种情况下至少达到60 000 cd，则认为通过本试验。

5.6 最高表面温度

最高表面温度试验应按IEC 60598的规定。

5.7 固定式白昼信号灯的水平和俯仰照射范围

固定式白昼信号灯水平和俯仰照射范围应符合ISO 17884的规定。应记录所测量的角度。

5.8 寿命试验

白昼信号灯的寿命试验应符合ISO 17884的规定。

5.9 冲击试验

固定式白昼信号灯的冲击试验应符合ISO 17884的规定。

6 试验报告

试验报告应包括ISO 17884中试验报告规定的信息及下列内容：

——参照本标准；

——所有试验结果：开灯时间和关灯时间记录；发光强度测量；电池容量试验。

7 文件[IMO MSC.95(72),11]

7.1 制造商应提供充分的文件，以保证有资格的船员能有效维护和操作白昼信号灯。

7.2 文件应符合ISO 17884及下列要求：

a) *调整瞄准具的说明；*

b) *所有需要的专用工具、维修材料和备件(例如，备用盖)；*

c) 电池维护、电池寿命、电池更换的详细说明。

7.3 *设备操作的使用说明应包括：*

a) 电源连接的一般信息；

b) *瞄准具和发光强度轴平行调节的检查方法的说明。*

7.4 *白昼信号灯的文件应符合IMO A.694(17)决议的要求*，并应满足IEC 60945中的有关要求。

8 标志和标识[IMO MSC.95(72),10]

标志和标识应符合ISO 17884的要求及下列内容：

a) *在发光体上应清晰耐久地标出制造厂商标牌、电压和功率消耗；*

b) 若发光体重新使用外部电源，则电池应有电压、电流充电速率和插座极性的标志；

c) 如果采用专用电源，电池和电池充电器应标出电池类型、极性和数量；

d) 安装于桥楼上或其附近的白昼信号灯应标识与罗经的安全距离。安全距离应按IEC 60945的规定测量。

参 考 文 献

[1] ISO 8468,Ships and marine technology—Ship's bridge layout and associated equipment—Requirements and guidelines

[2] IEC 60068-2,Environmental testing—Part 2:Tests Fc:Vibration(sinusoidal)

[3] IEC 60092-201,Electrical installations in ships—Part 201:System design—General

[4] IEC 60447, Basic and safety principles for man—machine interface, marking and indentification—actuating principle

[5] International Regulations for Preventing Collision at Sea(COLREGs),as amended

[6] IMO Resolution A. 830(19),Code on alarms and indicators

[7] IMO Resolution MSC. 97(73),International code of safety for high-speed craft,2000(2000 HSC Code)

[8] IMO Resolution MSC. 128(75),Performance standards for a bridge navigational watch alarm system(BNWAS)

[9] International Convention for the Safety of Life at Sea(SOLAS),1974,as amended

ICS 47.020.70
U 62

中华人民共和国国家标准

GB/T 29135—2012

耙吸挖泥船疏浚监控系统

Hopper dredger supervisory control system

2012-12-31 发布　　2013-06-01 实施

中华人民共和国国家质量监督检验检疫总局
中国国家标准化管理委员会　发布

前　言

本标准按照 GB/T 1.1—2009 给出的规则起草。

本标准由全国海洋船标准化技术委员会(SAC/TC 12)归口。

本标准起草单位:中国交通建设股份有限公司、中交上海航道局有限公司、中交天津航道局有限公司、中交广州航道局有限公司、上海达华测绘有限公司、疏浚技术装备国家工程研究中心、镇江亿华系统集成有限公司、江苏科技大学、中国船舶工业综合技术经济研究院、中交天津港航勘察设计研究院有限公司。

本标准主要起草人:侯晓明、田俊峰、王培胜、史美祥、丁树友、刘念君、李金贵、许向东、袁世中、周显田、曹湘波、顾明、张洪涛、俞孟蕻、杨洪杰、魏伟、朱荣、李宁、金华、陈强华、金浩强、蒋基安、冯钰麟、张戟、罗刚。

耙吸挖泥船疏浚监控系统

1 范围

本标准规定了耙吸挖泥船疏浚监控系统的要求、试验方法、检验规则、标志、包装、运输和贮存。

本标准适用于耙吸挖泥船疏浚监控系统的设计、制造、改造和验收,耙吸挖泥船疏浚监控系统的维修可参照使用。

2 规范性引用文件

下列文件对于本文件的应用是必不可少的。凡是注日期的引用文件,仅注日期的版本适用于本文件。凡是不注日期的引用文件,其最新版本(包括所有的修改单)适用于本文件。

GB/T 191 包装储运图示标志

GB/T 2423.1 电工电子产品环境试验 第2部分:试验方法 试验A:低温

GB/T 2423.2 电工电子产品环境试验 第2部分:试验方法 试验B:高温

GB/T 2423.3 电工电子产品环境试验 第2部分:试验方法 试验Cab:恒定湿热试验

GB/T 2423.4 电工电子产品环境试验 第2部分:试验方法 试验Db:交变湿热(12 h+12 h循环)

GB/T 2423.10 电工电子产品环境试验 第2部分:试验方法 试验Fc:振动(正弦)

GB/T 2423.16—2008 电工电子产品环境试验 第2部分:试验方法 试验J及导则:长霉

GB/T 2423.17 电工电子产品环境试验 第2部分:试验方法 试验Ka:盐雾

GB/T 2423.18 电工电子产品环境试验 第2部分:试验方法 试验Kb:盐雾,交变(氯化钠溶液)

GB/T 2423.101 电工电子产品环境试验 第2部分:试验方法 试验:倾斜和摇摆

GB 4208 外壳防护等级(IP代码)

GB/T 6587.8 电子测量仪器 电源频率与电压试验

GB 11806 放射性物质安全运输规程

GB/T 13384 机电产品包装通用技术条件

GB/T 15479—1995 工业自动化仪表绝缘电阻、绝缘强度技术要求和试验方法

GB/T 15511—1995 海洋船电气自动化系统一般要求

GB 15702 电子海图技术规范

GB/T 17626.2—2006 电磁兼容 试验和测量技术 静电放电抗扰度试验

GB/T 17626.3—2006 电磁兼容 试验和测量技术 射频电磁场辐射抗扰度试验

GB/T 17626.4—2008 电磁兼容 试验和测量技术 电快速瞬变脉冲群抗扰度试验

GB/T 17626.5—2008 电磁兼容 试验和测量技术 浪涌(冲击)抗扰度试验

GB/T 17626.11—2008 电磁兼容 试验和测量技术 电压暂降、短时中断和电压变化的抗扰度试验

GB/T 21671—2008 基于以太网技术的局域网系统验收测评规范

GBZ 135 密封γ放射源容器卫生防护标准

CB/T 3152 船舶电站自动控制装置技术条件

JTJ 203 水运工程测量规范

中国船级社《钢质海船入级规范》

中国船级社《国内航行海船建造规范》
中国船级社《钢质内河船舶建造规范》

3 术语和定义

下列术语和定义适用于本文件。

3.1

耙吸挖泥船疏浚监控系统 hopper dredger supervisory control system;HDSCS

利用传感器、测量、网络、通信、计算机、自动化等技术,对耙吸挖泥船疏浚作业与航行过程进行监测与控制的系统。

3.2

基本型疏浚监控系统 basic dredging supervisory control system

满足耙吸挖泥船疏浚作业与航行过程最低配置要求的疏浚监控系统。

3.3

扩展型疏浚监控系统 expanded dredging supervisory control system

在基本型疏浚监控系统的基础上,具有按需求扩展功能的疏浚监控系统。

3.4

设备控制与监测系统 machinery control and monitoring system;MCMS

对耙吸挖泥船疏浚设备和航行设备进行控制与监视的系统。

3.5

疏浚自动控制系统 automatic dredging control system;ADCS

对耙吸挖泥船疏浚作业的相关设备进行自动控制的系统。

3.6

疏浚辅助决策系统 dredging decision-making assistant system;DDAS

利用数据挖掘、数据融合等手段,对疏浚施工数据进行动态综合分析,寻找最优施工工艺参数的信息处理系统。

3.7

控制网 control network

通过标准的网络协议,实现疏浚作业与航行过程控制功能的计算机网络。

3.8

管理网 administration network

通过标准的网络协议,实现疏浚作业与航行过程的信息查询、管理功能的计算机网络。

4 缩略语

下列缩略语适用于本文件。

ADC ——吃水自动控制(Automatic Draft Control)
ALMO ——低浓度泥浆自动排放(Automatic Light Mixture Overboard)
AMS ——监测报警系统(Alarm and Monitoring System)
APC ——泥泵自动控制(Automatic Pump Control)
AVC ——耙唇自动控制(Automatic Visor Control)
CCS ——中国船级社(China Classification Society)
DP/DT ——动力定位/动态跟踪系统(Dynamic Positioning and Dynamic Tracking System)

DSLS ——吃水装载系统(Draught and Soil Loading System)
DTPM ——疏浚轨迹与剖面显示系统(Dredging Tracking and Profile Monitor)
HMI ——人机交互(Human Machinery Interaction)
PLC ——可编程逻辑控制器(Programmable Logic Controller)
PMS ——功率管理系统(Power Management System)
STAWC ——耙臂绞车自动控制(Suction Tube Automatic Winch Control)
STPM ——耙臂位置显示系统(Suction Tube Position Monitor)

5 要求

5.1 设计与结构

5.1.1 分类

HDSCS按照系统实现功能的复杂程度和技术水平,分为基本型疏浚监控系统和扩展型疏浚监控系统。

5.1.2 基本型疏浚监控系统组成

基本型疏浚监控系统应包括:

a) 设备控制与监视系统(MCMS);
b) 疏浚轨迹与剖面显示系统(DTPM);
c) 吃水装载系统(DSLS);
d) 监测报警系统(AMS);
e) 疏浚仪器仪表。

5.1.3 扩展型疏浚监控系统组成

扩展型疏浚监控系统除包含5.1.2外,宜包括:

a) 疏浚自动控制系统(ADCS);
b) 疏浚辅助决策系统(DDAS);
c) 动力定位/动态跟踪系统(DP/DT);
d) 功率管理系统(PMS)。

5.1.4 结构

5.1.4.1 HDSCS宜采用现场设备层、过程监控层、信息管理层等多层网络互联型式结构。
5.1.4.2 基本型疏浚监控系统也可采用非网络互联型式。
5.1.4.3 控制网和管理网应相互隔离。
5.1.4.4 网络和服务器具有至少一比一的冗余。

5.1.5 操纵方式

HDSCS应具有下列操纵方式:

a) 手动控制方式:手柄、按钮、旋钮等操纵控制和人机交互(HMI)方式;
b) 自动控制方式;
c) 应急控制方式。

5.1.6 软件

软件应满足 GB 15702 及 JTJ 203 要求。HMI 的人机界面图形颜色应符合附录 A 的要求。

5.1.7 接地

HDSCS 接地应满足中国船级社《钢质海船入级规范》规定的要求。

5.1.8 电源

5.1.8.1 HDSCS 由主/备两路电源供电。

5.1.8.2 HDSCS 应配备不间断电源，其容量应至少在主/备两路电源失电的情况下正常运行 30 min。

5.2 功能

5.2.1 设备控制与监视系统(MCMS)

MCMS 应具有下列控制与监视功能：

a) 动力装置及驱动装置的启动、停止、调速等；
b) 泥泵、高压冲水泵、封水泵等设备的启动、停止、调速等；
c) 疏浚闸阀、蝶阀、泥门和溢流筒等装置的开/闭、升/降等；
d) 耙臂的收/放，耙唇角度的调节；
e) 艏吹/艏喷；
f) 波浪补偿器行程和压力调节；
g) 液压系统启动、停止、流量及压力的调整等。

5.2.2 疏浚轨迹与剖面显示系统(DTPM)

5.2.2.1 DTPM 应具有下列功能：

a) 设计、输入、编辑、绘制计划航线、电子海图、挖槽剖面、船形等；
b) 坐标转换与投影计算及相关参数设置，满足全球范围内施工定位；
c) 导入、显示标准图形数据文件；
d) 以平面视图、剖面视图和数字显示方式监视挖泥船船位、艏向、航速、耙头位置、耙头深度等。

5.2.2.2 DTPM 宜具有三维土质地理信息录入、建模及显示。

5.2.3 吃水装载系统(DSLS)

DSLS 应具有下列功能：

a) 监测显示船舶吃水、泥舱液位高度、排水量、装载量等；
b) 统计、打印。

5.2.4 监测报警系统(AMS)

AMS 应具有下列功能：

a) 采集、处理、显示和记录报警点参数，满足中国船级社《钢质海船入级规范》、《国内航行海船建造规范》和《钢质内河船舶建造规范》相关的要求；
b) 通过权限密码可设置报警参数值。

5.2.5 疏浚自动控制系统(ADCS)

ADCS 宜具有下列功能：

a) 低浓度泥浆自动排放控制；
b) 耙臂绞车自动控制；
c) 耙唇自动控制；
d) 泥泵自动控制；
e) 吃水自动控制；
f) 泥泵封水泵自动控制；
g) 真空释放阀自动控制。

5.2.6 疏浚辅助决策系统(DDAS)

5.2.6.1 DDAS应具有下列功能：

a) 对监测及计算生成的数据进行记录存储及回放；
b) 报表统计分析；
c) 对挖掘、装舱和输送施工作业参数进行智能寻优分析。

5.2.6.2 DDAS宜具有基于土质的施工工艺参数寻优分析。

5.2.7 动力定位/动态跟踪系统(DP/DT)

DP/DT应具有下列功能：

a) 满足中国船级社(CCS)要求的动力定位系统基本功能；
b) 耙吸挖泥船DT挖泥、DP艏喷等疏浚作业过程的特殊功能。

5.2.8 功率管理系统(PMS)

PMS应具有下列功能：

a) 满足CB/T 3152要求的功能；
b) 耙吸挖泥船疏浚作业过程功率分配自动控制。

5.3 性能

HDSCS应满足下列性能要求：

a) 网络链路传输速率：控制网不小于2 Mbps，管理网不小于100 Mbps；
b) 监测容量：监测点满足使用并留有不小于20%余量；
c) 数据显示更新时间间隔：不大于1 s；
d) 数据存储时间间隔：不大于2 s；
e) 数据存储介质容量：连续记录365 d的HDSCS数据；
f) 报警响应时间(多点报警)：
   1) 涉及船舶安全的报警响应时间满足中国船级社《钢质海船入级规范》、《国内航行海船建造规范》和《钢质内河船舶建造规范》相关要求；
   2) 其他报警响应时间不大于6 s；
g) 报警系统I/O点：满足使用并留有不小于20%余量；
h) 控制响应时间：不大于0.5 s；
i) 控制系统I/O点：满足使用并留有不小于20%余量；
j) 船舶平面位置定位中误差：±2.0 m；
k) 船舶航向中误差：±0.3°；
l) 耙头下放深度(D)最大允许误差：
   1) 耙头下放深度0 m～30 m：±0.20 m；

2） 耙头下放深度大于 30 m：±[0.20+2%×(D−30)]m；

m） 船舶吃水最大允许误差：±0.10 m；

n） 泥舱液位最大允许误差：±0.05 m；

o） 流量最大允许误差：±3.0%；

p） 泥浆密度最大允许误差：±3.0%；

q） 泥泵真空、压力最大允许误差：±1.0%。

5.4 外观质量

HDSCS 各设备的外表应无伤痕、锈斑、色差、毛刺。

5.5 环境适应性

5.5.1 温度

HDSCS 温度应满足 GB/T 15511—1995 中 3.2.1 的要求。

5.5.2 相对湿度

HDSCS 相对湿度应满足 GB/T 15511—1995 中 3.2.2 的要求。

5.5.3 倾斜和摇摆

HDSCS 倾斜和摇摆应满足 GB/T 15511—1995 中 3.2.4 的要求。

5.5.4 振动

HDSCS 振动应满足 GB/T 15511—1995 中 3.2.3 的要求。

5.5.5 霉菌

HDSCS 在黑曲霉、黄曲霉、杂色曲霉、绳状青霉、球毛壳霉的条件下经 56 d，长霉等级应不大于 GB/T 2423.16—2008 中规定的 2 级。

5.5.6 盐雾

HDSCS 暴露的金属零、部件及内部金属部分在盐雾条件下经 48 h，表面应无金属腐蚀物。

5.6 电磁兼容性

HDSCS 抗扰度应满足下列要求：

a） 静电放电：能承受 GB/T 17626.2—2006 中严酷等级 3 级的静放电抗干扰；

b） 电磁场辐射干扰：能承受 GB/T 17626.3—2006 中严酷等级 3 级的射频电磁场辐射干扰；

c） 电快速瞬变干扰：能承受 GB/T 17626.4—2008 中严酷等级 3 级的电快速瞬变脉冲群干扰；

d） 浪涌干扰：能承受 GB/T 17626.5—2008 中严酷等级 3 级的浪涌（冲击）干扰；

e） 电压暂降、短时中断：能承受 GB/T 17626.11—2008 中严酷等级 3 类的电压暂降、严酷等级 2 类的短暂中断干扰。

5.7 外壳防护

HDSCS 设备的外壳防护应满足下列要求：

a） 潜水设备外壳防护等级：IP68；

b) 甲板以上露天设备外壳防护等级:IP56;

c) 机泵舱设备外壳防护等级:IP44;

d) 控制台设备外壳防护等级:IP20;

e) 其他设备满足 GB 4208 中有关外壳防护要求。

5.8 电压和频率

HDSCS 供电电源的电压与频率应满足 GB/T 15511—1995 中 3.3 的有关要求。

5.9 绝缘电阻

HDSCS 绝缘电阻应满足 GB/T 15479—1995 中 4.1 的要求。

5.10 绝缘强度

HDSCS 绝缘强度应满足 GB/T 15479—1995 中 4.2 的要求。

6 试验方法

6.1 功能

功能按下列方法进行试验:

a) HDSCS 全部程序完成调试后,在工厂将 HDSCS 与模拟试验台和被控设备模拟器连接,按照 5.2 所要求的功能进行模拟试验,测试并记录各项功能;

b) 实船将 HDSCS 与被控设备连接,程序联调完毕,进行功能测试,并记录各项功能。

结果应符合 5.2 的要求。

6.2 性能

HDSCS 性能试验按照附录 B 的规定进行。结果应符合 5.3 的要求。

6.3 外观质量

目视检查 HDSCS 各设备的外观。结果应符合 5.4 的要求。

6.4 温度

HDSCS 按 GB/T 2423.1、GB/T 2423.2 规定的方法进行温度试验。结果应符合 5.5.1 的要求。

6.5 相对湿度

HDSCS 按 GB/T 2423.3、GB/T 2423.4 规定的方法进行相对湿度试验。结果应符合 5.5.2 的要求。

6.6 倾斜和摇摆

HDSCS 按 GB/T 2423.101 规定的方法进行倾斜和摇摆试验。结果应符合 5.5.3 的要求。

6.7 振动

HDSCS 按 GB/T 2423.10 规定的方法进行振动试验。结果应符合 5.5.4 的要求。

6.8 霉菌

HDSCS按GB/T 2423.16—2008规定的方法进行霉菌试验。结果应符合5.5.5的要求。

6.9 盐雾

设备金属零部件应按GB/T 2423.17规定的方法进行盐雾试验,设备整机应按GB/T 2423.18规定的方法进行盐雾试验。结果应符合5.5.6的要求。

6.10 电磁兼容性

HDSCS分别按GB/T 17626.2—2006、GB/T 17626.3—2006、GB/T 17626.4—2008、GB/T 17626.5—2008、GB/T 17626.11—2008规定的方法进行静电放电干扰试验、电磁场干扰试验、电快速瞬变脉冲群干扰试验、浪涌干扰试验、电压暂降和短暂中断干扰试验。结果应符合5.6的要求。

6.11 外壳防护

HDSCS按GB 4208规定的方法进行外壳防护试验。结果应符合5.7的要求。

6.12 电压和频率

HDSCS按GB/T 6587.8规定的方法进行交流供电的设备电压和频率试验。结果应符合5.8的要求。

6.13 绝缘电阻

HDSCS按GB/T 15479—1995中5.3规定的方法进行绝缘电阻试验。结果应符合5.9的要求。

6.14 绝缘强度

HDSCS按GB/T 15479—1995中5.4规定的方法进行绝缘强度试验。结果应符合5.10的要求。

7 检验规则

7.1 检验分类

HDSCS检验分为型式检验和出厂检验。

7.2 型式检验

7.2.1 检验时机

HDSCS有下列情况之一,应进行型式检验:

a) 新产品试制或转厂生产;

b) 设计、工艺、材料有较大改变,足以影响产品性能;

c) 有关质量监督检验部门提出要求。

7.2.2 检验项目和顺序

HDSCS型式检验的项目和顺序按表1的规定。

表 1 HDSCS 的检验项目和顺序

序号	检验项目	型式检验	出厂检验	要求的章条号	试验方法的章条号
1	外观质量	●	●	5.4	6.3
2	温度	●	—	5.5.1	6.4
3	相对湿度	●	—	5.5.2	6.5
4	倾斜和摇摆	●	—	5.5.3	6.6
5	振动	●	—	5.5.4	6.7
6	霉菌	●	—	5.5.5	6.8
7	盐雾	●	—	5.5.6	6.9
8	电磁兼容性	●	—	5.6	6.10
9	外壳防护	●	—	5.7	6.11
10	电压和频率	●	—	5.8	6.12
11	绝缘电阻	●	●	5.9	6.13
12	绝缘强度	●	●	5.10	6.14
13	功能	●	●	5.2	6.1
14	网络链路传输速率	●	●	5.3 a)	B.1
15	监测容量	●	●	5.3 b)	B.2
16	数据显示更新时间间隔	●	●	5.3 c)	B.3
17	数据存储时间间隔	●	●	5.3 d)	B.4
18	数据存储介质容量	●	●	5.3 e)	B.5
19	报警响应时间	●	●	5.3 f)	B.6
20	报警系统 I/O 点	●	●	5.3 g)	B.7
21	控制响应时间	●	●	5.3 h)	B.8
22	控制系统 I/O 点	●	●	5.3 i)	B.9
23	船舶平面位置定位中误差	●	●	5.3 j)	B.10
24	船舶航向中误差	●	●	5.3 k)	B.11
25	耙头下放深度(*D*)最大允许误差	●	●	5.3 l)	B.12
26	船舶吃水最大允许误差	●	●	5.3 m)	B.13
27	泥舱液位最大允许误差	●	●	5.3 n)	B.14
28	流量最大允许误差	●	●	5.3 o)	B.15
29	泥浆密度最大允许误差	●	●	5.3 p)	B.16
30	泥泵真空最大允许误差	●	●	5.3 q)	B.17
31	泥泵压力最大允许误差	●	●	5.3 q)	B.18

注：●为必检项目；—为不检项目。

7.2.3 检验样品数量

HDSCS 型式检验样品数量为一台。

7.2.4 判定规则

HDSCS 全部检验项目符合要求时，则判定型式检验合格。若其中任一项目检验不符合要求时，允许采取改进措施后进行复验，复验不超过一次。若复验符合要求，仍判定 HDSCS 型式检验合格；若复验仍有不符合要求的项目，则判定 HDSCS 型式检验不合格。

7.3 出厂检验

7.3.1 检验项目和顺序

HDSCS 出厂检验的项目和顺序按表 1 的规定。

7.3.2 检验样品数量

HDSCS 每台均应进行出厂检验。

7.3.3 判定规则

全部检验项目符合要求时，则判定 HDSCS 出厂检验合格。若其中任一项检验不符合要求时，允许采取改进措施后进行复验，复验不超过一次。若复验符合要求，仍判定 HDSCS 出厂检验合格；若复验仍有不符合要求的项目，则判定 HDSCS 出厂检验不合格。

8 标志、包装、运输和贮存

8.1 标志

HDSCS 应在明显位置安装中、英文铭牌，铭牌应包括下列内容：

a) 制造商名称；

b) 产品名称和出厂年月；

c) 产品符合标准号；

d) 额定工作电压、频率。

8.2 包装

HDSCS 包装应符合 GB/T 13384 的要求，包装标志应符合 GB/T 191 的要求。HDSCS 交付文件应符合附录 C 的规定。

8.3 运输

HDSCS 设备的运输应满足下列要求：

a) HDSCS 设备在 −25 ℃～70 ℃ 的条件下运输，无异常情况。温度恢复正常后，设备的性能符合 5.3 的规定；

b) HDSCS 适于陆运、空运、水运(海运)，运输装卸按包装箱的标志进行操作；

c) 装有放射源的密度计运输满足 GB 11806、GBZ 135 的要求，并持有县级以上卫生主管部门对放射源防护装置泄漏量的监测报告。

8.4 贮存

HDSCS 设备的贮存应满足下列要求：

a) HDSCS 设备在相对湿度不大于 85%，无酸、碱、盐及腐蚀性、爆炸性气体和灰尘以及雨、雪侵害的库房内贮存；

b) 装有放射源的密度计贮存满足 GBZ 135 的要求。

附　录　A
（规范性附录）
人机界面图形颜色的约定

A.1　报警级别

HDSCS 报警级别种类按表 A.1 的规定设置红、黄两种颜色，对应两级报警。

A.2　画面颜色的约定

画面颜色采用下列约定：

a)　人机界面图形的颜色宜采用冷色调，非操作图形的颜色可采用暖色调；

b)　人机界面图形的配色应使流程图画面简单明确，色彩协调，前后一致，颜色数量不宜过多；

c)　人机界面图形色彩选用应符合表 A.1 的约定；

d)　相同功能的“软操作键”在不同画面的相对位置尽量相同。

表 A.1　色彩选用约定

颜色		通用意义	与图形符号相结合的意义
中文	英文		
红	red	危险	最高级报警
黄	yellow	警告	异常条件；次级报警
灰	grey	静态	停止；关闭；断开
青	cyan	特殊意义	遥控
兰	blue	次要	备用设备；标签位号等
白	white	动态数据	测量值或状态值；程序激活状态
绿	green	安全；程序激活状态	正常操作；运行；打开；闭合；图形示值

A.3　图形的亮度

人机界面图形的亮度应与环境的亮度相匹配，画面的亮度应是环境亮度的 2 倍～3 倍。

附　录　B
（规范性附录）
性能试验方法

B.1　网络链路传输速率试验

网络链路传输速率试验按照 GB/T 21671—2008 中 7.1.2 规定的方法进行。

B.2　监测容量试验

B.2.1　试验条件

HDSCS 全部程序完成调试，在工厂进行模拟试验。

B.2.2　试验方法

HDSCS 监测容量试验按下列方法进行：

a)　读取 HDSCS 显示的已用数据通道数和未用数据通道数；

b)　计算已用数据通道数与未用数据通道数之和，即为 HDSCS 监测容量。

B.3　数据显示更新时间间隔试验

B.3.1　试验条件

HDSCS 全部程序完成调试，至少具有 20%网络流量下，在工厂进行模拟试验。

B.3.2　试验器具

HDSCS 数据显示更新时间间隔试验器具为信号发生器和电子秒表。

B.3.3　试验方法

HDSCS 数据显示更新时间间隔试验按下列方法进行：

a)　将信号发生器的输出端连接到最远或最底层的控制器相同电压类型和等级的输入端；

b)　设定信号发生器脉冲时间间隔，应不大于 5.3 c)要求的数值；

c)　在 HDSCS 监控系统配置一标签（Tag），该标签地址指向该控制器输入端；

d)　在 HDSCS 监控系统界面配置一显示该标签的值或状态的窗口；

e)　目测监视该窗口（或电子秒表）的显示更新时间间隔。

B.4　数据存储时间间隔试验

B.4.1　试验条件

HDSCS 全部程序完成调试，所有检测数据在线时，在船上进行试验。

B.4.2 试验方法

HDSCS 数据存储时间间隔试验按下列方法进行：

a) 从 HDSCS 存储介质中读取记录的数据；

b) 计算两组数据存储的时间差，即为 HDSCS 数据存储时间间隔。

B.5 数据存储介质容量试验

B.5.1 试验条件

HDSCS 全部程序完成调试，且连续运行 24 h 后，在船上进行试验。

B.5.2 试验方法

HDSCS 数据存储介质容量试验按下列方法进行：

a) 从 HDSCS 数据存储介质中读取 24 h 的数据所占用的存储容量；

b) 已知 HDSCS 存储介质容量除以 24 h 的数据所占用的存储容量，即为 HDSCS 数据存储介质容量。

B.6 报警响应时间试验

B.6.1 试验条件

HDSCS 全部程序完成调试，在工厂进行模拟试验。

B.6.2 试验器具

报警响应时间试验器具为电子毫秒表和按钮盒。

B.6.3 试验方法

报警响应时间试验按下列方法进行：

a) 至少三路报警点同时进行试验；

b) 将电子毫秒表的启动端连接到报警的输入端；

c) 将电子毫秒表的停止端连接到报警的输出端；

d) 通过按钮盒触发报警信号同时启动电子毫秒表；

e) 报警输出，电子毫秒表停止计时；

f) 电子毫秒表所显示的时间为报警响应时间。

B.7 报警系统 I/O 点试验

B.7.1 试验条件

HDSCS 全部程序完成调试，工厂进行模拟试验。

B.7.2 试验方法

HDSCS 报警系统 I/O 点试验按下列方法进行：

a) 根据图纸绘制的报警点观测 HDSCS 已用 I/O 报警点数量与未用 I/O 报警点数量；

b) 计算已用 I/O 报警点数量与未用 I/O 报警点数量之和，即为 HDSCS 报警系统 I/O 点。

B.8 控制响应时间试验

B.8.1 试验条件

HDSCS 全部程序完成调试，在工厂进行模拟试验。

B.8.2 试验器具

控制响应时间试验器具为电子毫秒表和按钮盒。

B.8.3 试验方法

控制响应时间试验按下列方法进行：

a) 在最远或最底层的控制器中找到与电子毫秒表相同电压等级和类型的一个输入点和一个输出点；
b) 在控制器内编程，以输入点的触点直接连接输出点的线圈；
c) 将电子毫秒表的启动端连接到输入端；
d) 将电子毫秒表的停止端连接到输出端；
e) 将按钮盒连接到输入端；
f) 按动按钮盒，同时启动电子毫秒表；
g) 输出端有信号输出，电子毫秒表停止计时；
h) 记录电子毫秒表所显示的控制响应时间。

B.9 控制系统 I/O 点试验

B.9.1 试验条件

HDSCS 全部程序完成调试，在工厂进行模拟试验。

B.9.2 试验方法

HDSCS 控制系统 I/O 点试验按下列方法进行：

a) 根据图纸标出的控制系统 I/O 点观测 HDSCS 的已用 I/O 点数量与未用 I/O 点数量；
b) 计算已用 I/O 点数量与未用 I/O 点数量之和，即为 HDSCS 控制系统 I/O 点。

B.10 船舶平面位置定位中误差试验

B.10.1 试验条件

风力小于 3 级且平潮，系稳船舶，船舶正浮姿态下，在船上进行试验。

B.10.2 试验器具

具备有效的计量检定合格证书的平面精度优于 0.2 m 的定位仪器一套。

B.10.3 试验方法

船舶平面位置定位中误差试验按下列方法进行：

a）将试验器具定位点置于船舶定位仪器点，同步记录不少于 1 000 组试验器具与船舶定位仪器输出的船舶平面位置数据；

b）船舶平面位置定位中误差（M）按式（B.1）～式（B.5）计算。

$$\Delta X_i = X_{si} - X_{Xi} \quad \cdots\cdots\text{(B.1)}$$

$$\Delta Y_i = Y_{si} - Y_{Xi} \quad \cdots\cdots\text{(B.2)}$$

$$M_X = \pm\sqrt{\frac{[\Delta X_i \Delta X_i]}{n-1}} \quad \cdots\cdots\text{(B.3)}$$

$$M_Y = \pm\sqrt{\frac{[\Delta Y_i \Delta Y_i]}{n-1}} \quad \cdots\cdots\text{(B.4)}$$

$$M = \pm\sqrt{M_X^2 + M_Y^2} \quad \cdots\cdots\text{(B.5)}$$

式中：

ΔX_i ——第 i 组 X 方向误差，单位为米（m）；

X_{si}、X_{Xi} ——分别为试验器具与船舶定位仪器输出的第 i 组船舶平面位置 X 坐标值，单位为米（m）；

ΔY_i ——第 i 组 Y 方向误差，单位为米（m）；

Y_{si}、Y_{Xi} ——分别为试验器具与船舶定位仪器输出的第 i 组船舶平面位置 Y 坐标值，单位为米（m）；

M_X ——X 坐标试验标准偏差的数值，单位为米（m）；

M_Y ——Y 坐标试验标准偏差的数值，单位为米（m）；

$[\Delta X_i \Delta X_i]$ ——$\Delta X_1 \Delta X_1 + \Delta X_2 \Delta X_2 + \cdots + \Delta X_n \Delta X_n$；

$[\Delta Y_i \Delta Y_i]$ ——$\Delta Y_1 \Delta Y_1 + \Delta Y_2 \Delta Y_2 + \cdots + \Delta Y_n \Delta Y_n$；

n ——观测值个数；

M ——计算的船舶平面位置定位中误差值，单位为米（m）。

B.11 船舶航向中误差试验

B.11.1 试验条件

风力小于 3 级且平潮，系稳船舶，船舶正浮姿态下，在船上进行试验。

B.11.2 试验器具

船舶航向中误差试验器具为计量检定合格证书的精度优于 0.1°的定向仪器一套。

B.11.3 试验方法

船舶航向中误差试验按下列方法进行：

a）将试验器具定向基准置于船艏纵剖线上，同时记录不少于 1 000 组试验器具航向值（H_{si}）与船舶航向仪器输出的船舶航向值（H_{Xi}）；

b）船舶航向中误差（M_H）按式（B.6）～式（B.7）计算。

$$\Delta H_i = H_{si} - H_{Xi} \quad \cdots\cdots\text{(B.6)}$$

$$M_H = \pm\sqrt{\frac{[\Delta H_i \Delta H_i]}{n-1}} \quad \cdots\cdots\text{(B.7)}$$

式中：

ΔH_i ——第 i 组船舶航向误差，单位为度（°）；

H_{si} ——试验器具输出的第 i 组航向值,单位为度(°);
H_{Xi} ——船舶航向仪器输出的第 i 组船舶航向值,单位为度(°);
M_H ——计算的船舶航向中误差的数值,单位为度(°);
$[\Delta H_i \Delta H_i]$——$\Delta H_1 \Delta H_1 + \Delta H_2 \Delta H_2 + \cdots + \Delta H_n \Delta H_n$;
n ——观测值个数。

B.12 耙头下放深度(D)最大允许误差试验

B.12.1 试验条件

风力小于3级且平潮,系稳船舶,船舶正浮姿态下,在船上进行试验。

B.12.2 试验器具

耙头下放深度最大误差试验的器具:

a) 试验器具精度为0.1%并具有计量检定合格证书的投入式压力传感器一套;
b) 试验器具精度为0.1%并具有计量检定合格证书的数字显示表一套;
c) 试验器具总不确定度应小于HCSCS耙头下放深度最大允许误差1/3。

B.12.3 试验方法

耙头下放深度最大误差试验按下列方法进行:

a) 将投入式压力传感器固定在耙头挖深试验点;
b) 在耙头下放深度全量程范围内,均匀选取不少于十个试验点,由浅至深下放耙头,同时记录试验器具深度值(D_{si})与HCSCS耙头下放深度值(D_{Xi});
c) 回程由深至浅起升耙头,重复b)项试验;
d) 耙头下放深度测量误差(ΔD_i)按式(B.8)计算:

$$\Delta D_i = D_{si} - D_{Xi} \quad \cdots\cdots (B.8)$$

式中:
ΔD_i——计算的第 i 次测量误差的数值,单位为米(m);
D_{si} ——试验器具第 i 次测量的耙头下放深度的数值,单位为米(m);
D_{Xi} ——HDSCS第 i 次测量的耙头下放深度的数值,单位为米(m)。

e) 从计算结果中找出耙头下放深度最大误差。

B.13 船舶吃水最大允许误差试验

B.13.1 试验环境

风力小于3级且平潮,船舶正浮姿态下,在船上进行试验。

B.13.2 试验方法

船舶吃水最大误差试验按下列方法进行:

a) 观察并记录船舶空载时两舷的艏部、艉部吃水值各两次,同步记录HDSCS监测显示的艏、艉吃水值;
b) 观察并记录船舶重载时两舷的艏部、艉部吃水值各两次,同步记录HDSCS监测显示的艏、艉吃水值;

c) 船舶吃水测量误差(ΔDr_i)按式(B.9)计算；

$$\Delta D_{r_i} = D_{r_{si}} - D_{r_{Xi}} \quad \cdots\cdots\cdots\cdots(B.9)$$

式中：

ΔD_{r_i}——计算的第 i 次测试误差的数值，单位为米(m)；

$D_{r_{si}}$ ——第 i 次观察的数值，单位为米(m)；

$D_{r_{Xi}}$ ——HDSCS 第 i 次监测显示的数值，单位为米(m)。

d) 从计算结果中找出船舶吃水最大误差。

B.14 泥舱液位最大允许误差试验

B.14.1 试验环境

风力小于3级且平潮，船舶正浮姿态下，在船上进行试验。

B.14.2 试验器具

泥舱液位最大误差试验器具为2级钢卷尺。

B.14.3 试验方法

泥舱液位最大误差试验按下列方法进行：

a) 使用钢卷尺分别测量并记录泥舱低液位时各液位传感器处的液面高度值进行平均，该平均值为(H'_{sl})，重复上述测量并记录至少两次，同步记录 HDSCS 监测显示的液面高度值(H'_{Xi})；

b) 使用钢卷尺分别测量并记录泥舱高液位时各液位传感器处的液面高度值进行平均，该平均值为(H'_{sl})，重复上述测量并记录至少两次，同步记录 HDSCS 监测显示的液面高度值(H'_{Xi})；

c) 泥舱液位测量误差($\Delta H'_i$)按式(B.10)计算；

$$\Delta H'_i = H'_{sl} - H'_{Xi} \quad \cdots\cdots\cdots\cdots(B.10)$$

式中：

$\Delta H'_i$——计算的第 i 次测量误差的数值，单位为米(m)；

H'_{sl} ——钢卷尺设备第 i 次测量的各液位高度的平均数值，单位为米(m)；

H'_{Xi} ——HDSCS 第 i 次监测显液位的数值，单位为米(m)。

d) 从计算结果中找出泥舱液位最大误差。

B.15 流量最大允许误差试验

B.15.1 试验环境

风力小于3级且平潮，船舶正浮姿态下，在船上进行试验。

B.15.2 试验器具

流量最大误差试验器具为秒表，吃水装载系统。

B.15.3 试验方法

流量最大误差试验按下列方法进行：

a) 采用舱容法试验，确认吃水干土装载系统准确；

b) 流量试验测试点不少于三点(约为流量量程范围的40%、55%、75%)，每个测试点连续测试不少于三次；

c) 每次测量时，记录初始舱容量(v_1)或通过测量舱高计算初始舱容量，保持泥泵转速，泵水 t 秒停泵，液面稳定后记录舱容量(v_2)或通过测量舱高计算初始舱容量，同时每隔 30 s 记录 HDSCS 监测显示的流量值，并计算 HDSCS 监测的平均流量(Q_{Xi})；

d) 试验器具测量的平均流量(Q_{si})按式(B.11)计算：

$$Q_{si}=\frac{v_2-v_1}{t} \qquad \cdots\cdots(B.11)$$

式中：

Q_{si}——试验器具第 i 次测量的平均流量的数值，单位为立方米每秒(m^3/s)；

v_1——初始舱容量的数值，单位为立方米(m^3)；

v_2——液面稳定后舱容量的数值，单位为立方米(m^3)；

t——时间的数值，单位为秒(s)。

e) 流量测量误差(δ_i)按式(B.12)计算：

$$\delta_i=\frac{Q_{si}-Q_{Xi}}{Q_{si}}\times 100\% \qquad \cdots\cdots(B.12)$$

式中：

δ_i——计算的第 i 次流量误差的数值，单位为百分数(%)；

Q_{Xi}——HDSCS 第 i 次监测的平均流量的数值，单位为立方米每秒(m^3/s)。

f) 从计算结果中找出流量最大误差。

B.16 泥浆密度最大允许误差试验

B.16.1 试验条件

泥浆密度最大误差试验在下列条件下进行：

a) 在淤泥或细粉砂土施工工况条件下，在船上进行试验；

b) 试验时保持挖掘密度稳定。

B.16.2 试验器具

泥浆密度最大误差试验器具为比重计、天平秤、泥浆取样器皿、量具、秒表和对讲机。

B.16.3 试验方法

泥浆密度最大误差试验按下列方法进行：

a) 对密度计进行清水标定；

b) 保持泥浆密度稳定，在泥泵出口适当位置进行泥浆取样。同步记录取样时间和密度计测量的泥浆密度示值(ρ_{Xi})，用比重计或天平秤测定取样的泥浆密度(ρ_{si})；

c) 修正取样和密度计测量时间；

d) 重复上述泥浆取样测定 n 次(至少三次)；

e) 泥浆密度测量误差(δ''_i)按照式(B.13)计算：

$$\delta''_i=\frac{\rho_{si}-\rho_{Xi}}{\rho_{si}}\times 100\% \qquad \cdots\cdots(B.13)$$

式中：

δ''_i——计算的第 i 次泥浆密度误差的数值，单位为百分数(%)；

ρ_{si}——试验器具第 i 次取样的泥浆密度的数值，单位为吨每立方米(t/m^3)；

ρ_{Xi}——密度计第 i 次测量的泥浆密度的数值，单位为吨每立方米（t/m^3）。

f）从计算结果中找出泥浆密度最大误差。

B.17 泥泵真空最大允许误差试验

B.17.1 试验条件

船舶停工状态下，在船上进行试验。

B.17.2 试验器具

泥泵真空最大误差试验器具为便携式手动真空泵、过渡法兰、精密真空表、手持对讲机。

B.17.3 试验方法

泥泵真空最大误差试验按下列方法进行：

a） 将泥泵真空传感器前闸阀关闭，拆下传感器与检测过渡法兰连接好。过渡法兰与便携式手动真空泵连接，用三通管接入精密真空表；

b） 在量程范围之内，每隔一定真空间隔均匀选取不少于10个测试点，使用手动真空泵进行正程抽真空和回程加压对测试点进行测量，同步记录 HDSCS 监测示值（p'_{Xi}）和精密真空表读数（p'_{si}）；

c） 泥泵真空测量误差（$\Delta p'_i$）按式（B.14）计算：

$$\Delta p'_i=\frac{p'_{si}-p'_{Xi}}{p'_{si}}\times 100\% \qquad \text{(B.14)}$$

式中：

$\Delta p'_i$——第 i 次泥泵真空测量误差的数值，单位为百分数（%）；

p'_{si}——精密真空表第 i 次测量的数值，单位为千帕（kPa）；

p'_{Xi}——HDSCS 第 i 次监测的数值，单位为千帕（kPa）。

d） 从计算结果中找出泥泵真空最大误差。

B.18 泥泵压力最大允许误差试验

B.18.1 试验条件

船舶停工状态下，在船上进行试验。

B.18.2 试验器具

泥泵压力最大误差试验器具为便携式手动压力泵、过渡法兰、精密压力表和手持对讲机。

B.18.3 试验方法

泥泵压力最大误差试验按下列方法进行：

a） 将泥泵压力传感器前闸阀关闭，拆下传感器并与检测过渡法兰连接。过渡法兰与便携式手动压力泵连接，用三通管接入精密压力表；

b） 在量程范围之内，每隔一定压力间隔均匀选取不少于十个测试点，使用手动压力泵进行正程加压和回程减压对测试点进行测量，同步记录 HDSCS 监测压力表示值（p''_{Xi}）和精密压力表读数（p''_{si}）；

c) 泥泵压力测量误差($\Delta p''_i$)按式(B.15)计算：

$$\Delta p''_i = \frac{p''_{si} - p''_{Xi}}{p''_{si}} \times 100\% \quad \cdots\cdots\cdots\cdots (B.15)$$

式中：

$\Delta p''_i$——第 i 次测量泥泵压力误差的数值，单位为百分数(%)；

p''_{si} ——精密压力表第 i 次测量的数值，单位为兆帕(MPa)；

p''_{Xi} ——HDSCS 第 i 次监测压力表的数值，单位为兆帕(MPa)。

d) 从计算结果中找出泥泵压力最大误差。

附　录　C
（规范性附录）
交付文档和资料

交付文档和资料如下：

a） 产品检验合格证；

b） 产品质保证；

c） 要求提交的船级社证书；

d） HDSCS 使用说明书；

e） 完工系统图、原理图、接线图、硬件安装位置平面布置图、操作台、机柜平面布置图、I/O 地址分配表；

f） HDSCS 配置的硬件设备说明书、合格证书、质保证书；

g） 型式检验、出厂检验、软件测试报告、硬件测试报告；

h） 备份的 HDSCS 系统软件。

ICS 27.010
F 01

中华人民共和国国家标准

GB 29136—2012

海绵钛单位产品能源消耗限额

The norm of energy consumption per unit product of sponge titanium

2012-12-31 发布　　2013-10-01 实施

中华人民共和国国家质量监督检验检疫总局
中国国家标准化管理委员会　发布

前言

本标准4.3和4.4为强制性的，其余为推荐性的。

本标准由国家发展和改革委员会、工业和信息化部提出。

本标准由全国能源基础和管理标准化技术委员会(SAC/TC 20)、全国有色金属标准化技术委员会(SAC/TC 243)归口。

本标准起草单位：遵义钛业股份有限公司、抚顺钛业有限公司、中国有色金属工业标准计量质量研究所。

本标准主要起草人：陈开建、赵以容、盛远禄、翁启钢、余家华、王忠朝、刘禹明、张江峰、刘洋、张冰洁。

海绵钛单位产品能源消耗限额

1 范围

本标准规定了海绵钛单位产品能源消耗(以下简称能耗)限额的技术要求、计算原则及计算方法、节能管理和措施。

本标准仅适用于镁热还原法(Kroll 法)生产海绵钛企业产品能耗的计算、评定及考核。

2 规范性引用文件

下列文件对于本文件的应用是必不可少的。凡是注日期的引用文件,仅注日期的版本适用于本文件。凡是不注日期的引用文件,其最新版本(包括所有的修改单)适用于本文件。

GB/T 2589 综合能耗计算通则

GB 17167 用能单位能源计量器具配备和管理通则

3 术语和定义

GB/T 2589 界定的以及下列术语和定义适用于本文件。

3.1

一次能源 primary energy sources

煤炭、天然气、原油等能源。

3.2

二次能源 secondary energy sources

焦炭、燃料油、石油焦、煤气、电力、成品油(汽油、柴油、煤油)热力等国家统计制度所规定的能源品种。

3.3

耗能工质 energy-consumed medium

在生产过程中所消耗的不作原料使用、也不进入产品,在生产或制取时需要直接消耗能源的工作物质,如水、压缩空气、氧气等。

3.4

工序能耗 unit energy consumption in working procedure

工序生产过程中生产单位合格产品消耗的能源量。

3.5

工序实物单耗 unit object consumption in working procedure

工序生产过程中生产单位合格产品消耗的某种能源实物量。

3.6

工艺能耗 unit energy consumption of technology

统计报告期内,生产某种产品的生产系统各工序消耗的能源量与同期内产出的合格品量的比值。

3.7

辅助能耗 assistant energy consumption

统计报告期内,辅助生产系统消耗的能源量与同期内产出的合格品量的比值。

3.8

综合能耗　enterprise integrate energy consumption

工艺能耗、辅助能耗及损耗分摊量之和。

4　技术要求

4.1　海绵钛生产企业工序实物单耗限额应符合表1的要求。

表1　海绵钛生产工序实物单耗限额

工序	实物能源		工序实物单耗限额值(tce/t)		
	名称	单位	限定值	准入值	先进值
钛渣	石油焦	t	≤0.230	≤0.200	≤0.180
	电力	10^4 kW·h	≤0.420	≤0.380	≤0.350
氯化	石油焦	t	≤0.200	≤0.180	≤0.160
	电力	10^4 kW·h	≤0.030	≤0.025	≤0.020
精制	电力	10^4 kW·h	≤0.040	≤0.035	≤0.030
镁电解	电力	10^4 kW·h	≤2.000	≤1.800	≤1.600
还原蒸馏	电力	10^4 kW·h	≤0.850	≤0.700	≤0.600
破碎	电力	10^4 kW·h	≤0.030	≤0.025	≤0.020

注1：镁电解实物单耗以无隔板电解槽及坩埚精炼炉为参照；

注2：镁电解能耗受供电状况的影响较大，工序电力消耗限额可考虑0.1(10^4 kW·h)～0.2(10^4 kW·h)的调整余地。

4.2　海绵钛生产企业工序能耗限额应符合表2的要求。

表2　海绵钛生产工序能耗限额

工　序	工序能耗限额值(tce/t)		
	限定值	准入值	先进值
钛渣	≤0.75	≤0.70	≤0.65
氯化	≤0.25	≤0.20	≤0.18
精制	≤0.05	≤0.045	≤0.04
镁电解	≤2.50	≤2.30	≤2.00
还原蒸馏	≤1.05	≤0.90	≤0.75
破碎	≤0.05	≤0.04	≤0.03

4.3　现有海绵钛生产企业单位产品综合能耗限定值应符合表3的要求。

表 3 海绵钛生产企业单位产品综合能耗限定值

生产工艺(工序)	综合能耗限定值(tce/t)
A(钛渣—氯化—精制—镁电解—还原蒸馏—破碎)	≤8.00
B(氯化—精制—镁电解—还原蒸馏—破碎)	≤6.10
C(还原蒸馏—破碎)	≤1.30

4.4 新建海绵钛生产企业单位产品综合能耗准入值应符合表 4 的要求。

表 4 海绵钛生产企业单位产品综合能耗准入值

生产工艺(工序)	综合能耗准入值(tce/t)
A(钛渣—氯化—精制—镁电解—还原蒸馏—破碎)	≤7.00
B(氯化—精制—镁电解—还原蒸馏—破碎)	≤5.30
C(还原蒸馏—破碎)	≤1.10

4.5 海绵钛生产企业单位产品综合能耗先进值应符合表 5 的要求。

表 5 海绵钛生产单位产品综合能耗先进值

生产工艺(工序)	综合能耗先进值(tce/t)
A(钛渣—氯化—精制—镁电解—还原蒸馏—破碎)	≤6.50
B(氯化—精制—镁电解—还原蒸馏—破碎)	≤4.40
C(还原蒸馏—破碎)	≤1.00

5 计算原则

5.1 企业生产消耗的能源

企业消耗的能源,指主要用于生产活动的生产系统、辅助生产系统和附属生产系统的一次能源、二次能源和生产使用的耗能工质所消耗的各种能源。不包括生活用能和基建项目用能。

生活用能是指企业内的宿舍、学校、文化娱乐、医院保健、商业服务等直接用于生活方面能耗。

所消耗的各种能源不得重计或漏计。存在供需关系时,输入输出双方在计算中量值上应保持一致。

企业回收的余热,应从回收余热的工序或工艺能耗中扣减。回收余热装置和余热利用装置用能计入工艺(工序)能耗。

5.2 能源的计量单位

消耗的各种能源计量单位见表 6。

表 6 各种能源计量单位

能源种类	能源计量单位		
煤、焦炭、重油、柴油	kg	t	10^4 t
电	kW・h	10^4 kW・h	—
蒸汽	kg	t	—
压缩空气、天然气、煤气、氧气	Nm^3	10^4 Nm^3	—
水	t	10^4 t	—
能耗计算单位	kgce/t	tce/t	—

5.3 各种能源(包括生产耗能工质消耗的能源)折算标煤量方法

应用基低(位)发热量等于 29.307 6 MJ(兆焦)的能源,称为 1 kg 标煤。

外购能源可取实测的低(位)发热量或供货单位提供的实测值为计算基础,或用国家统计部门的折算系数折算,参见附录 A。二次能源及耗能工质均按相应能源等价值(电用当量值)折算:企业能源转换自产时,按实际投入的能源实物量折算标煤量;由集中生产单位外销供应时,其能源等价值须经主管部门规定;外购外销时,其能源等价值必须相同;当未提供能源等价值时,可按国家统计部门的折算系数折算,参见附录 B。企业回收的余热按热力的折算系数,余热发电统一按电力的折算系数。

5.4 合格品量的确定

钛渣工序合格品量,同一统计报告期内生产的合格钛渣总量;

氯化工序合格品量,同一统计报告期内生产的合格粗四氯化钛总量;

精制工序合格品量,同一统计报告期内生产的合格精四氯化钛总量;

镁电解工序合格品量,同一统计报告期内电解氯化镁产出的合格镁总量;

还原蒸馏及破碎工序合格品量,同一统计报告期内生产的合格海绵钛总量。

5.5 工序能耗统计口径

钛渣工序产品能耗包括钛铁矿配料、电炉熔炼、破碎全过程能耗。

氯化工序产品能耗包括配料、氯气的供给、钛渣的氯化全过程能耗。

精制工序产品能耗包括粗四氯化钛精制全过程的能耗。

镁电解工序包括氯化镁的电解及粗镁精炼,工序产品包括镁及氯气。其中阳极制作、氯化镁处理及尾气处理的能耗计入镁电解工序能耗,氯气回收、输送系统的能耗计入氯化工序能耗。

还原蒸馏工序产品能耗包括设备准备、还原蒸馏、产品取出全过程能耗。

破碎工序产品能耗包括产品切块、破碎包装、抽空充氩贮存全过程能耗。

6 产品能耗的计算方法

6.1 工序实物单耗

工序实物单耗按式(1)计算:

$$X = \frac{e_i}{p} \qquad \cdots\cdots\cdots\cdots (1)$$

式中：

X ——统计报告期内某工序的 i 实物单耗；

e_i ——统计报告期内某工序消耗的 i 能源实物量；

p ——统计报告期内某工序产出的合格品量。

6.2 工序能耗

工序能耗按式(2)计算：

$$E=\frac{\sum_{i=1}^{n}(e_i\times k_i)-q}{p} \qquad \cdots\cdots(2)$$

式中：

E ——统计报告期内某工序能耗；

n ——某工序消耗能源的介质数；

k_i ——统计报告期内工序 i 能源实物折算标煤系数；

q ——统计报告期内某工序回收余热折算标煤量。

6.3 综合能耗

综合能耗按式(3)计算：

$$Z=\frac{E_z+F+S}{p} \qquad \cdots\cdots(3)$$

式中：

Z ——统计报告期内某工艺产品综合能耗；

E_z ——统计报告期内某工艺工序能耗总量；

F ——统计报告期内某工艺辅助能耗；

S ——统计报告期内某工艺能源损耗；

p ——统计报告期内某工艺合格产品量。

7 节能管理与措施

7.1 节能基础管理

7.1.1 企业应根据 GB 17167 的要求配备和使用相应的能源计量器具并建立能源计量管理制度。

7.1.2 加强能源基础计量工作，确保能源计量的准确性。

7.1.3 制定考核标准，实施能耗考核。

7.2 节能技术措施

7.2.1 开展科学节能管理，共享节能技术。

7.2.2 推进设备大型化，促进节能新工艺、新技术、新设备的应用。

7.2.3 加强能源的循环利用和回收利用。

7.2.4 加强工业炉窑保温、密封，减少热能损失。

附 录 A
（资料性附录）
常用能源品种现行折标煤系数

表 A.1 常用能源品种现行折标煤系数

能源		折标煤系数及单位	
品种	单位	系数	单位
原煤	t	0.714 3	吨标煤/吨(tce/t)
无烟煤	t	0.900	吨标煤/吨(tce/t)
洗精煤	t	0.900	吨标煤/吨(tce/t)
重油	t	1.428 6	吨标煤/吨(tce/t)
柴油	t	1.457 1	吨标煤/吨(tce/t)
焦炭	t	0.971 4	吨标煤/吨(tce/t)
液化石油气	t	1.714 3	吨标煤/吨(tce/t)
电力	10^4 kW·h	1.229	吨标煤/万千瓦小时(tce/10^4 kW·h)
煤气(热值为 1 250×4.186 8 kJ/m^3)	10^4 m^3	1.786	吨标煤/万立方米(tce/10^4 m^3)
蒸汽(98.1 kPa 饱和蒸汽)	kg	2 674.5	千焦/千克(kJ/kg)

注 1：蒸汽折标煤系数按热值计。

注 2：部分品种仍采用“万”为计量单位。

附 录 B
（资料性附录）
耗能工质能耗等价值

表 B.1 耗能工质能耗等价值

耗能工质		能源等价值	
名 称	单 位	热值/MJ（兆焦）	折标煤/kg（千克）
新鲜水	t	7.535 0	0.257 1
软化水	t	14.234 7	0.485 7
压缩空气	m^3	1.172 3	0.040 0
二氧化碳	m^3	6.280 6	0.214 3
氧气	m^3	11.723 0	0.400 0
氮气	m^3	11.723 0	0.400 0
		19.677 1	0.671 4
乙炔	m^3	243.672 2	8.314 3
电石	kg	60.918 8	2.078 6

注 1：新鲜水指尚未使用过的自来水。
注 2：除乙炔、电石外，均按平均耗电计算。
注 3：氮气作为副产品时，折标煤系数取 0.400 0。作为主产品时，折标煤系数取 0.671 4。
注 4：乙炔按耗电石计算。
注 5：电石按平均耗焦炭、电计算。

ICS 27.010
F 01

GB

中华人民共和国国家标准

GB 29137—2012

铜及铜合金线材单位产品能源消耗限额

The norm of energy consumption per unit products of copper and copper-alloy wire

2012-12-31 发布　　　　2013-10-01 实施

中华人民共和国国家质量监督检验检疫总局
中国国家标准化管理委员会　发布

前　言

本标准的4.1、4.2是强制性的，其余为推荐性的。

本标准是按照GB/T 1.1—2009给出的规则起草的。

本标准是按照GB/T 12723《单位产品能源消耗限额编制通则》的要求和铜及铜合金线材加工企业的单位产品能源消耗实际情况进行编制的。

本标准由国家发展和改革委员会、工业和信息化部提出。

本标准由全国能源基础管理标准化技术委员会(SAC/TC 20)和全国有色金属标准化技术委员会(SAC/TC 243)归口。

本标准起草单位：宁波博威合金材料股份有限公司、中铝沈阳有色金属加工有限公司、浙江宏磊铜业股份有限公司、宁波长振铜业有限公司、宁波金田铜业(集团)股份有限公司、绍兴市力博电气有限公司。

本标准主要起草人：王云松、蔡洎华、徐友飞、张桂敏、张震宇、刘剑、沈守稳、洪燮平、王金美、徐高磊。

铜及铜合金线材单位产品能源消耗限额

1 范围

本标准规定了铜及铜合金线材(以下简称线材)单位产品能源消耗(以下简称能耗)限额的技术要求、计算原则、统计范围和计算方法、节能管理与措施。

本标准适用于铜及铜合金加工企业线材生产能耗的计算、考核、能效评估,以及对新建项目的能耗控制和用能评估。

2 规范性引用文件

下列文件对于本文件的应用是必不可少的。凡是注日期的引用文件,仅注日期的版本适用于本文件。凡是不注日期的引用文件,其最新版本(包括所有的修改单)适用于本文件。

GB/T 2589　综合能耗计算通则

GB/T 3484　企业能量平衡通则

GB 17167　用能单位能源计量器具配备和管理通则

3 术语、定义、符号和说明

3.1 术语和定义

下列术语和定义适用于本文件。

3.1.1

工序能源实物单耗(e_s)　unit object consumption in working procedure

单一工序生产过程中生产该工序单位合格产品直接消耗的某种能源实物量。

3.1.2

工序能源单耗(e_j)　unit energy consumption in working procedure

单一工序生产过程中生产该工序单位合格产品直接消耗的全部能源量。

3.1.3

直接能耗(E_H)　direct energy consumption

线材生产过程中直接消耗的全部能源量。

3.1.4

辅助能耗(E_F)　assistant energy consumption

辅助生产系统用于线材生产的能源消耗。例如:车间照明、内部运输等能源消耗。

3.1.5

间接能耗(E_J)　indirect energy consumption

间接为生产系统或辅助生产系统提供必要条件所消耗的能源。包括厂区照明、办公、理化检测、工模具制造等能源消耗。

3.1.6

综合能源单耗(e_z)　unit consumption of integrate energy

即单位产品综合能耗,是指生产单位合格产品所消耗的全部能源量(包括直接能耗、辅助能耗和间接能耗)。

3.1.7

可比能源单耗(e_{KB})　comparable energy consumption

对于加工工序非完整型线材生产企业的加工工序单耗按照一定的折算方式,与加工工序完整型线材生产企业形成的可以比较的单耗。

3.2　符号和说明

本标准使用的符号和相应的说明见表1。

表1　符号和说明

符号	单　位	说　明
E	kgce、tce、10^4 tce、GJ	产品能源消耗量
E_1	kgce、tce、10^4 tce、GJ	企业购入能源量
E_2	kgce、tce、10^4 tce、GJ	期初库存能源量
E_3	kgce、tce、10^4 tce、GJ	外销能源量
E_4	kgce、tce、10^4 tce、GJ	生活和批准的基建项目耗用能源量
E_5	kgce、tce、10^4 tce、GJ	期末库存能源量
E_{ZJ}	kgce	间接能耗总量
E_Z	kgce	全部线材综合能耗量
E_H	kgce	全部线材直接能耗量
E_F	kgce	全部线材辅助能耗量
E_J	kgce	全部线材间接能耗量
E_{Zn}	kgce	某种类线材综合能耗量
E_{Hn}	kgce	某种类线材直接能耗量
E_{Fn}	kgce	某种类线材辅助能耗量
E_{Jn}	kgce	某种类线材间接能耗量
E_{hj}	kgce	某工序消耗的直接能耗量
E_{sj}	kg、kW·h、m^3 等	某工序消耗的某种能源实物量
E'	kg、kW·h、m^3 等	产品的能源实物消耗量
E_1'	kg、kW·h、m^3 等	企业购入能源实物量
E_2'	kg、kW·h、m^3 等	期初库存能源实物量
E_3'	kg、kW·h、m^3 等	外销能源实物量
E_4'	kg、kW·h、m^3 等	生活和批准的基建项目耗用能源实物量
E_5'	kg、kW·h、m^3 等	期末库存能源实物量
e_Z	kgce/t	全部线材综合能源单耗
e_{Zn}	kgce/t	某种类线材综合能源单耗
e_{sj}	kg/t、kW·h/t、m^3/t 等	某工序能源实物单耗
e_j	kgce/t	某工序能源单耗
e_2	kgce/t	加工工序能源单耗
e_{KB}	kgce/t	可比能源单耗
P_{Zi}	t	不同品种铜加工材总产量
P_{Z5}	t	全部线材最终合格产量

表 1（续）

符号	单　　位	说　　明
P_n	t	某种类线材最终合格产量
p_j	t	某工序合格产品产量
A_i	—	不同品种铜加工材能耗折算系数
A_5	—	线材能耗折算系数
B_n	—	不同种类线材能耗折算系数
C_k	—	实际生产各加工工序能耗分摊系数

4 技术要求

4.1 现有铜及铜合金线材加工企业单耗限定值

现有铜及铜合金线材加工企业单耗限定值应符合表 2、表 3 的规定。其中工艺路线为配料（含中间合金）—熔铸铸锭（包括锯切）—挤压—拉伸（或轧制）—热处理（以下称之为工艺路线 1）的企业单耗应符合表 2 的要求；而工艺路线为配料（含中间合金）—水平连铸（上引连铸）—拉伸（或冷轧）—热处理（以下称之为工艺路线 2）的企业应符合表 3 的要求。

表 2 现有铜及铜合金线材加工企业单耗限定值（工艺路线 1）

单耗种类	产品种类				
	紫铜线	简单黄铜线	复杂黄铜线	青铜线	白铜线
	单耗限定值/(kgce/t)				
熔铸工序能源单耗	≤79	≤84	≤66	≤71	≤103
加工工序能源单耗[a]	≤37	≤135	≤119	≤133	≤132
各种类线材综合能源单耗	≤119	≤232	≤194	≤208	≤247
全部线材综合能源单耗	≤226				

注：生产 $\phi0.2$ mm～$\phi1.5$ mm 规格的线材，其单耗需乘以系数 $K=1.2$；生产小于等于 $\phi0.2$ mm 的线材，其单耗需乘以系数 $K=1.3$。

[a] 加工工序非完整型线材加工企业的加工工序单耗应折算成可比能源单耗，按公式(7)计算，如加工工序仅有拉伸工序的企业，其可比能源单耗为加工工序的能源单耗乘以 0.150。

表 3 现有铜及铜合金线材加工企业单耗限定值（工艺路线 2）

单耗种类	产品种类				
	紫铜线	简单黄铜线	复杂黄铜线	青铜线	白铜线
	单耗限定值/(kgce/t)				
熔铸工序能源单耗	≤52	≤52	≤56	≤130	≤89
加工工序能源单耗[a]	≤78	≤89	≤83	≤131	≤121

表 3（续）

单耗种类	产品种类				
	紫铜线	简单黄铜线	复杂黄铜线	青铜线	白铜线
	单耗限定值/(kgce/t)				
各种类线材综合能源单耗	≤143	≤151	≤150	≤297	≤231
全部线材综合能源单耗	≤216				
注：生产 ϕ0.2 mm～ϕ1.5 mm 规格的线材，其单耗需乘以系数 $K=1.2$；生产小于等于 ϕ0.2 mm 的线材，其单耗需乘以系数 $K=1.3$。 [a] 加工工序非完整型线材加工企业的加工工序单耗应折算成可比能源单耗，按公式(7)计算，如加工工序仅有拉伸工序的企业，其可比能源单耗为加工工序的能源单耗乘以 0.250。					

4.2 新建铜及铜合金线材加工企业单耗准入值

新建铜及铜合金线材加工企业单耗准入值应符合表 4、表 5 的规定。其中生产工艺采用工艺路线 1 的企业单耗应符合表 4 的要求，而采用工艺路线 2 的企业应符合表 5 的要求。

表 4　新建铜及铜合金线材加工企业单耗准入值(工艺路线 1)

单耗种类	产品种类				
	紫铜线	简单黄铜线	复杂黄铜线	青铜线	白铜线
	单耗准入值/(kgce/t)				
熔铸工序能源单耗	≤75	≤76	≤60	≤67	≤92
加工工序能源单耗[a]	≤35	≤127	≤97	≤124	≤122
各种类线材综合能源单耗	≤113	≤212	≤164	≤201	≤226
全部线材综合能源单耗	≤204				
注：生产 ϕ0.2 mm～ϕ1.5 mm 规格的线材，其单耗需乘以系数 $K=1.2$；生产小于等于 ϕ0.2 mm 的线材，其单耗需乘以系数 $K=1.3$。 [a] 加工工序非完整型线材加工企业的加工工序单耗应折算成可比能源单耗，按公式(7)计算，如加工工序仅有拉伸工序的企业，其可比能源单耗为加工工序的能源单耗乘以 0.150。					

表 5　新建铜及铜合金线材加工企业单耗准入值(工艺路线 2)

单耗种类	产品种类				
	紫铜线	简单黄铜线	复杂黄铜线	青铜线	白铜线
	单耗准入值/(kgce/t)				
熔铸工序能源单耗	≤49	≤48	≤50	≤113	≤85
加工工序能源单耗[a]	≤69	≤81	≤79	≤110	≤109
各种类线材综合能源单耗	≤122	≤139	≤143	≤238	≤216
全部线材综合能源单耗	≤190				
注：生产 ϕ0.2 mm～ϕ1.5 mm 规格的线材，其单耗需乘以系数 $K=1.2$；生产小于等于 ϕ0.2 mm 的线材，其单耗需乘以系数 $K=1.3$。 [a] 加工工序非完整型线材加工企业的加工工序单耗应折算成可比能源单耗，按公式(7)计算，如加工工序仅有拉伸工序的企业，其可比能源单耗为加工工序的能源单耗乘以 0.250。					

4.3 铜及铜合金线材加工企业单耗先进值

铜及铜合金线材加工企业单耗先进值应符合表6、表7的规定。其中生产工艺采用工艺路线1的企业单耗应符合表6的要求，而采用工艺路线2的企业应符合表7的要求。

表6 铜及铜合金线材加工企业单耗先进值(工艺路线1)

单耗种类	产品种类				
	紫铜线	简单黄铜线	复杂黄铜线	青铜线	白铜线
	单耗先进值/(kgce/t)				
熔铸工序能源单耗	≤63	≤71	≤43	≤63	≤84
加工工序能源单耗[a]	≤30	≤119	≤72	≤113	≤108
各种类线材综合能源单耗	≤106	≤179	≤135	≤194	≤203
全部线材综合能源单耗	≤183				

注：生产 $\phi 0.2$ mm～$\phi 1.5$ mm 规格的线材，其单耗需乘以系数 $K=1.2$；生产小于等于 $\phi 0.2$mm 的线材，其单耗需乘以系数 $K=1.3$。

[a] 加工工序非完整型线材加工企业的加工工序单耗应折算成可比能源单耗，按公式(7)计算，如加工工序仅有拉伸工序的企业，其可比能源单耗为加工工序的能源单耗乘以0.150。

表7 铜及铜合金线材加工企业单耗先进值(工艺路线2)

单耗种类	产品种类				
	紫铜线	简单黄铜线	复杂黄铜线	青铜线	白铜线
	单耗先进值/(kgce/t)				
熔铸工序能源单耗	≤46	≤42	≤43	≤96	≤78
加工工序能源单耗[a]	≤52	≤77	≤76	≤92	≤99
各种类线材综合能源单耗	≤108	≤130	≤130	≤189	≤199
全部线材综合能源单耗	≤162				

注：生产 $\phi 0.2$ mm～$\phi 1.5$ mm 规格的线材，其单耗需乘以系数 $K=1.2$；生产小于等于 $\phi 0.2$ mm 的线材，其单耗需乘以系数 $K=1.3$。

[a] 加工工序非完整型线材加工企业的加工工序单耗应折算成可比能源单耗，按公式(7)计算，如加工工序仅有拉伸工序的企业，其可比能源单耗为加工工序的能源单耗乘以0.250。

4.4 产品能耗考评原则

4.4.1 按产品种类划分

两种及以上种类线材的生产企业以全部线材综合能源单耗为考核评定依据，单一种类线材或某一种类线材的产量超过全部线材产量的90%时，以单一种类线材综合能源单耗为考核评定依据。

4.4.2 按工序划分

仅有熔铸工序或加工工序的生产企业，以熔铸工序能源单耗或加工工序能源单耗为考核评定依据；既有熔铸工序又有加工工序的生产企业，以各种类线材综合能源单耗或全部线材综合能源单耗为考核评定依据。

5 计算原则、统计范围和计算方法

5.1 计算原则

5.1.1 线材实际(生产)消耗的各种能源

线材实际消耗的各种能源,系指用于线材生产活动的各种能源。包括:一次能源(原煤、原油、天然气等)、二次能源(如电力、热力、石油制品、焦炭、煤气等)和生产使用的耗能工质(水、氧气、压缩空气等)所消耗的能源。其主要用于生产系统、辅助生产系统和附属生产系统,不包括生活用能和批准的基建(包括技改)项目用能。作为辅助材料的能源产品不计入产品能耗,如用作熔液覆盖剂的木炭、润滑油、洗油等。其中厂区内用能和办公楼用能应分摊在各工序能耗中。

生活用能指企业系统内的宿舍、职工培训基地、文化娱乐、医疗保健、食堂、浴室(不包括车间浴室)等方面用能。

5.1.2 线材报告期内的能耗量

产品报告期内的某种能源实物消耗量的计算,应符合式(1):

$$E'=E'_1+E'_2-E'_3-E'_4-E'_5 \qquad (1)$$

式中:

E'——产品的能源实物消耗量,单位见 5.1.4;

E'_1——企业购入能源实物量,单位见 5.1.4;

E'_2——期初库存能源实物量,单位见 5.1.4;

E'_3——外销能源实物量,单位见 5.1.4;

E'_4——生活和批准的基建项目耗用能源实物量,单位见 5.1.4;

E'_5——期末库存能源实物量,单位见 5.1.4。

产品报告期内的能耗量的计算,应符合式(2):

$$E=E_1+E_2-E_3-E_4-E_5 \qquad (2)$$

式中:

E ——产品能源消耗量,单位见 5.1.4;

E_1——企业购入能源量,单位见 5.1.4;

E_2——期初库存能源量,单位见 5.1.4;

E_3——外销能源量,单位见 5.1.4;

E_4——生活和批准的基建项目耗用能源量,单位见 5.1.4;

E_5——期末库存能源量,单位见 5.1.4。

线材报告期内的能源消耗量的计算,应符合式(3)和式(4):

$$E_{Zn}=E_{Hn}+E_{Fn}+E_{Jn} \qquad (3)$$

$$E_Z=E_H+E_F+E_J \qquad (4)$$

式中:

E_{Zn} ——某种类线材综合能耗量,单位见 5.1.4;

E_{Hn} ——某种类线材直接能耗量,单位见 5.1.4;

E_{Fn} ——某种类线材辅助能耗量,单位见 5.1.4;

E_{Jn} ——某种类线材间接能耗量,单位见 5.1.4;

E_Z ——全部线材综合能耗量,单位见 5.1.4;

E_H ——全部线材直接能耗量,单位见 5.1.4;

E_F ——全部线材辅助能耗量，单位见 5.1.4；

E_J ——全部线材间接能耗量，单位见 5.1.4。

所消耗的各种能源不得重计或漏计。存在供需关系时，输入、输出双方在计算中量值应保持一致。设备停产大修的能源消耗也应计算在内。

企业回收的余热，属于节约能源循环利用，不属于外购能源，在计算能耗时，应避免和外购能源重复计算。余热利用装置用能计入能耗。回收能源自用部分，计入自用工序；转供其他工序时，在所用工序以正常消耗计入，回收的能源折标煤后应在回收余热的工序、工艺中等量扣除。如是未扣除回收余热的能耗指标，应标明"'未扣回收余热'（或'含回收余热'）"的字样。

5.1.3 能源实物量的计量

能源实物量的计量必需符合《中华人民共和国计量法》和 GB/T 17167 的要求。

5.1.4 各种能源的计量单位

线材能耗单位：kgce（千克标煤）、tce（吨标煤）、10^4 tce（万吨标煤）或 GJ（百万千焦）；

煤、焦炭、石油制品的能源实物量单位：kg（千克）、t（吨）、10^4 t（万吨）；

电的能源实物量单位：kW·h（千瓦小时）、10^4 kW·h（万千瓦小时）；

蒸汽的能源实物量单位：kg（千克）、t（吨）或 kJ（千焦）、MJ（兆焦）、GJ（百万千焦）；

煤气、水煤气、压缩空气、氧气、氮气、天然气的能源实物量单位：m^3（立方米）、10^3 m^3（千立方米）、10^4 m^3（万立方米）。

5.1.5 各种能源（包括生产耗能工质消耗的能源）折算标煤量方法

发热量等于 29.307 6 MJ（兆焦）的燃料，称为 1 千克标煤（kgce）。

外购燃料能源可取实测的低（位）发热量或供货单位提供的实测值为计算基础，或按国家统计部门的折算系数折算，参见附录 A。

二次能源及耗能工质均按相应能源等价值（电用当量值折算）；企业能源转换自产时，按实际投入的能源实物量折算标煤量；由集中生产单位外销供应时，其能源等价值须经主管部门规定；外购外销时，其能源等价值必须相同；当未提供能源等价值时，可按国家统计部门的折算系数折算，参见附录 B。

企业回收的余热按热力的折算系数计算。

5.1.6 单位线材能耗的线材产量的计算原则

计算种类铜线综合单耗，应采用同一统计期内产出的合格该类铜线产量，线材退货应冲减当期线材产量。

所有线材产量，均以企业统计部门统计的数据为准。

5.1.7 能耗的计算原则

5.1.7.1 企业及工序能耗应符合 GB/T 2589 及 GB/T 3484 的规定。

5.1.7.2 直接能耗由各生产环节直接统计计量。

5.1.7.3 同时生产板、带、箔、线、棒、线等两种以上的综合性铜加工企业计算间接能耗时先按一定的比例分摊，再按线材种类折算各类线材间接能耗。

单一线材加工企业的间接能耗全部计入线材能耗之中。

5.1.7.4 辅助能耗按线材种类折算。

5.2 统计范围

5.2.1 熔铸工序

指从原料开始到产出合格的锯锭(铸坯)为止的用能量:包括配料(包括中间合金)、熔炼、铸造、烟尘吸收、锯切等直接消耗的各种能源量。

注:熔铸工序能耗统计计算时不包括辅助能耗与间接能耗。

5.2.2 加工工序

指从锯锭加热开始到加工产出合格产品并进入成品库为止的用能量。包括锯锭加热、挤压、锯切、(轧制、)制头、拉制、成型、精整、校直定尺、退火、包装等直接消耗的各种能源量。

注:加工工序能耗统计计算时不包括辅助能耗与间接能耗。

5.3 计算方法

5.3.1 工序单耗计算方法

5.3.1.1 工序能源实物单耗计算方法

工序能源实物单耗计算方法按照式(5)计算:

$$e_{sj}=\frac{E_{sj}}{p_j} \qquad \cdots\cdots(5)$$

式中:

e_{sj} ——某工序能源实物单耗,j 取 1、2,分别代表熔铸、加工工序,单位为千克每吨(kg/t)、千瓦小时每吨[(kW·h)/t]、立方米每吨(m^3/t);

E_{sj} ——某工序消耗的某种能源实物量,j 取 1、2,分别代表熔铸、加工工序,单位为千克(kg)、千瓦小时(kW·h)、立方米(m^3);

p_j ——某工序合格产品产量,j 取 1、2,分别代表熔铸、加工工序,单位为吨(t)。

5.3.1.2 工序能源单耗计算方法

工序全部能源单耗按照式(6)计算:

$$e_j=\frac{E_{hj}}{p_j} \qquad \cdots\cdots(6)$$

式中:

e_j ——某工序能源单耗,j 取 1、2,分别代表熔铸、加工工序,单位为千克标煤每吨(kgce/t);

E_{hj} ——某工序消耗的直接能耗量,j 取 1、2,分别代表熔铸、加工工序,单位为千克标煤(kgce);

p_j ——某工序合格产品产量,j 取 1、2,分别代表熔铸、加工工序,单位为吨(t)。

5.3.1.3 可比能源单耗计算方法

加工工序中不具备从挤压到精整的线材生产条件的加工工序非完整型线材加工企业的线材加工工序能源单耗应折算成可比能源单耗。可比能源单耗按照式(7)计算:

$$e_{KB}=e_2\sum_{1}^{4}C_k \qquad \cdots\cdots(7)$$

式中:

e_{KB}——可比能源单耗,单位为千克标煤每吨(kgce/t);

e_2 ——加工工序能源单耗,单位为千克标煤每吨(kgce/t);

C_k ——实际生产各加工工序能耗分摊系数，见表 8。k 可取 1、2、3、4，分别代表挤压、冷加工(包括轧制和拉伸)、退火、精整成型各加工子工序。

表 8　加工工序非完整型线材生产企业加工工序单耗分摊系数

<table>
<tr><td rowspan="3">工艺路线</td><td colspan="5">加工工序</td></tr>
<tr><td rowspan="2">挤压 C_1</td><td colspan="2">冷加工 C_2</td><td rowspan="2">退火 C_3</td><td rowspan="2">精整、成型 C_4</td></tr>
<tr><td>轧制(包括 Y 形轧线)</td><td>拉伸</td></tr>
<tr><td></td><td colspan="5">单耗分摊系数 C_k</td></tr>
<tr><td rowspan="2">工艺路线 1</td><td rowspan="2">0.400</td><td colspan="2">0.250</td><td rowspan="2">0.300</td><td rowspan="2">0.050</td></tr>
<tr><td>0.100</td><td>0.150</td></tr>
<tr><td rowspan="2">工艺路线 2</td><td rowspan="2">—</td><td colspan="2">0.417</td><td rowspan="2">0.500</td><td rowspan="2">0.083</td></tr>
<tr><td>0.167</td><td>0.250</td></tr>
</table>

5.3.2　间接能耗计算方法

5.3.2.1　综合型铜加工企业线材间接能耗分摊量计算方法

综合型铜加工企业线材间接能耗折算量计算方法按照式(8)计算：

$$E_J = E_{ZJ}\frac{P_{Z5}\cdot A_5}{\sum_{1}^{6}(P_{Zi}\cdot A_i)} \quad \cdots\cdots(8)$$

式中：

E_J ——全部线材间接能耗量，单位为千克标煤(kgce)；

E_{ZJ}——间接能耗总量，单位为千克标煤(kgce)；

P_{Z5}——全部线材最终合格产量，单位为吨(t)；

A_5 ——线材能耗折算系数，见表 9；

P_{Zi}——不同品种铜加工材总产量，单位为吨(t)。i 取 1、2、3、4、5、6，分别代表板、带、管、棒、线、箔各品种铜加工材；

A_i ——不同品种铜加工材能耗折算系数，见表 9。i 取 1、2、3、4、5、6，分别代表板、带、管、棒、线、箔各品种铜加工材。

表 9　综合型铜加工企业不同品种铜加工材能耗折算系数

品种	板 A_1	带 A_2	管 A_3	棒 A_4	线 A_5	箔 A_6
能耗折算系数 A_i	0.9	1.0	1.0	0.8	0.7	1.1
注：空心型材按管计算，实心型材按棒计算。						

5.3.2.2　各种类线材间接能耗量计算方法

某种类线材间接能耗量计算方法按照式(9)计算：

$$E_{Jn} = E_J\frac{P_n\cdot B_n}{\sum_{1}^{5}(P_n\cdot B_n)} \quad \cdots\cdots(9)$$

式中：

E_{Jn}——某种类线材间接能耗量，单位为千克标煤(kgce)。n 取1、2、3、4、5，分别代表紫铜线、简单黄铜线、复杂黄铜线、青铜线、白铜线各种类线材；

E_J——全部线材间接能耗量，单位为千克标煤(kgce)；

P_n——某种类线材最终合格产量，单位为吨(t)。n 取1、2、3、4、5，分别代表紫铜线、简单黄铜线、复杂黄铜线、青铜线、白铜线各种类线材；

B_n——不同种类线材能耗折算系数，见表10。n 取1、2、3、4、5，分别代表紫铜线、简单黄铜线、复杂黄铜线、青铜线、白铜线各种类线材。

表10　不同种类线材能耗折算系数

种类	紫铜线 B_1	简单黄铜线 B_2	复杂黄铜线 B_3	青铜线 B_4	白铜线 B_5
能耗折算系数 B_n	1.00	1.05	1.10	1.15	1.25

5.3.3　辅助能耗计算方法

某种类线材辅助能耗计算方法按照式(10)计算：

$$E_{Fn}=E_F\frac{P_n\cdot B_n}{\sum_1^5(P_n\cdot B_n)}\qquad\cdots\cdots(10)$$

式中：

E_{Fn}——某种类线材辅助能耗量，单位为千克标煤(kgce)。n 取1、2、3、4、5，分别代表紫铜线、简单黄铜线、复杂黄铜线、青铜线、白铜线各种类线材；

E_F——全部线材辅助能耗量，单位为千克标煤(kgce)；

P_n——某种类线材最终合格产量，单位为吨(t)。n 取1、2、3、4、5，分别代表紫铜线、简单黄铜线、复杂黄铜线、青铜线、白铜线各种类线材；

B_n——不同种类线材能耗折算系数，见表10。n 取1、2、3、4、5，分别代表紫铜线、简单黄铜线、复杂黄铜线、青铜线、白铜线各种类线材。

5.3.4　综合能源单耗计算方法

5.3.4.1　各种类线材综合能源单耗

某种类线材综合能源单耗按照式(11)计算：

$$e_{Zn}=\frac{E_{Hn}+E_{Fn}+E_{Jn}}{P_n}\qquad\cdots\cdots(11)$$

式中：

e_{Zn}——某种类线材综合能源单耗，单位为千克标煤每吨(kgce/t)。n 取1、2、3、4、5，分别代表紫铜线、简单黄铜线、复杂黄铜线、青铜线、白铜线各种类线材；

E_{Hn}——某种类线材直接能耗量，单位为千克标煤(kgce)。n 取1、2、3、4、5，分别代表紫铜线、简单黄铜线、复杂黄铜线、青铜线、白铜线各种类线材；

E_{Fn}——某种类线材辅助能耗量，单位为千克标煤(kgce)。n 取1、2、3、4、5，分别代表紫铜线、简单黄铜线、复杂黄铜线、青铜线、白铜线各种类线材；

E_{Jn}——某种类铜线间接能耗量，单位为千克标煤(kgce)。n 取1、2、3、4、5，分别代表紫铜线、简单黄铜线、复杂黄铜线、青铜线、白铜线各种类线材；

P_n ——某种类线材最终合格产量，单位为吨(t)。n 取 1、2、3、4、5，分别代表紫铜线、简单黄铜线、复杂黄铜线、青铜线、白铜线各种类线材。

5.3.4.2 全部线材综合能源单耗

全部线材综合能源单耗按照式(12)计算：

$$e_Z = \frac{E_H + E_F + E_J}{P_{Z5}} \qquad \cdots\cdots(12)$$

式中：

e_Z ——全部线材综合能源单耗，单位为千克标煤每吨(kgce/t)；

E_H ——全部线材直接能耗量，单位为千克标煤(kgce)；

E_F ——全部线材辅助能耗量，单位为千克标煤(kgce)；

E_J ——全部线材间接能耗量，单位为千克标煤(kgce)；

P_{Z5} ——全部线材最终合格产量，单位为吨(t)。

6 节能管理及措施

6.1 节能基础管理

6.1.1 企业应定期对铜线生产的几个主要工序能耗情况进行考核，并把考核指标分解落实到各基层单位，建立用能责任制度。

6.1.2 企业应按要求建立能耗信息系统，建立能耗计算和考核结果的文件档案，并对文件进行受控管理。

6.1.3 企业应根据 GB 17167 的要求配备能源计量器具并建立能源计量管理制度。

6.2 节能技术管理

线材生产企业工序应配备先进的节能设备，逐步淘汰落后的高耗能设备，缩短工艺流程，最大限度地提高能源利用率，尽可能地回收能源。

附 录 A
（资料性附录）
常用能源品种现行参考折标煤系数

表 A.1 常用能源品种现行折标煤系数

能源		折标煤系数及单位	
品种	平均低位发热量	系数	单位
原煤	20 908 kJ/kg(5 000 kcal/kg)	0.714 3	kgce/kg
洗精煤	26 344 kJ/kg(6 300 kcal/kg)	0.900	kgce/kg
重油	41 816 kJ/kg(10 000 kcal/kg)	1.428 6	kgce/kg
柴油	42 652 kJ/kg(10 200 kcal/kg)	1.457 1	kgce/kg
汽油	43 070 kJ/kg(10 300 kcal/kg)	1.471 4	kgce/kg
焦炭	28 435 kJ/kg(6 800 kcal/kg)(灰分 13.5%)	0.971 4	kgce/kg
液化石油气	50 179 kJ/kg(12 000 kcal/kg)	1.714 3	kgce/kg
电力(当量值)	3 600 kJ/ kW·h[860 kcal/ (kW·h)]	0.122 9	kgce/(kW·h)
热力	—	0.034 12	kgce/MJ
煤气	1 250×4.186 8 kJ/m^3	1.786	tec/10^4 m^3
天然气	38 931 kJ/m^3(9 310 kcal/m^3)	1.330 0	tec/10^3 m^3

注 1：蒸汽折标煤系数按热值计。

注 2：部分品种仍采用“万”为计量单位。

注 3：本附录中折标煤系数如遇国家统计部门规定发生变化，能耗等级指标则另行设定。

附 录 B
（资料性附录）
耗能工质能源等价参考值

表 B.1 常用耗能工质能源等价值

序号	名称		单位	能源等价值		备 注
				热值 MJ(兆焦)	折标煤 kgce(千克标煤)	
1	液体	新鲜水	吨(t)	7.535 0	0.257 1	指尚未使用过的自来水，按平均耗电计算
2		软化水	吨(t)	14.234 7	0.485 7	
3	气体	压缩空气	立方米(m^3)	1.172 3	0.040 0	
4		二氧化碳	立方米(m^3)	6.280 6	0.214 3	
5		氧气	立方米(m^3)	11.723 0	0.400 0	
6		氮气	立方米(m^3)	11.723 0	0.400 0	当副产品时
				19.677 1	0.671 4	当主产品时
7		乙炔	立方米(m^3)	243.672 2	8.314 3	按耗电石计算
8	固体	电石	千克(kg)	60.918 8	2.078 6	按平均耗焦炭、电等计算

注：能源等价值如有变动，以国家统计部门最新公布的数据为准。

ICS 27.010
F 01

中华人民共和国国家标准

GB 29138—2012

磷酸一铵单位产品能源消耗限额

The norm of energy consumption per unit product of monoammonium phosphate

2012-12-31 发布

2013-10-01 实施

中华人民共和国国家质量监督检验检疫总局
中国国家标准化管理委员会 发布

前　言

本标准4.1和4.2为强制性的，其余为推荐性的。

本标准按照GB/T 1.1—2009给出的规则起草。

本标准由国家发展和改革委员会、工业和信息化部提出。

本标准由全国能源基础与管理标准化技术委员会（SAC/TC 20）、中国石油和化学工业联合会归口。

本标准起草单位：中国磷肥工业协会、中国石油和化学工业联合会。

本标准主要起草人：武希彦、修学峰、叶学东、陈玉如、黄文雄、孙伟善、李永亮、隗志安、张应虎、陶俊法、王国维、盛勇、杨文元、应健康、喻军、王文富、蒲中云。

磷酸一铵单位产品能源消耗限额

1 范围

本标准规定了生产固体磷酸一铵肥料单位产品的能源消耗(简称能耗)限额的技术要求、计算方法、节能管理与措施。

本标准适用于以硫酸、磷矿、氨为原料,采用二水法、半水法、半水-二水法工艺生产磷酸,及采用传统法、料浆法工艺生产磷酸一铵的企业进行单位产品能耗的计算、控制与考核,以及新建项目的能耗控制。

本标准不适用于用外购商品磷酸生产的磷酸一铵,也不适用于以磷酸、氨等为原料生产工业级磷酸一铵。

2 规范性引用文件

下列文件对于本文件的应用是必不可少的。凡是注日期的引用文件,仅注日期的版本适用于本文件。凡是不注日期的引用文件,其最新版本(包括所有修改单)适用于本文件。

GB/T 2589 综合能耗计算通则

GB/T 3484 企业能量平衡通则

GB 10205 磷酸一铵、磷酸二铵

GB/T 12497 三相异步电动机经济运行

GB/T 13462 电力变压器经济运行

GB/T 13466 交流电气传动风机(泵类、空气压缩机)系统经济运行通则

GB 17167 用能单位能源计量器具配备和管理通则

GB/T 17954 工业锅炉经济运行

3 术语和定义

下列术语及定义适用于本文件。

3.1

传统法磷酸一铵生产工艺 MAP production process of traditional method

先将湿法生产的稀磷酸浓缩到含 P_2O_5 48%以上为原料,在预中和槽、管式反应器或加压反应器中进行氨化;所得氨化料浆再进行造粒、干燥制粒状磷酸一铵,或喷雾干燥制粉状磷酸一铵。

3.2

料浆法磷酸一铵生产工艺 MAP production process of slurry method

直接用湿法生产的稀磷酸为原料,在中和槽或快速氨化蒸发器中进行氨化,再将中和料浆蒸发浓缩,以降低含水量,经喷浆造粒干燥制粒状磷酸一铵,或喷雾干燥、流化造粒干燥制粉状磷酸一铵。该工艺适用于以中低品位磷矿为原料的生产。

3.3

磷酸生产系统 the production system of phosphoric acid

从磷矿石经计量进入原料库或选矿装置输送来的矿浆(粉)经计量进入储罐(料仓)开始,到磷石膏

进入渣场的出口、磷酸储罐输送泵出口为止的包括磨矿、萃取、过滤、磷酸浓缩(传统法)、尾气洗涤、以及成品酸贮存输送等组成完整的工艺过程和设备。

3.4

磷酸一铵生产系统　the production system of monoammonium phosphate

从液氨进入罐区、磷酸储罐出口阀门开始,到成品库(含产品包装、贮运以及成品库用能)为止的包括中和、料浆浓缩(料浆法)、造粒干燥、成品冷却包装、尾气除尘、气体洗涤等组成完整的工艺过程和设备。

3.5

辅助生产系统　the production assistant system

为生产系统工艺装置配置的工艺过程、设施和设备,其中包括动力、供电、机修、供水、供气、采暖、制冷、仪表、磷石膏输送和厂内原料场地设施以及安全、环保装置。

3.6

附属生产系统　the production accessory system

为生产系统配置的生产指挥系统(厂部)和厂区内为生产服务的部门和单位,其中包括办公室、操作室、休息室、更衣室、洗浴室、中控分析、成品检验、修旧利废、滤布清理回收等设施。

3.7

磷酸生产界区　the production area of phosphoric acid

从磷矿石、硫酸、电力、蒸汽等原材料和能源经计量进入工序开始,到磷石膏进入渣场的出口、磷酸进入磷酸罐区为止的、整个二水法及半水法或半水-二水法生产磷酸产品的全过程。由生产系统、辅助生产系统和附属生产系统设施三部分组成。

3.8

磷酸一铵生产界区　the production area of monoammonium phosphate

从磷酸、液氨、电力、蒸汽等原材料和能源经计量进入工序开始,到成品磷酸一铵计量入库为止的、整个传统法或料浆法生产磷酸一铵产品过程。由生产系统工艺装置、辅助生产系统和附属生产系统设施三部分组成。

3.9

磷酸一铵产品能源消耗总量　the comprehensive energy consumption of monoammonium phosphate

报告期内磷酸一铵(含磷酸)生产全部过程中的能源消耗总量。包括生产系统以及按规定分摊到该产品中的辅助生产系统和附属生产系统的各种能源消耗量和损失量,不包括基建、技改等项目消耗的、生产界区内回收利用的和向外输出的能源量。也不包括硫酸、合成氨生产过程所消耗的能源量。

3.10

磷酸一铵单位产品综合能耗　the comprehensive energy consumption for per product of monoammonium phosphate

用折 100% P_2O_5 磷酸一铵单位产量表示的综合能耗,包括直接消耗的能源量,以及分摊到该产品的辅助生产系统、附属生产系统的能耗量和体系内的能耗损失量。单位:kgce/t。

4　技术要求

4.1　现有磷酸一铵装置单位产品能耗限定值

现有磷酸一铵装置单位产品能耗限定值应符合表 1 要求。

表 1　现有磷酸一铵装置单位产品能耗限定值

生产工艺		产品类型	单位产品综合能耗 kgce/t
传统法		粒状	≤325
		粉状	≤310
料浆法	Ⅰ类磷矿	粒状	≤250
		粉状	≤230
	Ⅱ类磷矿	粒状	≤340
		粉状	≤310

注 1：Ⅰ类磷矿系指用于生产湿法磷酸及磷铵的磷矿原矿或经选别后矿粉(或矿浆)其 P_2O_5 含量>28.5%,杂质含量(主要指 Fe_2O_3 含量+Al_2O_3 含量)<6.5%。

注 2：Ⅱ类磷矿系指用于生产湿法磷酸及磷铵的磷矿原矿或经选别后矿粉(或矿浆),其 P_2O_5 含量≤28.5%,且 Fe_2O_3 含量+Al_2O_3 含量≥6.5%。

4.2　新建磷酸一铵装置单位产品能耗准入值

新建磷酸一铵装置单位产品能耗准入值应符合表 2 要求。

表 2　新建磷酸一铵装置单位产品能耗准入值

生产工艺	产品类型	单位产品综合能耗 kgce/t
传统法	粒状	≤305
	粉状	≤287
料浆法	粒状	≤210
	粉状	≤205

4.3　磷酸一铵装置单位产品能耗先进值

磷酸一铵装置单位产品能耗先进值应符合表 3 要求。

表 3　磷酸一铵装置单位产品能耗先进值

生产工艺	产品类型	单位产品综合能耗 kgce/t
传统法	粒状	≤283
	粉状	≤270
料浆法	粒状	≤183
	粉状	≤180

5 计算方法

5.1 能耗统计范围

5.1.1 磷酸一铵产品能源消耗量应包括磷酸和磷酸一铵生产界区内实际消耗的一次能源量和二次能源量，以及未包括在磷酸和磷酸一铵生产界区内按消耗比例法或产值分配法分摊到磷酸一铵产品中的辅助生产系统、附属生产系统的能源消耗量和损失量。不包括基建、技改等项目建设消耗的能源和生产界区外的生活用能。耗能工质（如水、氧气、压缩空气等），不论是外购的还是自产的均不统计在能源消耗量中；但在生产中使用耗能工质所消耗的能源，应统计在能源消耗量中。

5.1.2 回收利用磷酸及磷酸一铵生产界区内产生的余热、余能及化学反应热，不计入能源消耗量中。供界区外装置回收利用的，应按其实际回收的能量从本界区内能耗中扣除。

5.1.3 磷酸和磷酸一铵生产所必须的安全、环保措施消耗的能量，应计入磷酸一铵能耗。

5.1.4 大修、库损及不合格产品等消耗的能量，应按月分摊。

5.1.5 能源消耗量的统计、核算应包括各个生产环节和系统，既不应重复，又不应漏计。

5.1.6 各种能源的热值应折合为统一的计量单位千克标准煤。各种能源的热值应以企业在报告期内实测的热值为准。没有实测条件的，采用附录 A、附录 B 中有关能源折标准煤参考系数。

5.2 磷酸一铵单位产品综合能耗计算

5.2.1 综合能耗的计算

应符合 GB/T 2589 综合能耗计算通则中的规定。

5.2.2 磷酸一铵产量计算

在报告期内以传统法或料浆法生产并经厂级质量部门检验（含复检）符合 GB 10205 中质量要求的产品产量。产品产量以折 100% P_2O_5 计。按式(1)计算：

$$M=\sum_{\gamma=1}^{n}N_i\gamma_i \quad \cdots\cdots(1)$$

式中：

M ——报告期内磷酸一铵产量（折 100% P_2O_5），单位为吨(t)；

N_i——报告期内生产各种等级品的实物量，单位为吨(t)；

γ_i ——报告期内生产各种等级品中 P_2O_5 的实测含量，以%表示；

n ——报告期内生产各种等级品的批数。

5.2.3 磷酸一铵产品综合能耗计算公式

报告期内磷酸和磷酸一铵生产界区内消耗的能源数量，包括摊入的辅助、附属系统能源消耗量和能源损失量。按式(2)计算：

$$E=\sum_{i=1}^{n_1}(E_i\times k_i)-\sum_{j=1}^{m_1}(E_j\times k_j)+\sum_{p=1}^{n_2}(E_p\times k_p)-\sum_{q=1}^{m_2}(E_q\times k_q) \quad \cdots\cdots(2)$$

式中：

E ——磷酸及磷酸一铵产品生产消耗的能源数量，单位为千克标准煤(kgce)；

E_i ——磷酸生产过程中输入的第 i 种能源实物量，单位为千克(kg)；

k_i ——磷酸生产过程中输入的第 i 种能源的折标准煤系数，单位为千克标准煤每千克(kgce/kg)；

n_1 ——磷酸生产过程中输入的能源种类数量；

m_1——磷酸生产过程中输出的能源种类数量；

E_j——磷酸生产过程中输出的第 j 种能源实物量，单位为千克(kg)；

k_j——磷酸生产过程中输出的第 j 种能源的折标准煤系数，单位为千克标准煤每千克(kgce/kg)；

E_p——磷酸一铵生产过程中输入的第 p 种能源实物量，单位为千克(kg)；

k_p——磷酸一铵生产过程中输入的第 p 种能源的折标准煤系数，单位为千克标准煤每千克(kgce/kg)；

n_2——磷酸一铵生产过程中输入的能源种类数量；

m_2——磷酸一铵生产过程中输出的能源种类数量；

E_q——磷酸一铵生产过程中输出的第 q 种能源实物量，单位为千克(kg)；

k_q——磷酸一铵生产过程中输出的第 q 种能源的折标准煤系数，单位为千克标准煤每千克(kgce/kg)；

5.2.4 磷酸一铵单位产品综合能耗计算

在生产界区内，以磷酸一铵单位产品产量所表示的综合能耗量。按式(3)计算：

$$e=\frac{E}{M} \quad \cdots\cdots\cdots\cdots (3)$$

式中：

e ——磷酸一铵单位产品综合能耗，单位为千克标准煤每吨(kgce/t)；

E ——报告期内生产磷酸及磷酸一铵所耗用的综合能耗之和，单位为千克标准煤(kgce)；

M——报告期内磷酸一铵产量(折 100% P_2O_5)，单位为吨(t)。

6 节能管理与措施

6.1 节能基础管理

6.1.1 企业应建立健全能源管理组织机构，对节能工作进行组织、管理、监督、考核和评价。

6.1.2 企业应制定行之有效的节能制度和措施，强化责任制，建立健全节能责任考核体系。

6.1.3 企业应根据 GB 17167 的要求建立能源计量管理制度并配备和用好能源计量器具和仪器仪表，使计量设备处于良好状态；对基础数据进行有效的检测、度量和计算，确保能源基础数据的准确性和完整性。

6.1.4 企业应按照 GB/T 3484 的规定，科学、有效的开展能源统计工作，确保能源统计数据的准确性与及时性，做好能源消费和利用状况的统计分析，定期发布，并做好能源统计资料的管理与归档工作。

6.1.5 企业应积极开展能效对标管理工作，与国际国内同行业先进企业能效指标进行对比，确定标杆，通过管理和技术创新，达到标杆或更高能效水平，不断提高能源利用效率。

6.2 节能技术管理

6.2.1 经济运行

企业应使生产设备达到经济运行的状态，对电动机的经济运行管理应符合 GB/T 12497 的规定；对风机、泵类和空气压缩机的经济运行管理应符合 GB/T 13466 的规定；对电力变压器的经济运行管理应符合 GB/T 13462 的规定；对工业锅炉的经济运行管理应符合 GB/T 17954 的规定。

企业应加强设备的检修、维护工作，提高设备的负荷率，使其长周期运行；应使生产转动设备合理匹配，经济运行；应按照合理用能的原则，对各种热能科学使用，梯级利用；对余热和余压，加强回收和利用；对各种带热(冷)设备和管网应加强维护管理，防止跑、冒、滴、漏的现象发生。

6.2.2 节能技术

6.2.2.1 开发利用高效节能的新技术、新工艺、新设备。

6.2.2.2 推进清洁生产，提高资源利用效率，减少污染物排放量。

6.2.2.3 加强磷酸萃取工艺管理，研发新技术，不断提高磷的回收率。

6.2.2.4 开发利用先进高效率的蒸发、浓缩技术和设备，降低蒸汽消耗。加强浓缩工序的余热再利用，提高能源利用效率。

6.2.2.5 企业应提高照明系统的能效，电光源及镇流器应选用能效值达到相关能效标准的产品。

6.3 监督与考核

企业应建立能耗测试、能耗统计、能源平衡和能耗考核结果的文件档案，并对文件进行受控管理。

附 录 A
（资料性附录）
各种能源折标准煤参考系数

各种能源折标准煤参考系数见表 A.1。

表 A.1 各种能源折标准煤参考系数

能源名称		平均低位发热量	折标准煤系数
原煤		20 908 kJ/kg(5 000 kcal/kg)	0.714 3 kgce/kg
洗精煤		26 344 kJ/kg(6 300 kcal/kg)	0.900 0 kgce/kg
其他洗煤	洗中煤	8 363 kJ/kg(2 000 kcal/kg)	0.285 7 kgce/kg
	煤泥	8 363 kJ/kg～12 545 kJ/kg (2 000 kcal/kg～3 000 kcal/kg)	0.285 7 kgce/kg～0.428 6 kgce/kg
焦煤		28 435 kJ/kg(6 800 kcal/kg)	0.971 4 kgce/kg
原油、燃料油		41 816 kJ/kg(10 000 kcal/kg)	1.428 6 kgce/kg
汽油		43 070 kJ/kg(10 300 kcal/kg)	1.471 4 kgce/kg
煤油		43 070 kJ/kg(10 300 kcal/kg)	1.471 4 kgce/kg
柴油		42 652 kJ/kg(10 200 kcal/kg)	1.457 1 kgce/kg
液化石油气		50 179 kJ/kg(12 000 kcal/kg)	1.714 3 kgce/kg
油田天然气		38 931 kJ/m³(9 310 kcal/m³)	1.330 0 kgce/m³
气田天然气		35 544 kJ/m³(8 500 kcal/m³)	1.214 3 kgce/m³
热力(当量值)		—	0.034 12 kgce/MJ
电力(当量值)		3 600 kJ/(kW·h)[860 kcal/(kW·h)]	0.122 9 kgce/(kW·h)

附 录 B
（资料性附录）
不同品质蒸汽的热焓

不同品质蒸汽的热焓见表 B.1。

表 B.1 不同品质蒸汽的热焓

蒸汽类别	蒸汽压力/MPa	蒸汽温度/℃	蒸汽热焓/(kJ/kg)
饱和蒸汽	0.1～0.25	≤127	2 593
	0.3～0.7	135～165	2 634
	0.8	≥170	2 676
过热蒸汽	15	≤200	2 718
	15	220～260	2 843
	15	280～320	2 927
	15	350～500	3 136

ICS 27.010
F 01

中华人民共和国国家标准

GB 29139—2012

磷酸二铵单位产品能源消耗限额

The norm of energy consumption per unit product of diammonium phosphate

2012-12-31 发布　　　　2013-10-01 实施

中华人民共和国国家质量监督检验检疫总局
中国国家标准化管理委员会　发布

前　言

本标准4.1和4.2为强制性的，其余为推荐性的。

本标准按照GB/T 1.1—2009给出的规则起草。

本标准由国家发展和改革委员会、工业和信息化部提出。

本标准由全国能源基础与管理标准化技术委员会（SAC/TC 20）、中国石油和化学工业联合会归口。

本标准起草单位：中国磷肥工业协会、中国石油和化学工业联合会。

本标准主要起草人：武希彦、修学峰、叶学东、陈玉如、黄文雄、孙伟善、李永亮 、隗志安、张应虎、陶俊法、王国维、盛勇、杨文元、应健康、喻军、王文富、蒲中云。

磷酸二铵单位产品能源消耗限额

1 范围

本标准规定了生产固体磷酸二铵肥料单位产品的能源消耗(简称能耗)限额的技术要求、计算方法、节能管理与措施。

本标准适用于以硫酸、磷矿、氨为原料,采用二水法、半水法、半水-二水法工艺生产磷酸,及采用传统法、料浆法工艺生产磷酸二铵的企业进行能耗的计算、控制与考核,以及新建项目的能耗控制。

本标准不适用于用外购商品磷酸生产的磷酸二铵;也不适用于以磷酸一铵为原料生产的磷酸二铵。

2 规范性引用文件

下列文件对于本文件的应用是必不可少的。凡是注日期的引用文件,仅注日期的版本适用于本文件。凡是不注日期的引用文件,其最新版本(包括所有修改单)适用于本文件。

GB/T 2589 综合能耗计算通则

GB/T 3484 企业能量平衡通则

GB 10205 磷酸一铵、磷酸二铵

GB/T 12497 三相异步电动机经济运行

GB/T 13462 电力变压器经济运行

GB/T 13466 交流电气传动风机(泵类、空气压缩机)系统经济运行通则

GB 17167 用能单位能源计量器具配备和管理通则

GB/T 17954 工业锅炉经济运行

3 术语和定义

下列术语及定义适用于本文件。

3.1

传统法磷酸二铵生产工艺 DAP production process of traditional method

先将湿法生产的稀磷酸浓缩到含 P_2O_5 48%以上为原料,在预中和槽、管式反应器或加压反应器中进行氨化;所得氨化料浆再进行造粒、干燥制粒状磷酸二铵,或喷雾干燥制粉状磷酸二铵。

3.2

料浆法磷酸二铵生产工艺 DAP production process of slurry method

直接用湿法生产的稀磷酸为原料,在中和槽或快速氨化蒸发器中进行氨化,再将中和料浆蒸发浓缩,以降低含水量,经喷浆造粒干燥制粒状磷酸二铵,或喷雾干燥、流化造粒干燥制粉状磷酸二铵。该工艺适用于以中低品位磷矿为原料的生产。

3.3

磷酸生产系统 the production system of phosphoric acid

从磷矿石经计量进入原料库或选矿装置输送来的矿浆(粉)经计量进入储罐(料仓)开始,到磷石膏

进入渣场的出口、磷酸储罐输送泵出口为止的包括磨矿、萃取、过滤、磷酸浓缩(传统法)、尾气洗涤以及成品酸贮存输送等组成完整的工艺过程和设备。

3.4

磷酸二铵生产系统　the production system of diammonium phosphate

从液氨进入罐区、磷酸储罐出口阀门开始,到成品库(含产品包装、贮运以及成品库用能)为止的包括中和、料浆浓缩(料浆法)、造粒干燥、尾气除尘、气体洗涤、成品冷却包装储运等组成完整的工艺过程和设备。

3.5

辅助生产系统　the production assistant system

为生产系统工艺装置配置的工艺过程、设施和设备,其中包括动力、供电、机修、供水、供气、采暖、制冷、仪表、磷石膏输送和厂内原料场地设施以及安全、环保装置。

3.6

附属生产系统　the production accessory system

为生产系统配置的生产指挥系统(厂部)和厂区内为生产服务的部门和单位,其中包括办公室、操作室、休息室、更衣室、洗浴室、中控分析、成品检验、修旧利废、滤布清理回收等设施。

3.7

磷酸生产界区　the production area of phosphoric acid

从磷矿石、硫酸、电力、蒸汽等原材料和能源经计量进入工序开始,到磷石膏进入渣场的出口、磷酸进入磷酸罐区为止的、整个二水法及半水法或半水-二水法生产磷酸产品的全过程。由生产系统、辅助生产系统和附属生产系统设施三部分组成。

3.8

磷酸二铵生产界区　the production area of diammonium phosphate

从磷酸、液氨、电力、蒸汽等原材料和能源经计量进入工序开始,到成品磷酸二铵包装计量入库为止的、整个传统法或料浆法生产磷酸二铵产品的过程。由生产系统工艺装置、辅助生产系统和附属生产系统设施三部分组成。

3.9

磷酸二铵产品能源消耗总量　the comprehensive energy consumption of diammonium phosphate

报告期内磷酸二铵(含磷酸)生产全部过程中的能源消耗总量。包括生产系统以及按规定分摊到该产品中的辅助生产系统和附属生产系统的各种能源消耗量和损失量,不包括基建、技改等项目消耗的、生产界区内回收利用的和向外输出的能源量。

3.10

磷酸二铵单位产品综合能耗　the comprehensive energy consumption for per product of diammonium phosphate

用折100% P_2O_5 磷酸二铵单位产品产量表示的综合能耗,包括直接消耗的能源量,以及分摊到该产品的辅助生产系统、附属生产系统的能耗量和体系内的能耗损失量。单位为 kgce/t。

4　技术要求

4.1　现有磷酸二铵装置单位产品能耗限定值

现有磷酸二铵装置单位产品能耗限定值应符合表1要求。

表 1 现有磷酸二铵装置单位产品能耗限定值

生产工艺	产品类型	单位产品综合能耗 kgce/t
传统法	粒状	≤325
料浆法	粒状	≤260

4.2 新建磷酸二铵装置单位产品能耗准入值

新建磷酸二铵装置单位产品能耗准入值应符合表 2 要求。

表 2 新建磷酸二铵装置单位产品能耗准入值

生产工艺	产品类型	单位产品综合能耗 kgce/t
传统法	粒状	≤305
料浆法	粒状	≤220

4.3 磷酸二铵装置单位产品能耗先进值

磷酸二铵装置单位产品能耗先进值应符合表 3 要求。

表 3 磷酸二铵装置单位产品能耗先进值

生产工艺	产品类型	单位产品综合能耗 kgce/t
传统法	粒状	≤280
料浆法	粒状	≤208

5 计算方法

5.1 能耗统计范围

5.1.1 磷酸二铵产品能源消耗量应包括磷酸和磷酸二铵生产界区内实际消耗的一次能源量和二次能源量，以及未包括在磷酸和磷酸二铵生产界区内按消耗比例法或产值分配法分摊到磷酸二铵产品中的辅助生产系统、附属生产系统的能源消耗量和损失量。不包括基建、技改等项目建设消耗的能源和生产界区外的生活用能。耗能工质（如水、氧气、压缩空气等），不论是外购的还是自产的均不统计在能源消耗量中；但在生产中使用耗能工质所消耗的能源，应统计在能源消耗量中。

5.1.2 回收利用磷酸及磷酸二铵生产界区内产生的余热、余能及化学反应热，不计入能源消耗量中。供界区外装置回收利用的，应按其实际回收的能量从本界区内能耗中扣除。

5.1.3 磷酸和磷酸二铵生产所必须的安全、环保措施消耗的能量，应计入磷酸二铵能耗。

5.1.4 大修、库损及不合格产品等消耗的能量，应按月分摊。

5.1.5 能源消耗量的统计、核算应包括各个生产环节和系统，既不应重复，又不应漏计。

5.1.6 各种能源的热值应折合为统一的计量单位千克标准煤。各种能源的热值应以企业在报告期内实测的热值为准。没有实测条件的，采用附录A、附录B中有关能源折标准煤参考系数。

5.2 磷酸二铵单位产品综合能耗计算

5.2.1 综合能耗的计算

应符合GB/T 2589综合能耗计算通则中的规定。

5.2.2 磷酸二铵产品产量计算

在报告期内以传统法或料浆法生产并经厂级质量部门检验（含复检）符合GB 10205中质量要求的产品产量。产品产量以折100% P_2O_5 计。按式(1)计算：

$$M=\sum_{\gamma=1}^{n}N_i\gamma_i \quad \cdots\cdots(1)$$

式中：

M ——报告期内磷酸二铵产量（折100% P_2O_5），单位为吨(t)；

N_i ——报告期内生产各种等级品的实物量，单位为吨(t)；

γ_i ——报告期内生产各种等级品中 P_2O_5 的实测含量，以%表示；

n ——报告期内生产各种等级品的批数。

5.2.3 磷酸二铵产品综合能耗计算公式

报告期内磷酸和磷酸二铵生产界区内消耗的能源数量，包括摊入的辅助、附属系统能源消耗量和能源损失量。按式(2)计算：

$$E=\sum_{i=1}^{n_1}(E_i\times k_i)-\sum_{j=1}^{m_1}(E_j\times k_j)+\sum_{p=1}^{n_2}(E_p\times k_p)-\sum_{q=1}^{m_2}(E_q\times k_q) \quad \cdots\cdots(2)$$

式中：

E ——磷酸及磷酸二铵产品生产消耗的能源数量，单位为千克标准煤(kgce)；

E_i ——磷酸生产过程中输入的第 i 种能源实物量，单位为千克(kg)；

k_i ——磷酸生产过程中输入的第 i 种能源的折标准煤系数，单位为千克标准煤每千克(kgce/kg)；

n_1 ——磷酸生产过程中输入的能源种类数量；

m_1 ——磷酸生产过程中输出的能源种类数量；

E_j ——磷酸生产过程中输出的第 j 种能源实物量，单位为千克(kg)；

k_j ——磷酸生产过程中输出的第 j 种能源的折标准煤系数，单位为千克标准煤每千克(kgce/kg)；

E_p ——磷酸二铵生产过程中输入的第 p 种能源实物量，单位为千克(kg)；

k_p ——磷酸二铵生产过程中输入的第 p 种能源的折标准煤系数，单位为千克标准煤每千克(kgce/kg)；

n_2 ——磷酸二铵生产过程中输入的能源种类数量；

m_2 ——磷酸二铵生产过程中输出的能源种类数量；

E_q ——磷酸二铵生产过程中输出的第 q 种能源实物量，单位为千克(kg)；

k_q ——磷酸二铵生产过程中输出的第 q 种能源的折标准煤系数，单位为千克标准煤每千克(kgce/kg)。

5.2.4 磷酸二铵单位产品综合能耗计算

在生产界区内，以磷酸二铵单位产品产量所表示的综合能耗量。按式(3)计算：

$$e=\frac{E}{M} \quad \cdots\cdots(3)$$

式中：

e ——磷酸二铵单位产品综合能耗，单位为千克标准煤每吨(kgce/t)；

E ——报告期内生产磷酸及磷酸二铵所耗用的综合能耗之和，单位为千克标准煤(kgce)；

M ——报告期内磷酸二铵产量(折 100% P_2O_5)，单位为吨(t)。

6 节能管理与措施

6.1 节能基础管理

6.1.1 企业应建立健全能源管理组织机构，对节能工作进行组织、管理、监督、考核和评价。

6.1.2 企业应制定行之有效的节能制度和措施，强化责任制，建立健全节能责任考核体系。

6.1.3 企业应根据 GB 17167 的要求建立能源计量管理制度并配备和用好能源计量器具和仪器仪表，使计量设备处于良好状态；对基础数据进行有效的检测、度量和计算，确保能源基础数据的准确性和完整性。

6.1.4 企业应按照 GB/T 3484 的规定，科学、有效的开展能源统计工作，确保能源统计数据的准确性与及时性，做好能源消费和利用状况的统计分析，定期发布，并做好能源统计资料的管理与归档工作。

6.1.5 企业应积极开展能效对标管理工作，与国际国内同行业先进企业能效指标进行对比，确定标杆，通过管理和技术创新，达到标杆或更高能效水平，不断提高能源利用效率。

6.2 节能技术管理

6.2.1 经济运行

企业应使生产设备达到经济运行的状态，对电动机的经济运行管理应符合 GB/T 12497 的规定；对风机、泵类和空气压缩机的经济运行管理应符合 GB/T 13466 的规定；对电力变压器的经济运行管理应符合 GB/T 13462 的规定；对工业锅炉的经济运行管理应符合 GB/T 17954 的规定。

企业应加强设备的检修、维护工作，提高设备的负荷率，使其长周期运行；应使生产转动设备合理匹配，经济运行；应按照合理用能的原则，对各种热能科学使用，梯级利用；对余热和余压，加强回收和利用；对各种带热(冷)设备和管网应加强维护管理，防止跑、冒、滴、漏的现象发生。

6.2.2 节能技术

6.2.2.1 开发利用高效节能的新技术、新工艺、新设备。

6.2.2.2 推进清洁生产，提高资源利用效率，减少污染物排放量。

6.2.2.3 加强磷酸萃取工艺管理，研发新技术，不断提高磷的回收率。

6.2.2.4 开发利用先进高效率的蒸发、浓缩技术和设备，降低蒸汽消耗。加强浓缩工序的余热再利用，提高能源利用效率。

6.2.2.5 企业应提高照明系统的能效，电光源及镇流器应选用能效值达到相关能效标准的产品。

6.3 监督与考核

企业应建立能耗测试、能耗统计、能源平衡和能耗考核结果的文件档案，并对文件进行受控管理。

附 录 A
（资料性附录）
各种能源折标准煤参考系数

各种能源折标准煤参考系数见表 A.1。

表 A.1 各种能源折标准煤参考系数

能源名称		平均低位发热量	折标准煤系数
原煤		20 908 kJ/kg(5 000 kcal/kg)	0.714 3 kgce/kg
洗精煤		26 344 kJ/kg(6 300 kcal/kg)	0.900 0 kgce/kg
其他洗煤	洗中煤	8 363 kJ/kg(2 000 kcal/kg)	0.285 7 kgce/kg
	煤泥	8 363 kJ/kg～12 545 kJ/kg(2 000 kcal/kg～3 000kcal/kg)	0.285 7 kgce/kg～0.428 6 kgce/kg
焦煤		28 435 kJ/kg(6 800 kcal/kg)	0.971 4 kgce/kg
原油、燃料油		41 816 kJ/kg(10 000 kcal/kg)	1.428 6 kgce/kg
汽油		43 070 kJ/kg(10 300 kcal/kg)	1.471 4 kgce/kg
煤油		43 070 kJ/kg(10 300 kcal/kg)	1.471 4 kgce/kg
柴油		42 652 kJ/kg(10 200 kcal/kg)	1.457 1 kgce/kg
液化石油气		50 179 kJ/kg(12 000 kcal/kg)	1.714 3 kgce/kg
油田天然气		38 931 kJ/m^3(9 310 kcal/m^3)	1.330 0 kgce/m^3
气田天然气		35 544 kJ/m^3(8 500 kcal/m^3)	1.214 3 kgce/m^3
热力(当量值)		—	0.034 12 kgce/MJ
电力(当量值)		3 600 kJ/(kW·h)[860 kcal/(kW·h)]	0.122 9 kgce/(kW·h)

附 录 B
（资料性附录）
不同品质蒸汽的热焓

不同品质蒸汽的热焓见表 B.1。

表 B.1 不同品质蒸汽的热焓

蒸汽类别	蒸汽压力/MPa	蒸汽温度/℃	蒸汽热焓/(kJ/kg)
饱和蒸汽	0.1～0.25	≤127	2 593
	0.3～0.7	135～165	2 634
	0.8	≥170	2 676
过热蒸汽	15	≤200	2 718
	15	220～260	2 843
	15	280～320	2 927
	15	350～500	3 136

ICS 27.010
F 01

GB

中华人民共和国国家标准

GB 29140—2012

纯碱单位产品能源消耗限额

The norm of energy consumption per unit product of soda ash

2012-12-31 发布 2013-10-01 实施

中华人民共和国国家质量监督检验检疫总局
中国国家标准化管理委员会 发布

前　言

本标准的4.1和4.2为强制性的，其余为推荐性的。

本标准按照GB/T 1.1—2009给出的规则起草。

本标准由国家发展和改革委员会、工业和信息化部提出。

本标准由全国能源基础与管理标准化技术委员会(SAC/TC 20)、中国石油和化学工业联合会归口。

本标准起草单位:中国纯碱工业协会、中国石油和化学工业联合会。

本标准主要起草人:齐玉娥、降立川、孙伟善、李永亮、邹泽民、黄建华、丁喜梅、王春凡。

纯碱单位产品能源消耗限额

1 范围

本标准规定了氨碱法和联碱法生产的纯碱(包括轻质纯碱和重质纯碱)单位产品能源消耗(以下简称能耗)限额的技术要求、计算方法、节能管理与措施。

本标准适用于氨碱法和联碱法纯碱生产企业能源消耗的计算、控制和考核。

2 规范性引用文件

下列文件对于本文件的应用是必不可少的。凡是注日期的引用文件,仅注日期的版本适用于本文件。凡是不注日期的引用文件,其最新版本(包括所有修改单)适用于本文件。

GB 210.1 工业碳酸钠及其试验方法 第1部分:工业磷酸钠

GB/T 12497 三相异步电动机经济运行

GB/T 13462 电力变压器经济运行

GB/T 13466 交流电气传动风机(泵类、空气压缩机)系统经济运行通则

GB 17167 用能单位能源计量器具配备和管理通则

GB 18613 中小型三相异步电动机能效限定值及能效等级

GB 19153 容积式空气压缩机能效限定值及能效等级

GB 19761 通风机能效限定值及能效等级

GB 19762 清水离心泵能效限定值及节能评价值

GB 20052 三相配电变压器能效限定值及节能评价值

3 术语和定义

下列术语和定义适用于本文件。

3.1

氨碱法 Solvay process

以原盐、合成氨、石灰石等为原材料生产纯碱产品的工艺过程。

3.2

联碱法 Hou's process

以原盐、合成氨和二氧化碳等为原材料同时生产出纯碱和氯化铵两种产品的工艺过程。

3.3

纯碱生产附属系统 the accessory system of soda ash production

为生产系统配置的生产指挥系统,原燃料、中间产品、产品的质量控制和生活服务设施,包括办公室、操作室、休息室、更衣室、洗浴室、中控分析、成品检验、设备维修等设施。

3.4

纯碱产品能源消耗总量 the total energy consumption of soda ash

在报告期内正式投产的纯碱产品生产装置在生产全过程中的能源消耗总量,包括事故损耗、设备维修、开停车和年度大修过程的能源消耗,以及分摊到该产品的辅助生产系统、附属生产系统的能耗量和

体系内的能耗损失量;但不包括基建、技改等项目建设过程的消耗以及生产界区内向外输出的能源量。也不包括氯化钙、小苏打、合成氨和热电生产过程所消耗的能源量。

3.5

纯碱单位产品能源消耗 the total energy consumption for per ton of soda ash

报告期内纯碱生产过程中每吨纯碱产品所消耗的全部能源量与输出的全部能源的差值。

4 技术要求

4.1 现有纯碱生产装置能耗限定值

现有纯碱生产装置单位产品能耗限定值应符合表1要求。

表1 现有纯碱生产装置单位产品能耗限定值

生产方法	单位产品能耗限定值(kgce/t)	
	轻质纯碱	重质纯碱
氨碱法	≤420	≤480
联碱法	≤265	≤325

4.2 新建纯碱生产装置能耗准入值

新建纯碱生产装置单位产品能耗准入值应符合表2要求。

表2 新建纯碱生产装置单位产品能耗准入值

生产方法	单位产品能耗准入值(kgce/t)	
	轻质纯碱	重质纯碱
氨碱法	≤370	≤420
联碱法	≤245	≤295

4.3 纯碱生产装置单位产品能耗先进值

纯碱生产装置单位产品能耗先进值应符合表3要求。

表3 纯碱生产装置单位产品能耗先进值

生产方法	单位产品能耗先进值(kgce/t)	
	轻质纯碱	重质纯碱
氨碱法	≤370	≤420
联碱法	≤225	≤275

5 计算方法

5.1 能源消耗量统计原则

5.1.1 纯碱能源消耗量,包括原料加工到纯碱产品进库整个生产系统的消耗以及辅助和附属生产系统的消耗。

5.1.2 生产过程中回收的物料和能源都不扣除，其用于本系统时不另计算消耗；向外系统输出时，应计入输出能源从综合能耗中扣除(如蒸汽、热水等)。

5.1.3 纯碱生产中必须的安全、环保措施所消耗的能源，应计入消耗。如：污水处理等的消耗。

5.1.4 多用户共享的原料气、公用工程(蒸汽、耗能工质等)应合理分摊各项消耗。

5.1.5 纯碱原材料消耗量以实物量统计，能源消耗量无论是一次能源还是二次能源，各种能源的热值应折合为统一的计量单位千克标准煤。各种能源的热值以企业在报告期内实测的热值为准。没有实测条件的，采用附录A中各种能源折标准煤参考系数。

5.1.6 耗能工质(如水、氧气、氮气、压缩空气等)，不论是外购的还是自产的均不统计在能源消耗量中。但是，在生产中使用这些耗能工质所消耗的能量，应统计在能源消耗量中。

5.1.7 能源消耗量的统计、核算应包括各个生产环节，既不应重复，也不应漏计。

5.2 纯碱产量计算

经厂级质量部门检验(包括复检)所有指标全部符合GB 210.1国家质量标准的产品。若自用纯碱产品质量达到国家标准，可计入产量。产品产量以实物量计。

5.3 纯碱单位产品能源消耗计算

5.3.1 轻质纯碱单位产品能源消耗计算公式

在生产界区内，以轻质纯碱单位产量所表示的能源消耗量(联碱包括相对应的湿氯化铵的能源消耗量)，按式(1)计算。

$$e_q = \frac{\sum_{i=1}^{m} e_i - \sum_{j=1}^{n} e_j}{m_q + \chi \cdot m_z} \qquad \cdots\cdots(1)$$

式中：

e_q ——轻质纯碱单位产品能源消耗，单位为千克标准煤每吨(kgce/t)；

e_i ——生产界区内消耗的某种能源的数量，包括摊入的辅助、附属系统能源消耗量和能源损失量，单位为千克标准煤(kgce)；

m ——生产界区内能源种数；

e_j ——外供蒸汽和热水与基准温度(298 K)下水的焓差，单位为千克标准煤(kgce)；

n ——生产界区外供能源种数；

m_q ——轻质纯碱合格品产量，单位为吨(t)；

χ ——重质纯碱耗轻质纯碱系数(生产1 t重质纯碱与所消耗轻质纯碱量的比值，大于1)；

m_z ——重质纯碱合格品产量，单位为吨(t)。

注1：焦炭或无烟煤、蒸汽等折算标准煤按实物量计算，其他能源折算标准煤参照附录A。

注2：外供蒸汽和热水是指外供至纯碱生产工序以外，并被有效利用的部分。

注3：采用浓气制碱的联碱企业，合成氨脱碳工序的能耗计入合成氨的能耗，不计入联碱能耗。往联碱输送二氧化碳的低压机的能耗计入联碱能耗。

注4：采用变换气制碱的联碱企业，压缩机的能耗计入合成氨的能耗，不计入联碱能耗。设在联碱碳化塔前或塔后的升压机的能耗计入联碱能耗。

5.3.2 重质纯碱单位产品能源消耗计算公式

在生产界区内，以重质纯碱单位产量所表示的能源消耗量，按式(2)计算。

$$e_z = \chi \cdot e_q + e_d \qquad \cdots\cdots(2)$$

式中：

e_z ——重质纯碱单位产品能源消耗，单位为千克标准煤每吨(kgce/t)；

χ ——重质纯碱耗轻质纯碱系数；

e_q ——轻质纯碱单位产品综合能耗，单位为千克标准煤每吨(kgce/t)；

e_d ——重质纯碱工序单位产品能源消耗，单位为千克标准煤每吨(kgce/t)，按式(3)计算。

$$e_d = \frac{\sum_{i=1}^{m} e_i - \sum_{j=1}^{n} e_j}{m_z} \quad \cdots\cdots(3)$$

6 节能技术与管理措施

6.1 能源管理

6.1.1 企业应定期对产品单位能源消耗进行考核，并把考核指标分解细化，建立用能责任制度。

6.1.2 企业应按要求建立能耗统计体系，建立能耗测试数据、能耗计算和考核结果的文件档案，并对文件进行受控管理。

6.1.3 企业应根据 GB 17167 的要求配备能源计量器具并建立能源计量管理制度。

6.1.4 生产企业能源消耗的统计、核算应执行相关的国家标准和核算规程。

6.2 生产运行

6.2.1 企业应使生产通用设备达到经济运行的状态，对电动机的经济运行管理应符合 GB/T 12497 的规定；对风机、泵类和空气压缩机的经济运行管理应符合 GB/T 13466 的规定；对电力变压器的经济运行管理应符合 GB/T 13462 的规定。

6.2.2 对各种设备和管网应加强维护管理，防止跑、冒、滴、漏的现象发生。

6.3 耗能设备

6.3.1 企业应提高电机系统通用设备的能效，用高效节能设备更新淘汰高耗能设备。年运行时间大于 3 000 h 的设备，电动机的能效应达到 GB 18613 节能评价值的水平；清水离心泵的能效应达到 GB 19762 节能评价值的水平；通风机的能效应达到 GB 19761 节能评价值的水平；容积式空气压缩机的能效应达到 GB 19153 节能评价值的水平。应使电动机运行在额定负载的 75%～80%。

6.3.2 企业应提高变电和配电设备的能效，配电变压器的能效应达到 GB 20052 节能评价值的水平。变电和配电应采用低压集中补偿的方法，采用补偿电容，提高功率因数。

6.3.3 企业应提高照明系统的能效，电光源及镇流器应选用能效值达到相关能效标准的产品。

附 录 A
（资料性附录）
各种能源折标准煤参考系数

各种能源折标准煤参考系数见表 A.1。

表 A.1 各种能源折标准煤参考系数

能源名称		平均低位发热量	折标准煤系数
原煤		20 908 kJ/kg(5 000 kcal/kg)	0.714 3 kgce/kg
洗精煤		26 344 kJ/kg(6 300 kcal/kg)	0.900 0 kgce/kg
其他洗煤	洗中煤	8 363 kJ/kg(2 000 kcal/kg)	0.285 7 kgce/kg
	煤泥	8 363 kJ/kg～12 545 kJ/kg (2 000 kcal/kg～3 000 kcal/kg)	0.285 7 kgce/kg～ 0.428 6 kgce/kg
焦炭、石油焦		28 435 kJ/kg(6 800 kcal/kg)	0.971 4 kgce/kg
原油、燃料油		41 816 kJ/kg(10 000 kcal/kg)	1.428 6 kgce/kg
汽油		43 070 kJ/kg(10 300 kcal/kg)	1.471 4 kgce/kg
煤油		43 070 kJ/kg(10 300 kcal/kg)	1.471 4 kgce/kg
柴油		42 652 kJ/kg(10 200 kcal/kg)	1.457 1 kgce/kg
热力(当量值)		—	0.034 12 kgce/MJ
电力(当量值)		3 600 kJ/(kW·h)[860 kcal/(kW·h)]	0.122 9 kgce/(kW·h)
蒸汽(低压)		3 763 MJ/t(900 Mcal/t)	0.128 6 kgce/kg

ICS 27.010
F 01

中华人民共和国国家标准

GB 29141—2012

工业硫酸单位产品能源消耗限额

The norm of energy consumption per unit product of sulfuric acid for industrial use

2012-12-31 发布　　2013-10-01 实施

中华人民共和国国家质量监督检验检疫总局
中国国家标准化管理委员会　发布

前言

本标准的4.1和4.2为强制性的，其余为推荐性的。

本标准按照GB/T 1.1—2009给出的规则起草。

本标准由国家发展和改革委员会、工业和信息化部提出。

本标准由全国能源基础与管理标准化技术委员会(SAC/TC 20)、中国石油和化学工业联合会归口。

本标准起草单位：中国硫酸工业协会、甘肃金川集团有限公司、云天化国际化工股份有限公司、中化重庆涪陵化工有限公司、贵州瓮福(集团)有限公司、贵州开磷(集团)有限责任公司、江西铜业、中国恩菲工程技术有限公司、中石化南京工程公司。

本标准主要起草人：齐焉、李崇、孙伟善、李永亮、隗志安、刘玉强、李周、盛勇、杨三可、王国维、王赤卫、董四禄、俞向东。

工业硫酸单位产品能源消耗限额

1 范围

本标准规定了以硫磺、有色金属冶炼烟气、硫铁矿为原料生产工业硫酸单位产品的能源消耗(以下简称能耗)限额的术语和定义、技术要求、能耗统计范围及节能管理与措施。

本标准适用于以硫磺、有色金属冶炼烟气、硫铁矿等为原料生产工业硫酸产品的现有企业能耗限额的计算、考核,以及对新建硫酸项目市场准入能耗限额的控制。

2 规范性引用文件

下列文件对于本文件的应用是必不可少的。凡是注日期的引用文件,仅注日期的版本适用于本文件。凡是不注日期的引用文件,其最新版本(包括所有修改单)适用于本文件。

GB/T 534—2002 工业硫酸

GB/T 2589 综合能耗计算通则

GB/T 3484 企业能量平衡通则

GB/T 12497 三相异步电动机经济运行

GB/T 13462 电力变压器经济运行

GB/T 13466 交流电气传动风机(泵类、空气压缩机)系统经济运行通则

GB 17167 用能单位能源计量器具配备和管理通则

3 术语和定义

下列术语和定义适用于本文件。

3.1

硫酸生产界区 the battery limit of sulfuric acid production

从硫磺、硫铁矿、有色金属冶炼烟气、电力、蒸汽等原材料和能源经计量进入生产系统开始,到成品硫酸计量入库为止的整个硫酸产品的生产过程。(硫酸生产界区到废热锅炉产生蒸汽为止,至于之后蒸汽如何利用,不在能耗的计算范围之内。)由生产系统工艺装置、辅助生产系统和附属生产系统设施三部分组成。

3.2

硫酸综合能耗 the comprehensive energy consumption of sulfuric acid product

报告期内硫酸生产界区内所输入的各种能量之总和减去向外输出的各种能量之总和。所有输入和向外输出各种能量,应按规定的计算方法和按规定的折算方法折算为标准煤量。

3.3

硫酸单位产品综合能耗 the comprehensive energy consumption for per unit product of sulfuric acid

在报告期内,用折100%硫酸单位产量表示的综合能耗。

4 技术要求

4.1 现有工业硫酸装置单位产品综合能耗限定值

现有工业硫酸装置单位产品综合能耗限定值应符合表1要求。

表 1　现有工业硫酸企业单位产品能耗限定值

生产原料类型	单位产品综合能耗 kgce/t	吨酸电耗 kWh/t
硫磺	≤−115	≤85
硫铁矿	≤−100	≤130
铜、镍冶炼烟气	≤16	≤130
铅冶炼烟气	≤22	≤180
锌冶炼烟气	≤−85	≤130
其他有色金属冶炼烟气	≤34	≤270

4.2　新建工业硫酸装置单位产品综合能耗准入值

新建工业硫酸装置单位产品综合能耗准入值应符合表 2 要求。

表 2　新建工业硫酸装置单位产品能耗准入值

生产原料类型	单位产品综合能耗 kgce/t	吨酸电耗 kWh/t
硫磺	≤−140	≤70
硫铁矿	≤−120	≤120
铜、镍冶炼烟气	≤3	≤110
铅冶炼烟气	≤19	≤150
锌冶炼烟气	≤−95	≤120
其他有色金属冶炼烟气	≤−4	≤240

4.3　工业硫酸单位产品综合能耗先进值

工业硫酸单位产品综合能耗先进值应符合表 3 要求。

表 3　工业硫酸单位产品能耗先进值

生产原料类型	单位产品综合能耗 kgce/t	吨酸电耗 kWh/t
硫磺	≤−180	≤60
硫铁矿	≤−135	≤110
铜、镍冶炼烟气	≤−30	≤100
铅冶炼烟气	≤5	≤130
锌冶炼烟气	≤−120	≤110
其他有色金属冶炼烟气	≤−42	≤210

5　统计范围和计算方法

5.1　能耗统计范围

5.1.1　硫酸产品综合能源消耗量是指在报告期内生产硫酸产品实际消耗的各种能源量。它应包括硫酸生产界区内实际消耗的一次能源量和二次能源量，以及未包括在硫酸生产界区内的企业辅助生产系统、附属生产系统能源消耗量按消耗比例法分摊到硫酸产品中的部分。不包括基建、技改等项目建设消耗的能源和生活用能（指企业系统内宿舍、学校、文化娱乐、医疗保健、商业服务和托儿幼教等方面用能）。耗能工质（如水、氧气、压缩空气等），无论是外购的还是自产的均不应统计在能源消耗量中；但在硫酸生产中耗能工质所消耗的能源，应统计在能源消耗量中。

5.1.2 硫酸输出能量是指硫酸系统向外输出的、供其他产品或装置使用的能量。硫酸生产系统产生的废气、废液、废渣中未回收使用的、无计量的、没有实测热值以及不作为能源利用的能量，均不得计入输出能量。

5.1.3 硫酸生产回收利用的能量，用于本系统时不得作为输入能量再次计入；如向系统外输出时，应计入硫酸输出能量。

5.1.4 硫酸生产所必须的安全、环保措施消耗的能量，应计入硫酸能耗。

5.1.5 大修、库损等消耗的能量，应按月分摊。

5.1.6 能源消耗量的统计、核算应包括各个生产环节和系统，既不应重复，又不应漏计。

5.2 计算方法

5.2.1 硫酸综合能耗计算

硫酸综合耗能等于硫酸生产过程中所输入的各种能量减去向外输出的各种能量。按式(1)计算：

$$E=\sum_{i=1}^{n}(E_i \times k_i)-\sum_{j=1}^{m}(E_j \times k_j) \qquad \cdots\cdots(1)$$

式中：

E ——硫酸综合能耗，单位为千克标准煤(kgce)；

E_i——硫酸生产过程中输入的第 i 种能源实物量；

k_i ——输入的第 i 种能源的折标准煤系数；

n ——输入的能源种类数量；

m ——输出的能源种类数量；

E_j——硫酸生产过程中输出的第 j 种能源实物量；

k_j ——输出的第 j 种能源的折标准煤系数。

5.2.2 硫酸单位产品综合能耗计算

硫酸单位产品综合能耗等于报告期内硫酸综合能耗除以报告期内硫酸产量。按式(2)计算：

$$e=\frac{E}{M} \qquad \cdots\cdots(2)$$

式中：

e ——硫酸单位产品综合能耗，单位为千克标准煤/吨(kgce/t)；

E ——报告期内硫酸综合能耗，单位为千克标准煤(kgce)；

M——报告期内硫酸产量，单位为吨(t)；硫酸产量按附录 A 方法计算。

5.2.3 各种能源（天然气、柴油、电、蒸汽）折标准煤系数以企业在报告期内实测的热值计算为准。没有实测条件的，按 GB/T 2589 折算为统一的计量单位—标准煤。

5.2.4 硫酸单位产品综合能耗的计算方法详见附录 B 和附录 C。

6 节能管理与措施

6.1 节能基础管理

6.1.1 企业应建立健全能源管理组织机构，对节能工作进行组织、管理、监督、考核和评价。

6.1.2 企业应制定行之有效的节能制度和措施，强化责任制，建立健全节能责任考核体系。

6.1.3 企业应根据 GB 17167 的要求建立能源计量管理制度并配备和用好能源计量器具和仪器仪表，使计量设备处于良好状态；对基础数据进行有效的检测、度量和计算，确保能源基础数据的准确性和完整性。

6.1.4 企业应按照 GB/T 3484 的规定，科学、有效的开展能源统计工作，确保能源统计数据的准确性与及时性，做好能源消费和利用状况的统计分析，定期发布，并做好能源统计资料的管理与归档工作。

6.2 节能技术管理

6.2.1 经济运行

企业应使生产通用设备达到经济运行的状态，对电动机的经济运行管理应符合 GB/T 12497《三相异步电动机经济运行》的规定；对风机、泵类和空气压缩机的经济运行管理应符合 GB/T 13466《交流电气传动风机(泵类、空气压缩机)系统经济运行通则》的规定；对电力变压器的经济运行管理应符合 GB/T 13462《电力变压器经济运行》的规定。

企业应加强设备的检修、维护工作，提高设备的负荷率，使其长周期运行；应使生产转动设备合理匹配，经济运行；应使静止设备处于高效率低能耗运行状态；应按照合理用能的原则，对各种热能科学使用，梯级利用；对余热和余压，加强回收和利用；对各种带热(冷)设备和管网应加强维护管理，防止跑、冒、滴、漏的现象发生。

6.2.2 节能技术

6.2.2.1 开发利用高效节能的新技术、新工艺、新设备。

6.2.2.2 推进清洁生产，提高资源利用效率，减少污染物排放量。

6.2.2.3 推广热电联产，提高热电机组的利用率。

6.2.2.4 推广“三废”综合利用技术。

6.2.2.5 淘汰高能耗、高污染的工艺和设备。

6.3 监督与考核

企业应建立能耗测试、能耗统计、能源平衡和能耗考核结果的文件档案，并对文件进行受控管理。

附 录 A
（规范性附录）
硫酸产量计算方法

A.1 计算范围

在报告期内以硫磺、冶炼烟气和硫铁矿为原料生产的并符合国家标准 GB/T 534—2002 产品质量要求的产品为最终计量状态，此外，还包括从硫酸生产系统中引出的二氧化硫或三氧化硫原料气体生产的硫酸衍生产品。产品产量以折纯为 100%硫酸计量。

A.2 产量计算方法

各种工业硫酸应分别按国家标准 GB/T 534—2002 的规定进行检验，合格者可以统计产量。硫酸衍生产品也要符合相应的国家或行业标准方可折算计入硫酸产量。企业应按报告期内各批量浓度硫酸产品折 100%硫酸计算产量。

按式(A.1)计算：

$$M = \sum_{\gamma=1}^{n} N_i \gamma_i \qquad \text{(A.1)}$$

式中：

M ——报告期内硫酸产量，单位为吨(t)；

N_i ——报告期内生产的第 i 批硫酸的合格实物量，单位为吨(t)；

γ_i ——报告期内生产的第 i 批硫酸的浓度，用质量分数(%)表示，以实测为准；

n ——报告期内生产硫酸批次的数量。

附 录 B
（规范性附录）
硫酸单位产品耗电计算说明

B.1 硫酸单位产品耗电

系指报告期内硫酸产品生产的耗电总量与同期内硫酸产量之比，不包括硫酸企业自己的发电量。

B.2 计算范围

“硫酸耗电总量”包括硫酸生产系统和辅助、附属生产系统、贮运系统的消耗和损失的电量，也包括生产系统中的事故检修、计划中小修和年度大修耗电，不包括基建、技改项目用电和生活用能（生活用能是指企业系统内的宿舍、学校、文化娱乐、医疗保健、商业服务和托儿幼教等方面用能）。以电表计量为准。具体的就是指在报告期内硫酸生产中转化用电加热炉、循环水、污水处理、装置界区内的照明、通信、报警、仪表、暖通、变配电所、鼓风机、泵、电除尘器、电除雾器等所消耗的电量。

附　录　C
（资料性附录）
硫酸生产过程中常用能源折算成标煤的折标系数

C.1　硫酸生产过程中常用能源折算成标煤的折标系数

硫酸生产过程中常用能源折算成标煤的折标系数见表C.1。

表C.1　硫酸生产过程中常用能源折算成标煤的折标系数

能源名称	平均低位发热量	折标准煤系数
燃料油	41 816 kJ/kg(10 000 kcal/kg)	1.428 6 kgce/kg
柴油	42 652 kJ/kg(10 200 kcal/kg)	1.457 1 kgce/kg
油田天然气	38 931 kJ/m^3(9 310 kcal/m^3)	1.330 0 kgce/m^3
气田天然气	35 544 kJ/m^3(8 500 kcal/m^3)	1.214 3 kgce/m^3
电力(当量值)	3 600 kJ/(kW·h)[860 kcal/(kW·h)]	0.122 9 kgce/(kW·h)

C.2　蒸汽的热力计算

C.2.1　饱和蒸汽

a)　压力1～2.5 kg/cm^2，温度127 ℃以下，每千克蒸汽的热焓按2 593 kJ(620 kcal)计算。
b)　压力3～7 kg/cm^2，温度135～165 ℃，每千克蒸汽的热焓按2 634 kJ(630 kcal)计算。
c)　压力8 kg/cm^2以上，温度170 ℃以上，每千克蒸汽的热焓按2 676 kJ(640 kcal)计算。

C.2.2　过热蒸汽

压力150 kg/cm^2
a)　200 ℃以下，每千克蒸汽的热焓按2 718 kJ(650 kcal)计算；
b)　220～260 ℃，每千克蒸汽的热焓按2 843 kJ(680 kcal)计算；
c)　280～320 ℃，每千克蒸汽的热焓按2 927 kJ(700 kcal)计算；
d)　350～500 ℃，每千克蒸汽的热焓按3 136 kJ(750 kcal)计算。

根据确定的热焓，乘以蒸汽的产量，所得值即为蒸汽热力的量。用该热力量除以标煤的发热量29 270 kJ(7 000 kcal)/kg，再除以产蒸汽锅炉的效率(效率按0.8计)，即得到蒸汽的折标煤量。

ICS 27.010
F 01

中华人民共和国国家标准

GB 29142—2012

单端无极荧光灯能效限定值及能效等级

Minimum allowable values of energy efficiency and energy efficiency grades for single-capped electrodeless fluorescent lamps

2012-12-31 发布　　　　2013-06-01 实施

中华人民共和国国家质量监督检验检疫总局
中国国家标准化管理委员会　发布

前　言

本标准的4.4为强制性的，其余为推荐性的。

本标准按照GB/T 1.1—2009给出的规则起草。

本标准由国家发展和改革委员会资源节约和环境保护司、工业和信息化部节能与综合利用司提出。

本标准由全国能源基础与管理标准化技术委员会(SAC/TC 20)归口。

本标准起草单位：中国标准化研究院、常州特维乐节能照明科技有限公司、浙江生辉照明有限公司、山东柏斯莱特照明电器有限公司、诺臣光电科技(上海)股份有限公司、国家电光源质量监督检验中心(上海)、北京电光源研究所、浙江雄邦节能产品有限公司、河南博阳桑尼绿色照明有限公司、安徽九州天极之光股份有限公司、常州富能电子有限公司、常州莱悦照明有限公司、福建源光亚明电器有限公司、广州郎莱福照明电器科技有限公司、河北石家庄宝石节能照明科技有限公司、晶晶光电科技有限公司、浙江长虹电光源有限公司、辽宁宝林集团、浙江科视电子技术有限公司、广东顺祥节能照明科技有限公司、安徽卓越电气有限公司、芜湖风云科技能源科技有限公司、黄石奇明照明有限公司、江门市富裕和美照明电器有限公司、佛山市南海区罗村合隆电气灯饰厂联和分厂、中国节能协会节电与绿色电能委员会、江苏正晖照明科技有限公司、北京中赢正源节能科技服务有限公司、宁波日进伟业电子有限公司、成都东旭节能科技有限公司、上海易玺电子科技有限公司。

本标准主要起草人：赵跃进、潘溢乐、沈锦祥、冯福坤、王爱群、俞安琪、王立洪、钱德锋、常志远、张艺龄、刘士清、潘树东、张和泉、叶莲莹、周立华、周峰杰、郑武、许树良、施隆龙、许名传、王有锁、徐承云、余启发、钱娟、道德宁、王迎春、樊永恭、吕海明、孙秀方、邹仲秋、郑菲。

单端无极荧光灯 能效限定值及能效等级

1 范围

本标准规定了单端无极荧光灯的能效等级、能效限定值、节能评价值、试验方法。

本标准适用于额定功率为 30 W～400 W 的外耦合和内耦合单端无极荧光灯。

2 规范性引用文件

下列文件对于本文件的应用是必不可少的。凡是注日期的引用文件，仅注日期的版本适用于本文件。凡是不注日期的引用文件，其最新版本(包括所有的修改单)适用于本文件。

QB/T 2938 单端无极荧光灯

3 术语和定义

QB/T 2938 界定的以及下列术语和定义适用于本文件。

3.1

单端无极荧光灯初始光效 initial luminous efficacy for single-capped electrodeless fluorescent lamps

单端无极荧光灯初始光通量与实测功率(外耦合为灯功率，内耦合为灯-镇流器的系统功率)的比值。

3.2

单端无极荧光灯能效限定值 minimium allowable vaules of energy efficiency for single-capped electrodeless fluorescent lamps

在标准规定测试条件下，允许单端无极荧光灯的最低初始光效值。

3.3

单端无极荧光灯节能评价值 evaluating values of energy conservation for single-capped electrodeless fluorescent lamps

在标准规定测试条件下，节能单端无极荧光灯应达到的最低初始光效值。

4 技术要求

4.1 基本要求

本标准所适用的单端无极荧光灯，其性能应符合 QB/T 2938 的要求。

4.2 光通维持率

单端无极荧光灯在燃点到 2 000 h 时，光通维持率不应低于 93%。

4.3 能效等级

单端无极荧光灯能效等级分为3级,其中1级能效最高。单端无极荧光灯各等级的初始光效值不应低于表1的规定。表中未列出额定功率值的单端无极灯,其光效可用线性插值法确定。

4.4 能效限定值

单端无极荧光灯能效限定值不应低于表1中能效等级3级的规定。

表1 单端无极荧光灯能效等级

单位为流明每瓦

额定功率 W	能效					
	外耦合			内耦合		
	1级	2级	3级	1级	2级	3级
30	61.6	53.8	46.2	58.9	52.2	44.6
40	64.7	57.1	49.4	61.3	55.1	47.4
45	67.4	59.9	52.2	63.2	57.4	49.6
48	69.7	62.3	54.5	64.7	59.2	51.4
50	71.6	64.3	56.4	65.9	60.6	52.8
55	73.2	65.9	58	66.7	61.6	53.8
70	74.5	67.2	59.3	67.2	62.3	54.5
75	75.5	68.2	60.4	67.5	62.7	54.9
80	76.3	69.0	61.2	67.6	62.8	55.1
85	77.0	69.6	61.8	67.6	62.8	55.1
100	77.5	70.1	62.2	67.5	62.6	54.9
120	77.9	70.4	62.6	67.4	62.4	54.7
125	78.3	70.7	62.9	67.3	62.2	54.5
135	78.6	71.0	63.1	67.3	62.0	54.3
150	79.0	71.3	63.4	67.4	61.8	54.1
165	79.4	71.7	63.7	67.7	61.8	54.0
180	79.9	72.2	64.1	68.2	62.0	54.1
200	80.6	72.9	64.6	68.9	62.5	54.4
220	81.4	73.7	65.3	70.0	63.2	55.0
250	82.4	74.8	66.2	71.4	64.3	55.8
300	83.7	76.2	67.3	73.2	65.8	57.0
400	85.2	77.9	68.7	75.6	67.7	58.6

4.5 节能评价值

单端无极荧光灯节能评价值不应低于表1中能效等级2级以上的规定。

5 试验方法

5.1 初始光效

单端无极荧光灯老炼 100 h 之后，外耦合无极荧光灯按照 QB/T 2938 中灯的光电参数测量方法进行初始光通量和灯功率测量，内耦合无极荧光灯按附录 A 的规定测量，然后按式(1)计算光效：

$$\eta=\frac{\phi}{P} \qquad \cdots\cdots(1)$$

式中：

η ——单端无极荧光灯的初始光效，单位为流明每瓦(lm/W)；

ϕ ——单端无极荧光灯的初始光通量，单位为流明(lm)；

P ——单端外耦合无极荧光灯的实测灯功率或单端内耦合无极荧光灯的灯-镇流器系统实测功率，单位为瓦(W)。

单端外耦合无极荧光灯应采用基准镇流器测试初始光效，单端内耦合无极荧光灯使用与之配套的镇流器测试初始光效。

5.2 光通维持率

单端外耦合无极荧光灯按照 QB/T 2938 中光通维持率试验的有关规定进行，单端内耦合无极荧光灯按附录 A 的规定进行。

附 录 A
（规范性附录）
内耦合无极荧光灯光效试验

A.1 试验条件

A.1.1 环境温度

试验应在无对流风的室内和 20 ℃～27 ℃的环境温度下进行。

A.1.2 电源电压和频率

A.1.2.1 试验电压和频率

当镇流器上标有所采用的电源电压范围时，或镇流器具有几种不同的独立额定电源电压时，该镇流器任一预定采用的电压均可被选作额定电压。输入镇流器的电源频率应为 50 Hz。

A.1.2.2 电源的稳定性

电源电压应稳定保持在额定电压值的±0.5％之内。但是，在实际测量期间，电压误差应调整到额定电压值的 0.2％之内。

A.1.2.3 试验电源电压波形

试验电源电压的总谐波含量应不超过 3％；谐波含量被定义为各次谐波分量的有效值(r. m. s.)总和，基波被定义为 100％。

A.1.3 磁效应

在与受试镇流器的表面相距 25 mm 的范围之内应不存在任何磁性物体，但另有规定时除外。

A.1.4 内耦合无极荧光灯的安装

为了确保灯的电特性的一致性，灯的测量位置应按照灯的参数表的说明进行安装。如果灯的参数表未给出安装说明，应将灯水平安装。

灯的测试位置应与预热阶段的位置一致。

A.1.5 灯的稳定性

A.1.5.1 在进行测量之前，应使灯达到稳定的工作状态。不应出现电弧打旋或抖动等放电不稳定的现象。

A.1.5.2 当一只已老炼了至少 100 h 的灯与镇流器在一起工作时，灯的功率、灯端电压或灯的工作电流的极限值与 30 min 内平均值的差不应超过±2.5％。

A.1.6 连接导线和相对安装位置

试验时受试镇流器和灯的相对位置、连接导线长度及导线的走向等应符合其预期使用的相对安装位置。

A.1.7 仪器的特性

仪器的特性如下：

a) 电压线路

测量灯端电压回路的阻抗应足够高，其分流应不超过灯电流的 3%。

b) 电流线路

测量灯电流的回路应有足够低的阻抗，其电压降不超过灯电压的 2%。

c) 有效值的测量

测量仪表应能满足真有效值的测量，并应与灯的工作频率相适应。

应注意确保测量仪器的对地电容不会干扰受试部件的工作，还应确保受试线路的低电位测量点处于地电位。

A.2 试验方法

内耦合单端无极荧光灯的能效试验方法应按如下的规定进行。

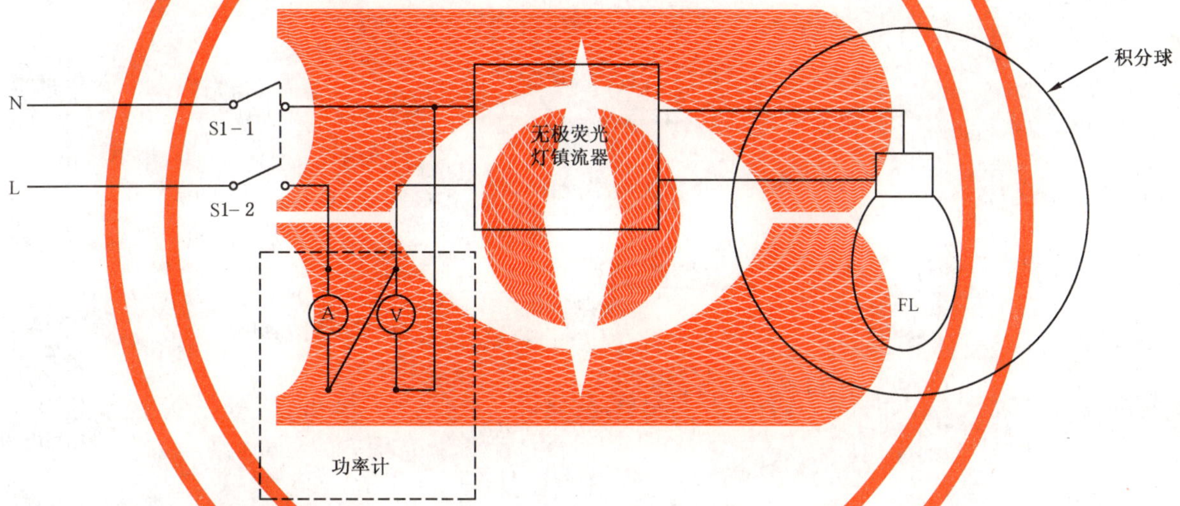

说明：

S1-1/S1-2——双掷开关；

V——数字功率计电压测量回路；

A——数字功率计电流测量回路。

FL——无极灯

图 A.1　内耦合单端无极荧光灯能效检测电路

内耦合式无极荧光灯和镇流器效率按图 A.1 检测电路，在额定电压下使镇流器与灯配合工作至稳定后，分别读取功率计的读数(即镇流器-灯输入总功率)。从光通测量系统中得到内耦合式无极荧光灯的光通量，按 5.1 计算出单端内耦合无极荧光灯的效率。

ICS 27.010
F 01

中华人民共和国国家标准

GB 29143—2012

单端无极荧光灯用交流电子镇流器能效限定值及能效等级

Minimum allowable values of energy efficiency and energy efficiency grades of ballasts for electrodeless fluorescent lamps

2012-12-31 发布　　2013-06-01 实施

中华人民共和国国家质量监督检验检疫总局
中国国家标准化管理委员会　发布

前　言

本标准的5.3为强制性的，其余为推荐性的。

本标准按照GB/T 1.1—2009给出的规则起草。

本标准由国家发展和改革委员会资源节约和环境保护司提出。

本标准由全国能源基础与管理标准化技术委员会(SAC/TC 20)归口。

本标准起草单位：中国标准化研究院、安徽九州天极之光股份有限公司、常州莱悦照明有限公司、国家电光源质量监督检验中心(上海)、山东柏斯莱特照明电器有限公司、诺臣光电科技(上海)股份有限公司、北京电光源研究所、常州富能电子有限公司、福建源光亚明电器有限公司、广州郎莱福照明电器科技有限公司、河北石家庄宝石节能照明科技有限公司、威海东兴电子有限公司、浙江长虹电光源有限公司、浙江雄邦节能产品有限公司、辽宁宝林集团、浙江科视电子技术有限公司、广东顺祥节能照明科技有限公司、浙江宇光照明科技有限公司、佛山市南海区罗村合隆电气灯饰厂联合分厂、江门市富裕和美照明电器有限公司、中国节能协会节电与绿色电能委员会、江苏正晖照明科技有限公司、北京中赢正源节能科技服务有限公司、成都东旭节能科技有限公司、上海易玺电子科技有限公司、宁波日进伟业电子有限公司。

本标准主要起草人：赵跃进、张艺龄、俞安琪、潘树东、沈锦祥、王立洪、耿志海、王家诚、刘士清、钱德锋、叶莲莹、孙秀方、王迎春、陈和平、李永杰、钱娟、樊永恭、丁海湧、王刚、郑菲。

单端无极荧光灯用交流电子镇流器能效限定值及能效等级

1 范围

本标准规定了单端无极荧光灯用交流电子镇流器(简称:镇流器)的能效等级、能效限定值、节能评价值和试验方法。

本标准适用于220 V,50 Hz交流电源供电,额定功率在30 W~400 W的外耦合无极荧光灯用电子镇流器。

2 规范性引用文件

以下文件对于本文件的应用是必不可少的,凡是注日期的引用文件,仅注日期的版本适用于本文件。凡是不注日期的引用文件,其最新版本(包括所有的修改单)适用于本文件。

GB 17625.1 电磁兼容 限值 谐波电流发射限值(设备每相输入电流≤16 A)

GB 17743 电气照明和类似设备的无线电骚扰特性的限值和测量方法

GB 19510.4 灯的控制装置 第4部分:荧光灯用交流电子镇流器的特殊要求

QB/T 2871 单端无极荧光灯用交流电子镇流器

QB/T 2938 单端无极荧光灯

3 术语和定义

QB/T 2871界定的及下列术语和定义适用本文件。

3.1

镇流器效率 efficiency of ballast

η_b

镇流器在点燃基准灯时,镇流器的输出功率与镇流器和灯配合的输入总功率的比值。

3.2

镇流器能效限定值 minimum allowable values of energy efficiency of ballasts

在标准规定测试条件下所允许镇流器的最低效率值。

3.3

镇流器节能评价值 evaluating values of energy conservation for ballasts

在标准规定测试条件下所允许节能镇流器的最低效率值。

3.4

待机功耗 standby power

灯与镇流器按正常工作连接,并在额定电源电压下,灯系统处于等待工作信号的状态时,镇流器的功耗。

4 基本要求

镇流器安全和性能要求应分别符合GB 19510.4、QB/T 2871;电磁兼容要求应符合GB 17625.1和

GB 17743 的规定。

5 技术要求

5.1 镇流器能效($\boldsymbol{\eta}_b$)

无极荧光灯镇流器能效按(1)计算：

$$\eta_b = \frac{P_{Lmeas}}{P_{tot.meas}} \qquad \cdots\cdots(1)$$

式中：

P_{Lmeas} ——用被测镇流器测得基准无极荧光灯功率,单位为瓦(W)；

$P_{tot.meas}$——测量到的镇流器和灯输入总功率,单位为瓦(W)。

5.2 镇流器能效等级

镇流器能效等级分为 3 级,其中 1 级能效最高,待机功耗最低。在规定测试条件下,无极荧光灯镇流器各能效等级不应小于表 1 规定值。表 1 中未列出额定功率值的无极灯镇流器,其效率可用线性插值法确定。具有待机功能的镇流器,各能效等级的镇流器还应符合 5.5 的规定。

5.3 镇流器能效限定值

在规定测试条件下,镇流器能效限定值不应低于表 1 中 3 级的规定值。

5.4 镇流器节能评价值

在规定测试条件下,节能镇流器效率应不低于表 1 中 2 级的规定值。

表 1 无极荧光灯用镇流器能效等级

额定功率 W	效率/%		
	1 级	2 级	3 级
30	93.0	89.7	85.1
40	93.1	89.8	85.2
45	93.2	89.9	85.3
48	93.2	90.0	85.4
50	93.3	90.1	85.5
55	93.4	90.2	85.6
70	93.5	90.3	85.7
75	93.6	90.4	85.8
80	93.7	90.5	85.9
85	93.8	90.6	86.1
100	93.9	90.8	86.2
120	94.0	90.9	86.3
125	94.0	91.0	86.4
135	94.1	91.1	86.5
150	94.2	91.2	86.6

表 1（续）

额定功率 W	效率/%		
	1 级	2 级	3 级
165	94.3	91.3	86.7
180	94.4	91.4	86.8
200	94.5	91.5	86.9
220	94.6	91.6	87.0
250	94.7	91.7	87.2
300	94.8	91.8	87.3
400	94.9	91.9	87.4
注：表 1 中的效率值保留小数点后 1 位数字，小数点第两位后的数字四舍五入。			

5.5 待机功耗

对于具有待机功耗功能的镇流器，1 级能效的镇流器待机功耗不应大于 1 W；2 级能效的镇流器待机功耗不应大于 2 W；3 级能效的镇流器待机功耗应不大于 3 W。

6 试验方法

6.1 镇流器能效测试电器及条件

镇流器的能效试验方法应按下图中的规定进行，试验条件应符合附录 A 的要求。

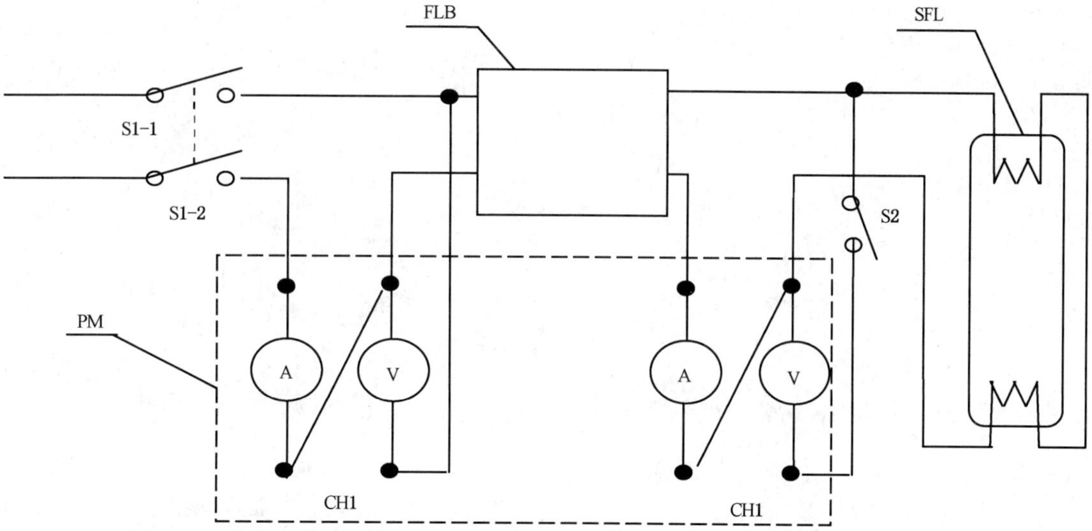

说明：

FLB ——无极荧光灯镇流器；
SFL ——基准无极荧光灯；
PM ——功率计；
S1-1/S1-2——双掷开关；
CH1 ——测量镇流器输入端的数字功率计；
CH2 ——测量镇流器输出端的数字功率计；
V ——功率计电压测量回路；
A ——功率计电流测量回路；
S2 ——单掷开关。

图 1 外耦合式无极荧光灯镇流器能效检测电路

6.2 镇流器能效测试步骤

当无极荧光灯镇流器按图1电路检测效率时，在灯启动前S2应处于断路状态，以保护CH2的电压回路不承受启动脉冲，以免损坏仪表。在额定电压下使镇流器与灯配合工作至稳定后，闭合S2，分别读取CH1功率计的读数(即镇流器-灯输入总功率)和CH2功率计的读数(即无极荧光灯功率)，按5.1计算出镇流器效率。

6.3 能效测试样品抽检方法

能效等级的有关项目均用3个样品进行检测，能效等级采用3个样品的检测平均值进行判定。

附 录 A
（规范性附录）
试验条件

A.1 环境温度

各项试验应在无对流风的室内和20 ℃～27 ℃的环境温度下进行。

A.2 电源电压

A.2.1 试验电压

当镇流器上标有所采用的电源电压范围时，或镇流器具有几种不同的独立额定电源电压时，该镇流器任一预定采用的电压均可被选作额定电压。

A.2.2 电源的稳定性

对于大多数试验，电源电压应稳定保持在额定电压值的±0.5%之内。但是，在实际测量期间，电压误差应调整到额定电压值的0.2%之内。

A.2.3 试验电源电压波形

试验电源电压的总谐波含量应不超过3%；谐波含量被定义为各次谐波分量的有效值(r.m.s.)总和，基波被定义为100%。

A.3 磁效应

在与受试镇流器的表面相距25 mm的范围之内应不存在任何磁性物体，但另有规定时除外。

A.4 基准灯的安装

为了确保基准灯的电特性的一致性，基准灯的位置应按照相应灯的参数表的说明进行安装。如果灯的参数表未给出安装说明，应将灯水平安装。

建议将灯持久固定在其试验灯座中。

A.5 基准灯的要求

A.5.1 在进行测量之前，应使灯达到稳定的工作状态。不应出现电弧打旋或抖动等放电不稳定的现象。

A.5.2 当一只已老炼了至少100 h的灯与一基准镇流器在附录A所规定的条件下及25 ℃（或制造商声称的35 ℃）的环境温度下一起工作时，当灯的功率、灯端电压或灯的工作电流与QB/T 2938标准给定的相应额定值的差异不超过2.5%，则该灯符合基准灯的要求。

A.6 连接导线和相对安装位置

试验时受试镇流器和基准灯的相对位置、连接导线长度及导线的走向等应尽可能符合其预期使用的相对安装位置。

A.7 仪器的特性

测试用仪器的特性应满足以下条件：

a） 电压线路

测量灯端电压回路的阻抗应足够高，其分流应不超过灯电流的3％。

b） 电流线路

测量灯电流的回路应有足够低的阻抗，其电压降不超过灯电压的2％。

c） 有效值的测量

测量仪表应能满足真有效值的测量，并应与灯的工作频率相适应。

应注意测量仪器的对地电容不会干扰受试部件的工作，所受试线路的低电位测量点处于地电位。

ICS 27.010
F 01

中华人民共和国国家标准

GB 29144—2012

普通照明用自镇流无极荧光灯能效限定值及能效等级

Minimum allowable values of energy efficiency and the energy efficiency grades for self-ballasted electrodeless fluorescent lamps with general lighting service

2012-12-31 发布 2013-06-01 实施

中华人民共和国国家质量监督检验检疫总局
中国国家标准化管理委员会 发布

前言

本标准的4.4为强制性的，其余为推荐性的。

本标准按照GB/T 1.1—2009给出的规则起草。

本标准由国家发展和改革委员会资源节约和环境保护司、工业和信息化部节能与综合利用司提出。

本标准由全国能源基础与管理标准化技术委员会(SAC/TC 20)归口。

本标准起草单位：中国标准化研究院、常州莱悦照明有限公司、安徽九州天极之光股份有限公司、山东柏斯莱特照明电器有限公司、诺臣光电科技(上海)股份有限公司、国家电光源质量监督检验中心(上海)、北京电光源研究所、常州富能电子有限公司、成都时代新源照明电器有限责任公司、福建源光亚明电器有限公司、广州郎莱福照明电器科技有限公司、河北石家庄宝石节能照明科技有限公司、晶晶光电科技有限公司、深圳格林莱电子技术有限公司、浙江生辉照明有限公司、浙江雄邦节能产品有限公司、辽宁宝林集团、浙江科视电子技术有限公司、广东顺祥节能照明科技有限公司、苏州欧鹏光电科技有限公司、中国节能协会节电与绿色电能委员会、江苏正晖照明科技有限公司、北京中赢正源节能科技服务有限公司、成都东旭节能科技有限公司、宁波日进伟业电子有限公司、上海易玺电子科技有限公司。

本标准主要起草人：赵跃进、潘树东、张艺龄、冯福坤、王爱群、俞安琪、王立洪、刘士清、王家诚、张和泉、叶莲莹、周立华、周峰杰、谢立山、沈锦祥、彭飞月、许树良、施隆龙、许名传、钱娟、道德宁、王迎春、樊永恭、孙秀方、吕海明、邹仲秋、郑菲。

普通照明用自镇流无极荧光灯能效限定值及能效等级

1 范围

本标准规定了普通照明用自镇流无极荧光灯(以下简称:自镇流无极荧光灯)的能效等级、能效限定值、节能评价值和试验方法。

本标准适用于额定电压 220 V、频率 50 Hz 交流电源,标称功率为 10 W～60 W,采用螺口灯头或卡口灯头,在家庭和类似场合普通照明用的,把控制启动和稳定燃点部件集成一体的自镇流无极荧光灯。

2 规范性引用文件

下列文件对于本文件的应用是必不可少的。凡是注日期的引用文件,仅注日期的版本适用于本文件。凡是不注日期的引用文件,其最新版本(包括所有的修改单)适用于本文件。

GB/T 21091 普通照明用自镇流无极荧光灯 性能要求

GB 21554 普通照明用自镇流无极荧光灯 安全要求

3 术语和定义

GB/T 21091 和 GB 21554 界定的以及下列术语和定义适用于本文件。

3.1

自镇流无极荧光灯初始光效 initial luminous efficiency for self-ballasted electrodeless fluorescent lamps

自镇流无极荧光灯初始光通量与实测功率的比值,单位为流明每瓦(lm/W)。

3.2

自镇流无极荧光灯能效限定值 minimum allowable values for self-ballasted electrodeless fluorescent lamps

在标准规定测试条件下,所允许的自镇流无极荧光灯的最低初始光效值。

3.3

自镇流无极荧光灯节能评价值 evaluating values of energy conservation for self-ballasted electrodeless fluorescent lamps

在标准规定的测试条件下,节能自镇流无极荧光灯应达到的最低初始光效值。

4 技术要求

4.1 基本要求

本标准所适用的自镇流无极荧光灯,其安全和性能应符合 GB 21554 和 GB/T 21091 的要求。

4.2 光通维持率

自镇流无极荧光灯在燃点到 2 000 h 时,光通维持率不应低于 93%。

4.3 能效等级

自镇流无极荧光灯能效等级分为3级，其中1级能效最高。各等级的光效值应不低于表1的规定。表1中未列出额定功率值的自镇流无极荧光灯，其光效可用线性插值法确定。

表1 自镇流无极荧光灯能效等级

单位为流明每瓦

额定功率/W	1级	2级	3级
10	49	45	39
11	50	46	40
12	52	48	42
13	53	49	44
14	54	51	45
15	56	52	47
16	57	53	48
17	58	55	49
18	59	56	50
19	61	57	52
20	62	58	53
21	63	59	54
22	63	60	55
23	64	61	56
24	65	62	57
25	66	63	58
26	67	64	59
27	67	64	59
28	68	65	60
29	69	65	61
30	69	66	61
31	70	66	62
32	70	67	62
33	70	67	63
34	71	67	63
35	71	67	63
36	71	68	63
≥37	71	68	64

4.4 能效限定值

自镇流无极荧光灯能效限定值应符合表1中能效等级3级的规定。

4.5 节能评价值

自镇流无极荧光灯节能评价值应符合表1中能效等级2级及以上的规定。

5 试验方法

5.1 试验一般要求

按GB/T 21091中规定的一般要求试验进行。

5.2 初始光效

自镇流无极荧光灯老炼100 h之后,按GB/T 21091中规定的光通量试验方法进行,光效通过计算得出。

5.3 光通维持率

按照GB/T 21091中光通维持率试验方法进行。

ICS 27.010
F 01

中华人民共和国国家标准

GB 29145—2012

焙烧钼精矿单位产品能源消耗限额

The norm of energy consumption per unit products of roasted molybdenum concentrate

2012-12-31 发布　　2013-10-01 实施

中华人民共和国国家质量监督检验检疫总局
中国国家标准化管理委员会　发布

前　言

本标准第 4.1 条和 4.2 条为强制性的，其余为推荐性的。

本标准由国家发展和改革委员会、工业和信息化部和中国有色金属工业协会提出。

本标准由全国能源基础和管理标准化技术委员会(SAC/TC 20)、全国有色金属标准化技术委员会(SAC/TC 243)归口。

本标准起草单位：金堆城钼业股份有限公司、有色金属技术经济研究院。

本标准主要起草人：孙耀林、韩绪峰、马志军、敬尚年、王郭亮、曹亚军、张江峰、屈志伟、张宪铭。

焙烧钼精矿单位产品能源消耗限额

1 范围

本标准规定了焙烧钼精矿单位产品的能源消耗(以下简称能耗)限额的要求、统计范围、计算方法、计算范围和节能管理与措施。

本标准适用于以钼精矿为原料的焙烧钼精矿生产企业产品能耗的计算、考核,以及对新建项目的能耗控制。

2 规范性引用文件

下列文件对于本文件的应用是必不可少的。凡是注日期的引用文件,仅注日期的版本适用于本文件。凡是不注日期的引用文件,其最新版本(包括所有的修改单)适用于本文件。

GB/T 2589 综合能耗计算通则

GB 17167 用能单位能源计量器具配备和管理通则

3 术语和定义

GB/T 2589 界定的以及下列术语和定义适用于本文件。

3.1

工序能源单耗 unit energy consumption in working procedure

工序生产过程中生产单位合格产品消耗的能源量。

3.2

工序实物单耗 unit object consumption in working procedure

工序生产过程中生产单位合格产品消耗的某种能源实物量。

3.3

工艺能源单耗 unit energy consumption of technology

工艺生产过程中生产单位合格产品消耗的能源量。

3.4

辅助能耗 assistant energy consumption

生产单位合格产品辅助生产系统所消耗的能源。

3.5

综合能源单耗 unit consumption of integrate energy

即单位产品综合能耗,是指工艺能源单耗与工艺产品辅助能耗及损耗分摊量之和。

4 要求

4.1 现有焙烧钼精矿生产企业单位产品能耗限定值

现有焙烧钼精矿生产企业单位产品综合能耗限定值应符合表 1 的要求。

表 1 现有焙烧钼精矿生产企业单位产品综合能耗限定值

综合能耗限定值/(kgce/t),不大于		
焙烧钼精矿(普通)	焙烧钼精矿(块)	焙烧钼精矿(高溶)
320	220	350

4.2 新建焙烧钼精矿生产企业单位产品综合能耗准入值

新建焙烧钼精矿生产企业单位产品综合能耗准入值应符合表 2 的要求。

表 2 新建焙烧钼精矿生产企业单位产品综合能耗准入值

综合能耗准入值/(kgce/t),不大于		
焙烧钼精矿(普通)	焙烧钼精矿(块)	焙烧钼精矿(高溶)
250	210	290

4.3 焙烧钼精矿生产企业单位产品综合能耗先进值

焙烧钼精矿生产企业单位产品综合能耗先进值应符合表 3 的要求。

表 3 焙烧钼精矿生产企业单位产品综合能耗先进值

综合能耗先进值/(kgce/t),不大于		
焙烧钼精矿(普通)	焙烧钼精矿(块)	焙烧钼精矿(高溶)
220	190	260

5 统计范围、计算方法和计算范围

5.1 统计范围

5.1.1 企业实际(生产)消耗的各种能源

企业实际消耗的各种能源,系指用于生产活动的各种能源。它包括:一次能源(原煤、原油、天然气等)、二次能源(如电力、热力、石油制品、焦炭、煤气等)和生产使用的耗能工质(水、氧气、压缩空气等)所消耗的能源。

企业实际消耗的各种能源,系指用于生产活动的各种能源。其主要用于生产系统、辅助生产系统和附属生产系统,不包括生活用能和批准的基建项目用能。在企业实际消耗的能源中,用做原料的能源也必需包括在内。

生活用能是指企业系统内的宿舍、学校、文化娱乐、医疗保健、商业服务等直接用于生活方面的能耗。

5.1.2 企业计划报告期内的能源实物消耗量和能源消耗量

企业计划报告期内的某种能源实物消耗量的计算,应符合式(1):

$$e_h = e_1 + e_2 - e_3 - e_4 - e_5 - e_6 \quad \cdots\cdots(1)$$

式中：

e_h ——企业的能源实物消耗量；

e_1 ——企业购入能源实物量；

e_2 ——期初库存能源实物量；

e_3 ——期末库存能源实物量；

e_4 ——外销能源实物量；

e_5 ——生活用能源实物量；

e_6 ——企业工程建设用能源量。

企业计划报告期内的能源消耗量的计算，应符合式(2)：

$$E = E_1 + E_2 - E_3 - E_4 - E_5 = E_{ZG} + E_{ZF} = E_{ZZ} \qquad (2)$$

式中：

E ——企业计划报告期内能源消耗量；

E_1 ——购入能源量；

E_2 ——库存能源增减量；

E_3 ——外销能源量；

E_4 ——生活用能源量；

E_5 ——企业工程建设用能源量；

E_{ZG} ——诸产品工艺能源消耗量；

E_{ZF} ——间接辅助生产部门用能源量及损耗；

E_{ZZ} ——诸产品综合能源消耗量。

所消耗的各种能源不得重计或漏计。存在供需关系时，输入、输出双方在计算中量值上应保持一致。设备停炉大修的能源消耗也应计算在内，且按检修后设备的运行周期逐月平均分摊。企业综合能耗的计算按 GB/T 2589 的规定进行。

注：企业计划统计期内的能源消耗量是指本计划统计期内直接用于生产的能源消耗量，是否属直接用于生产按 5.1.1 的规定划分。

5.1.3 能源实物量的计量

能源实物量的计量应符合《中华人民共和国计量法》和 GB 17167 的规定。

5.1.4 各种能源的计量单位

企业生产能耗量、产品工艺能耗量(或称产品直接综合能耗)、产品综合能耗量的单位：kgce、tce(千克标煤、吨标煤)

煤、焦炭、重油的单位：t、10^4 t(吨、万吨)

电的单位：kW·h、10^4 kW·h(千瓦小时、万千瓦小时)

蒸汽的单位：kg、t 或 kJ、GJ(千克、吨或千焦、百万千焦)

煤气、压缩空气、氧气的单位：m^3、10^4 m^3(立方米、万立方米)

水的单位：t、10^4 t(吨、万吨)

5.1.5 各种能源(包括生产耗能工质消耗的能源)折算标煤量方法

应用基低(位)发热量等于 29.307 6 MJ(兆焦)的能源，称为 1 kg 标煤。

外购能源可取实测的低(位)发热量或供货单位提供的实测值为计算基础，或用国家统计部门的折算系数折算，参见附录 A。二次能源及耗能工质均按相应能源等价值(电用当量值)折算：企业能源转换自产时，按实际投入的能源实物量折算标煤量；由集中生产单位外销供应时，其能源等价值须经主管部门规定；外购外销时，其能源等价值应相同；当未提供能源等价值时，可按国家统计部门的折算系数折算，参见附录B。企业回收的余热按热力的折算系数，余热发电统一按电力的折算系数。

5.1.6 合格产品产量的确定

5.1.6.1 焙烧钼精矿(普通)生产企业合格产品产量的确定

焙烧钼精矿(普通)合格产品产量，应采用同一计划报告期内产出合格焙烧钼精矿(普通)的产量。

5.1.6.2 焙烧钼精矿(块)生产企业合格产品产量的确定

焙烧钼精矿(块)合格产品产量，应采用同一计划报告期内产出合格焙烧钼精矿(块)的产量。

5.1.6.3 焙烧钼精矿(高溶)生产企业合格产品产量的确定

焙烧钼精矿(高溶)合格产品产量，应采用同一计划报告期内产出合格焙烧钼精矿(高溶)的产量。

注：焙烧钼精矿合格产品是指以实物量折算为含钼量48%的标准量为基准。

5.1.7 余热利用能耗的计算原则

企业回收的余热，属于节约能源循环利用，不属于外购能源，在计算能耗时，应避免和外购能源重复计算。余热利用装置用能计入能耗。回收能源自用部分，计入自用工序；转供其他工序时，在所用工序以正常消耗计入；回收的能源折标煤后应在回收余热的工序、工艺中扣除。

5.1.8 其他

间接的辅助、附属生产系统的能源消耗量和能源及耗能工质在企业内部贮存、转换与分配供应及外销中的损耗，即间接综合能耗，应根据各产品工艺能耗占企业生产工艺能耗量的比例，分摊给各个产品。

设备年度大修的能源消耗量，应计入产品工艺能耗，按检修后设备的运行周期逐月平均分摊入各检修耗能工序。

5.2 计算方法

5.2.1 工序(工艺)实物单耗的计算

工序(工艺)实物单耗按式(3)计算：

$$e_S = \frac{M_S}{P_Z} \quad \cdots\cdots(3)$$

式中：

e_S ——某工序(工艺)的实物单耗，单位为千克每吨(kg/t)、千瓦小时每吨(kW·h/t)、立方米每吨(m^3/t)；

M_S ——某工序(工艺)直接消耗的某种能源实物量，千克(kg)、千瓦小时(kW·h)、立方米(m^3)；

P_Z ——某工序(工艺)产出的合格产品产量，单位为吨(t)。

5.2.2 工序(工艺)能源单耗的计算

工序(工艺)能源单耗按式(4)计算：

$$E_I = \frac{E_H}{P_Z} \quad \cdots\cdots(4)$$

式中：

E_I ——某工序(工艺)能源单耗，单位为千克标煤每吨(kgce/t)；

E_H——某工序(工艺)直接消耗的各种能源实物量折标煤之和,单位为千克标煤(kgce);

P_Z——某工序(工艺)产出的合格产品总量,单位为吨(t)。

注:该工序直接消耗的各种能源实物量折标煤量之和为代数和,当含回收余热时,按5.1.7处理,以免回收余热和外购能源重复计算。

5.2.3 工序(工艺)综合能源单耗的计算

工序(工艺)综合能源单耗按式(5)计算:

$$E_Z = E_I + E_F \qquad \cdots\cdots(5)$$

式中:

E_Z——某产品综合能源单耗,单位为千克标煤每吨(kgce/t);

E_I——某产品工艺(工序)能源单耗,单位为千克标煤每吨(kgce/t);

E_F——某产品间接辅助能耗及损耗分摊量,单位为千克标煤每吨(kgce/t)。

5.3 计算范围

5.3.1 焙烧钼精矿(普通)企业产品能耗的计算范围

5.3.1.1 生产焙烧钼精矿(普通)工艺

生产焙烧钼精矿(普通)工艺产品能耗计算范围,包括从钼精矿备料开始(含钼精矿预处理)到成品焙烧钼精矿(普通)产出的整个生产过程所消耗的各种能源量,其中包括烟尘、余热回收、烟气治理。

5.3.1.2 焙烧钼精矿(普通)工序实物单耗、能源单耗计算

焙烧钼精矿(普通)工序实物单耗参照式(3)计算,能源单耗参照式(4)计算。

5.3.2 焙烧钼精矿(块)企业产品能耗计算范围

5.3.2.1 生产焙烧钼精矿(块)工艺

焙烧钼精矿(块)工艺包括焙烧钼精矿混料、输料、给料、压制、残料回收、干燥、粉尘回收、包装等工序。焙烧钼精矿(块)工艺能耗计算范围,包括从备料开始到焙烧钼精矿(块)包装完成,整个生产过程所消耗的各种能源。

5.3.2.2 焙烧钼精矿(块)工序实物单耗、能源单耗计算

焙烧钼精矿(块)生产工艺各工序实物单耗参照式(3)计算,焙烧钼精矿(块)生产工艺各工序能源单耗参照式(4)计算。

5.3.3 焙烧钼精矿(高溶)企业产品能耗计算范围

5.3.3.1 生产焙烧钼精矿(高溶)工艺

焙烧钼精矿(高溶)工艺包括钼精矿预处理到成品包装等整个生产过程所消耗的各种能源,其中包括烟尘回收、余热回收、烟气治理。

5.3.3.2 焙烧钼精矿(高溶)工序实物单耗、能源单耗计算

焙烧钼精矿(高溶)生产工艺各工序实物单耗参照式(3)计算,焙烧钼精矿(高溶)生产工艺各工序能源单耗参照式(4)计算。

6 节能管理与措施

6.1 节能基础管理

6.1.1 企业应建立节能考核制度，定期对企业的各生产工序能耗情况进行考核，并把考核指标分解落实到各基层单位。

6.1.2 企业应按要求建立能耗统计体系，建立能耗计算和统计结果的文件档案，并对文件进行受控管理。

6.1.3 企业应根据 GB 17167 的要求配备相应的能源计量器具并建立能源计量管理制度。

6.2 节能技术管理

焙烧钼精矿生产企业应依靠科技进步(引进先进设备、工艺、材料等)、加强企业内部管理，最大限度地节约能源。

附 录 A
（资料性附录）
常用能源品种现行参考折标煤系数

表 A.1 常用能源品种现行折标煤系数

能 源		折标煤系数及单位	
品 种	平均低位发热量	系 数	单 位
原煤	20 908 kJ/kg（5 000 kcal/kg）	0.714 3	kgce/kg
洗精煤	26 344 kJ/kg(6 300 kcal/kg)	0.900	kgce/kg
重油	41 816 kJ/kg(10 000 kcal/kg)	1.428 6	kgce/kg
柴油	42 652 kJ/kg(10 200 kcal/kg)	1.457 1	kgce/kg
汽油	43 070 kJ/kg(10 300 kcal/kg)	1.471 4	kgce/kg
焦炭	28 435 kJ/kg(6 800kcal/kg)（灰分13.5%）	0.971 4	kgce/kg
液化石油气	50 179 kJ/kg(12 000 kcal/kg)	1.714 3	kgce/kg
电力(当量值)	3 600 kJ/(kW·h)[860 kcal/(kW·h)]	0.122 9	kgce/(kW·h)
热力	—	0.034 12	kgce/MJ
煤气	1 250×4.186 8 kJ/m^3	1.786	tce/10^4 m^3
天然气	38 931 kJ/m^3（9 310 kcal/m^3）	1.330 0	tce/10^3 m^3
本附录中折标煤系数如遇国家统计部门规定发生变化，能耗等级指标则应另行设定。 注 1：蒸汽折标煤系数按热值计。 注 2：部分品种仍采用“万”为计量单位。			

附 录 B
（资料性附录）
耗能工质能源等价参考值

表 B.1 常用耗能工质能源等价值

<table>
<tr><th rowspan="2">序号</th><th colspan="2" rowspan="2">名 称</th><th rowspan="2">单 位</th><th colspan="2">能源等价值</th><th rowspan="2">备 注</th></tr>
<tr><th>热值/MJ</th><th>折标煤
kgce</th></tr>
<tr><td>1</td><td rowspan="2">液体</td><td>新鲜水</td><td>t</td><td>7.535 0</td><td>0.257 1</td><td rowspan="2">指尚未使用过的自来水，按平均耗电计算</td></tr>
<tr><td>2</td><td>软化水</td><td>t</td><td>14.234 7</td><td>0.485 7</td></tr>
<tr><td>3</td><td rowspan="6">气体</td><td>压缩空气</td><td>m³</td><td>1.172 3</td><td>0.040 0</td><td rowspan="3"></td></tr>
<tr><td>4</td><td>二氧化碳</td><td>m³</td><td>6.280 6</td><td>0.214 3</td></tr>
<tr><td>5</td><td>氧气</td><td>m³</td><td>11.723 0</td><td>0.400 0</td></tr>
<tr><td rowspan="2">6</td><td rowspan="2">氮气</td><td rowspan="2">m³</td><td>11.723 0</td><td>0.400 0</td><td>当副产品时</td></tr>
<tr><td>19.677 1</td><td>0.671 4</td><td>当主产品时</td></tr>
<tr><td>7</td><td>乙炔</td><td>m³</td><td>243.672 2</td><td>8.314 3</td><td>按耗电石计算</td></tr>
<tr><td>8</td><td>固体</td><td>电石</td><td>kg</td><td>60.918 8</td><td>2.078 6</td><td>按平均耗焦炭、电等计算</td></tr>
<tr><td colspan="7">本附录中的能源等价值如有变动，以国家统计部门最新公布的数据为准。</td></tr>
</table>

ICS 27.010
F 01

中华人民共和国国家标准

GB 29146—2012

钼精矿单位产品能源消耗限额

The norm of energy consumption per unit products of molybdenum concentrate

2012-12-31 发布　　2013-10-01 实施

中华人民共和国国家质量监督检验检疫总局
中国国家标准化管理委员会　发布

前　言

本标准第4.1条和4.2条为强制性的，其余为推荐性的。

本标准由国家发展和改革委员会、工业和信息化部提出。

本标准由全国能源基础和管理标准化技术委员会(SAC/TC 20)、全国有色金属标准化技术委员(SAC/TC 243)会归口。

本标准起草单位：金堆城钼业股份有限公司、有色金属技术经济研究院。

本标准主要起草人：马志军、相炜鹏、冯建军、马晓、蔺佰潮、王郭亮、张江峰、张宪铭。

钼精矿单位产品能源消耗限额

1 范围

本标准规定了钼精矿产品能源消耗(以下简称能耗)限额的技术要求、统计范围、计算方法、计算范围和节能管理与措施。

本标准适用于浮选法生产钼精矿的单位产品能源消耗的计算、考核及对新建项目的能耗控制。

2 规范性引用文件

下列文件对于本文件的应用是必不可少的。凡是注日期的引用文件,仅注日期的版本适用于本文件。凡是不注日期的引用文件,其最新版本(包括所有的修改单)适用于本文件。

GB/T 2589 综合能耗计算通则

GB 17167 用能单位能源计量器具配备和管理通则

3 术语和定义

GB/T 2589 界定的以及下列术语和定义适用于本文件。

3.1

工序能源单耗 unit energy consumption in working procedure

工序生产过程中生产每吨合格产品消耗的能源量。

3.2

工序实物单耗 unit object consumption in working procedure

工序生产过程中生产每吨合格产品消耗的某种能源实物量。

3.3

工艺能源单耗 unit energy consumption of technology

工艺生产过程中生产每吨合格产品消耗的能源量。

3.4

辅助能耗 assistant energy consumption

生产单位合格产品辅助生产系统所消耗的能源。

3.5

综合能源单耗 unit consumption of integrate energy

即单位产品综合能耗,是指工艺能源单耗与工艺产品辅助能耗及损耗分摊量之和。

4 要求

4.1 现有钼精矿生产企业单位产品能耗限定值

现有钼精矿生产企业单位产品综合能耗限定值应符合表 1 的要求。

表 1　现有钼精矿生产企业单位产品综合能耗限定值

工艺	综合能耗限定值/(tce/t),不大于	
	露天开采	地下开采
采矿工艺单耗	0.000 65	0.006 7
选矿工艺单耗	1.200 0	
标准钼精矿综合能源单耗	1.479 5	4.081 0

注:标准钼精矿能源单耗 $E=(E_{采}\times K+E_{选})\times \mu$

$E_{采}$——采矿单耗;$E_{选}$——选矿单耗;K——选矿比;μ——综合能源折算系数,参考附录 C。

4.2　新建钼精矿生产企业单位产品能耗准入值

新建钼精矿生产企业单位产品综合能耗准入值应符合表 2 的要求。

表 2　新建钼精矿生产企业单位产品综合能耗准入值

工艺	综合能耗准入值/(tce/t),不大于	
	露天开采	地下开采
采矿工艺单耗	0.000 50	0.005 00
选矿工艺单耗	1.183 0	
标准钼精矿综合能源单耗	1.398 0	3.333 0

注:标准钼精矿能源单耗 $E=(E_{采}\times K+E_{选})\times \mu$

$E_{采}$——采矿单耗;$E_{选}$——选矿单耗;K——选矿比;μ——综合能源折算系数,参考附录 C。

4.3　钼精矿生产企业单位产品能耗先进值

钼精矿生产企业单位产品综合能耗先进值应达到表 3 的要求。

表 3　钼精矿生产企业单位产品综合能耗先进值

工艺	综合能耗先进值/(tce/t),不大于	
	露天开采	地下开采
采矿工艺单耗	0.000 42	0.004 00
选矿工艺单耗	1.100	
标准钼精矿综合能源单耗	1.280 6	2.820 0

注:标准钼精矿能源单耗 $E=(E_{采}\times K+E_{选})\times \mu$

$E_{采}$——采矿单耗;$E_{选}$——选矿单耗;K——选矿比;μ——综合能源折算系数,参考附录 C。

5 统计范围、计算方法及计算范围

5.1 统计范围

5.1.1 企业实际生产消耗的各种能源

实际消耗的各种能源是指：一次能源（原煤、原油、天然气等）、二次能源（电力、热力、选矿药剂用石油制品、焦炭等）和生产使用的耗能工质（水、氧气、压缩空气等）所消耗的能源。

企业实际消耗的各种能源，系指用于生产活动的各种能源。其包括主要生产系统、辅助生产系统和附属生产系统用能，不包括生活用能和基建项目用能。

生活用能是指企业系统内的宿舍、学校、文化娱乐、医疗保健、商业服务等直接用于生活方面的能耗。

5.1.2 企业计划统计期内的能源实物消耗量和能源消耗量

企业计划统计期内的某种能源实物消耗量的计算，应符合式(1)：

$$e_h = e_1 + e_2 - e_3 - e_4 - e_5 - e_6 \quad\cdots\cdots(1)$$

式中：

e_h ——企业的能源实物消耗量；

e_1 ——企业购入能源实物量；

e_2 ——期初库存能源实物量；

e_3 ——期末库存能源实物量；

e_4 ——外销能源实物量；

e_5 ——生活用能源实物量；

e_6 ——企业工程建设用能源量。

企业计划统计期内的能源消耗量的计算，应符合式(2)：

$$E = E_1 + E_2 - E_3 - E_4 - E_5 = E_{ZG} + E_{ZF} = E_{ZZ} \quad\cdots\cdots(2)$$

式中：

E ——企业计划统计期内能源消耗量；

E_1 ——购入能源量；

E_2 ——库存能源增减量；

E_3 ——外销能源量；

E_4 ——生活用能源量；

E_5 ——企业工程建设用能源量；

E_{ZG} ——诸产品工艺能源消耗量；

E_{ZF} ——间接辅助生产部门用能源量及损耗；

E_{ZZ} ——诸产品综合能源消耗量。

所消耗的各种能源不得重计或漏计。存在供需关系时，输入、输出双方在计算中量值上应保持一致。设备大修的能源消耗也应计算在内，且按检修后设备的运行周期逐月平均分摊。企业综合能耗的计算按 GB/T 2589 的规定进行。

注：企业计划统计期内的能源消耗量是指本计划统计期内直接用于生产的能源消耗量，是否属直接用于生产按 5.1.1 的规定划分。

5.1.3 能源实物量的计量

能源实物量的计量应符合《中华人民共和国计量法》和 GB 17167 的规定。

5.1.4 各种能源的计量单位

企业生产能耗量、产品工艺能耗量(或称产品直接综合能耗)、产品综合能耗量的单位:kgce、tce(千克标煤、吨标煤)

煤、焦炭的单位：t、10^4 t(吨、万吨)

汽油、柴油、煤油的单位:kg、t(千克、吨)

电的单位：kW·h、10^4 kW·h(千瓦小时、万千瓦小时)

蒸汽的单位：kg、t 或 kJ、GJ(千克、吨或千焦、百万千焦)

煤气、压缩空气、氧气的单位:m^3、10^4 m^3(立方米、万立方米)

水的单位:t、104^t(吨、万吨)

5.1.5 各种能源(包括生产耗能工质消耗的能源)折算标煤量方法

应用基低(位)发热量等于 29.307 6 MJ(兆焦)的能源,称为 1 kg 标煤。

外购能源可取实测的低(位)发热量或供货单位提供的实测值为计算基础,或用国家统计部门的折算系数折算,参见附录 A。二次能源及耗能工质均按相应能源等价值(电用当量值)折算:企业能源转换自产时,按实际投入的能源实物量折算标煤量;由集中生产单位外销供应时,其能源等价值须经主管部门规定;外购外销时,其能源等价值应相同;当未提供能源等价值时,可按国家统计部门的折算系数折算,参见附录 B。

5.1.6 单位产品能耗的产品产量的确定

计算单位产品能耗时,应分别采用同一计划统计期内产出的原矿产量(出矿量)、钼精矿的产量。

注：钼精矿合格(或单位)产品:是指以实物量折算为含钼量 45%的标准量为基准。

5.1.7 余热利用能耗的统计原则

凡余热利用生产的能源量,应折算后在该工序能耗量中扣除,用于本工序或其他工序的,该部分能量则以正常消耗计入。

5.1.8 其他

设备年度大修的能源消耗量,应计入产品工艺能耗,按检修后设备的运行周期逐月平均分摊入各检修耗能工序。附属生产设备的能源消耗,应根据各产品工艺能耗量占企业生产工艺总能耗量的比例分摊给各个产品。

5.2 计算方法

5.2.1 工序(工艺)实物单耗的计算

工序(工艺)实物单耗按式(3)计算:

$$e_{dx} = e_{si}/M_x \qquad \cdots\cdots\cdots\cdots (3)$$

式中:

e_{dx} ——某一工序(艺)的实物单耗,单位为实物单位每吨(实物单位/t);

e_{si} ——该工序(艺)在同一计划统计期消耗的第 i 种能源实物量,单位为实物单位;

M_x——该工序(艺)合格产品的产量,单位为吨(t)。

5.2.2 工序(艺)能耗的计算

工序(艺)能耗按式(4)计算:

$$E_{gx} = \sum_{i=1}^{n} e_{gxi}\rho_i - E_{wg} \quad \cdots\cdots(4)$$

式中：

E_{gx}——某一工序(艺)能耗；

e_{gxi}——该工序(艺)对第 i 种能源(耗能工质)的消耗量；

ρ_i ——第 i 种能源(耗能工质)等价折标煤系数(等价值)；

E_{wg}——工序(艺)外供二次能源(耗能工质)折算成一次能源(标煤)的数量。

5.2.3 工序(艺)能源单耗的计算

工序(艺)能源单耗按式(5)计算：

$$E_{gdx} = E_{gx}/M_x \quad \cdots\cdots(5)$$

式中：

E_{gdx}——某一工序(艺)能源单耗；

E_{gx} ——计划统计期内该工艺能耗；

M_x ——计划统计期内该工艺生产产品产量。

5.2.4 综合能耗的计算

综合能耗按式(6)计算：

$$E = E_z + E_f + E_{f'} + E_s \quad \cdots\cdots(6)$$

式中：

E ——企业综合能耗；

E_z ——主要生产系统综合能耗；

E_f ——辅助生产系统综合能耗；

$E_{f'}$ ——附属生产系统综合能耗；

E_s ——企业各种能源损耗之和。

5.2.5 综合能源单耗的计算

综合能源单耗按式(7)计算：

$$E_{dx} = E_{zx} + E_{jx} \quad \cdots\cdots(7)$$

式中：

E_{dx}——第 x 种产品的单位产量综合能耗；

E_{zx}——第 x 种产品的单位产量直接综合能耗；

E_{jx}——第 x 种产品的单位产量间接综合能耗。

注：产品单位产量直接综合能耗的计算公式：

$$E_{zx} = E_{czx}/M_x \quad \cdots\cdots(8)$$

式中：

E_{czx}——生产某产品的直接综合能耗；

M_x ——在同一计划统计期产品 x 的合格品数量。

5.3 计算范围

5.3.1 采矿工艺能源消耗计算范围

5.3.1.1 地下开采工艺的能源消耗计算范围

地下开采工艺能源消耗包括穿孔工序、爆破工序、压风工序、通风工序、供排水工序、排土工序，提升运输工序、采装工序、破碎工序、充填工序、污水处理工序、采暖工序和辅助工序耗能量。

5.3.1.2 露天开采工艺的能源消耗计算范围

露天开采工艺能源消耗包括穿孔工序、爆破工序、铲装运输工序、排水工序、排土工序、水采加压工序、水运工序、破碎工序和辅助工序耗能量。

5.3.2 钼精矿产品选矿工艺能源消耗计算范围

钼精矿产品选矿工艺能源消耗包括破碎工序、磨矿工序、选别工序、脱水工序、尾矿输送及处理工序、废水处理工序、辅助工序耗能量。

6 节能管理与措施

6.1 节能基础管理

6.1.1 企业应建立节能考核制度，定期对企业的各生产工序能耗情况进行考核，并把考核指标分解落实到各基层单位。

6.1.2 企业应按要求建立能耗统计体系，建立能耗计算和统计结果的文件档案，并对文件进行受控管理。

6.1.3 企业应根据 GB 17167 的要求配备相应的能源计量器具并建立能源计量管理制度。

6.2 节能技术管理

钼精矿生产企业应依靠科技进步(引进先进设备、工艺、材料等)、加强企业内部管理，最大限度地节约能源。

附 录 A
（资料性附录）
常用能源品种现行参考折标煤系数

表 A.1 常用能源品种现行折标煤系数

能源		折标煤系数及单位	
品种	平均低位发热量	系数	单位
原煤	20 908 kJ/kg (5 000 kcal/kg)	0.714 3	kgce/kg
洗精煤	26 344 kJ/kg(6 300 kcal/kg)	0.900	kgce/kg
重油	41 816 kJ/kg(10 000 kcal/kg)	1.428 6	kgce/kg
柴油	42 652 kJ/kg(10 200 kcal/kg)	1.457 1	kgce/kg
汽油	43 070 kJ/kg(10 300 kcal/kg)	1.471 4	kgce/kg
焦炭	28 435 kJ/kg(6 800kcal/kg)(灰分13.5%)	0.971 4	kgce/kg
液化石油气	50 179 kJ/kg(12 000 kcal/kg)	1.714 3	kgce/kg
电力(当量值)	3 600 kJ/(kW·h)[860 kcal/(kW·h)]	0.122 9	kgce/(kW·h)
热力	—	0.034 12	kgce/MJ
煤气	1 250×4.186 8 kJ/m^3	1.786	tce/10^4 m^3
天然气	38 931 kJ/m^3(9 310 kcal/m^3)	1.330 0	tce/10^3 m^3

本附录中折标煤系数如遇国家统计部门规定发生变化，能耗等级指标则应另行设定。

注 1：蒸汽折标煤系数按热值计。

注 2：部分品种仍采用“万”为计量单位。

附 录 B
（资料性附录）
耗能工质能源等价参考值

表 B.1 常用耗能工质能源等价值

序号	名称		单位	能源等价值		备 注
				热值/MJ	折标煤 kgce	
1	液体	新鲜水	t	7.535 0	0.257 1	指尚未使用过的自来水，按平均耗电计算
2		软化水	t	14.234 7	0.485 7	
3	气体	压缩空气	m^3	1.172 3	0.040 0	
4		二氧化碳	m^3	6.280 6	0.214 3	
5		氧气	m^3	11.723 0	0.400 0	
6		氮气	m^3	11.723 0	0.400 0	当副产品时
				19.677 1	0.671 4	当主产品时
7		乙炔	m^3	243.672 2	8.314 3	按耗电石计算
8	固体	电石	kg	60.918 8	2.078 6	按平均耗焦炭、电等计算
本附录中的能源等价值如有变动，以国家统计部门最新公布的数据为准。						

附 录 C
（资料性附录）
标准钼精矿综合能源折算系数

表 C.1 标准钼精矿综合能源折算系数

选矿比(K)	综合能源折算系数(μ)
1∶530	1.50
1∶520	1.45
1∶510	1.40
1∶500	1.35
1∶490	1.30
1∶480	1.25
1∶470	1.20
1∶460	1.15
1∶450	1.10
1∶440	1.05
1∶430	1.00
1∶420	0.95
1∶410	0.90
1∶400	0.85
1∶390	0.80
1∶380	0.75
1∶370	0.70
1∶360	0.65
1∶350	0.60
1∶340	0.55
1∶330	0.50

ICS 77.010
H 46

中华人民共和国国家标准

GB/T 29147—2012

钢铁生产余热资源计算方法　涂镀

Methodology of the calculation of residuary heat resource during manufacturing of prepainted and galvanized steel

2012-12-31 发布　　2013-10-01 实施

中华人民共和国国家质量监督检验检疫总局
中国国家标准化管理委员会　发布

前　言

本标准按照 GB/T 1.1—2009 给出的规则起草。

本标准由中国钢铁工业协会提出。

本标准由全国能源基础与管理标准化技术委员会(SAC/TC 20)和全国钢标准化技术委员会(SAC/TC 183)归口。

本标准起草单位:浙江华东轻钢建材有限公司、北京星和众工设备技术股份有限公司、冶金工业信息标准研究院、首钢总公司、武汉钢铁(集团)公司。

本标准主要起草人:许秀飞、何长化、沈伟根、仇金辉、汪为健、乔建军、丁翠娇、贾永君、王晓杰、宋超群。

钢铁生产余热资源计算方法　涂镀

1　范围

本标准规定了钢铁生产热浸镀、彩涂工序的余热量和余热资源的术语和定义、计算方法。

本标准适用于钢铁生产热浸镀、彩涂等工序。连续退火工序可参照执行。

2　规范性引用文件

下列文件对于本文件的应用是必不可少的。凡是注日期的引用文件，仅注日期的版本适用于本文件。凡是不注日期的引用文件，其最新版本(包括所有的修改单)适用于本文件。

YB/T 4210　彩色涂层钢带生产线焚烧炉和固化炉热平衡测定与计算

YB/T 4211　热浸镀锌生产线加热炉热平衡测定与计算

3　术语和定义

下列术语和定义适用于本文件。

3.1

涂镀废气　prepainted and galvanized steel gas

排出热浸镀加热炉、彩涂固化炉、焚烧炉等加热体系的烟气、挥发气体等。以下简称废气。

4　计算方法

4.1　推荐废气物理余热资源利用的下限温度为 180 ℃。

4.2　废气余热资源量为其所载有的物理余热资源量和化学余热资源量的总和，见式(1)。

$$Q_y = Q_w + Q_h \qquad (1)$$

式中：

Q_y ——年废气余热资源量，单位为千焦每年(kJ/a)；

Q_w ——年废气物理余热资源量，单位为千焦每年(kJ/a)；

Q_h ——年废气化学余热资源量，单位为千焦每年(kJ/a)。

4.3　当对现有设备进行实际计算时，废气物理余热资源量为其中的干废气物理余热资源量和废气中水分物理余热资源量的总和，见式(2)。

$$Q_w = Q_g + Q_s \qquad (2)$$

式中：

Q_g ——干废气物理余热资源量，单位为千焦每年(kJ/a)；

Q_s ——废气中水分物理余热资源量，单位为千焦每年(kJ/a)。

4.3.1　干废气物理余热资源量计算见式(3)：

$$Q_g = V(1 - 0.001\,24\, s) \cdot (c_f \cdot t_f - c_x \cdot t_x) \qquad (3)$$

式中：

V ——年排出的废气量，单位为立方米每年(m^3/a)，可采用实际测量和理论计算的方法，理论计算按 YB/T 4210、YB/T 4211 执行；

s ——废气的含水量，单位为克每立方米(g/m^3)；

c_f ——t_f 温度下废气的平均体积定压比热容，单位为千焦每立方米摄氏度[$kJ/(m^3 \cdot ℃)$]；

t_f ——废气排出加热体系的温度，单位为摄氏度(℃)；

c_x ——t_x 温度下废气的平均体积定压比热容，单位为千焦每立方米摄氏度[$kJ/(m^3 \cdot ℃)$]；

t_x ——废气物理热利用的下限温度，单位为摄氏度(℃)，取 $t_x = 180$ ℃。

4.3.2 废气中水分物理余热资源量计算见式(4)：

$$Q_s = 0.001\,24\, s \cdot V(c_{sf} \cdot t_f - c_{sx} \cdot t_x) \qquad (4)$$

式中：

c_{sf} ——t_f 温度下水蒸气的平均体积定压比热容，单位为千焦每立方米摄氏度[$kJ/(m^3 \cdot ℃)$]；

c_{sx} ——t_x 温度下水蒸气的平均体积定压比热容，单位为千焦每立方米摄氏度[$kJ/(m^3 \cdot ℃)$]。

4.4 当进行项目规划时，理论废气物理余热资源量计算见式(5)：

$$Q_l = B \cdot V_1(c_{f1} \cdot t_{f1} - c_x \cdot t_x) \qquad (5)$$

式中：

Q_l ——年理论废气物理余热资源量，单位为千焦每年(kJ/a)；

B ——年设计燃气消耗量，单位为立方米每年(m^3/a)；

V_1 ——理论单位燃气排出的废气量，单位为立方米每立方米(m^3/m^3)，可从附录 A 表 A.2 中查得；

c_{f1} ——t_{f1} 温度下废气的平均体积定压比热容，单位为千焦每立方米摄氏度[$kJ/(m^3 \cdot ℃)$]；

t_{f1} ——设计废气排出钢带加热体系的温度，单位为摄氏度(℃)。

4.5 废气化学余热资源量计算见式(6)：

$$Q_h = W_j \cdot Q_{dj} \qquad (6)$$

式中：

W_j ——年平均涂料固化过程中有机气体排放量，单位为千克每年(kg/a)，可根据所消耗的涂料和固体含量的比例等计算；

Q_{dj} ——有机气体低位发热值，单位为千焦每千克(kJ/kg)。

附 录 A
（资料性附录）
废气平均近似体积定压比热容和燃气产生的近似废气量

A.1 不同温度下的废气平均近似体积定压比热容 c_f 见表 A.1。

表 A.1

温度/℃	平均近似体积定压比热容 c_f/[kJ/(m³·℃)]	温度/℃	平均近似体积定压比热容 c_f/[kJ/(m³·℃)]
100	1.372	460	1.435
120	1.375	480	1.439
140	1.378	500	1.443
160	1.382	520	1.447
180	1.385	540	1.451
200	1.388	560	1.454
220	1.391	580	1.458
240	1.395	600	1.462
260	1.398	620	1.466
280	1.402	640	1.470
300	1.405	660	1.474
320	1.409	680	1.478
340	1.412	700	1.482
360	1.416	720	1.486
380	1.419	740	1.489
400	1.423	760	1.493
420	1.427	780	1.496
440	1.431	800	1.500
注：表中 m^3 是标准状况下的气体体积数。			

A.2 燃烧每立方米燃气产生的近似废气量 V_1 见表 A.2。

表 A.2

燃气热值/(kJ/m³)		3 400	4 200	5 000	6 000	8 000	10 000	12 000	15 000	18 000	21 000	35 000	38 000	41 000	45 000	50 000
理论空气量/(m^3/m^3)		0.71	0.88	1.04	1.25	1.67	2.09	2.51	3.91	4.69	5.47	9.11	9.89	10.67	11.72	13.02
与 α 相应的 V_1 值/(m^3/m^3)	α=1.02	1.60	1.75	1.89	2.07	2.42	2.77	3.13	4.41	5.24	6.08	9.96	10.80	11.62	12.73	14.12
	α=1.05	1.63	1.77	1.92	2.10	2.47	2.83	3.21	4.53	5.38	6.24	10.24	11.09	11.94	13.09	14.51
	α=1.10	1.66	1.82	1.97	2.17	2.56	2.94	3.33	4.72	5.62	6.52	10.69	11.59	12.48	13.67	15.16
	α=1.15	1.70	1.86	2.03	2.23	2.64	3.04	3.46	4.92	5.85	6.78	11.15	12.08	13.01	14.26	15.81
	α=1.20	1.73	1.91	2.08	2.29	2.72	3.15	3.58	5.11	6.09	7.06	11.60	12.58	13.54	14.84	16.46
	α=1.30	1.80	1.99	2.18	2.42	2.89	3.36	3.83	5.50	6.56	7.61	12.51	13.57	14.61	16.02	17.77

注：表中热值是燃气的低位发热量的数值；理论空气量为干燃气完全燃烧所需的空气量；α 为过剩空气系数。

ICS 65.040.30
B 91

中华人民共和国国家标准

GB/T 29148—2012

温室节能技术通则

Technical code for energy saving of greenhouses

2012-12-31 发布　　2013-10-01 实施

中华人民共和国国家质量监督检验检疫总局
中国国家标准化管理委员会　发布

前　言

本标准按照 GB/T 1.1—2009 给出的规则起草。

本标准由中华人民共和国农业部提出。

本标准由全国能源基础与管理标准化技术委员会(SAC/TC 20)归口。

本标准起草单位:中国农业大学、农业部设施农业工程重点开放实验室。

本标准主要起草人:赵淑梅、马承伟、施正香、王平智、李保明、黄之栋、张天柱。

温室节能技术通则

1 范围

本标准规定了温室节能的设计要求、温室运行的节能管理要求以及温室节能性能的评价参数。

本标准适用于种植业温室的新建、扩建、改建工程的设计及生产管理。

2 规范性引用文件

下列文件对于本文件的应用是必不可少的。凡是注日期的引用文件，仅注日期的版本适用于本文件。凡是不注日期的引用文件，其最新版本(包括所有的修改单)适用于本文件。

GB/T 23393 设施园艺工程术语

JB/T 10297—2001 温室加热系统设计规范

JB/T 10594 日光温室和塑料大棚结构与性能要求

NYJ/T 07 日光温室建设标准

NY/T 1831 温室覆盖材料保温性能测定方法

3 术语和定义

GB/T 23393 界定的以及下列术语和定义适用于本文件。

3.1

温室覆盖层 greenhouse covering

温室外围护透明覆盖物及内外辅助覆盖的保温、防虫、遮光(阳)等材料。前者为主覆盖层，其余为附加覆盖层。

3.2

热节省率 saving ratio of heat loss of greenhouse

温室采取节能措施后，其热量损失降低值与采取该节能措施前的热量损失值的百分比。

3.3

地中热交换系统 underground heat exchange system

通过强制换气手段，白天将温室内高温空气导入地下，将热量蓄积到土壤中，夜间再将蓄积的热量从地中导出用于温室加温的热交换系统。

3.4

换气热能回收系统 ventilation heat collection system

温室冬季通风时，通过热交换器用排风余热加热进风的热能再利用系统。

4 温室节能设计要求

4.1 建筑设计

4.1.1 温室选址应考虑冬季光照条件良好，背风向阳，且周围无高大建筑遮挡，无粉尘污染地区。

4.1.2 温室朝向选择应结合当地地理纬度和主导风向，以有利于增加温室透光量、减少室内阴影面积以及减少冬季主导风向影响为原则。日光温室朝向应考虑各地磁偏角的影响。对于主要用于冬季生产的连栋温室,北纬40°以北地区宜选择东西屋脊走向,北纬40°以南地区宜选择南北屋脊走向。在满足结构安全性要求的前提下,影响温室采光的构件应尽可能减小截面尺寸和构件数量。

4.1.3 温室入口处冬季应设置门斗等避风构造,且应密封处理。内外两道门应避免同向相对。

4.1.4 温室天沟处应采用中空双层天沟或天沟下加保温层等措施。其他暴露在外面的金属构件宜采取保温措施。

4.1.5 北方寒冷地区冬季宜在温室上风向设置风障。

4.1.6 日光温室间距、朝向、尺度、材料及建设要求应符合NYJ/T 07相关规定。日光温室墙体低限热阻应符合JB/T 10594中的规定。

4.1.7 在地下水位较低地区,可采用半地下日光温室。室内地面低于室外地面的高度宜控制在300 mm～800 mm,但应注意做好温室防水和保证良好采光。

4.1.8 日光温室宜在透光面外围地下采用设置防寒沟或保温基础墙等措施。

4.2 环境调控系统设计

4.2.1 环境调控系统的选配及配置水平应因地制宜,结合作物生产要求、技术水平以及经济性等综合考虑。

4.2.2 当围护结构主覆盖层保温能力不足时,应优先考虑增加保温幕、保温被等附加覆盖层方面的措施。仍然不能满足要求时,可进行人工加温。有条件地区,优先考虑利用工业余热、地热或可再生能源等热源。

4.2.3 有条件的温室,宜将加温设备布置于栽培床底部以及作物根部,或者在在栽培床四周加设一圈垂地塑料膜。

4.2.4 温室夏季的温度环境调控,在保证室内作物所需光照条件下,优先采用遮阳和自然通风等调控方式;不能满足要求时,可采用风机通风或结合蒸发降温等调控方式。

4.2.5 夏季室外太阳辐射强烈的地区或温室内设计温度较低时,宜对温室屋顶及墙体同时进行遮阳,采用外遮阳或外遮阳与内遮阳结合的方式。内遮阳材料宜选用缀铝幕等反射性材料。

4.2.6 风机通风温室的通风率不宜超过0.06 $m^3/(m^2 \cdot s)$;未设置湿帘降温设备时,通风系统阻力不宜超过25 Pa。

4.2.7 温室内可适当设置循环风机用以提高室内温度分布均匀性。循环风机设置参照JB/T 10297—2001中的5.2.3。

4.2.8 可利用地中热交换系统、换气热能回收系统对温室温度进行调控。

4.2.9 温室的照明、电机、灌溉等设备应选用节能、节水型。

5 温室运行的节能管理要求

5.1 根据作物对环境昼夜温度需求的不同,宜采取昼高夜低的变温管理模式。常见温室作物所需温度指标参照JB/T 10297。

5.2 温室应具有良好的密封性,出现破损应及时修补。特别是冬季来临前,应对温室天窗、侧窗及围护结构整体的密封性进行全面检查,对降温湿帘、风机等部位应采取必要的保温措施。

5.3 温室内保温幕应在温室内部上方及四周形成连续完整的覆盖层,其接缝部位应保证拼接严密,同时保证保温幕与主覆盖层之间留有一定的空气层。

5.4 采用风机通风的温室,其调控目标温度不宜低于夏季空气调节室外计算干球温度以上2 ℃;采用风机与蒸发降温的温室,其调控目标温度不宜低于夏季空调室外计算湿球温度以上4 ℃。夏季空调室外计算干球温度和夏季空调室外计算湿球温度参见附录A。

5.5 采用风机通风的温室，其植物栽培行向应与气流方向一致。

5.6 温室内可采用增加地膜覆盖或填埋秸秆等提高地温措施。

5.7 温室主覆盖层及用能设备应定期清扫与维护。

6 温室节能性能评价参数

6.1 温室围护结构保温性能评价

6.1.1 温室覆盖层保温性能

温室覆盖层保温性能采用传热系数进行评价。

设计时，温室覆盖层传热系数按式(1)计算：

$$K = K'(1 - \alpha_c) \qquad (1)$$

式中：

K ——附加保温覆盖后的温室覆盖层总传热系数，单位为瓦每平方米摄氏度[W/(m² · ℃)]；

K'——温室主覆盖层的传热系数，单位为瓦每平方米摄氏度[W/(m² · ℃)]，其常用材料的传热系数应按 NY/T 1831 的方法进行测试；

α_c ——附加保温覆盖层的热节省率：无附加保温覆盖层时取 $\alpha_c = 0$，单层附加保温覆盖层的热节省率参见附录 B。

当采用双层附加保温覆盖层时，式(1)中附加保温覆盖层的热节省率 α_c 按式(2)计算：

$$\alpha_c = \frac{\alpha_{c1} + \alpha_{c2} - 2\alpha_{c1}\alpha_{c2}}{1 - \alpha_{c1}\alpha_{c2}} \qquad (2)$$

式中：

α_{c1}——第一层附加保温覆盖层的热节省率，以小数计算；

α_{c2}——第二层附加保温覆盖层的热节省率，以小数计算。

当采用三层附加保温覆盖层时，式(1)中附加保温覆盖层的热节省率 α_c 按式(3)计算：

$$\alpha_c = \frac{(\alpha_{c1} + \alpha_{c2} + \alpha_{c3}) - 2(\alpha_{c1}\alpha_{c2} + \alpha_{c1}\alpha_{c3} + \alpha_{c2}\alpha_{c3}) + 3\alpha_{c1}\alpha_{c2}\alpha_{c3}}{1 - (\alpha_{c1}\alpha_{c2} + \alpha_{c1}\alpha_{c3} + \alpha_{c2}\alpha_{c3}) + 2\alpha_{c1}\alpha_{c2}\alpha_{c3}} \qquad (3)$$

式中：

α_{c3}——第三层附加保温覆盖层的热节省率，以小数计算。

6.1.2 日光温室墙体保温性能

日光温室墙体保温性能采用墙体热阻进行评价。

墙体热阻按式(4)计算：

$$R_w = \sum \frac{d}{\lambda} \qquad (4)$$

式中：

R_w——墙体总热阻，单位为平方米摄氏度每瓦[(m² · ℃)/ W]；

d ——某一层墙体材料的厚度，单位为米(m)；

λ ——与 d 相对应的墙体材料导热系数，单位为瓦每米摄氏度[W/(m · ℃)]。

6.2 温室冬季保温措施的综合节能性评价

温室冬季采取各种保温措施后的节能性，采用温室热节省率进行评价，按式(5)算：

$$\alpha=\frac{Q_{L1}-Q_{L2}}{Q_{L1}}\times 100\% \quad \cdots\cdots(5)$$

式中：

α ——温室热节省率；

Q_{L1} ——温室采用保温措施前的热量损失，单位为瓦每平方米（W/m^2）；

Q_{L2}——温室采用各种保温措施后的热量损失，单位为瓦每平方米（W/m^2）。

6.3 温室通风性能评价

6.3.1 温室通风量

温室通风量采用单位温室室内地面面积的通风量，即温室通风率进行评价，单位为立方米每秒平方米[$m^3/(s\cdot m^2)$]。

6.3.2 通风系统阻力

温室通风系统的阻力主要是进风口的阻力，因此采用进风口阻力进行评价，按式(6)计算。当进风口为湿帘时，通风阻力应参考其产品的技术性能指标。

$$\Delta p=\frac{\rho_a}{2}\left(\frac{L}{\sum\mu F}\right)^2 \quad \cdots\cdots(6)$$

式中：

Δp ——进风口阻力，单位为帕（Pa）；

ρ_a ——空气密度，单位为千克每立方米（kg/m^3）；

L ——通风量，单位为立方米每秒（m^3/s）；

μ ——进风口的流量系数；

F ——进风口面积，单位为平方米（m^2）。

6.4 温室能耗设计评价

6.4.1 温室采暖设计能耗

在相同的设计使用条件和设计要求下，温室采暖设计能耗，采用维持每一摄氏度室内外温差时，单位温室地面面积的加温热流量{单位为瓦每平方米摄氏度[$W/(m^2\cdot ℃)$]}进行评价。

6.4.2 温室通风降温设计能耗

在相同的设计使用条件和设计要求下，温室通风降温设计能耗，采用单位温室地面面积用于通风降温的设备的运行功率[单位为瓦每平方米（W/m^2）]进行评价。

附 录 A
（资料性附录）
温室夏季环境调控室外设计温度

温室夏季环境调控室外设计温度见表 A.1。

表 A.1 温室夏季环境调控室外设计温度

单位为摄氏度

地区	夏季空调室外计算干球温度	夏季空调室外计算湿球温度	地区	夏季空调室外计算干球温度	夏季空调室外计算湿球温度
北京	33.6	26.3	沈阳	31.4	25.2
天津	33.9	26.9	鞍山	31.2	25.4
张家口	31.6	22.3	营口	30.3	25.5
张北	27.2	19.0	丹东	29.5	25.2
丰宁	31.2	22.7	大连	29.0	24.8
怀来	33.0	23.6	白城	31.8	23.9
承德	32.8	24.0	四平	30.7	24.5
石家庄	35.2	26.8	长春	30.4	24.0
保定	34.8	26.8	敦化	28.6	22.5
乐亭	31.7	26.2	延吉	31.2	23.6
饶阳	34.8	26.9	临江	30.7	23.5
邢台	35.2	26.9	嫩江	29.9	22.3
大同	31.0	21.1	齐齐哈尔	31.2	23.5
原平	31.9	22.9	佳木斯	30.8	23.5
太原	31.6	23.8	哈尔滨	30.6	23.8
榆社	30.9	22.3	牡丹江	30.9	23.4
介休	32.7	23.9	德州	34.7	26.5
运城	35.9	26.0	莱阳	32.1	26.7
侯马	36.8	26.7	淄博	34.7	26.6
海拉尔	29.2	20.5	惠民	34.1	27.3
二连浩特	33.2	19.3	龙口	32.0	26.7
额济纳旗	36.2	19.3	成山头	27.3	25.4
乌拉特后旗	30.5	19.3	青岛	29.0	26.0
吉兰太	34.9	20.5	烟台	30.7	25.8
呼和浩特	30.7	21.0	济南	34.8	27.0
锡林浩特	31.2	19.9	潍坊	34.2	27.1
通辽	32.4	24.5	兖州	34.1	27.5
赤峰	32.7	22.6	莒县	32.7	27.3
彰武	31.4	24.9	临沂	33.5	27.5
朝阳	33.6	25.0	菏泽	34.8	27.8
锦州	31.4	25.1	安阳	34.8	27.4

表 A.1（续）

单位为摄氏度

地 区	夏季空调室外计算干球温度	夏季空调室外计算湿球温度	地 区	夏季空调室外计算干球温度	夏季空调室外计算湿球温度
三门峡	35.2	25.9	南昌	35.6	28.3
郑州	35.0	27.5	老河口	35.0	28.1
新乡	35.1	27.8	钟祥	34.6	28.3
开封	35.2	27.8	恩施	34.2	26.3
洛阳	35.9	27.5	宜昌	35.6	27.8
许昌	35.6	28.2	武汉	35.3	28.4
南阳	34.4	27.9	吉首	34.8	27.2
驻马店	35.0	28.0	常德	35.5	28.6
信阳	34.5	27.7	长沙	36.5	29.0
商丘	35.1	27.9	武冈	34.2	26.5
上海	34.6	28.2	衡阳	36.0	27.4
徐州	34.4	27.6	郴州	35.4	26.6
连云港	33.5	27.9	韶关	35.3	27.4
淮阴	33.3	28.1	广州	34.2	27.8
南京	34.8	28.1	河源	34.5	27.5
南通	33.0	28.6	汕头	33.4	27.7
杭州	35.7	27.9	电白	33.2	28.2
宁波	34.5	28.5	海口	35.1	28.1
温州	34.1	28.4	桂林	34.2	27.3
金华	36.4	27.7	百色	36.0	27.8
衢州	35.9	27.8	梧州	34.8	27.9
亳州	35.1	27.9	南宁	34.4	27.9
蚌埠	35.4	28.0	甘孜	22.9	14.5
桐城	36.5	29.0	马尔康	27.3	17.3
合肥	35.1	28.1	绵阳	32.8	26.3
安庆	35.3	28.1	成都	31.9	26.4
芜湖	35.0	28.2	西昌	30.6	21.8
南平	36.2	27.2	南充	35.3	27.1
福州	36.0	28.1	宜宾	33.8	27.3
上杭	34.7	26.8	重庆	36.3	27.3
永安	35.9	26.8	万州	36.4	28.3
厦门	33.6	27.6	酉阳	32.2	25.0
吉安	35.9	27.7	毕节	29.2	21.9
赣州	35.5	27.1	遵义	31.8	24.3
景德镇	36.0	27.8	贵阳	30.1	23.0

表 A.1（续）

单位为摄氏度

地 区	夏季空调室外计算干球温度	夏季空调室外计算湿球温度	地 区	夏季空调室外计算干球温度	夏季空调室外计算湿球温度
三穗	32.0	25.4	酒泉	30.4	19.5
兴义	28.7	22.2	民勤	33.0	19.3
丽江	25.5	18.1	兰州	31.3	20.1
腾冲	26.3	20.5	平凉	29.8	21.3
昆明	26.3	19.9	武都	32.6	22.4
思茅	29.6	22.1	天水	30.9	21.8
蒙自	30.6	22.0	西宁	26.4	16.6
元江	36.7	26.6	格尔木	27.0	13.5
昌都	26.2	15.1	玉树	21.9	13.2
拉萨	24.0	13.5	银川	31.3	22.2
林芝	22.9	15.6	固原	27.7	19.0
那曲	16.0	9.4	阿勒泰	30.8	19.9
日喀则	22.2	12.1	克拉玛依	36.4	19.8
榆林	32.3	21.6	乌鲁木齐	33.4	18.3
延安	32.5	22.8	伊宁	32.9	21.3
绥德	33.1	22.5	吐鲁番	40.3	24.2
定边	33.2	22.6	哈密	35.8	22.3
西安	35.1	25.8	焉耆	32.0	21.3
汉中	32.3	26.0	阿克苏	32.6	21.6
安康	34.9	26.8	喀什	33.8	21.1
敦煌	34.1	21.1	和田	34.5	21.4

附 录 B
（资料性附录）
常用温室附加保温覆盖层的热节省率

常用温室附加保温覆盖层的热节省率见表B.1。

表B.1 常用温室附加保温覆盖层的热节省率

%

保温覆盖材料	热节省率	覆盖材料	热节省率
聚乙烯(PE)薄膜	32	缀铝膜(25%铝膜,75%透明膜)	34
聚氯乙烯(PVC)薄膜	36	缀铝膜(33%铝膜,67%透明膜)	36
(PO)薄膜或 乙烯-醋酸乙烯(EVA)薄膜	35	缀铝膜(50%铝膜,50%透明膜)	39
聚酯(PET)膜	36	缀铝膜(67%铝膜,33%透明膜)	42
无纺布	28	缀铝膜(75%铝膜,25%透明膜)	44
混铝薄膜	40	缀铝膜(100%铝膜)	47
镀铝薄膜	50	缀铝膜(50%铝膜,50%无膜)	15
草帘($5kg/m^2$)	70	缀铝膜(67%铝膜,33%无膜)	20
复合材料保温被	68	缀铝膜(75%铝膜,25%无膜)	22
由于保温覆盖材料产品的种类繁多,本表不能全部一一列出。同时,即使是同一名称的保温覆盖材料,仍可能因其不同的材质成分、添加助剂的种类和添加量、生产工艺、厚度、构造形式以及在生产使用中的工作环境条件等多种情况,其热节省率有较大的变化范围。本表所列仅为最多见的产品和在一般常见的工作条件下的热节省率的概略值,供设计和分析时参考。更准确的热节省率值,应通过实验测试进行确定。			

ICS 27.010
F 01

中华人民共和国国家标准

GB/T 29149—2012

公共机构能源资源计量器具配备和管理要求

Requirements for equipping and managing of measuring instruments of energy and resource in public institutions

2012-12-31 发布 2013-10-01 实施

中华人民共和国国家质量监督检验检疫总局
中国国家标准化管理委员会 发布

前　言

本标准按照 GB/T 1.1—2009 给出的规则起草。

本标准由国务院机关事务管理局提出。

本标准由全国能源基础与管理标准化技术委员会(SAC/TC 20)归口。

本标准起草单位:中国标准化研究院、中国计量科学研究院。

本标准主要起草人:白雪、李燕、张万路、郭海涛、朱春雁、陈海红、梁秀英、胡梦婷、潘崇超。

公共机构能源资源计量器具配备和管理要求

1 范围

本标准规定了公共机构能源资源计量的种类和范围、计量器具的配备原则、配备要求和计量管理要求。

本标准适用于各类公共机构，服务业等其他用能单位可参照执行。

2 规范性引用文件

下列文件对于本文件的应用是必不可少的。凡是注日期的引用文件，仅注日期的版本适用于本文件。凡是不注日期的引用文件，其最新版本(包括所有的修改单)适用于本文件。

GB 17167 用能单位能源计量器具配备和管理通则

3 术语和定义

GB 17167 界定的以及下列术语和定义适用于本文件。

3.1

公共机构 public institutions

全部或者部分使用财政性资金的国家机关、事业单位和团体组织。

4 公共机构能源资源计量的种类和范围

4.1 公共机构能源资源计量种类

公共机构能源资源计量的种类包括煤炭、石油、天然气、生物质能、电力、热力以及其他直接或通过加工转换而取得的各种能源和水。

4.2 公共机构能源资源计量范围

计量范围如下：

a) 输入公共机构及其用能设备的能源和水；

b) 公共机构及其用能设备输出的能源和水；

c) 公共机构及其用能设备使用(消耗)的能源和水；

d) 公共机构及其用能设备自产的能源和水；

e) 公共机构及其用能设备回收利用的余能(热)。

5 公共机构能源资源计量器具的配备原则

5.1 应满足公共机构各类能源资源实现分类计量的要求。

5.2 应满足不同公共机构能源资源实现分户计量的要求。

5.3 应满足公共机构所属能源资源消耗超过规定数量及具有特定功能的区域实现分区计量的要求。

5.4 应满足公共机构的主要用能设备单独进行计量的要求。

5.5 应满足不同规模公共机构能源资源计量器具配备实现精细化管理的要求，不同规模公共机构的划分见附录A。

5.6 应满足公共机构实现能源资源数据统计分析和评价用能水平的要求。

5.7 有条件的公共机构宜配备智能化、具有远程传输及在线校准功能的能源资源计量器具。

6 公共机构能源资源计量器具配备要求

6.1 分户计量

进出公共机构的各类能源和水应加装计量器具。两个或两个以上在同一栋建筑或同一个区域不同建筑内的公共机构，其各类能源和水应分别计量。

对于拥有多栋建筑的公共机构，其每栋建筑的电力、热力、水消耗量应单独计量。

6.2 分区计量

6.2.1 行政区

固定用电设备额定功率之和超过10 kW的行政区，如会议室、资料室、办公室等，其电力消耗量应单独计量。

注：固定用电设备是指除照明系统外，在固定位置使用的用电设备，如分体空调、计算机、打印机、投影仪、音响设备、实验检测仪器等。

6.2.2 业务区

6.2.2.1 固定用电设备额定功率之和超过10 kW的一般业务区，如办事大厅、门诊部、住院部、场馆、教室等，其电力消耗量应单独计量。

6.2.2.2 大型和中型公共机构的特殊业务区，如数据中心(或信息机房)、调度中心、指挥及控制中心、监控中心、实验室、手术室、重症监护室等，其电力和水消耗量应单独计量。

6.2.3 后勤服务区

6.2.3.1 大型和中型公共机构的用餐场所，其电力、水、炊用燃料消耗量应单独计量。

6.2.3.2 大型和中型公共机构所属公共浴室的电力、热力、水消耗量应单独计量。

6.2.3.3 公共机构所属公寓的各类能源和水消耗量应单独计量。

6.2.3.4 公共机构所属游泳馆的电力、热力、水消耗量应单独计量。

6.2.4 其他区域

6.2.4.1 有条件的公共机构，其绿化用水宜单独计量。

6.2.4.2 公共机构对外服务及外包场所的电力和水消耗量应单独计量。

6.3 主要用能设备

6.3.1 大型和中型公共机构的主要用能设备，如中央空调、照明和插座、电梯、供热锅炉、电热水炉等，其各类能源和水消耗量应单独计量。

6.3.2 符合表1要求的公共机构固定用电设备的电力消耗量应单独计量。

表1 公共机构固定用电设备电力消耗量限定值

使用时间/(h/a)	<400	400～2 000	>2 000
额定功率/kW	>50	20～50	10～20
注1：对于备用的固定用电设备，可以与在用设备合并计量。 注2：对于消防、防汛等应急使用设备，可以不予计量。			

6.4 配备率要求

6.4.1 计算方法

公共机构应根据能源资源计量器具配备要求，配备准确度等级不低于GB 17167规定的能源资源计量器具。能源资源计量器具配备率按式(1)计算：

$$R_p = \frac{N_s}{N_l} \times 100\% \quad \cdots\cdots (1)$$

式中：

R_p——公共机构能源资源计量器具配备率；

N_s——公共机构能源资源计量器具的实际配备数量；

N_l——公共机构依据第5章和第6章相关配备原则和要求应配备的能源资源计量器具数量。

6.4.2 配备率要求

公共机构能源资源计量器具配备率应符合表2要求。

表2 公共机构能源资源计量器具配备率要求

单位：%

能源种类	分户计量		分区计量		主要用能设备	
	既有建筑	新建建筑	既有建筑	新建建筑	既有建筑	新建建筑
煤炭	100	100	90	100	90	100
石油	100	100	90	100	90	100
天然气	100	100	90	100	90	100
生物质能	100	100	—	—	—	—
电力	100	100	95	100	95	100
热力	100	100	80	100	95	100
水	100	100	85	100	85	100

7 公共机构能源资源计量管理

7.1 计量制度

公共机构应建立能源资源计量管理制度，规范能源资源计量人员行为、计量器具管理和计量数据的采集、处理和汇总，具体应包括但不限于以下内容：

a) 计量管理部门及岗位的设置及职责；

b) 计量器具建档管理制度；
c) 计量器具新增、更换及报废制度；
d) 计量器具使用、维护及保养制度；
e) 计量器具周期检定及溯源管理制度；
f) 计量管理考核制度；
g) 计量数据采集、处理、汇总、使用管理办法。

7.2 计量人员

7.2.1 公共机构应指定部门设专人或兼职人员负责本机构能源资源计量器具的管理，负责能源资源计量器具的配备、使用、检定(校准)、维修、报废等管理工作。

7.2.2 公共机构的能源资源计量管理人员应通过相关部门组织的培训考核，做到持证上岗；公共机构应建立和保存能源资源计量管理人员的技术档案。

7.2.3 能源资源计量器具检定、校准和维修人员，应具有相应的资质。

7.3 计量器具

7.3.1 公共机构应备有完整的能源资源计量器具一览表。表中应列出计量器具的名称、型号规格、准确度等级、测量对象和范围、生产厂家、出厂编号、管理编号、安装使用地点、状态(指合格、准用、停用等)。

7.3.2 公共机构应建立能源资源计量器具档案，内容包括：

a) 计量器具使用说明书；
b) 计量器具出厂合格证；
c) 计量器具最近两个连续周期的检定(测试、校准)证书；
d) 计量器具维修记录；
e) 计量器具其他相关信息。

7.3.3 公共机构应备有能源资源计量器具量值传递或溯源图，其中作为单位内部标准计量器具使用的，要明确规定其准确度等级、测量范围、可溯源的上级传递标准。

7.3.4 公共机构的能源资源计量器具，凡属自行校准且自行确定校准间隔的，应有现行有效的受控文件(即自校计量器具的管理程序和自校规范)作为依据。

7.3.5 公共机构能源资源计量器具应定期检定(校准)，具体要求如下：

a) 应使用经检定(校准)符合要求的或不超过检定周期的计量器具；
b) 属强制检定的计量器具，其检定周期、检定方式应遵守有关计量法律法规的规定。

7.3.6 在用的能源资源计量器具应在明显位置粘贴与能源资源计量器具一览表编号对应的标签，以备查验和管理。

7.3.7 新装、更换及维修的能源资源计量器具在使用前应经相关部门检定或校准，满足相应的准确度等级要求后才能使用。

7.4 计量数据

7.4.1 公共机构应建立能源资源统计报表制度，统计报表数据应能追溯至计量测试记录。

7.4.2 能源资源计量数据记录应采用表格形式，记录表格应便于数据的汇总与分析，应说明被测量与记录数据之间的转换方法或关系。

7.4.3 公共机构应建立能源资源计量数据管理与分析制度。

7.4.4 公共机构应按月、季、年及时统计各种主要能源和水消耗量。

附 录 A
（资料性附录）
公共机构规模分类表

公共机构按规模分类见表A.1。

表A.1 公共机构规模分类表

类别	学校	医疗机构	其他公共机构
大型公共机构	在校生10 000人及以上	三级	总建筑面积20 000 m^2 及以上
中型公共机构	在校生2 000人～10 000人	二级	总建筑面积5 000 m^2～20 000 m^2
小型公共机构	在校生2 000及以下	一级	总建筑面积5 000 m^2 及以下

注1：医疗机构分类依据卫生部门评定的级别。

注2：其他公共机构包括各级国家机关以及除学校和医院外的各类事业单位和团体组织。

ICS 13.030.40
J 88

中华人民共和国国家标准

GB/T 29150—2012

垃圾卫生填埋场 封场恢复植被生产线

The equipment for renewing the plant cover

2012-12-31 发布

2013-10-01 实施

中华人民共和国国家质量监督检验检疫总局
中国国家标准化管理委员会 发布

前　言

本标准按照GB/T 1.1—2009给出的规则起草。

本标准由中华人民共和国国家发展和改革委员会提出。

本标准由全国环保产品标准化技术委员会环境保护机械分技术委员会(SAC/TC 275/SC 1)归口。

本标准起草单位:机械科学研究总院、机科发展科技股份有限公司、浙江机械工业情报所、北京市蓝德环能科技开发有限责任公司、浙江天鹏新纺材料有限公司。

本标准主要起草人:田学志、楼上游、赵群、马殿旗、周书征、魏洪生、高甫、张洪、姜圆。

垃圾卫生填埋场
封场恢复植被生产线

1 范围

本标准规定了垃圾卫生填埋场封场恢复植被生产线(以下简称植被生产线)的术语和定义、分类、型号、技术要求、检验方法、检测规则、标志、包装、运输及贮存。

本标准适用于以植物纤维为原料,生产用于垃圾卫生填埋场、道路河堤护坡、废矿坑井、荒漠化土地等植被恢复用垫毯的一体化成套装置。

2 规范性引用文件

下列文件对于本文件的应用是必不可少的。凡是注日期的引用文件,仅注日期的版本适用于本文件。凡是不注日期的引用文件,其最新版本(包括所有的修改单)适用于本文件。

GB/T 191 包装储运图示标志

GB/T 700 碳素结构钢

GB/T 3280 不锈钢冷轧钢板和钢带

GB/T 3768 声学 声压法测定噪声源声功率级 反射面上方采用包络测量表面的简易法

GB 5226.1—2008 机械电气安全 机械电气设备 第1部分:通用技术条件

GB/T 6388 运输包装收发货标志

GB/T 7932 气动系统通用技术条件

GB/T 8350 输送链、附件和链轮

GB/T 8923—1988 涂装前钢材表面锈蚀等级和除锈等级

GB/T 9439 灰铸铁件

GB/T 13288—1991 涂装前钢材表面粗糙度等级的评定(比较样块法)

GB/T 13306 标牌

GB/T 13384 机电产品包装通用技术条件

GB 14048.1 低压开关设备和控制设备 第1部分:总则

3 术语和定义

下列术语和定义适用于本文件。

3.1

植被生产线 the equipment for renewing the plant

以各种植物纤维为原料,生产多用途、多规格植被垫毯的一体化成套装置。

4 分类与型号

4.1 分类

植被生产线按照其生产植被垫毯的幅宽范围分为大型、中型、小型设备。

小型设备：幅宽范围在 1 500 mm～2 000 mm。

中型设备：幅宽范围在 2 500 mm～3 500 mm。

大型设备：幅宽范围在 4 000 mm～5 000 mm。

4.2 型号

植被生产线的型号由字母、符号及阿拉伯数字排列而成。

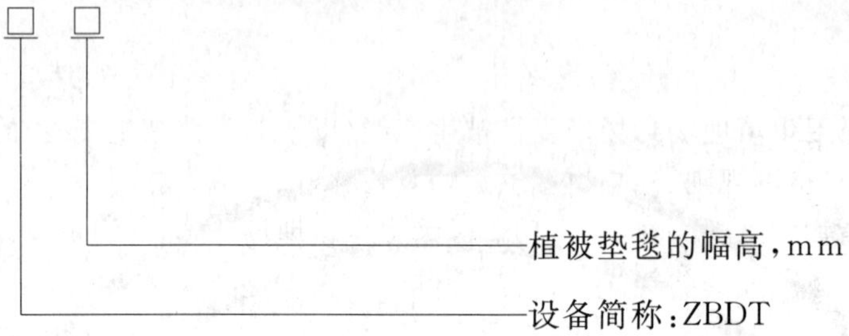

标记示例：生产植被垫毯的幅宽为 3 000 mm 的植被生产线

ZBDT3000

5 技术要求

5.1 基本要求

5.1.1 植被生产线应符合本标准要求，并按照经规定程序批准的图样和技术文件制造。

5.1.2 植被生产线基本参数见表 1。

表 1 植被生产线基本参数

项　　目	系　　列
植被垫毯宽度/mm	1 500、2 000、2 500、3 000、3 500、4 000、4 500、5 000
生产速度/(m/min)	5～30(无级可调)
植被垫毯可调宽度/mm	≥100
植被垫毯厚度/mm	8～300
植被垫毯密度/(g/m^2)	200～3 000

5.1.3 材料要求

制造植被生产线所选用材料要求：

——碳素结构钢应符合 GB/T 700 的规定；

——灰铸铁应符合 GB/T 9439 的规定；

——不锈钢冷轧钢板应符合 GB/T 3280 的规定；

——气动元件应符合 GB/T 7932 的规定。

5.1.4 植被生产线传动链和链轮应符合 GB/T 8350 的规定。

5.1.5 植被生产线机身外表应平整光滑、色泽一致。采用涂装防腐措施时，钢材涂装前应处理达到 GB/T 8923—1988 规定的 Sa2 1/2 级，涂层厚度应在 200 μm～250 μm。

5.1.6 焊件应除净焊渣，氧化皮及溅粒，焊缝的粗糙度应符合 GB/T 13288—1991 的规定。

5.2 性能要求

5.2.1 在运行过程中纤维压榨梳整机运转灵活、平稳、连续、无卡滞，梳整出纤维原料应蓬松、整齐一致。

5.2.2 纤维布料机运转平稳、连续、无堵塞、纤维布料厚度应均一、纤维布料厚度应可调、布料边缘整齐一致。

5.2.3 基质布料机应运转灵活、平稳、连续、无堵塞、基质布料单位克重能够在 10 g/m^2～200 g/m^2 范围内连续灵活调节。

5.2.4 纤维气力输送系统应保证气量充分、压力平稳,气流速度应连续可调。

5.2.5 缝纫系统应运转灵活,缝纫连续、间距连续可调、跳线率控制在1%以内。

5.2.6 纤维成型系统应运转平稳、产品包装整齐一致、无破损。

5.3 电控要求

5.3.1 控制方式为自动控制,其中各驱动设备还应配设单机手动调节操作功能。

5.3.2 机械过载保护装置、电气过载保护装置、报警装置应符合 GB 5226.1—2008 的规定。

5.3.3 开关设备和控制设备应符合 GB 14048.1 的规定。

5.3.4 操作终端需设有人机友好操作界面,能够显示生产线各组成系统的电机在线转速、布料机在线布料速度、布料总量、缝纫系统在线缝纫间距、生产线生产速度、生产总量等实时运行参数,并对上述参数自动建立生产数据库,自动统计生产线报警数据、故障数据,自动分析设备故障点及相应的处理方法。

5.4 装配要求

5.4.1 零部件应经制造厂检验部门检验合格,对外构件、外协件应经制造厂检验合格并持有合格证。零部件清洗干净、油路畅通后方可进行装配。

5.4.2 机轴径向跳动允差不得大于 0.2 mm,轴向位移允差不得大于 1 mm。

5.4.3 零部件结合处平整一致,零部件外表不允许有锈痕、碰伤。油漆表面不应有漏漆、漆堆、起泡、缩皱、色泽明显差异等现象。

6 检验方法

检验方法见表2。

表2 检验方法

序 号	检验项目	单 位	要 求	检验方法
1	垫毯宽度	mm	5.1.2	米尺测量
2	生产速度	m/min	5.1.2	单位时间内生产植被垫毯的长度
3	垫毯可调宽度	mm	5.1.2	米尺测量
4	垫毯厚度	mm	5.1.2	米尺测量
5	垫毯密度	g/m^2	5.1.2	单位平方米植被垫毯的重量
6	焊接质量		5.1.6	目测
7	性能要求		5.2	目测
8	电控要求		5.3	目测
9	机轴间隙	mm	5.2	示值 0.02 mm 的游标卡尺测量
10	噪声	dB(A)	≤80	按 GB/T 3768 规定的方法进行测量

7 检验规则

7.1 总则

植被生产线的检测分为出厂检验和型式检验两种。

7.2 出厂检验

7.2.1 每台植被生产线应经制造单位质量检验部门检验合格，并签发合格证明文件后方可出厂。

7.2.2 出厂检验应符合表2的规定。

7.3 型式检验

7.3.1 凡属下列情况之一者，需进行型式检验：

——新产品或本产品转厂生产试制定型鉴定；

——正式生产后，结构、材料、工艺等作了重大改变；

——停产一年以上重新恢复生产；

——正常批量生产，每四年进行一次；

——国家质量监督部门提出进行型式检验要求。

7.3.2 型式检验应对第5章规定的所有项目进行检验。

7.3.3 抽样方法：随机抽取一台。

7.4 判定规则

检验结果应符合第5章的规定，任一检验项目不合格，须加倍抽样检验，如仍不合格，则被判定为不合格产品。

7.5 认定规则

国家环境保护产品认定检验按型式检验进行。

8 标志、包装、运输及贮存

8.1 标志

每台植被生产线均应在其明显部位固定耐久性产品标牌，其尺寸和技术要求应符合GB/T 13306的规定。标牌上应标出下列内容：

——产品名称、型号；

——工作电源；

——出厂编号；

——制造日期；

——制造厂名称。

8.2 包装

8.2.1 包装应符合GB/T 13384的规定。

8.2.2 包装箱外标志的表示方法和要求应符合GB/T 191的规定。

8.2.3 包装箱外的收发货标志应符合GB/T 6388的规定。

8.2.4　除污机包装前所有易锈零部件外露加工面应涂防锈油或封存油脂，所有外露油孔应封闭。

8.2.5　随机文件包括：

——装箱单；

——产品合格证：

——产品使用说明书。

8.3　运输

植被生产线在装运过程中不得翻滚和倒置。

8.4　贮存

植被生产线应放置在通风、干燥、无腐蚀性介质的有遮蔽场所。

ICS 13.020
J 88

中华人民共和国国家标准

GB/T 29151—2012

城镇粪便消纳站

The plant of town night soil

2012-12-31 发布 2013-10-01 实施

中华人民共和国国家质量监督检验检疫总局
中国国家标准化管理委员会 发布

前　言

本标准按照 GB/T 1.1—2009 给出的规则起草。

本标准由中华人民共和国国家发展和改革委员会提出。

本标准由全国环保产品标准化技术委员会环境保护机械分技术委员会(SAC/TC 275/SC 1)归口。

本标准起草单位:中机生产力促进中心、北京世纪国瑞环境工程技术有限公司、中国环保机械行业协会。

本标准主要起草人:王绍康、苏昭辉、王金武、朱霖、吴炳泉、郭宝林、王海山、孙再冉、张江、汤坤玲、李光伟、李爽。

城镇粪便消纳站

1 范围

本标准规定了城镇粪便消纳站的术语和定义、设计规模和站址选择、技术要求和检验方法、环境保护和劳动条件以及运行与维护。

本标准适用于城镇粪便消纳站等设施。

2 规范性引用文件

下列文件对于本文件的应用是必不可少的。凡是注日期的引用文件，仅注日期的版本适用于本文件。凡是不注日期的引用文件，其最新版本(包括所有的修改单)适用于本文件。

GB 4053.3 固定式工业防护栏杆安全要求 第3部分：工业防护栏杆及钢平台

GB 5226.1 机械电气安全 机械电气设备 第1部分：通用技术条件

GB 7959 粪便无害化卫生标准

GB 8172 城镇垃圾农用控制标准

GB/T 8576 复合肥料中游离水含量测定 真空烘箱法

GB 8978 污水综合排放标准

GB/T 9969 工业产品使用说明书 总则

GB 12348 工业企业厂界环境噪声排放标准

GB/T 12467.4 焊接质量要求 金属的熔化焊 基本质量要求

GB 14048.5 低压开关设备和控制设备 第5-1部分：控制电路电器和开关元件 机电式控制电路电器

GB 14554 恶臭污染物排放标准

GB 16297 大气污染物综合排放标准

GB 50028 城镇燃气设计规范

CJ/T 51 城市污水水质检验方法标准

CJJ 64 城市粪便消纳站设计规范

CJJ 86—2000 城市生活垃圾堆肥消纳站运行、维护及其安全技术规程

NY 525 有机肥料

HJ/T 55 大气污染物无组织排放监测技术导则

3 术语和定义

下列术语和定义适用于本文件。

3.1

粗渣 coarse residue

粪便中的块状物、杂(重)物等固体物。

3.2

粪液 fecal liquid

固液分离设备分离出来的液体部分。

3.3

滤液 filter liquid

经絮凝脱水处理后的液体。

3.4

絮凝脱水污泥 dewatered sludge

经絮凝脱水处理后的固体。

4 设计规模和站址选择

4.1 设计规模

设计规模按照服务区域内人均系数方法进行计算。由服务范围内人口(常住人口＋流动人口)和人均产生粪便量的乘积乘上粪便的收集率求得。计算按式(1)：

$$A = aNk/1\,000 \qquad \cdots\cdots(1)$$

式中：

A ——设计规模,单位为吨每天(t/d)；

a ——人均产生粪便量,单位为千克每人天[kg/(人·d)]；

N ——服务范围内人口,单位为人；

k ——收集率,%。

其中,人均产生粪便量可按照0.5 kg/(人·d)计算。

4.2 站址选择

站址的选择应符合：

a) 消纳站的建设应该符合城市总体规划；

b) 站址选择和站内布置应符合CJJ 64要求。

5 技术要求

5.1 基本要求

5.1.1 设备设计应符合本标准的要求,并按规定程序批准的图样和技术文件进行制造。设备所需的外购件必须是通过国家有关部门鉴定的定型产品。设备上的零部件、紧固件以及结构件应尽可能采用标准件。

5.1.2 设备外观应平整、光滑、色泽均匀谐调,不应有露底漆、起皱、裂纹、毛边和剥落等缺陷。

5.1.3 所有焊合件要焊接牢固可靠。安装工艺允许的现场焊接应焊缝均匀,无烧穿及焊点外溢。焊接要求应符合GB/T 12467.4的规定。

5.1.4 设备安全性应符合GB 5226.1、GB 4053.3的规定。

5.1.5 设备装配完成后各转动部件应牢固可靠、运转平稳。设备初次空运转期间应无异常声响,无卡滞,无漏油现象。

5.1.6 制造单位应提供设备使用说明书。使用说明书应符合GB/T 9969的规定。

5.1.7 消纳站处理对象为城镇粪便,不应混入其他有毒有害物质。

5.1.8 消纳站各处理设备应密闭,无漏液、漏气现象。

5.1.9 消纳站应配备计量设备。

5.2 固液分离系统

5.2.1 用于分离进站粪便中粗渣，系统应包括：与粪便运输车密闭对接装置、固液分离设备、出渣设备。

5.2.2 对接装置应具备快速对接和快速拆卸功能，并在运输车卸粪过程中无漏液。对接排放管直径大于或等于 200 mm。

5.2.3 固液分离设备应为分离、脱水一体化密闭设备，设备所有和介质接触部分的机件应为耐腐蚀材质。

5.2.4 固液分离设备应具有重物自动分拣功能，设备筛孔直径应小于或等于 20 mm。冲击处理能力大于或等于 3 m^3/min。

5.2.5 固液分离设备对 20 mm 以上的粗渣去除率应达到 100%，对 0.5 mm 以上的沉砂去除率大于或等于 90%。

5.2.6 固液分离设备应具有防缠绕功能，无泄漏现象。

5.2.7 出渣设备应为密闭、无轴螺旋型。

5.2.8 分离出的粗渣和沉砂含水率小于或等于 65%。

5.2.9 固液分离系统中每一单体装置、设备均应设有臭气收集口。

5.3 储存调节系统

5.3.1 接收储存固液分离出的粪液，具有缓冲、调节、均质供料功能的设施或装置(调节池)，系统应包括调节池(罐)、防粪液分层和结痂的动力循环搅拌装置。

5.3.2 调节池(罐)有效容积应为消纳站设计日处理规模的 100%～150%。

5.3.3 调节池(罐)应设置臭气负压收集装置，设置通风孔、液位测量装置。

5.3.4 动力循环搅拌装置应使调节池内粪液保持紊流状态，使调节池(罐)内不产生结痂和沉淀。

5.4 絮凝脱水系统

5.4.1 用于进一步分离去除粪液中悬浮物，系统设备包括：絮凝液制备装置、絮凝脱水设备、出渣设备。

5.4.2 絮凝液制备装置应为三腔自动配制设备，第三腔的絮凝液浓度应为 0.1%～0.2%。

5.4.3 絮凝脱水设备应为全密闭，并配置进料调节和设备冲洗装置。设备所有和介质接触部分机件应为耐腐蚀材质。

5.4.4 絮凝脱水设备应设有臭气收集口。

5.4.5 絮凝脱水后的滤液中悬浮物(SS)应小于 0.3%。

5.4.6 絮凝脱水污泥含水率应小于或等于 80%。

5.4.7 出渣设备应为密闭、螺旋式，并设置臭气收集口。

5.5 厌氧消化系统

5.5.1 厌氧消化用于处理粪液或进一步处理滤液，设备包括：厌氧消化反应器、沼气收集净化装置、沼气利用装置。

5.5.2 厌氧消化可采用单级或两级中温消化，单级厌氧消化温度应保持 33 ℃～35 ℃。

5.5.3 单级厌氧消化反应器(两级厌氧消化反应器中的第一级)污泥应加热并搅拌，应有防止浮渣结痂措施。

5.5.4 厌氧消化反应器内壁应采取防腐措施，外壁应采取保温措施。

5.5.5 厌氧消化反应器的总有效容积设计应符合 CJJ 64 的要求。

5.5.6 用于粪液或滤液投配、循环、加热、切换控制的设备和阀门宜集中布置。室内应设置强制通风和除臭设施。

5.5.7 沼气收集净化装置应其由脱硫装置、存贮装置、余气燃烧装置、配气管等组成。
5.5.8 沼气收集净化装置应采取防腐、防爆措施。气管、存贮装置的设计应符合 GB 50028 的规定。
5.5.9 脱硫装置应设在存贮装置前，设计应符合 CJJ 64 的要求。
5.5.10 沼气利用方式应根据粪便消纳站的实际情况进行设计。

5.6 滤液深化处理系统

5.6.1 滤液不能单独排入城镇污水消纳站时，应在城镇粪便消纳站内进行滤液深化处理，满足排放标准。
5.6.2 深化处理工艺应根据排入市政管网和排入水体的具体要求合理设计。
5.6.3 深化处理方式包括：厌氧消化、好氧微生物、物理化学方法等。
5.6.4 深化处理方式的组合形式应进行多方案比较，满足实用、经济、运行稳定的要求。
5.6.5 处理后的出水应符合 GB 8978 的要求。
5.6.6 深化处理系统产生的污泥应经过脱水后进行无害化处理。

5.7 堆肥系统

5.7.1 用于絮凝脱水污泥和其他系统产生的污泥无害化处理和资源化利用。系统包括：堆肥仓、翻堆机、通风供氧装置、辅助设备。
5.7.2 堆肥方式采用好氧动态槽式堆肥。
5.7.3 堆肥发酵温度保持在 55 ℃以上的发酵时间不应小于 5 d，一级堆肥发酵周期应不小于 10 d。
5.7.4 堆肥物料的含水率应在 55%～65%，物料粒径小于 20 mm。
5.7.5 堆肥仓内，翻堆次数每日不应大于 2 次。
5.7.6 堆肥过程中其他设计参数应符合 CJJ 86—2000 中 8.1 的规定。
5.7.7 堆肥仓应封闭，设有臭气收集装置。
5.7.8 翻堆机应运行平稳，其工作部件结构设计应利于改善料堆通风供氧，促进物料发酵腐熟和去除水分。借助液压或机械装置上下升降，工作部件可以适应不同的作业状态。
5.7.9 翻堆机运行速度和抛料距离应能满足堆肥系统的工艺要求，可配套布料设备和出料设备提高机械化作业程度。
5.7.10 通风供氧采取强制通风方式供氧。通风量依据生产试验确定。
5.7.11 堆肥产品应符合 GB 8172 和 GB 7959 的要求。
5.7.12 辅助设备应采取防腐措施，并符合 CJJ 86—2000 中第 3 章的规定。

5.8 除臭系统

5.8.1 收集处理粪便处理过程中产生的臭气。处理方式分为集中收集处理和开放空间喷洒除臭剂。系统设备包括：引风收集系统、除臭塔、雾化喷洒设备。
5.8.2 卸粪口、固液分离设备、絮凝脱水设备、出渣设备、调节池、堆肥仓等处应设置负压吸风口，采取引风集中处理。粪便处理车间、出渣间等开放空间采用雾化喷洒方式除臭。
5.8.3 引风系统应配置消声装置。
5.8.4 除臭塔采用生化、物理化学吸附方式。
5.8.5 雾化喷洒时，除臭剂的雾化粒谱直径应小于或等于 20 μm。
5.8.6 废气的排放应符合 GB 14554 和 GB 16297 的要求。

5.9 电气控制

5.9.1 控制柜及操作台宜采用集中控制与分散控制相结合的方式，便于现场操作和集中观察。控制界面应有中文操作系统。
5.9.2 电气控制设备应具备顺序启动和顺序停机、单机启动和停机及各设备连锁功能，并具有短路、过载、零电压、欠压及过压保护作用。

5.9.3 电气控制、电路控制系统应安全可靠，动作准确，应符合 GB 14048.5 的要求。

5.9.4 设备的各指示和显示系统应灵活，显示正常，电气安全应符合 GB 5226.1 的要求。

6 环境保护和劳动条件

6.1 消纳站内环境劳动保护设施设备配置应符合 CJJ 64 要求。

6.2 废气的排放应符合 GB 14554 和 GB 16297 的要求。

6.3 处理后的出水应符合 GB 8978 的要求。

6.4 噪声控制限值应符合 GB 12348 的要求。

6.5 消纳站内应设置监视、监控和有毒有害气体检测报警装置。

7 检验规则

7.1 检验在现场进行。设备进入消纳站时，应有经制造单位质量检验部门检验合格证。

7.2 进站设备的检验应按 5.1.1、5.1.2、5.1.3、5.1.4、5.1.5、5.1.6 规定的内容执行。

7.3 设备的使用功能按照第 5 章的相关要求进行检验。

7.4 以上检验有一项不合格即为设备不合格。

8 验收

8.1 检验条件

设备安装应符合产品使用说明书的有关规定，并能满足检验要求。

——供电电压偏差不应大于额定值的±10%。

——验收时物料应数量充足，能满足验收检测时的需要。

——各系统设备空载、清水运转正常。

8.2 检测方法

检测方法应满足：

——出水水质检测应按 CJ/T 51 规定的检验方法。

——粗渣和污泥含水率检测应按 GB/T 8576 规定。

——废气排放检测应按 HJ/T 55 规定的检验方法。

——堆肥产品指标测定方法应按 NY 525 规定的试验方法。

8.3 验收方法

8.3.1 水质验收检测采样点应设置在固液分离出水口、调节池内、絮凝脱水出水口、滤液深化处理出水口。

8.3.2 站界内无组织排放废气按 HJ/T 55 的要求进行采样，有组织排放的废气按 GB 14554 的要求进行采样。

8.4 验收规则

同时符合 5.6.1、第 6 章、第 7 章的要求即为合格。

ICS 13.040.30
J 88

中华人民共和国国家标准

GB/T 29152—2012

垃圾焚烧尾气处理设备

Flue gas cleaning system for municipal solid waste incineration

2012-12-31 发布　　2013-10-01 实施

中华人民共和国国家质量监督检验检疫总局
中国国家标准化管理委员会　发布

前　言

本标准按照 GB/T 1.1—2009 给出的规则起草。

本标准由中华人民共和国国家发展和改革委员会提出。

本标准由全国环保产品标准化技术委员会环境保护机械分技术委员会(SAC/TC 275/SC 1)归口。

本标准起草单位:浙江大学、浙江菲达环保科技股份有限公司、浙江博奇电力科技有限公司、蓝天环保设备工程股份有限公司、武汉凯迪电力环保有限公司、上海电气环保集团、上海环境集团有限公司。

本标准主要起草人:高翔、郭永涛、周钓忠、李雄浩、舒英钢、陈有根、蔡晶晶、张涌新、吴祖良、徐甸、钟毅、陈招妹、张小可、应隆飚、崔盈。

垃圾焚烧尾气处理设备

1 范围

本标准规定了垃圾焚烧尾气处理设备的术语和定义、工艺系统、技术要求、检验验收、标牌、标志、包装、运输和贮存内容。

本标准适用于生活垃圾焚烧炉的尾气处理设备。

2 规范性引用文件

下列文件对于本文件的应用是必不可少的。凡是注日期的引用文件，仅注日期的版本适用于本文件。凡是不注日期的引用文件，其最新版本(包括所有的修改单)适用于本文件。

GB 150 钢制压力容器

GB/T 191 包装储运图示标志

GB/T 699 优质碳素结构钢

GB/T 912 碳素结构钢和低合金结构钢热轧薄钢板及钢带

GB/T 3077 合金结构钢

GB 3838—2002 地表水环境质量标准

GB 4053.1 固定式钢梯及平台安全要求 第1部分:钢直梯

GB 4053.2 固定式钢梯及平台安全要求 第2部分:钢斜梯

GB 4053.3 固定式钢梯及平台安全要求 第3部分:工业防护栏杆及钢平台

GB 5085.3 危险废物鉴别标准 浸出毒性鉴别

GB/T 6388 运输包装收发货标志

GB/T 6719 袋式除尘器技术要求

GB/T 7701.1 煤质颗粒活性炭 第1部分:气相用煤质颗粒活性炭

GB 12801 生产过程安全卫生要求总则

GB/T 13306 标牌

GB/T 13384 机电产品包装通用技术条件

GB/T 14848—1993 地下水质量标准

GB 18485 生活垃圾焚烧污染控制标准

GB 50011 建筑抗震设计规范

GB 50016 建筑设计防火规范

GB 50017 钢结构设计规范

GB 50040 动力机器基础设计规范

GB 50057 建筑物防雷设计规范

GB 50140 建筑灭火器配置设计规范

GB 50222 建筑内部装修设计防火规范

GBZ 1 工业企业设计卫生标准

GBZ 2.1 工作场所有害因素职业接触限值 第1部分:化学有害因素

GBZ 2.2 工作场所有害因素职业接触限值 第2部分:物理因素

GBJ 87　工业企业噪声控制设计规范

DL/T 5072　火力发电厂保温油漆设计规程

DL/T 5142　火力发电厂除灰设计规程

DL/T 5153　火力发电厂用电设计技术规定

HJ/T 324　袋式除尘器用滤料

HJ/T 326　袋式除尘器用覆膜滤料

HJ/T 327　袋式除尘器　滤袋

JB/T 4735　钢制焊接常压容器

JB/T 5916　袋式除尘器用电磁脉冲阀

JB/T 5917　袋式除尘器用滤袋框架

JB/T 5943　工程机械焊接件通用技术条件

JB/T 8532　脉冲喷吹类袋式除尘器

JC/T 478.1　建筑石灰试验方法物理试验方法

JC/T 478.2　建筑石灰试验方法化学分析方法

3　术语和定义

下列术语和定义适用于本文件。

3.1

垃圾焚烧尾气处理设备　flue gas cleaning system for municipal solid waste incineration

用于脱除生活垃圾焚烧尾气中烟尘、SO_2、HCl、汞、镉、铅、二噁英类有害物质的工艺系统设备，包括与工艺直接相关的设备以及工艺附属的公用设备。

3.2

半干法　semi-dry flue gas treatment

在尾气处理设备中，吸收剂与尾气中的 SO_2、HCl 污染物在湿态环境下发生反应达到脱除目的，同时生成干态物质的方法。

3.3

二噁英类　polychlorinated dibenzo-p-dioxins (PCDDs) and polychlorinated dibenzofurans (PCDFs)

多氯代二苯并-对-二噁英(PCDDs)和多氯代二苯并呋喃(PCDFs)的统称。

3.4

吸收剂　absorbent

通过化学反应脱除尾气中的 SO_2、HCl 污染物的物质，常用的为钙基吸收剂。

3.5

吸附剂　adsorbent

通过物理、化学吸附方式吸附尾气中重金属、二噁英类的物质。

3.6

终产物　by-product

尾气处理过程中产生的最终固体废物。

3.7

压力降　pressure drop

垃圾焚烧尾气处理设备进口和出口烟气平均全压之差，单位为帕斯卡(Pa)。

3.8

反应器 reactor

用于脱除垃圾焚烧尾气中有害物质的主体设备。

3.9

反应摩尔比 molar ratio of reaction

吸收剂当量的摩尔数与尾气中 SO_2、HCl 的总摩尔数之比。

3.10

设备可用率 availability

垃圾焚烧尾气处理设备每年正常运行时间与焚烧炉每年总运行时间的百分比。按式(1)计算：

$$Y = \frac{A-B}{A} \times 100 \qquad \cdots\cdots (1)$$

式中：

Y ——设备可用率，%；

A ——垃圾焚烧炉每年的总运行时间，单位为小时(h)；

B ——垃圾焚烧炉每年运行时尾气处理设备因自身故障导致的停运时间，单位为小时(h)。

3.11

脱除效率 removal efficiency

尾气处理设备脱除污染物后的尾气中所含烟尘、SO_2、HCl 各浓度与未经处理前尾气中所含烟尘、SO_2、HCl 各浓度的百分比。按式(2)计算：

$$\eta_x = \frac{C_{x-\text{rawgas}} - C_{x-\text{cleangas}}}{C_{x-\text{rawgas}}} \times 100 \qquad \cdots\cdots (2)$$

式中：

η_x ——各污染物脱除效率，%；

$C_{x-\text{rawgas}}$ ——折算到标准状态干烟气和含氧量为 11% 状态下的反应器入口尾气中该气体浓度，单位为毫克每立方米(mg/m^3)；

$C_{x-\text{cleangas}}$ ——折算到标准状态干烟气和含氧量为 11% 状态下的袋式除尘器出口尾气中该气体浓度，单位为毫克每立方米(mg/m^3)。

3.12

二噁英类毒性当量 toxic equivalent quantity (TEQ) of PCDDs and PCDFs

二噁英类毒性当量因子(toxicity equivalency factor, TEF)是二噁英类毒性同类物与 2,3,7,8-四氯代二苯并-对-二噁英对 Ah 受体的亲和性能之比。二噁英类毒性当量可以通过式(3)计算：

$$\text{TEQ} = \sum (C_i \times \text{TEF}_i) \qquad \cdots\cdots (3)$$

式中：

TEQ ——二噁英类毒性当量，单位为纳克每立方米(ng/m^3)；

C_i ——折算到标准状态干烟气和含氧量为 11% 状态下的烟气中第 i 种二噁英类毒性同类物浓度，单位为纳克每立方米(ng/m^3)；

TEF_i ——第 i 种二噁英类毒性同类物的二噁英类毒性当量因子。

4 工艺系统

4.1 总体布置及流程

4.1.1 垃圾焚烧尾气处理设备的总平面布置应符合 GB 50016 和 GB 50222 防火、防爆的规定。

4.1.2 垃圾焚烧尾气处理设备的工艺布置方案应根据安全、节能、降耗、增效的原则进行选择。垃圾焚烧尾气处理设备采用“半干法＋吸附剂吸附＋袋式除尘”的工艺流程。典型工艺流程参见附录A。

4.1.3 尾气处理系统可另设炉内脱硝或烟气脱硝装置来控制尾气中氮氧化物(NO_x)的排放。

4.1.4 吸收剂可在厂内就地制备或外购，吸收剂制备设施、储仓宜在反应器附近因地制宜集中布置。

4.1.5 尾气处理系统的电控设备宜与相关设备的建构筑物合并成电控楼，布置在处理设备附近，也可设独立的尾气处理电控室。

4.1.6 吸收剂卸料及贮存场所应注意系统密封，防止粉尘向周围环境扩散。

4.2 烟气系统

4.2.1 袋式除尘器后应设排烟引风机，其风量按袋式除尘器出口风量加10%裕量，另加10℃的温度裕量，其压头按包括垃圾焚烧炉在内的总压力降加20%裕量。

4.2.2 垃圾焚烧尾气处理设备应密封良好。

4.2.3 垃圾焚烧尾气处理设备不宜设置烟气旁路。

4.3 反应器

4.3.1 反应器宜采用钢结构，应充分考虑耐热、热膨胀方面的要求，方便维护检修，设置必要的平台扶梯。

4.3.2 反应器的设计强度应能承受系统的最大负压，其钢板厚度为计算厚度加上磨损、腐蚀、钢板厚度负偏差的厚度附加量。按式(4)计算：

$$\delta = \delta_1 + C_1 + C_2 \qquad (4)$$

式中：

δ——钢板厚度，单位为毫米(mm)；

δ_1——钢板计算厚度，单位为毫米(mm)；

C_1——磨损、腐蚀附加量，单位为毫米(mm)，C_1 视不同工况在1 mm～4 mm间选取；

C_2——钢板厚度负偏差，单位为毫米(mm)，可取 C_2=1 mm。

4.3.3 设计反应器时应考虑防堵、防磨措施。

4.3.4 反应器进口和出口应设置补偿器来吸收来自焚烧炉及由于热膨胀引起的自身轴向位移、径向位移、角位移和振动。

4.3.5 根据工艺需要吸收剂增湿可在反应器外进行，也可在反应器内设置单级或多级雾化式喷嘴或浆液喷嘴。

4.4 袋式除尘器

4.4.1 袋式除尘器宜采用脉冲喷吹式清灰。袋式除尘器的设计、制造和使用应遵循GB/T 6719、JB/T 8532和有关设计文件的规定。

4.4.2 袋式除尘器的滤料及滤袋应满足垃圾焚烧尾气的工况并符合HJ/T 324、HJ/T 326、HJ/T 327的规定。滤袋的设计使用寿命不低于2年。

4.4.3 袋式除尘器的净过滤风速不宜超过1.0 m/min。

4.4.4 袋式除尘器的滤袋框架应符合JB/T 5917的规定。滤袋框架宜采用表面经有机硅防腐处理的普通碳钢或不锈钢。

4.4.5 脉冲阀应符合JB/T 5916的规定，采用的膜片阀使用寿命在规定条件下累计喷吹不低于100万次。

4.4.6 脉冲阀及电磁阀应有防雨保护措施。

4.4.7 袋式除尘器的灰斗应设置伴热装置，确保袋式除尘器在启动与停机时不出现结露现象。

4.4.8 袋式除尘器应设计温度和差压监控报警装置。

4.4.9 袋式除尘器的检修方式宜采用离线检修，其结构设计应满足离线检修的要求。

4.4.10 所有法兰、人孔盖和检查门均应衬以密封材料以保证密封。

4.5 吸收剂储运制备系统

4.5.1 符合要求的吸收剂(见 B.1)来源有：成品消石灰粉；由生石灰现场消化成的消石灰粉或消石灰浆。

4.5.2 吸收剂仓的有效容积应根据消耗、供应和运输情况确定，但不能低于 48 h 的消耗量。

4.5.3 吸收剂仓应密封，内表面应平整光滑不积粉。

4.5.4 吸收剂仓内壁锥斗部位应设流化装置。

4.5.5 吸收剂仓顶应设置除尘器、压力平衡器、料位计和检修平台。

4.5.6 吸收剂仓应有防受潮措施。

4.6 吸附系统

4.6.1 吸附剂可选用活性炭或活性焦。

4.6.2 吸附剂的加料位置宜设置在反应器出口到袋式除尘器入口之间。

4.6.3 吸附剂的运输和贮存应遵循 GB/T 7701.1 的规定。

4.7 气力除灰输送系统

4.7.1 根据气力输送系统的压力要求，可采用空气压缩机、罗茨风机或离心风机。

4.7.2 输送方式的选择应遵循 DL/T 5142 的规定。

4.7.3 输送用压缩空气系统应设空气净化装置。

5 技术要求

5.1 基本要求

5.1.1 垃圾焚烧尾气处理设备应按照经过规定程序批准的图纸和设计文件要求，进行制造、安装、调试及验收。

5.1.2 垃圾焚烧尾气处理设备的工作平台、扶梯、栏杆应符合 GB 4053.1～GB 4053.3 的规定。

5.1.3 垃圾焚烧尾气处理设备需设置必要的热工检测仪表，采用集中监控方式，根据设计要求，实现设备的启停、运行工况的监视与调整，联锁保护满足设计要求。

5.2 技术性能要求

——烟尘、SO_2、NOx、HCl、汞、镉、铅、二噁英类排放应符合 GB 18485 的规定；

——脱除效率和压力降参数满足设计要求；

——吸收剂、水源及气源要求见附录 B；

——漏风率应控制在 5%以下；

——垃圾焚烧尾气处理设备在运行时应能适应焚烧炉 70%～110%的负荷变化；

——主体设备设计使用寿命应不低于焚烧炉的剩余使用寿命；

——设备可用率应不低于 95%。

5.3 材料要求

5.3.1 垃圾焚烧尾气处理设备中的压力容器应遵循 GB 150 的规定，非压力容器应遵循 JB/T 4735 的规定。

5.3.2 钢制设备所用的钢材应符合 GB/T 699、GB/T 912 及 GB/T 3077 的规定。

5.4 制造要求

5.4.1 垃圾焚烧尾气处理设备钢结构设计应符合 GB 50017 的规定。

5.4.2 钢制设备上所有接管均采用全焊透结构。

5.4.3 钢制设备上矩形接管的焊缝要与壳体的纵、环焊缝错开 100 mm 以上。

5.4.4 钢制设备上所有加强圈上面的角焊缝均为连续焊，下面的角焊缝可采用 50 mm/50 mm 间断焊。

5.4.5 钢制设备焊接件的加工制造应符合 JB/T 5943 的规定。

5.4.6 袋式除尘器的制造要求：

a) 滤袋框架制造符合 JB/T 5917 的各项规定。

b) 袋式除尘器的花板要求平整、光洁。其平面度偏差不大于花板长度的 2/1 000；花板孔中心位置偏差小于 1.5 mm；用弹性涨圈固定滤袋的花板孔径公差为$^{+0.3}_{0}$。

c) 袋式除尘器的分气箱和喷吹管与上箱体组装时，应严格保证喷吹管与花板平行，全长平行度不超过 2 mm，并使喷管嘴的中心线与花板孔中心线重合，其中心位置偏差应小于 2 mm。

d) 袋式除尘器的分气箱安装验收合格后，应将脉冲阀安装到位，并对各阀逐个进行喷吹试验，每阀喷吹不少于 3 次。

5.5 电气和控制要求

5.5.1 垃圾焚烧尾气处理设备的电气和控制设计应遵循 DL/T 5153 的规定。

5.5.2 垃圾焚烧尾气处理设备的热工自动化系统可采用分散控制系统(DCS)或可编程控制器(PLC)，其功能包括数据采集和处理(DAS)、模拟量控制(MCS)、顺序控制(SCS)及联锁保护。

5.5.3 垃圾焚烧尾气处理设备的防雷、接地措施应符合 GB 50057 的规定。

5.5.4 检测仪表和执行装置应满足垃圾焚烧尾气处理设备运行和热控整体自动化的功能与接口要求。

5.6 安全环保职业卫生要求

5.6.1 垃圾焚烧尾气处理设备的抗震要求应符合 GB 50011 的规定。

5.6.2 垃圾焚烧尾气处理设备的噪声控制设计应符合 GBJ 87 的规定，振动控制设计应符合 GB 50040 的规定。

5.6.3 工作场所防尘、防噪声与振动、防电磁辐射、防暑与防寒职业安全健康要求应符合 GBZ 1、GBZ 2.1 和 GBZ 2.2 的规定。

5.6.4 垃圾焚烧尾气处理设备的安全管理应符合 GB 12801 中的规定。

5.6.5 吸收剂及终产物的贮运应有防止泄漏及扬尘的措施。

5.6.6 终产物按 GB 5085.3 危险废物鉴别标准判断是否属于危险废物，如属于危险废物，则按危险废物处理，其所作的检测试验和检测毒性测定方法按 GB 18485 的规定执行。

5.7 消防要求

5.7.1 垃圾焚烧尾气处理的消防系统应与全厂消防系统协调统一考虑，其设计应符合 GB 50016 的要求。

5.7.2 应有完整的消防给水系统和室内、室外消防设施。

5.7.3 按消防对象的具体情况设置火灾自动报警装置和专用灭火装置，灭火器配置应符合 GB 50140 的规定。

6 检验验收

6.1 垃圾焚烧尾气处理各设备出厂前均应进行出厂检验,由厂质量检验部门出具合格证明。

6.2 袋式除尘器的性能测试应遵循 GB/T 6719 的规定,在其负荷试车前应进行预喷涂工作,预喷涂的粉剂可采用消石灰。

6.3 袋除尘器的漆膜应均匀,颜色一致,不应有发脆、剥落、裂纹、卷皮和刷痕缺陷,厚度不小于 50 μm。

6.4 垃圾焚烧尾气处理设备的保温、油漆应符合 DL/T 5072 的规定。

6.5 垃圾焚烧尾气处理设备应通过 72 h 生产试运行,运行期间各子系统应运转正常,技术指标应达到设计要求。

6.6 垃圾焚烧尾气处理设备性能试验至少应包括:烟尘排放浓度,SO_2 排放浓度,HCl 排放浓度,NO_x 排放浓度,汞、镉、铅排放浓度,二噁英类毒性当量测定,脱硫效率,尾气排放温度,设备压力降,吸收剂耗量、反应摩尔比以及电、水的消耗。性能测试方法参见附录 C。

6.7 垃圾焚烧尾气处理设备一般在自生产试运行之日起的 3 个月内,向有审批权的环境保护行政主管部门申请该设备的竣工环境保护验收。

7 标牌、标志、包装、运输和贮存

7.1 标牌和标志

7.1.1 标牌应符合 GB/T 13306 的规定。

7.1.2 垃圾焚烧尾气处理设备中各设备应在明显位置装有固定标志,且至少应包括:工艺方式,制造厂名或商标,产品型号及名称,额定处理能力,设备外形尺寸,制造日期。

7.2 包装、运输和贮存

7.2.1 垃圾焚烧尾气处理设备的包装应符合 GB/T 13384 的规定,包装与运输的标志应符合 GB/T 6388 和 GB/T 191 的规定。

7.2.2 运输时应对设备的接管法兰表面加以保护,采用合理装载加固措施,依次码好,使法兰面不受损坏。

7.2.3 垃圾焚烧尾气处理设备应附有下列图样和随机文件:设备总清单;设备安装图;产品合格证;使用与维护说明书;包装清单及备品备件清单;上述图样及技术文件清单目录。

7.2.4 建设过程中,垃圾焚烧尾气处理设备钢结构件及大件设备允许露天存放,其余设备、电器、仪表及设备配件宜库存。

附 录 A
（资料性附录）
典型工艺流程

A.1 基本要求

“半干法＋吸附剂吸附＋袋式除尘器”主要由反应器、袋式除尘器、吸收剂储运制备系统、吸附系统、终产物气力输送系统、供水供气系统、电控系统组成。图 A.1、图 A.2、图 A.3 是典型的垃圾焚烧尾气处理设备工艺流程简图。

A.2 CFB 工艺（见图 A.1）

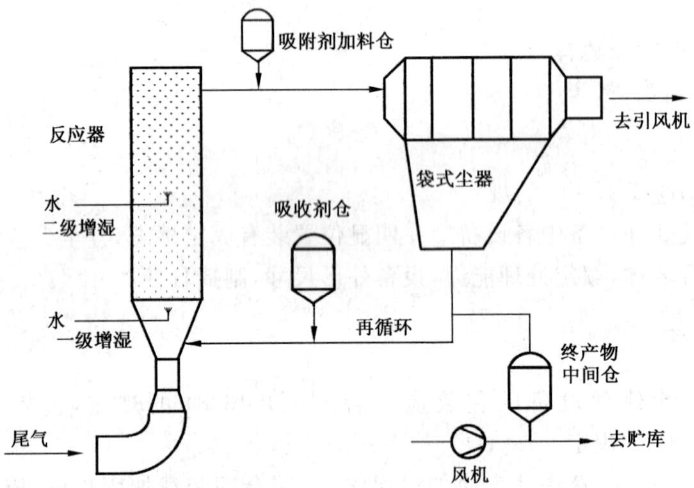

图 A.1 CFB 典型工艺流程（单级或多级增湿）

从焚烧炉出来的尾气，在反应器下部进入，与反应器内增湿并流态化的吸收剂发生化学反应，脱除掉大部分的二氧化硫、氯化氢。之后在反应器顶部出口的烟道处加入一定量的活性炭，用以吸附尾气中的汞、镉、铅和二噁英类有害物质。最后尾气进入袋式除尘器除去大部分终产物，由除尘器除下的终产物大部分经过空气斜槽循环进入反应器再次进行反应，少量通过输灰系统外排。净化后的尾气经引风机通过烟囱排入大气。

A.3　增湿灰循环工艺(见图 A.2)

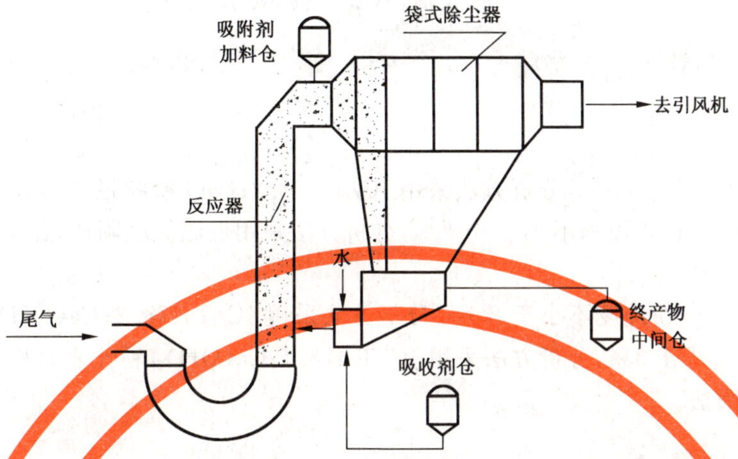

图 A.2　增湿灰循环典型工艺流程

以一定细度的石灰粉经消化或消石灰增湿处理后与循环灰混合直接进入反应器,在反应器内与尾气中二氧化硫、氯化氢发生反应,脱除掉大部分的二氧化硫、氯化氢。在反应器出口的烟道处加入一定量的活性炭,用以吸附尾气中的汞、镉、铅和二噁英类有害物质。反应后的尾气携带大量的干燥终产物进入袋式除尘器,由除尘器收集下来的终产物一部分循环进入混合器去反应器参与反应,少量通过输灰系统外排。净化后的尾气经引风机通过烟囱排入大气。

A.4　喷雾干燥工艺(见图 A.3)

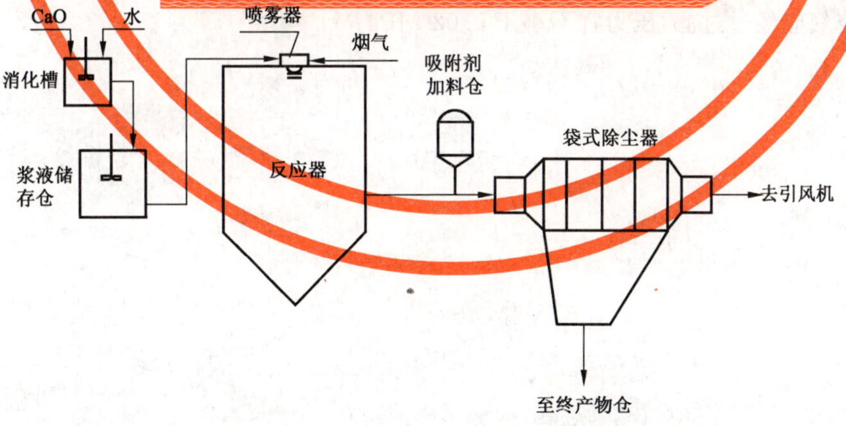

图 A.3　喷雾干燥典型工艺流程

喷雾干燥尾气处理过程是指以生石灰为脱硫吸收剂,生石灰经消化并加水制成消石灰浆,消石灰浆由泵打入位于反应器内的雾化装置喷入反应器内,尾气中的有害气体二氧化硫、氯化氢在反应器内与消石灰浆发生化学反应,脱除大部分的二氧化硫、氯化氢。同时利用尾气的热量将反应产物干燥成固体颗粒并从反应器底部排出。反应后的尾气经活性炭吸附和袋式除尘器除尘,净化后经引风机通过烟囱排入大气。

附 录 B
（规范性附录）
吸收剂、水源、气源要求

B.1 吸收剂要求

B.1.1 CaO粉纯度不小于80%，分析方法采用JC/T 478.2；CaO粉粒径宜不大于1 mm，分析方法采用JC/T 478.1；CaO粉比表面积不小于$6m^2/g$，分析方法采用低温氮吸附法；保证消化3 min温度达到60 ℃。

B.1.2 成品$Ca(OH)_2$粉纯度不小于85%，分析方法采用JC/T 478.2；$Ca(OH)_2$粉吸收剂粒径宜不小于0.1 mm，含水量小于3%，分析方法采用JC/T 478.1；$Ca(OH)_2$粉比表面积不小于12 m^2/g，分析方法采用低温氮吸附法。

B.2 水源要求

B.2.1 选用地表水作为供水水源时，应符合GB 3838—2002的Ⅲ类水质要求。

B.2.2 选用地下水作为供水水源时，应符合GB/T 14848—1993的Ⅲ类水质要求。

B.3 气源要求

B.3.1 压缩空气气压宜不小于0.6 MPa，应进行脱水、脱油净化处理，并经干燥过滤，以保证压缩空气满足以下品质要求：

——含油量$\leqslant 1\times 10^{-6}$（体积分数）；

——含尘粒度$\leqslant 1\ \mu m$。

B.3.2 流化空气应经过过滤，压力宜不小于0.02 MPa。

附 录 C
（资料性附录）
性能测试方法

C.1 测试方法

在对焚烧炉进行性能测试时，采样期间的工况应与设计工况相同，焚烧厂的人员和实施测试的人员都不应任意改变运行工况。

烟尘和烟气的采样点和采样方法按 GB/T 16157 中的规定执行。

垃圾焚烧尾气处理系统考核指标性能测试方法见表 C.1 和表 C.2。

表 C.1 垃圾焚烧尾气处理系统考核指标性能测试方法

序号	项 目	测试方法	方法来源
1	烟尘含量	重量法	GB/T 16157
2	烟气黑度	林格曼烟气黑度图法	HJ/T 398
3	二氧化硫	定电位电解法	HJ/T 57
4	氮氧化物	紫外分光光度法	HJ/T 42
5	氯化氢	硫氰酸汞分光光度法	HJ/T 27
6	汞	冷原子吸收分光光度法	HJ 543
7	镉	原子吸收分光光度法	HJ 538
8	铅	原子吸收分光光度法	HJ/T 64.2
9	二噁英类	同位素稀释高分辨气相色谱-高分辨质谱法	HJ 77.2

表 C.2 其他量性能测试方法

序号	项目	测试方法	方法来源
1	烟气流量	皮托管平行测速法	GB/T 16157
2	温度	热电偶测温法	GB/T 16157
3	压力	皮托管连接压力计测压法	GB/T 16157
4	含湿量	干湿球法或冷凝法	GB/T 16157

C.2 污染物脱除效率的测定

SO_2 和 HCl 脱除效率测定遵循 GB/T 21508 的规定。

C.3 反应摩尔比的测定与计算

由于垃圾焚烧排放的尾气中除了 SO_2 外，HCl 也会消耗一定量的吸收剂，所以测定的当量钙硫摩尔比指的是实际加入的有效钙基摩尔数与实际进入反应系统的 SO_2、HCl 组分的总摩尔数之比。

保持焚烧炉焚烧量相对稳定，垃圾种类相对稳定，同时吸收剂料仓中加满料后停止加料，计下此时料仓料位 L_1(始)，测试在 8 h 内完成。起始与结束时，同时测定进出口烟气量及 SO_2、HCl 浓度，并记下经 t 小时后料仓的料位 L_2(末)。计算按式(C.1)～式(C.4)：

消耗的石灰体积：$V(m^3/h)=A\times(L_1-L_2)/t$ ……………………………（C.1）

消耗纯石灰的质量：$G(kg/h)=\rho\times C\times V=\rho\times C\times A\times(L_1-L_2)/t$ ……………………………（C.2）

反应器进口气体物质摩尔数：

$$m(\mathrm{kmol/h})=\left(\frac{[\mathrm{HCl}_{\mathrm{rawgas}}]}{2\times M_{\mathrm{HCl}}}+\frac{[\mathrm{SO}_{2\ \mathrm{rawgas}}]}{M_{\mathrm{SO_2}}}\right)\times Q_{\mathrm{rawgas}}\times 10^{-6} \quad \cdots\cdots(\mathrm{C.3})$$

所以反应摩尔比为：

$$\mathrm{Ca/S}=\frac{G/56}{m} \quad \cdots\cdots(\mathrm{C.4})$$

式中：

$[SO_{2\ rawgas}]$和$[HCl_{rawgas}]$——分别为尾气处理系统进口 SO_2、HCl 折算到标准状态下的浓度，单位为毫克每立方米(mg/m^3)；

V ——消耗的石灰体积，单位为立方米每小时(m^3/h)；

A ——吸收剂料仓截面积，单位为平方米(m^2)；

L_1 和 L_2 ——分别为测试 t 小时前后吸收剂料仓料位，单位为米(m)；

G ——消耗的纯石灰质量，单位为千克每小时(kg/h)；

Q_{rawgas} ——反应器入口标准状态下的烟气量，单位为立方米每小时(m^3/h)；

C ——石灰中 CaO 的纯度，%；

ρ ——石灰的堆密度，单位为千克每立方米(kg/m^3)；

t ——运行测试时间，单位为小时(h)，运行时间小于 8 h；

m ——反应器进口气体物质摩尔数，单位为千摩尔每小时(kmol/h)。

C.4 反应器压力降(Pa)

反应器压力降按式(C.5)：

$$P(\mathrm{Pa})=P_{后}-P_{前} \quad \cdots\cdots(\mathrm{C.5})$$

式中：

$P_{前}$ 和 $P_{后}$——分别为反应器进口和出口的平均全压，单位为帕斯卡(Pa)。

参 考 文 献

[1] GB/T 16157 固定污染源排气中颗粒物测定与气态污染物采样方法

[2] GB/T 21508 燃煤烟气脱硫设备性能测试方法

[3] HJ/T 42 固定污染源排气中氮氧化物的测定 紫外分光光度法

[4] HJ/T 27 固定污染物排气中氯化氢的测定 硫氰酸汞分光光度法

[5] HJ/T 57 固定污染源排气中二氧化硫的测定 定电位电解法

[6] HJ/T 64.2 大气固定污染源 镉的测定 石墨炉原子吸收分光光度法

[7] HJ 77.2 环境空气和废气 二噁英类的测定 同位素稀释高分辨气相色谱-高分辨质谱法

[8] HJ/T 398 固定污染源排放烟气黑度的测定 林格曼烟气黑度图法

[9] HJ 538 固定污染源废气 铅的测定 火焰原子吸收分光光度法(暂行)

[10] HJ 543 固定污染源废气 汞的测定 冷原子吸收分光光度法(暂行)

ICS 13.030.40
J 88

中华人民共和国国家标准

GB/T 29153—2012

中水再生利用装置

Water reclamation and reuse facility

2012-12-31 发布　　　　2013-10-01 实施

中华人民共和国国家质量监督检验检疫总局
中国国家标准化管理委员会　发布

前　言

本标准按照 GB/T 1.1—2009 给出的规则起草。

本标准由中华人民共和国国家发展和改革委员会提出。

本标准由全国环保产品标准化技术委员会环境保护机械分技术委员会(SAC/TC 275/SC 1)归口。

本标准起草单位:安徽国祯环保节能科技股份有限公司、机械科学研究总院、北京工业大学、中国环保机械行业协会、安徽省机械情报所。

本标准主要起草人:王淦、席莹本、王金武、彭永臻、王春兰、谢荣焕、侯红勋、朱甲华、王颖哲、胡天媛、曹平安、戴贤良、张羽、张洪、沈桂珍、张静。

中水再生利用装置

1 范围

本标准规定了中水再生利用装置(以下简称“中水装置”)的分类、工艺组合、通用要求、选型、检验及验收要求等。

本标准适用于以农业用水、工业用水、城镇杂用水、景观环境用水等为再生利用目标的中水再生利用装置。

本标准不适用于城镇污水处理厂及集中式工业园区污水处理厂的再生水回用。

2 规范性引用文件

下列文件对于本文件的应用是必不可少的。凡是注日期的引用文件,仅注日期的版本适用于本文件。凡不注日期的文件,其最新版本(包括所有的修改单)适用于本文件。

GB 5084 农田灌溉水质标准

GB 18918 城镇污水处理厂污染物排放标准

GB/T 18919 城市污水再生利用 分类

GB/T 18920 城市污水再生利用 城市杂用水水质

GB/T 18921 城市污水再生利用 景观环境用水水质

GB/T 19837 城市给排水紫外线消毒设备

GB/T 19923 城市污水再生利用 工业用水水质

GB 50013 室外给水设计规范

GB 50014 室外排水设计规范

GB 50069 给水排水工程构筑物结构设计规范

GB 50141 给水排水构筑物工程施工及验收规范

GB 50236 现场设备、工业管道焊接工程施工及验收规范

GB 50252 工业安装工程施工质量验收统一标准

GB 50268 给水排水管道工程施工及验收规范

GB 50334 城市污水处理厂工程质量验收规范

GB 50335—2002 污水再生利用工程设计规范

GB 50336 建筑中水设计规范

CECS 128 生物接触氧化法设计规程

CECS 152 一体式膜生物反应器污水处理应用技术规程

CECS 265 曝气生物滤池工程技术规程

HJ/T 243 环境保护产品技术要求 油水分离装置

HJ/T 244 环境保护产品技术要求 斜管(板)隔油装置

HJ/T 248 环境保护产品技术要求 多层滤料过滤器

HJ/T 253 环境保护产品技术要求 微孔过滤装置

HJ/T 257 环境保护产品技术要求 电解法二氧化氯协同消毒剂发生器

HJ/T 258 环境保护产品技术要求 电解法次氯酸钠发生器

HJ/T 261　环境保护产品技术要求　压力溶气气浮装置
HJ/T 264　环境保护产品技术要求　臭氧发生器
HJ/T 270　环境保护产品技术要求　反渗透水处理装置
HJ/T 271　环境保护产品技术要求　超滤装置
HJ/T 282　环境保护产品技术要求　浅池气浮装置
HJ/T 337　环境保护产品技术要求　生物接触氧化成套装置
JB/T 10193　活性炭吸附罐　技术条件
《城市污水再生利用技术政策》(建设部、科技部建科[2006]100号)

3　术语和定义

下列术语和定义适用于本文件。

3.1

中水　reclaimed water;recycled water

各种排水经适当处理后,达到规定的水质标准,满足某种使用要求,可以进行循环使用的水。

3.2

污水　wastewater

在生产与生活活动中排放的水的总称。

3.3

中水原水　row water of the reclaimed water

可用于再生利用的生产废水、生活污水或者雨水,或指流入中水再生利用装置的第一个处理单元的水。

3.4

污水再生利用　wastewater reclamation and reuse;water recycling

污水再生利用为污水回收、再生和利用的统称,包括污水净化再用、实现水循环的全过程。

[GB 50335—2002,定义2.0.1]

3.5

二级强化处理　upgraded secondary treatment

既能去除污水中含碳有机物,也能脱氮除磷的二级处理工艺。

[GB 50335—2002,定义2.0.2]

3.6

深度处理　advanced treatment

在二级处理或二级强化处理基础上,采用化学混凝、沉淀、过滤等物理化学处理方法进一步强化悬浮固体、胶体、病原体和某些无机物去除的净化处理过程。包括但不限于混凝、沉淀、过滤工艺构成的传统三级处理流程、采用膜技术(微滤、反渗透)的改进流程、以及其他高效分离处理流程。

[《城市污水再生利用技术政策》,附录:术语解释]

3.7

中水再生利用装置　water reclamation and reuse facility

用于对中水水源进行充分可靠的净化处理,并使之达到中水水质指标要求的设备和器材的统称。

4　中水装置的分类及工艺组合

4.1　装置的分类

根据需去除的目标物质不同,可对中水装置按工艺方法进行分类,例如:

a) 去除有机物和营养物质的生物处理法装置(活性污泥法、生物接触氧化、曝气生物过滤、膜生物反应器等);

b) 去除悬浮性物质的物理化学处理法装置(快滤、混凝沉淀、混凝过滤、气浮、微滤、超滤等);

c) 去除溶解性物质的物理化学处理法装置(活性炭吸附、臭氧氧化、纳滤、反渗透等);

d) 去除细菌性物质的消毒装置(氯消毒、臭氧消毒、紫外线消毒等)。

4.2 装置的基本工艺

中水再生处理系统应按 GB 50335—2002 中 6.1.1 的规定确定基本工艺(参见附录 A),并选择合适的装置:

a) 二级处理——消毒;

b) 二级处理——过滤—消毒;

c) 二级处理——混凝—沉淀(澄清、气浮)—过滤—消毒;

d) 二级处理——膜处理—消毒。

4.3 工艺组合

当用户对中水水质有更高要求时,可增加其他深度处理单元技术中的一种或几种,构成组合工艺装置;其他中水处理技术,如果能稳定达到用户对水质的要求,也是可以接受的。

5 通用要求

5.1 中水装置的设计选型

中水装置的设计选型应符合 GB 5084、GB/T 18919、GB/T 18920、GB/T 18921、GB/T 19923、GB 50013、GB 50014、GB 50069、GB 50335—2002、GB 50336 的要求。

5.2 中水水源、出水水质及其安全要求

5.2.1 重金属以及其他有毒有害物质浓度超过 GB 18918 规定的污水不允许作为中水原水。

5.2.2 中水用作建筑杂用水和城镇杂用水(如冲厕、道路清洗、消防、城市绿化、洗车、建筑施工等)时,其水质应符合 GB/T 18920 的规定。

5.2.3 中水用于景观环境用水时,其水质应符合 GB/T 18921 的规定。

5.2.4 中水用于食用作物、蔬菜浇灌用水时,其水质应符合 GB 5084 的要求。

5.2.5 当中水同时用于多种用途时,其水质应按最高水质指标综合确定。中水水质应符合国家和地方水质标准,并满足中水用户提出的技术可行、经济合理的特定水质要求。

5.2.6 中水输配到用户的管道不得与其他管网相连接,且输送过程中不得降低或影响其他用水的水质。

5.2.7 中水管道、水箱等设备外部应涂天酞蓝色(PB09),并于显著位置标注“中水”字样,以免误饮、误用。

6 物化处理装置的选型及要求

6.1 型式推荐

6.1.1 气浮工艺推荐选用的装置有:浅池气浮装置和压力溶气气浮装置等。

6.1.2 沉淀工艺推荐选用的装置有:竖流沉淀池、平流沉淀池、斜管/斜板沉淀池及辐流沉淀池等。

6.1.3 过滤工艺推荐选用的装置有：单层滤料、双层滤料、均质滤料过滤器等。

6.1.4 经混凝—沉淀—过滤—消毒后，仍不能达到中水水质要求时，可按照4.3的原则进行处理。

6.2 一般要求

6.2.1 气浮装置性能要求应符合HJ/T 261和HJ/T 282的规定。

6.2.2 过滤装置性能要求应符合HJ/T 248的规定。

6.2.3 沉淀装置的设计和施工应符合GB 50336的规定。

6.2.4 除油装置性能要求应符合HJ/T 243和HJ/T 244的规定。

6.2.5 深度处理采用混合—絮凝—沉淀工艺和絮凝—沉淀—澄清—气浮工艺的设计时，设计参数应符合GB 50014的规定。

6.2.6 对滤池的构造、滤料组成等宜执行GB 50013的规定。

6.2.7 活性炭吸附装置性能要求宜执行GB 50013的规定。

6.3 其他专项要求

6.3.1 混凝、沉淀、澄清、气浮装置宜符合下列要求：

a) 絮凝时间宜为10 min～15 min。

b) 平流沉淀池沉淀时间宜为2.0 h～4.0 h，水平流速可采用4.0 mm/s～10.0 mm/s。

c) 澄清池上升流速宜为0.2 mm/s～0.6 mm/s。

d) 当采用气浮池时，其设计参数可通过试验确定。

6.3.2 过滤装置宜符合下列要求：

a) 滤池的进水浊度宜小于10 NTU。

b) 滤池可采用双层滤料、单层滤料滤池、均质滤料滤池。

c) 双层滤池滤料可采用无烟煤和石英砂。滤料厚度：无烟煤宜为300 mm～400 mm，石英砂宜为400 mm～500 mm。滤速宜为5 m/h～10 m/h。

d) 单层石英砂滤料滤池，滤料厚度可采用700 mm～1 000 mm，滤速宜为4 m/h～6 m/h。

e) 均质滤料滤池，滤料厚度可采用1.0 m～1.2 m，粒径0.9 mm～1.2 mm，滤速宜为4 m/h～7 m/h。

f) 滤池宜设气水冲洗或表面冲洗辅助系统。

g) 滤池的工作周期宜采用12 h～24 h。

h) 滤池的结构形式，可根据具体条件，通过技术经济比较确定。

i) 滤池宜备有冲洗滤池表面污垢和泡沫的冲洗水管。

6.3.3 活性炭吸附(或臭氧—活性炭)装置宜符合下列要求：

a) 当选用粒状活性炭吸附处理工艺时，宜进行静态选炭及炭柱动态试验，根据被处理水水质和中水水质要求，确定用炭量、接触时间、水力负荷与再生周期等。

b) 用于污水再生处理的活性炭，应具有吸附性能好、中孔发达、机械强度高、化学性能稳定、再生后性能恢复好等特点。

c) 活性炭使用周期，以目标去除物接近超标时为再生的控制条件，并应定期取炭样检测。

d) 活性炭再生宜采用直接电加热再生法或高温加热再生法。

e) 活性炭吸附装置可采用吸附池，也可采用吸附罐。其选择应根据活性炭吸附池规模、投资、现场条件等因素确定。

f) 在无试验资料时，当活性炭采用粒状炭(直径1.5 mm)情况下，宜采用下列设计参数：

接触时间：大于或等于10 min；

炭层厚度：1.0 m～2.5 m；

滤速:7 m/h～10 m/h;

水头损失:0.4 m～1.0 m。

活性炭吸附池冲洗:经常性冲洗强度为 15 L/(m^2 · s)～20 L/(m^2 · s),冲洗历时 10 min～15 min,冲洗周期 3 d～5 d,冲洗膨胀率为 30%～40%;除经常性冲洗外,还应定期采用大流量冲洗;冲洗水可用砂滤水或炭滤水,冲洗水浊度小于 5 NTU。

g) 当无试验资料时,活性炭吸附罐宜采用下列设计参数:

接触时间:20 min～35 min;

炭层厚度:4.5 m～6 m;

水力负荷:2.5 L/(m^2 · s)～6.8 L/(m^2 · s)(升流式),2.0 L/(m^2 · s)～3.3 L/(m^2 · s)(降流式);

操作压力:每 0.3 m 炭层 7 kPa。

h) 活性炭吸附罐应符合 JB/T 10193 的要求。

7 生化处理装置的选型及要求

7.1 型式推荐

7.1.1 曝气生物滤池工艺(biological aerated filter, BAF)推荐选用的装置有:曝气生物滤池成套装置。

7.1.2 生物接触氧化工艺推荐选用的装置有:生物接触氧化成套装置。

7.1.3 膜生物反应器(membrane biological reactor, MBR)工艺推荐选用的装置有:膜生物反应器成套装置。

7.1.4 其他生化处理工艺,如序批式反应器(sequencing batch reactor,SBR)等。

7.2 一般要求

7.2.1 曝气生物滤池性能要求应符合 GB 50014 及 CECS 265 的规定。

7.2.2 生物接触氧化装置性能要求应符合 GB 50336、CECS 128 和 HJ/T 337 的规定。

7.2.3 当中水厂占地较为紧张或对现有污水处理厂进行升级改造时,可选用膜生物反应器。膜生物反应器的设计和施工应符合 CECS 152 的要求。

7.2.4 对滤池的构造、滤料组成等宜执行 GB 50013 的规定。

7.2.5 SBR 等活性污泥法的设计和施工应符合 GB 50014 的规定。

7.3 其他专项要求

7.3.1 曝气生物滤池装置宜符合下列要求:

a) 为保证滤池的正常运行,曝气生物滤池前应设沉砂池、初次沉淀池等预处理设施,进水悬浮固体浓度不宜大于 60 mg/L。

b) 曝气生物滤池应设置反冲洗供气和曝气充氧系统。

c) 曝气生物滤池的承托层所采用的材质应具有良好的机械强度和化学稳定性,一般采用天然鹅卵石,并可以考虑按一定级配分层铺设,近滤料层的承托层粒径与滤料粒径接近。

d) 曝气生物滤池的反冲洗宜通过滤板和固定其上的长柄滤头来实现,由单独气冲洗、气水联合反冲洗、单独水洗三个过程组成。

e) 曝气生物滤池的滤料应具有强度大、不易磨损、孔隙率高、比表面积大、化学物理稳定性好、易挂膜、生物附着性强、比重小、耐冲洗和不易堵塞的性质,宜选用球形轻质多孔陶粒或塑料球形颗粒。

7.3.2 生物接触氧化装置宜符合下列要求：

a） 生物接触氧化装置的供氧方式宜采用低噪声的鼓风机加布气装置、潜水曝气机或其他曝气设备。

b） 生物接触氧化装置宜采用易挂膜、耐用、比表面积较大、维护方便的固定填料或悬浮填料。当采用固定填料时，安装高度不小于2 m；当采用悬浮填料时，装填体积不应小于池容积的25%。

8 膜处理装置的选型及要求

8.1 型式推荐

8.1.1 微滤可以取代深床过滤降低水的浊度，去除剩余的悬浮固体和细菌，强化水的消毒，并作为反渗透的预处理。

8.1.2 超滤用于许多与微滤相同的应用实例中，膜孔孔径很小的超滤膜也可用于去除高相对分子质量的溶解化合物和胶体物，如蛋白质和碳水化合物。

8.1.3 当需要去除有机物、硬度和部分去除溶解性盐或色度时，可选用纳滤装置。

8.1.4 当需要淡化海水及苦咸水，制备锅炉给水、工业纯水及电子级超纯水，或需要去除通过深床过滤、微滤或超滤等处理后废水中残留的溶解组分时，可选用反渗透装置。

8.2 一般要求

8.2.1 微滤装置应符合HJ/T 253的要求。

8.2.2 超滤装置应符合HJ/T 271的要求。

8.2.3 反渗透装置应符合HJ/T 270的要求。

9 消毒装置的选型及要求

9.1 型式推荐

中水装置应设置消毒设施，消毒设施宜采用紫外线或臭氧消毒，也可采用二氧化氯、液氯或次氯酸钠消毒等成套装置。

9.2 一般要求

9.2.1 中水再生消毒设施应根据中水回用要求确定。

9.2.2 消毒设施及有关建、构筑物的设计应执行GB 50013的规定。

9.3 其他专项要求

9.3.1 设计要求：

a） 采用紫外线消毒时，紫外线剂量宜根据试验资料或类似运行经验确定。

b） 采用臭氧消毒时，其投加量应由试验确定，且接触反应池的水深宜为4.0 m～6.0 m。

c） 二氧化氯或氯消毒时，应进行混合和接触，接触时间不应小于30 min。加氯量按卫生学指标和余氯量确定。

9.3.2 设备要求：

a） 紫外线消毒装置的组成及技术要求应符合GB/T 19837规定。

b） 臭氧消毒设备应符合HJ/T 264技术要求。

c） 二氧化氯消毒设备应符合HJ/T 257技术要求。

d） 次氯酸钠消毒设备应符合 HJ/T 258 技术要求。

10 装置的检验与验收

10.1 装置检验

中水装置的检验应按照前述各工艺及设备选型要求参照的标准进行检验。

10.2 装置验收

10.2.1 中水装置按标准检验后，应在竣工阶段进行验收，验收除了应满足前述选型、检验执行标准外，还应按照 GB 50141、GB 50236、GB 50252、GB 50268 和 GB 50334 进行。

10.2.2 中水装置经运行调试后，出水水质应符合 5.2 的规定。

附 录 A
（资料性附录）
常见污水再生利用工艺

污水再生利用的基本处理工艺可采用传统的污水处理方法，污水的再生处理需要多种处理技术的合理组合，这不仅与污水的水质特征、处理后水的用途有关，还与各处理工艺的互容性及经济上的可行性有关。

以下列举常见几种污水再生处理工艺流程。

示例 1：

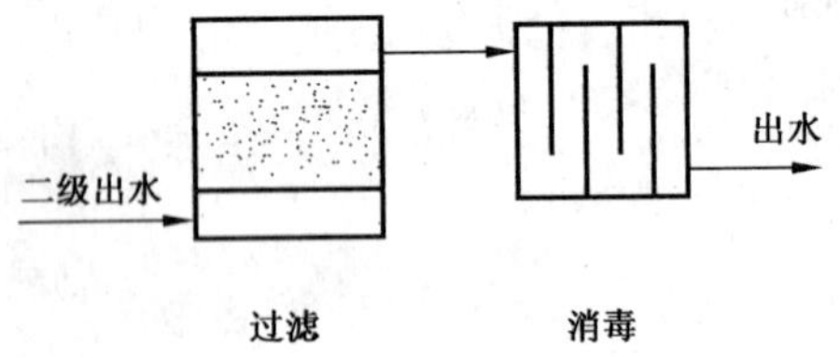

示例 2：

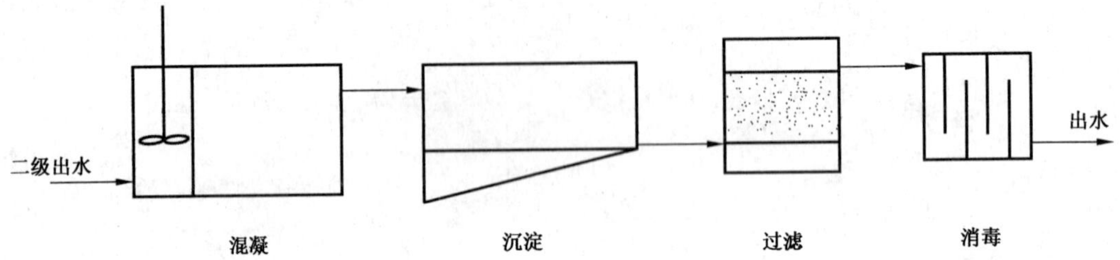

示例 3：

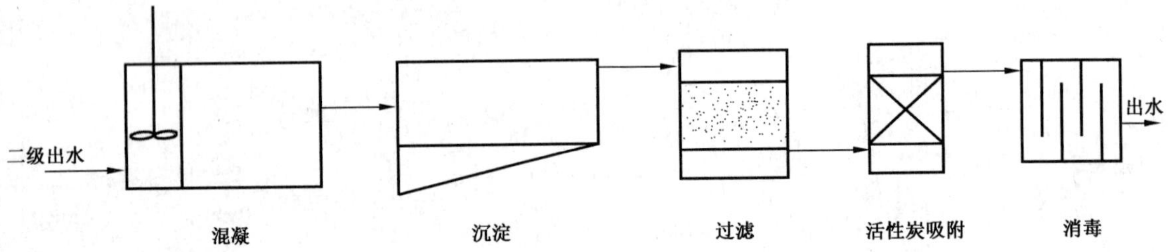

示例 4：

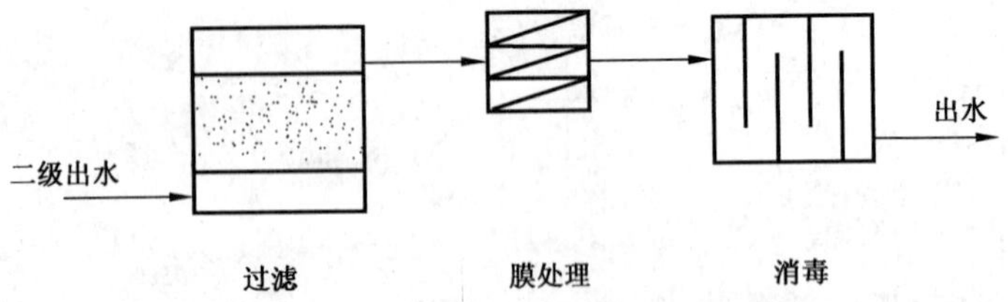

ICS 13.030
J 88

中华人民共和国国家标准

GB/T 29154—2012

燃煤锅炉袋式除尘器

The bag filter for coal fired boiler

2012-12-31 发布 2013-10-01 实施

中华人民共和国国家质量监督检验检疫总局
中国国家标准化管理委员会 发布

前　言

本标准按照 GB/T 1.1—2009 给出的规则起草。

本标准由中华人民共和国国家发展和改革委员会提出。

本标准由全国环保产品标准化技术委员会(SAC/TC 275)归口。

本标准起草单位:清华同方(鞍山)环保设备股份有限公司、同方环境股份有限公司、中冶焦耐工程技术有限公司、中国标准化研究院。

本标准主要起草人:潘世光、赵江翔、单涛、张晓光、韩向明、桑英娜、李玉华、刘家海、王充、王满、刘庆成、黄进。

燃煤锅炉袋式除尘器

1 范围

本标准规定了燃煤锅炉袋式除尘器的术语和定义、技术要求、试验方法、检测规则、标志、包装、运输和储存。

本标准适用于燃煤锅炉烟气净化用袋式除尘器(以下简称袋式除尘器),电站锅炉和工业锅炉参照此标准。

2 规范性引用文件

下列文件对于本文件的应用是必不可少的。凡是注日期的引用文件,仅注日期的版本适用于本文件。凡是不注日期的引用文件,其最新版本(包括所有的修改单)适用于本文件。

GB 4053.1 固定式钢梯及平台安全要求 第1部分:直梯

GB 4053.2 固定式钢梯及平台安全要求 第2部分:钢斜梯

GB 4053.3 固定式钢梯及平台安全要求 第3部分:工业防护栏杆及钢平台

GB 7251(所有部分) 低压成套开关设备和控制设备

GB/T 13306 标牌

DL/T 5072 火力发电厂保温油漆技术规程

HJ/T 324 环境保护产品技术要求 袋式除尘器用滤料

HJ/T 326 环境保护产品技术要求 袋式除尘器用覆膜滤料

HJ/T 327 环境保护产品技术要求 袋式除尘器用滤袋

HJ/T 328 环境保护产品技术要求 脉冲喷吹类袋式除尘器

JB/T 5916 袋式除尘器用电磁脉冲阀

JB/T 5917 袋式除尘器用滤袋框架

JB/T 8471 袋式除尘器 安装技术要求与验收规范

JB/T 8532 脉冲喷吹类袋式除尘器

JB 10191 袋式除尘器安全要求 脉冲喷吹类袋式除尘器用分气箱

3 术语和定义

下列术语和定义适用于本文件。

3.1

低压旋转喷吹脉冲袋式除尘器 the rotation low pressure pulse-jet bag filter

以压缩气体为清灰动力,利用电机带动旋转喷吹管对同心圆布置的滤袋进行喷吹清灰的袋式除尘器。

3.2

低压脉冲袋式除尘器 the pipe pulse-jet bag filter

以压缩气体为清灰动力,利用固定喷吹管对逐行逐列布置的滤袋进行喷吹清灰的袋式除尘器。

3.3

预涂灰　pre-coating

在滤袋表面预涂上一定厚度碱性粉尘的措施。

3.4

旁通装置　by-pass

在锅炉烟温过高或过低等非正常状态下，烟气不经过滤袋区而直接引出除尘器的保护装置。

3.5

离线阀　poppet damper

设置在过滤仓室进、出口，用于切断过滤仓室的阀门。

4　技术要求

4.1　基本规定

4.1.1　袋式除尘器的本体及附属设施、电气及热工自动控制应符合国家现行标准。

4.1.2　袋式除尘器应按照经规定的程序批准的图纸及技术文件进行制造和检验。

4.1.3　袋式除尘器的制造要求应满足 JB/T 8532 及 HJ/T 328 的要求。

4.1.4　袋式除尘器宜优先采用脉冲喷吹清灰方式。

4.1.5　袋式除尘器通常包括除尘器钢结构本体及滤袋组件、清灰系统及供气气源、进出口烟道及附件、预涂灰装置(参见附录 A)、电气及自动控制系统等部分，根据具体情况亦可增设旁通装置和喷水降温系统。

4.2　使用条件

4.2.1　工况条件下袋式除尘器处理含尘气体量：小于 6 000 000m^3/h。

4.2.2　入口含尘烟气温度应高于烟气酸露点温度 15 ℃。

4.2.3　标准状态下进口气体含尘浓度：小于 2 000g/m^3。

4.2.4　燃煤锅炉袋式除尘器应用实例参见附录 B。

4.3　性能要求

4.3.1　袋式除尘器的过滤风速宜在 0.7 m/min～1.2 m/min 之间进行选择，设计阻力宜小于 1 200 Pa，其正常运行阻力宜小于 1 500 Pa。

4.3.2　袋式除尘器的出口含尘浓度应不大于 30 mg/Nm^3。

4.3.3　袋式除尘器的漏风率应不大于 3%。

4.3.4　袋式除尘器过滤仓室进、出口宜设置离线阀，其泄漏率应小于 2%。

4.3.5　当除尘系统设置旁通保护装置时，只可在烟温异常，“水冷壁”、“过热器管”、“再热器管”、“省煤气器管”破裂等非正常状态下短时间使用。旁通装置的截面积可以按照锅炉工况烟气量的 30%～60% 进行选取，烟气流速可按 15 m/s～25 m/s 选取，旁通装置泄漏率应为零。

4.3.6　袋式除尘器滤袋应能长期稳定使用，使用寿命应大于 25 000 h，或自然年限大于 3 年。寿命期内滤袋破损率应不大于 5%。

4.4　主要零部件要求

4.4.1　袋式除尘器的结构应防止烟气直接冲刷滤袋，并且便于滤袋的更换及除尘器的检修。

4.4.2　袋式除尘器的梯子、平台、栏杆应符合 GB 4053.1～4053.3 的规定。

4.4.3 袋式除尘器的花板应符合 JB/T 8532 的规定，并满足：平面偏差不得大于花板长度的 1/1 000，花板孔中心位置偏差应不大于 Φ0.5 mm，且相邻花板孔中心位置偏差小于 Φ0.5 mm，花板孔径偏差为 0～0.5 mm。花板厚度不小于 6 mm。

4.4.4 袋式除尘器壳体保温、防水、外饰和油漆应符合 DL/T 5072 的要求。

4.4.5 袋式除尘器用滤料应符合 HJ/T 324 和 HJ/T 326 的规定，滤袋应符合 HJ/T 327 的规定。袋式除尘器用滤袋框架应符合 JB/T 5917 的规定，当滤袋框架结构为多节时，接口部位不得对滤袋造成磨损，接口形式应便于拆、装。

4.4.6 袋式除尘器宜根据不同的烟气温度选择聚苯硫醚、聚酰亚胺、聚四氟乙烯、聚苯硫醚覆膜、玻纤及玻纤腹膜等材料制造的滤料或复合滤料，还应根据需要对滤料进行热定型、浸渍等后处理。

4.4.7 脉冲阀应执行 JB/T 5916 的规定。

4.4.8 储气罐（分气箱）的制造按照 JB 10191 的规定进行。

4.4.9 袋式除尘器的电气自动控制应附合 GB 7251 的要求，并对灰斗加热、清灰系统进行控制，且具有安全报警等功能。

4.4.10 袋式除尘器的热工仪表：应设差压变送器、温度传感器。

4.5 安装要求

袋式除尘器的安装应满足 JB/T 8471 的要求。

5 试验方法

5.1 袋式除尘器的试验方法按 JB/T 8532 的规定。

5.2 测试主要项目：

——烟气量；

——进口含尘浓度；

——出口含尘浓度；

——阻力；

——漏风率；

——温降；

——滤料。

6 检测规则

6.1 出厂检验

除尘器各部件在出厂前应经制造厂质量检验部门检验合格后方能出厂，并应附有质量合格的证明。

6.2 安装检验

应符合 JB/T 8471 的规定。

6.3 型式检验

凡具有下列情况之一者，应进行型式检验：

a) 首批生产时；

b) 正常生产后，如结构、材料、工艺有较大改变时可能影响到袋式除尘器的性能时；

c) 成批生产时，按类型对袋式除尘器进行定期抽检。

7 标志、包装、运输和储存

7.1 标志

每台袋式除尘器应在指定的位置固定产品标牌。标牌的尺寸和型式应符合 GB/T 13306 的规定。其内容如下：

a) 制造厂名称；

b) 产品型号、名称；

c) 主要性能参数(过滤面积、处理风量)；

d) 出厂年、月；

e) 出厂编号。

7.2 包装与运输

7.2.1 袋式除尘器零部件及外购件应在出厂检验合格后方可进行包装。

7.2.2 整体产品或分解运输的零部件都要有符合陆路、水路装载和运输的要求。

7.2.3 产品零部件的包装方式可根据运输的实际要求采用箱装、捆装、散装、裸装等多种方式。其包装应保证正常运输条件下不发生碰撞或损坏。

7.3 产品包装出厂应附有的以下技术文件：

a) 装箱单；

b) 质量检验合格证；

c) 使用说明书及有关技术文件。

7.4 产品零部件应存放在防雨、防潮、防腐蚀及通风良好的场所。

附 录 A
（资料性附录）
预 涂 灰

A.1 预涂灰是为了避免锅炉点炉时油烟粘袋造成堵塞，在袋式除尘器投运前或停机一段时间重新启动前，在滤袋表面预涂上一定厚度粉尘的措施。

A.2 预涂灰用料可选择粉煤灰或熟石灰粉，粒径为200～400目。

A.3 预涂灰方法分为简易预涂灰与自动预涂灰。

简易预涂灰是利用安装在除尘器入口烟道上带有截止阀的管路，通过灰罐车将灰打入布袋室，同时开启主风机，使滤袋表面预涂上一定厚度粉尘的措施。

自动预涂灰是利用除尘器灰斗或灰库中的灰，通过气力输送装置自动将灰打入布袋室，同时开启主风机，使滤袋表面预涂上一定厚度粉尘的措施。

A.4 当运行阻力增加到400 Pa，或滤袋表面粉尘达到150 g/m^2～300 g/m^2，或目测滤袋表面粉尘厚度达1 mm～2 mm，且涂敷均匀，则完成预涂灰工作。

附 录 B
（资料性附录）
燃煤锅炉袋式除尘器应用实例

B.1 我国燃煤锅炉袋式除尘器在节能减排中，发挥了举足轻重的作用。袋式除尘技术在近三十年中有了长足的进步，除尘技术日趋成熟。通过走访调研，表B.1列出以下燃煤锅炉袋式除尘器已应用的几个具有代表性的实例，以供参考。

表 B.1 燃煤锅炉袋式除尘器应用实例

序号	名称	单位	锅炉规格(t/h)				
			75	240	410	670	1 024
1	处理烟气量	m^3/h	156 095	440 000	960 000	1 600 000	2 135 632
2	过滤面积	m^2	2 450	7 200	16 590	25 194	39 550
3	过滤速度	m/min	1.06	1.02	0.944	1.07	0.9
4	入口烟气温度	℃	150	150	165	170	140
5	入口含尘浓度	g/Nm^3	28.23	50	36	29	60
6	设计出口含尘浓度	mg/Nm^3	30	50	30	50	25
7	喷吹形式		低压脉冲袋式除尘器	低压脉冲袋式除尘器	低压旋转喷吹脉冲袋式除尘器	低压旋转喷吹脉冲袋式除尘器	低压旋转喷吹脉冲袋式除尘器
8	滤料		PPS	PPS	PPS+P84	PPS+P84	PPS
9	脉冲阀规格		3	3	12	8	12
10	实测出口含尘浓度	mg/Nm^3	25	28	10.68～26	20	13
11	实测除尘器阻力	Pa	970	800	760	900	800
12	投运时间		2007.9	2006.11	2006.7	2004.10	2008.10

注：袋式除尘器根据所使用的行业和所在地区的不同，粉尘排放浓度需满足GB 13223、GB 13271、GB 16297及其他相关国家与地方排放标准的要求或合同规定值，袋式除尘器的设备阻力、耐压强度与漏风率还需满足合同要求。

参 考 文 献

GB 13223　火电厂大气污染物排放标准
GB 13271　锅炉大气污染物排放标准
GB 16297　大气污染物综合排放标准
GB/T 16845　除尘器　术语

ICS 39.060
D 59

中华人民共和国国家标准

GB/T 29155—2012

透明翡翠(无色)分级

Transparent jadeite(colorless)grading

2012-12-31 发布 2013-10-01 实施

中华人民共和国国家质量监督检验检疫总局
中国国家标准化管理委员会 发布

前　言

本标准按照 GB/T 1.1—2009 给出的规则起草。

本标准由中华人民共和国国土资源部提出。

本标准由全国珠宝玉石标准化技术委员会(SAC/TC 298)归口。

本标准起草单位：昭仪新天地股份有限公司、国家珠宝玉石质量监督检验中心。

本标准主要起草人：王云鹤、李小波、王曼君、柯捷、沈美冬。

透明翡翠(无色)分级

1 范围

本标准规定了天然的未镶嵌和镶嵌的抛光透明翡翠(无色)的分级规则。

本标准适用于椭圆弧面型未镶嵌及镶嵌的透明翡翠(无色)。

非椭圆弧面型透明翡翠(无色)的透明度、质地、净度分级和颜色色调类别划分,均可参照本标准执行。

2 规范性引用文件

下列文件对于本文件的应用是必不可少的。凡是注日期的引用文件,仅注日期的版本适用于本文件。凡是不注日期的引用文件,其最新版本(包括所有的修改单)适用于本标准。

GB/T 23885—2009 翡翠分级

3 术语和定义

GB/T 23885—2009 界定的以及下列术语和定义适用于本文件。

3.1

透明翡翠(无色) transparent jadeite(colorless)

GB/T 23885 中透明度级别达到透明(T_1)的无色翡翠。

3.2

透明翡翠(无色)分级 transparent jadeite(colorless) grading

从透明度、质地、净度、颜色色调类别、切工及质量六个方面对透明翡翠(无色)进行级别划分。

3.3

透明度分级 transparence grading

采用标准样品比对法或直接观察法,在规定的环境下对透明翡翠(无色)的透明度进行级别划分。

3.4

透明度标准样石 transparence grading master set

三粒已标定单位透过率的椭圆弧面型透明翡翠(无色),依次代表由高到低的不同透明度级别。每粒样石的透明度位于该级别的下限。

3.5

透明翡翠(无色)颜色色调类别划分 hue category

在规定的环境下对透明翡翠(无色)的色调类别进行划分和描述。

3.6

比色石 master stone

为一粒切工比例为好以上的椭圆弧面型透明翡翠(质量不低于 1.000 g)。该样石的颜色彩度规定为无色的下限。

3.7

透明翡翠(无色)切工分级 cut grading

通过测量和观察,从比例和修饰度两个方面对椭圆弧面型透明翡翠(无色)切工进行等级划分。

3.7.1

椭圆弧面型 cabochon

素面椭圆琢型，底面为微凸或平面。

3.7.2

比例 proportion

椭圆弧面型翡翠的长宽比和宽高比(图 1)。

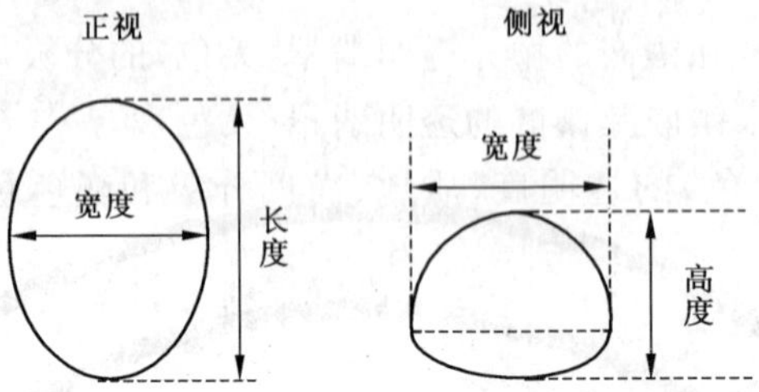

图 1 椭圆弧面型翡翠长-宽-高示意图

3.7.3

长宽比 length—width ratio

长轴方向最大距离与短轴方向最大距离的比值。

3.7.4

宽高比 width—height ratio

短轴方向最大距离与顶面到底面的最大垂直距离的比值。

3.7.5

修饰度 finish

椭圆弧面型翡翠的抛磨工艺的评价。

4 透明度分级

4.1 透明度级别

根据透明度的差异，将透明翡翠(无色)划分为三个级别。透明度级别由高到低依次表示为 T_1-1、T_1-2、T_1-3。

4.2 透明度级别比对方法

4.2.1 标准样石比对法

在规定的环境下将待分级样品与标准样石进行比对。具体分级规则参照 GB/T 23885—2009 中翡翠(无色)透明度级别划分规则。

4.2.2 直接观察法

4.2.2.1 分级方法

在规定环境下根据样品的光斑面积的相对大小和明亮程度间接进行透明度分级。

4.2.2.2 直接观察分级规则

级别划分详见表1。

表1 透明翡翠(无色)透明度级别及表示方法

透明度级别	肉眼观测特征	单位透过率参考值 t/%
T_1-1	光斑面积约占样品较暗部分的90%以上且明亮	t≥89%
T_1-2	光斑面积约占样品较暗部分的70%~90%且较明亮	89%>t≥87%
T_1-3	光斑面积约占样品较暗部分的50%~70%且不如T_1-2级明亮	87%>t≥85%

对于宽高比过小(小于1.50)者,可适当降低级别规定中光斑面积百分比的要求。

对于宽高比过大(大于1.90)者,可适当提高级别规定中光斑面积百分比的要求。

最后与透明度标准样石进行比较,做出调整。

对于不适合采用观察光斑的样品,应进行透射法的观察测定。

4.3 分级要求

4.3.1 观察条件

在分级光源下用内反射光肉眼观察,为了便于观察,可将样品置于黑色且不反光的背景之上。

4.3.2 操作方法

具体操作方法如下:

分级光源、样品、人眼相对位置如图2所示。分级者从样品长轴方向观察,视线与水平交角约为45°左右。且使样品处于半明半暗的位置。为了能清楚看清光斑范围,光源与样品的垂直距离不超过3 cm。眼睛与样品距离约为20 cm。

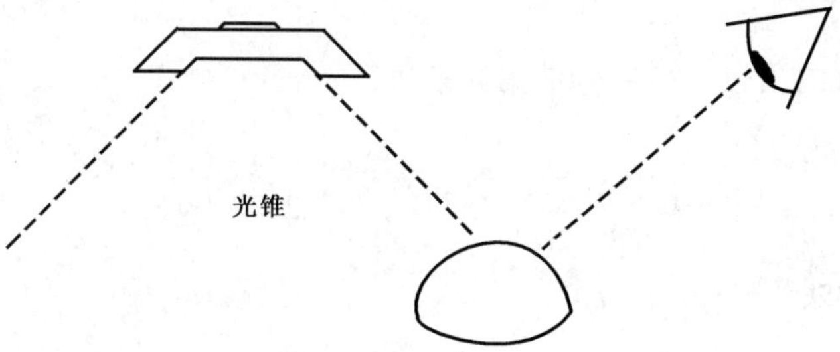

图2 透明度分级示意图

4.3.3 人员要求

参照GB/T 23885—2009中6.2执行。

5 质地分级

参照GB/T 23885—2009中质地分级的相关规定执行。

6 净度分级

根据透明翡翠(无色)净度差异,将其划分为四个级别。净度级别划分方法与 GB/T 23885—2009 中净度级别 C_1、C_2、C_3、C_4 等同。

7 颜色色调类别划分

7.1 颜色色调类别

根据透明翡翠(无色)的颜色色调差异,将其划分为 2 个类别,见表 2。

表 2 透明翡翠(无色)颜色色调类别及表示方法

颜色色调类别	肉眼观察特征	描述用词
无色	无色—极其轻微的色调	无色
有轻微色调	具有轻微的蓝或绿色调	无色(微微蓝)或无色(微微绿)
	具有轻微的粉或黄色调	无色(微微粉)或无色(微微黄)
	具有轻微的灰或褐色调	无色(微微灰)或无色(微微褐)

7.2 划分要求

7.2.1 划分规则

7.2.1.1 待分级翡翠的彩度与比色石相同,则待分级翡翠的颜色色调类别为无色。

7.2.1.2 待分级翡翠的彩度低于比色石,则待分级翡翠的颜色色调类别仍为无色。

7.2.1.3 待分级翡翠的彩度高于比色石,则待分级翡翠的颜色色调类别为有轻微色调。

7.2.2 环境和人员要求

环境和人员可参照 GB/T 23885—2009 第 6 条执行。

8 切工分级

8.1 测量项目及测量方法

8.1.1 规格

单位:毫米(mm)。精确到小数点后一位。表示方法:长×宽×高。

8.1.1.1 长

长轴方向最大距离。

8.1.1.2 宽

短轴方向最大距离。

8.1.1.3 **高**

从底面到顶面的最大垂直距离。

8.1.2 **测量方法**

可使用能精确到小数点后一位的标准测量工具测量。

8.2 **比例分级**

8.2.1 **比例级别**

分为很好,好,一般三个级别,具体见表3。

8.2.2 **比例级别分级规则**

比例级别分级规则见表3。

表3 椭圆弧面型翡翠长-宽-高比例分级表

宽高比	长宽比			
	1.00～1.09	1.10～1.50	1.51～1.70	大于1.71
小于1.35	一般	好	好	一般
1.35～1.80	好	很好	好	好
1.81～2.00	好	好	好	一般
大于2.01	一般	一般	一般	一般

8.3 **修饰度分级**

8.3.1 **修饰度级别**

肉眼观察以确定级别,可分为很好、好、一般三个级别。

8.3.2 **影响修饰度的因素**

8.3.2.1 腰围轮廓不对称。

8.3.2.2 顶面弧度不对称。

8.3.2.3 底面内凹。

8.3.2.4 抛光不良,有“桔皮纹”,或划痕、凹坑。

8.3.3 **修饰度级别分级规则**

8.3.3.1 无8.3.2所列各项或仅有轻微的8.3.2.4项,为“很好”。

8.3.3.2 除8.3.3.1规定外,有任何一项明显者定为“好”。

8.3.3.3 有两项或两项以上明显者定为“一般”。

8.4 **分级要求**

在分级光源下完成,在进行修饰度分级时应从不同角度观察。

9 翡翠的质量

9.1 质量单位

透明翡翠(无色)的质量单位用克(g)。贸易中可用“克拉(ct)”作为质量单位。表示方法为:在质量数值后的括号内注明相应的克拉质量。例 1.000 g(5.00ct)。

9.2 质量的称量

以克(g)为单位的质量数值保留到小数点后第三位。用克拉(ct)来表示的保留到小数点后第二位。

10 透明翡翠(无色)分级证书

10.1 透明翡翠(无色)分级证书的基本内容(样品状态、测试条件允许时)

基本内容是透明翡翠(无色)分级证书中应具备的内容,包括:

a) 证书编号;
b) 饰品照片;
c) 形状;
d) 规格:
最大长度×最大宽度×最大高度;
e) 质量;
f) 透明度级别;
g) 质地级别;
h) 净度级别;
i) 颜色色调类别;
j) 切工评价;
k) 签章和日期。

10.2 其他

透明翡翠(无色)分级证书中可选择的内容。如品质总评级别、商业名称及单位透过率数值等。

附　录　A
（规范性附录）
透明翡翠（无色）品质综合评价表

A.1　颜色色调类别为无色，切工比例为好以上的透明翡翠适用表 A.1。

表 A.1

净度	透明度		
	T_1-1	T_1-2	T_1-3
C_1	WT-1	WT-2	WT-3
C_2	WT-2	WT-3	WT-4
C_3	WT-3	WT-4	WT-5
C_4	WT-4	WT-5	WT-6

A.2　颜色色调类别为有轻微色调、切工比例为好以上的透明翡翠适用表 A.2。

表 A.2

净度	透明度		
	T_1-1	T_1-2	T_1-3
C_1	WT-2	WT-3	WT-4
C_2	WT-3	WT-4	WT-5
C_3	WT-4	WT-5	WT-6
C_4	WT-5	WT-6	—

参 考 文 献

[1] GB/T 16552—2010 珠宝玉石 名称
[2] GB/T 16553—2010 珠宝玉石 鉴定
[3] GB/T 16554—2010 钻石分级
[4] DB53/T 102—2002 翡翠饰品分级

ICS 13.020.10
Z 00

中华人民共和国国家标准

GB/T 29156—2012

金属复合装饰板材生产生命周期评价技术规范（产品种类规则）

Production life cycle assessment specification for metal-plastic decorative panel (Product category rules)

2012-12-31 发布　　　　2013-10-01 实施

中华人民共和国国家质量监督检验检疫总局
中国国家标准化管理委员会
发布

前　言

本标准按照GB/T 1.1—2009给出的规则起草。

本标准由全国环境管理标准化技术委员会(SAC/TC 207)提出并归口。

本标准起草单位:中国建筑材料科学研究总院、中国标准化研究院、中国建材检验认证集团股份有限公司、四川大学、佛山市顺德区红岛实业有限公司、上海华源复合新材料有限公司、东莞华尔泰装饰材料有限公司、江阴市中江彩板有限公司、上海吉祥科技(集团)有限公司、东阿蓝天七色建材有限公司、联合金属科技(杭州)有限公司、江苏协诚科技发展有限公司。

本标准主要起草人:蒋荃、黄进、王洪涛、赵春芝、林翎、马丽萍、陈璐、王文彪、侯萍、梁慧超、张焜照、姜荣行、郭鹿、邢锦、杜作政、徐铭森、石伟梁、朱荣平、殷强、王贤中、戴义军、陈建民、王建兴。

引 言

生命周期评价技术规范，又称为产品种类规则（PCR，product category rules），是对一个或多个产品种类进行Ⅲ型环境声明（EPD，environmental product declarations）所应遵循的一套规则、要求和指南。

本标准规定的内容为Ⅲ型环境声明（EPD）中的指标参数提供要求。

依据本标准编制的Ⅲ型环境声明（EPD），包含着特定生产者所生产产品的生命周期环境信息，一方面可以为购买方选择环境友好产品提供可靠和可比的环境信息，另一方面也为生产者持续改进产品的环境表现提供数据支持。提出Ⅲ型环境声明（EPD）的组织应确保数据得到第三方独立验证，以增加报告的准确性和可信度。

金属复合装饰板材
生产生命周期评价技术规范
（产品种类规则）

1 范围

本标准规定了金属复合装饰板材生产生命周期评价的基本规则和要求。

本标准适用于以塑料为芯层、两面为金属板的三层结构装饰板材。

2 规范性引用文件

下列文件对于本文件的应用是必不可少的。凡是注日期的引用文件，仅注日期的版本适用于本文件。凡是不注日期的引用文件，其最新版本（包括所有的修改单）适用于本文件。

GB/T 24024—2001 环境管理 环境标志和声明 Ⅰ型环境标志 原则和程序（ISO 14024：1999，Environmental Management—Environmental labels and declarations—Type Ⅰ environmental labelling—Principles and procedures，IDT）

GB/T 24025—2009 环境标志和声明 Ⅲ型环境声明 原则和程序（ISO 14025：2006，Environmental labels and declarations—Type Ⅲ environmental declarations—Principles and procedures，IDT）

GB/T 24040—2008 环境管理 生命周期评价 原则与框架（ISO 14040：2006，Environmental management—Life cycle assessment—Principles and framework，IDT）

GB/T 24044—2008 环境管理 生命周期评价 要求与指南（ISO 14044：2006，Environmental management—Life cycle assessment—Requirements and guidelines，IDT）

3 术语和定义

下列术语和定义适用于本文件。

3.1

产品种类 product category

具有同等功能的产品组群。

[GB/T 24024—2001，定义 3.3]

3.2

产品种类规则 product category rules（PCR）

对一个或多个产品种类进行Ⅲ型环境声明所必须满足的一套具体的规则、要求和指南。

[GB/T 24025—2009，定义 3.5]

3.3

金属复合装饰板材 metal-plastic decorative panel

以塑料为芯层、两面为金属的三层复合板材，并在产品表面覆以装饰性和保护性的涂层或薄膜作为产品的装饰面。

3.4

生命周期清单分析　life cycle inventory analysis(LCI)

生命周期评价中对所研究产品整个生命周期中输入和输出进行汇编和量化的阶段。

[GB/T 24040—2008,GB/T 24044—2008,定义 3.3]

3.5

生命周期影响评价　life cycle impact assessment(LCIA)

评价产品系统在产品整个生命周期中的潜在环境影响大小和重要性的阶段。

[GB/T 24040—2008,GB/T 24044—2008,定义 3.4]

3.6

功能单位　functional unit

用来作为基准单位的量化的产品系统性能。

[GB/T 24040—2008,GB/T 24044—2008,定义 3.20]

3.7

系统边界　system boundary

通过一组准则确定哪些单元过程属于产品系统的一部分。

[GB/T 24040—2008,GB/T 24044—2008,定义 3.32]

3.8

数据质量　data quality

数据在满足所声明的要求方面的能力特性。

[GB/T 24040—2008,GB/T 24044—2008,定义 3.19]

3.9

取舍准则　cut-off criteria

对与单元过程或产品系统相关的物质和能量流的数量或环境影响重要性程度是否被排除在研究范围之外所做的规定。

[GB/T 24040—2008,GB/T 24044—2008,定义 3.18]

3.10

特征化因子　characterization factor

由特征化模型导出,用来将生命周期清单分析结果转换成类型参数共同单位的因子。

[GB/T 24040—2008,GB/T 24044—2008,定义 3.37]

3.11

影响类型　impact category

所关注的环境问题的分类,生命周期清单分析的结果可划归到其中。

[GB/T 24040—2008,GB/T 24044—2008,定义 3.39]

3.12

Ⅲ型环境声明　type Ⅲ environmental declaration

提供基于预设参数的量化环境数据的环境声明,必要时包括附加环境信息。

注 1:预设参数基于 GB/T 24040 系列标准,包括 GB/T 24040 和 GB/T 24044。

注 2:附加环境信息可以是定性的也可以是定量的。

[GB/T 24025—2009,定义 3.2]

4 产品描述

产品描述应使用户能够明确的识别产品：

a) 产品名称(型号、规格、分类、用途)；

b) 产品的简单示意图；

c) 产品的主要技术参数和性能；

d) 产品满足相关质量标准的证明文件；

e) 产品所获取的其他标志等。

5 产品生命周期评价

5.1 目的

评价金属复合装饰板材生产生命周期的环境影响，为Ⅲ型环境声明(EPD)的指标参数提供要求。

5.2 范围

5.2.1 功能单位

生产 1 m^2 的金属复合装饰板。

5.2.2 系统边界

本标准界定的金属复合装饰板生命周期系统边界，如图 1 所示，从资源开采、原材料生产及运输、能源生产、产品生产到产品出厂为止，包括：

a) 主要原料生产(金属卷材、塑料芯材)；

b) 其他原料生产(高分子粘结膜、塑料保护膜、树脂涂料)；

c) 能源生产(电力、石油气)；

d) 原料的运输；

e) 金属复合装饰板的生产。

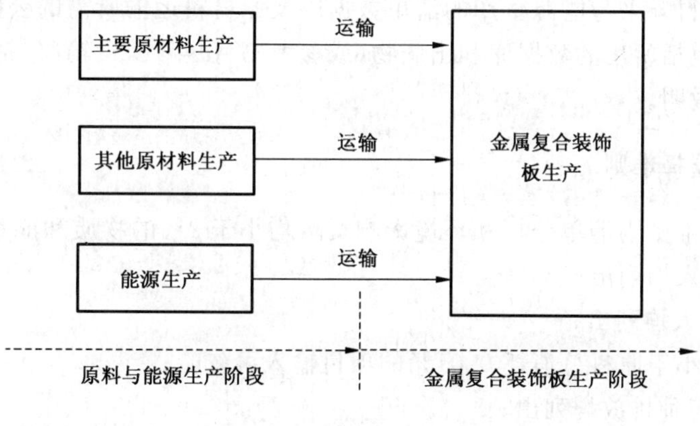

图 1 金属复合装饰板生命周期系统边界图

其中生产流程，见图 2 虚线框，不包括使用和废弃阶段。

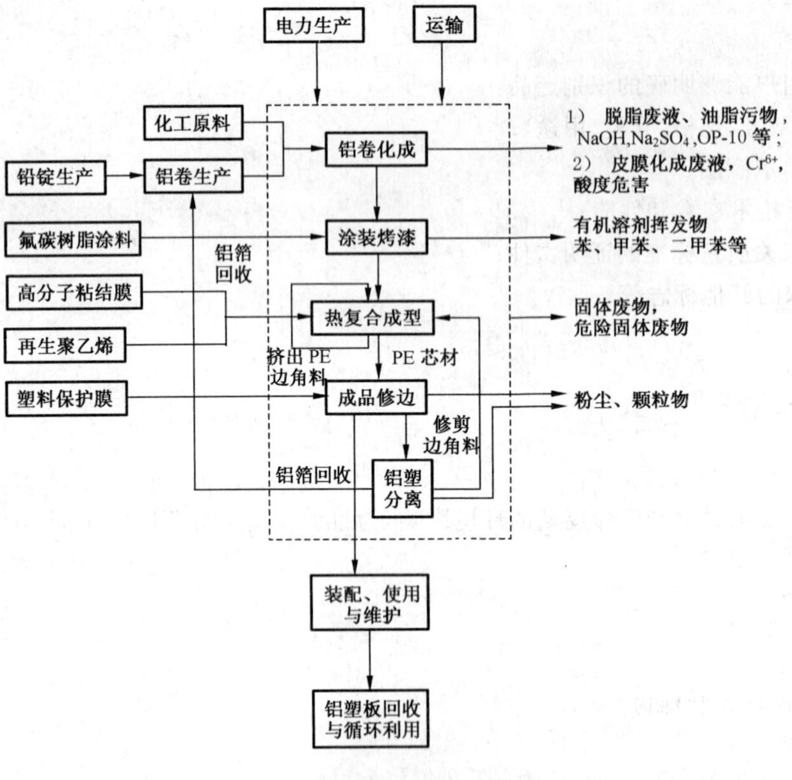

图 2 金属复合装饰板生产流程图

5.2.3 数据的描述

生命周期评价(life cycle assessment，LCA)分析所需的数据包括企业现场数据和背景数据。

企业现场数据包括金属复合装饰板材生产阶段的原材料消耗、能耗、污染物排放以及运输信息等清单数据，对数据的获得方式和来源均应予以说明。

背景数据包括原材料开采与能源生产的清单数据以及原材料运输所需的公路运输清单数据。所有数据应予以详细说明，包括所用的数据库和出版物(或参考书目)年代，运输(包括运输形式、运输距离和运输量)的数据应予以说明。

5.2.4 输入和输出的选择准则

本标准确定的取舍准则为清单分析和环境影响贡献均小于 2%的物质和能量流。应遵循：

a) 能源的所有输入均列出；

b) 原料的所有输入均列出；

c) 辅助材料质量小于原料总消耗 0.01%的项目输入可忽略；

d) 大气、水体的各种排放均列出；

e) 危险性固体废弃物排放应列出，小于固体废弃物排放总量 1%的一般性固体废弃物可忽略；

f) 道路与厂房的基础设施、各工序的设备、厂区内人员及生活设施的消耗和排放，均忽略；

g) 取舍原则不适用于有毒有害物质，任何有毒有害的材料和物质均应包含于清单中。

5.2.5 数据质量

5.2.5.1 企业现场数据

金属复合装饰板材企业需要填报的清单数据，见表1。

表1 金属复合装饰板材企业填报数据表

序号	项目		单位	备注
1	原材料与资源消耗	金属卷（铝、铜等金属卷材）	kg/万 m^2	公路、铁路运输距离（km）
		再生塑料芯材	kg/万 m^2	公路、铁路运输距离（km）
		树脂涂料（氟碳、聚酯等）	kg/万 m^2	有机溶剂质量分数（%）
		高分子粘结膜	kg/万 m^2	公路、铁路运输距离（km）
		塑料保护膜	kg/万 m^2	公路、铁路运输距离（km）
		新鲜水	kg/万 m^2	
2	能源消耗	电力	kwh/m^2	
		石油气	kg/万 m^2	
3	污染物排放	挥发性有机物（VOC）	kg/万 m^2	

5.2.5.2 现场数据的质量要求

现场数据的质量要求包括：

a) 代表性：现场数据应按照企业申请单元收集过去一年全年的生产统计数据，申请单元可以是一条生产线、多条生产线、整个企业或集团。

b) 完整性：现场数据应该完整覆盖本标准中确定的所有需要企业填报的生产现场数据。

c) 准确性：现场数据中的资源、能源、原材料消耗数据应该来自于申请单元的实际生产统计记录；环境排放数据优先选择相关的环境监测报告，也可以由排污因子或物料平衡公式计算获得。所有现场数据均须转换为单位产品，且需要详细记录相关的原始数据、数据来源、计算过程等。

d) 一致性：企业现场数据收集时应保持相同的数据来源、统计口径、处理规则等。

5.2.5.3 背景数据

金属复合装饰板材环境影响评价的背景数据见表2。

表2 金属复合装饰板材生命周期背景数据

序号	生产过程
1	电力生产
2	聚乙烯生产（再生）
3	金属生产（铝、铜等）
4	高分子粘结膜、塑料保护膜生产
5	石油气生产
6	树脂涂料生产（聚酯等）
7	公路运输

5.2.5.4 背景过程数据质量要求

背景数据的质量要求包括：

a) 代表性：背景数据应优先选择代表中国国内平均生产水平的公开 LCA 数据，数据的参考年限应优先选择近年数据。在没有符合要求的中国国内数据的情况下，可以选择国外同类技术数据作为背景数据。另外，如果企业的原材料供应商可以提供符合相关 LCA 标准要求的、经第三方独立验证的上游产品 LCA 报告，也可以作为背景数据。

b) 完整性：表 1 所确定的所有背景过程均需提供完整的背景数据，背景数据的系统边界应该从资源开采到这些原材料产品出厂为止。

c) 一致性：所有被选择的背景数据应完整覆盖本标准确定的环境影响类型(如表 3 所示)，并且应将背景数据转换为一致的物质名录后再进行计算。同一第三方机构对同类产品 LCA 的背景数据选择应该保持一致，如果背景数据更新，则 LCA 报告也应更新。

5.2.5.5 数据质量评价体系

本标准采用数据质量评价体系对数据质量进行评价，见表 3。

表 3 数据质量评价体系表

数据来源			数据类型					数据时间			
生产现场	文献	其他	测量	计算	平均	估算	未知	0	≤5 年	5 年～10 年	>10 年
5	3	1	5	4	3	2	1	5	4	3	1

该评价体系的数据评价指标有 3 个：来源、类型和时间，并用 5 级分制来定义数据质量。该方法以计算每个数据的得分来判断数据质量(最高 15 分)，以计算单元过程所有数据的加权得分来判断工序数据的评价质量。对于质量较差的数据须进行敏感性分析或不确定性分析，通过敏感性检查说明产品生命周期忽略的过程、忽略的现场数据、以及主要的假设等相关因素可能对最终结果造成的影响；说明背景数据选择、现场数据收集与处理是否符合本标准的要求。

5.3 清单分析

5.3.1 数据收集

5.3.1.1 数据收集范围

数据收集范围应涵盖系统边界中的每一个单元过程，数据来源应注明出处。数据收集包括现场数据和背景数据的收集。

5.3.1.2 数据收集步骤

数据收集程序主要步骤包括：

a) 根据单元过程，进行数据收集见附录 A。

b) 数据审定：为避免现场报送的数据认为错误的发生，收集的单元过程数据需要经过确认程序。

c) 数据审定的原则：1)物质平衡：主要指生产过程中的投入与产出是否平衡；2)碳平衡：指判断输入的能源、辅料、主原料等的含碳量与输出的 CO_2、产品、以及煤气的含量是否平衡；3)工序能耗：计算工序使用的能源与历史数据的平衡情况，最终以平衡率的形式来衡量数据是否合理；4)水平衡：单元过程输入的水量与消耗水量及输出废水量是否平衡(适当考虑蒸发量等因素)。

d） 数据与功能单位的关联，即将收集的实物流的输入输出处理为功能单位的输入输出。

用于Ⅲ型环境声明(EPD)比较时，现场数据和背景数据均应采用相同的数据收集、数据来源和数据格式。

5.3.2 计算程序

数据收集完后，要根据计算程序对该产品系统中每一单元过程与功能单位求得清单结果。计算应以统一的功能单位作为该系统所有单元过程中物、能流的共同基础，求得系统中所有的输入和输出数据。在此过程中，如发现不合理的数据，应予以替换。

5.3.2.1 数据审定

在数据的收集过程中，应检查数据的有效性。在数据的确认过程中发现明显不合理的数据，应分析原因，予以替换，替换的数据应满足数据质量要求。

对每种数据类型的数据如发现缺失，对缺失的数据要进行断档处理，代之以合理的“非零”数据、合理的“零”数据或采用同类技术单元过程报送的数据计算出来的数值。

5.3.2.2 数据与单元过程的关联

生产工序有多种产品，对一个单元过程确定适宜的基准流，如1 m^2 产品，并计算单元过程的定量输入和输出数据。金属复合装饰板材产品生产工序中，不涉及到分配问题。

5.3.2.3 数据与功能单位的关联

计算方法是将各个工序或单元过程的投入产出数据除以产品的产量，即得到功能单位的原材料消耗、能源消耗和环境排放。

5.3.2.4 数据合并

仅当数据类型是设计等价物质并具有类似的环境影响时才允许进行数据合并。同一工序的不同生产设备，若其生产技术水平相当，输入输出种类基本相同，则可采取数据合并。

5.4 金属复合装饰板材环境影响类型选择

本标准建议完整包括以下4类环境影响类型，并建议采用表4中相应的特征化模型计算影响潜值。

a） 不可再生资源消耗；

b） 全球暖化；

c） 酸化；

d） 富营养化。

表4 环境影响类型及特征化模型

序号	环境影响类型	特征化模型
1	不可再生资源消耗 (non-renewable resource depletion potential)	kg Sb eq.
2	全球暖化 (global warming potential)	kg CO_2 eq.
3	酸化效应 (acidification potential)	kg SO_2 eq.
4	富营养化 (eutrophication potential)	kg PO_4^{3-} eq.

6 附加环境信息

除上述报告的指标外,其他相关的重要信息,如采用的清洁生产工艺、节能减排技术、产品环境特性、企业环境管理等可以在附加环境信息中进行描述。

a) 铝卷预处理过程采用无磷、无铬型预处理药剂、无漂工艺等;
b) 涂装烘烤过程采用催化燃烧、余热利用技术;
c) PE挤出机采用双螺杆或三螺杆挤出技术;
d) PE挤出机采用电磁加热和挤出速率;
e) 热复合成型采用两辊复合法;
f) 热复合成型工艺的出板速率;
g) 原料回收利用率;
h) 产品成分清单:主要物质名称及含量,尤其指出有毒有害物质,如苯、甲苯、二甲苯等VOC,重金属元素等;
i) 企业获得的环境管理体系认证,开展的清洁生产审核、能源审计等。

7 可比性

当根据本标准制作Ⅲ型环境声明(EPD)报告用于比较时,应满足第5章、第6章、第7章是相同的。

8 支持Ⅲ型环境声明(EPD)报告的要素

依据本标准制作的Ⅲ型环境声明(EPD)报告包括以下内容:

8.1 公司/组织的描述

8.1.1 联系人、地址、电话、传真、e-mail。
8.1.2 生产过程或环境工作的特别信息(如:EMS)。

8.2 产品或服务的描述

8.2.1 产品名称(如:品牌、型号等);
8.2.2 产品照片或图解;
8.2.3 尺寸大小、重量;
8.2.3.1 产品性能(产品说明书);
8.2.3.2 产品类型。

8.3 报告的有效性(有效期)

8.4 产品的可追溯性(注册号)

8.5 生命周期评价信息

8.5.1 功能单位;
8.5.2 系统边界;
8.5.3 数据的描述;
8.5.4 输入和输出的选择准则;

8.5.5 数据质量；

8.5.6 数据收集；

8.5.7 计算程序；

8.5.8 材料、能流和释放的分配；

8.5.9 环境影响；

8.5.10 附加环境信息。

8.6 认证机构的信息

9 验证

提出Ⅲ型环境声明(EPD)的组织应确保数据得到第三方独立验证，验证信息应包含生产企业和第三方验证机构的相关信息。

9.1 公司/组织的描述

公司/组织的名称、生产地点、联系人、联系方式等信息，与生产过程相关的资讯，以及与环境工作相关的特别信息(如环境管理体系认证)，也可以包括企业/组织想要突出的特定主题，例如产品符合某些环境准则，或与环境安全与卫生相关的资讯。

9.2 第三方验证机构的描述

第三方验证机构的名称、地址、联系人、联系方式等信息。同时应提供报告审核员、验证过程所遵循的本标准、验证报告有效期等相关信息。

附 录 A
(资料性附录)
数据收集示例

A.1 现场数据收集表见表 A.1。

表 A.1 现场数据收集表

制表人	制表日期			
报送地点				
数据时间	起始月	终止月		
能量输入				
项目	单位	数量/	数据来源	运输方式
重油	t/m^2			
电力	$(kW \cdot h)/m^2$			
天然气	m^3/m^2			
燃煤	t/m^2			
其他燃料	kg/m^2			
物料输入				
项目	单位	数量	数据来源	运输方式
铝卷	kg/m^2			
聚乙烯芯材	kg/m^2			
氟碳涂层	kg/m^2			
高分子粘结膜	kg/m^2			
保护膜	kg/m^2			
新鲜水	kg/m^2			
产品输出				
金属复合装饰板				
环境排放				
项目	单位	数量	数据来源	排放方式
CO_2	m^3/m^2			
SO_x	m^3/m^2			
苯	m^3/m^2			
甲苯	m^3/m^2			
二甲苯	m^3/m^2			
化学需氧量	kg/m^2			
悬浮物含量	kg/m^2			
六价铬含量	kg/m^2			

A.2 背景数据表见表 A.2。

表 A.2 背景数据表

生产流程	数据来源
电力生产	1）优先选用国家的平均数据； 2）其次选用行业的平均数据； 3）也可选用研究文献的数据
公路运输	
再生 PE 芯材生产	
铝卷的生产	
高分子粘接膜生产	
高分子保护膜生产	
石油气生产	
聚酯树脂涂料生产	
化学试剂生产	
电力生产	
公路运输	

ICS 13.020.10
Z 00

中华人民共和国国家标准

GB/T 29157—2012

浮法玻璃生产生命周期评价技术规范（产品种类规则）

Production life cycle assessment specification for float glass (Product category rules)

2012-12-31 发布　　2013-10-01 实施

中华人民共和国国家质量监督检验检疫总局
中国国家标准化管理委员会　发布

前　言

本标准按照 GB/T 1.1—2009 给出的规则起草。

本标准由全国环境管理标准化技术委员会(SAC/TC 207)提出并归口。

本标准起草单位:中国建筑材料科学研究总院、中国标准化研究院、中国建材检验认证集团股份有限公司、四川大学、信义玻璃控股有限公司、德州晶华集团振华有限公司、江苏华尔润集团有限公司。

本标准主要起草人:蒋荃、黄进、王洪涛、赵春芝、林翎、马丽萍、陈璐、王文彪、张浩、杜大艳、杨建军、陈强、于振林。

引　言

生命周期评价技术规范，又称为产品种类规则（PCR，product category rules），是对一个或多个产品种类进行Ⅲ型环境声明（EPD，environmental product declarations）所应遵循的一套规则、要求和指南。

本标准规定的内容为Ⅲ型环境声明（EPD）中的指标参数提供要求。

依据本标准编制的Ⅲ型环境声明（EPD），包含着特定生产者所生产产品的生命周期环境信息，一方面可以为购买方选择环境友好产品提供可靠和可比的环境信息，另一方面也为生产者持续改进产品的环境表现提供数据支持。提出Ⅲ型环境声明（EPD）的组织应确保数据得到第三方独立验证，以增加报告的准确性和可信度。

浮法玻璃生产生命周期评价技术规范
（产品种类规则）

1 范围

本标准规定了浮法玻璃生产生命周期评价的基本规则和要求。

本标准适用于经浮法工艺生产的无色透明平板玻璃，不适用于在线镀膜玻璃以及玻璃加工产品。

2 规范性引用文件

下列文件对于本文件的应用是必不可少的。凡是注日期的引用文件，仅注日期的版本适用于本文件。凡是不注日期的引用文件，其最新版本（包括所有的修改单）适用于本文件。

GB/T 24024—2001 环境管理 环境标志和声明 Ⅰ型环境标志 原则和程序（ISO 14024：1999，Environmental Management—Environmental labels and declarations—Type Ⅰ environmental labelling—Principles and procedures，IDT）

GB/T 24025—2009 环境标志和声明 Ⅲ型环境声明 原则和程序（ISO 14025：2006，Environmental labels and declarations—Type Ⅲ environmental declarations—Principles and procedures，IDT）

GB/T 24040—2008 环境管理 生命周期评价 原则与框架（ISO 14040：2006，Environmental management—Life cycle assessment—Principles and framework，IDT）

GB/T 24044—2008 环境管理 生命周期评价 要求与指南（ISO 14044：2006，Environmental management—Life cycle assessment—Requirements and guidelines，IDT）

3 术语和定义

下列术语和定义适用于本文件。

3.1

产品种类 product category

具有同等功能的产品组群。

[GB/T 24024—2001，定义 3.3]

3.2

产品种类规则 product category rules（PCR）

对一个或多个产品种类进行Ⅲ型环境声明所必须满足的一套具体的规则、要求和指南。

[GB/T 24025—2009，定义 3.5]

3.3

浮法玻璃 float glass

用浮法工艺生产的平板玻璃。

3.4

生命周期清单分析 life cycle inventory analysis（LCI）

生命周期评价中对所研究产品整个生命周期中输入和输出进行汇编和量化的阶段。

[GB/T 24040—2008,GB/T 24044—2008,定义 3.3]

3.5

生命周期影响评价　life cycle impact assessment(LCIA)

生命周期评价中理解和评价产品系统在产品整个生命周期中的潜在环境影响大小和重要性的阶段。

[GB/T 24040—2008,GB/T 24044—2008,定义 3.4]

3.6

功能单位　functional unit

用来作为基准单位的量化的产品系统性能。

[GB/T 24040—2008,GB/T 24044—2008,定义 3.20]

3.7

系统边界　system boundary

通过一组准则确定哪些单元过程属于产品系统的一部分。

[GB/T 24040—2008,GB/T 24044—2008,定义 3.32]

3.8

数据质量　data quality

数据在满足所声明的要求方面的能力特性。

[GB/T 24040—2008,GB/T 24044—2008,定义 3.19]

3.9

取舍准则　cut-off criteria

对与单元过程或产品系统相关的物质和能量流的数量或环境影响重要性程度是否被排除在研究范围之外所做的规定。

[GB/T 24040—2008,GB/T 24044—2008,定义 3.18]

3.10

特征化因子　characterization factor

由特征化模型导出,用来将生命周期清单分析结果转换成类型参数共同单位的因子。

[GB/T 24040—2008,GB/T 24044—2008,定义 3.37]

3.11

影响类型　impact category

所关注的环境问题的分类,生命周期清单分析的结果可划归到其中。

[GB/T 24040—2008,GB/T 24044—2008,定义 3.39]

3.12

Ⅲ型环境声明　type Ⅲ environmental declaration

提供基于预设参数的量化环境数据的环境声明,必要时包括附加环境信息。

注 1:预设参数基于 GB/T 24040 系列标准,包括 GB/T 24040 和 GB/T 24044。

注 2:附加环境信息可以是定性的也可以是定量的。

[GB/T 24025—2009,定义 3.2]

4　产品描述

产品描述应使用户能够明确的识别产品:

a)　产品名称(型号、规格、分类、用途);

b） 产品的简单示意图；

c） 产品的主要技术参数和性能；

d） 产品满足相关质量标准的证明文件；

e） 产品所获取的其他标志等。

5 产品生命周期评价

5.1 目的

评价浮法玻璃生产生命周期的环境影响，为Ⅲ型环境声明(EPD)的指标参数提供要求。

5.2 范围

5.2.1 功能单位

生产 1 kg 浮法玻璃。

5.2.2 系统边界

本标准界定的浮法玻璃生命周期系统边界，如图 1 所示，从资源开采、原辅料生产及原材料运输、能源生产、产品生产到产品出厂为止，包括：

a） 原材料生产(石英砂、白云石、纯碱等)；

b） 辅料生产(N_2、锡)；

c） 能源生产(如重油、煤焦油、天然气、石油焦粉、煤气、电力)；

d） 运输(主要原材料的运输)；

e） 浮法玻璃生产。

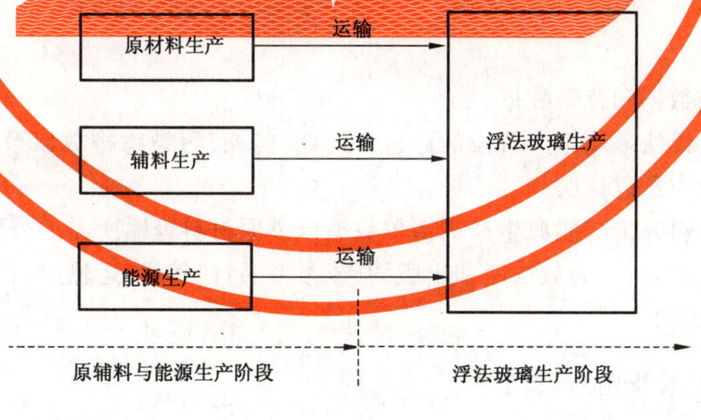

图 1 浮法玻璃生命周期系统边界图

其中浮法玻璃生产流程，见图 2 虚线框，不包括使用和废弃阶段。

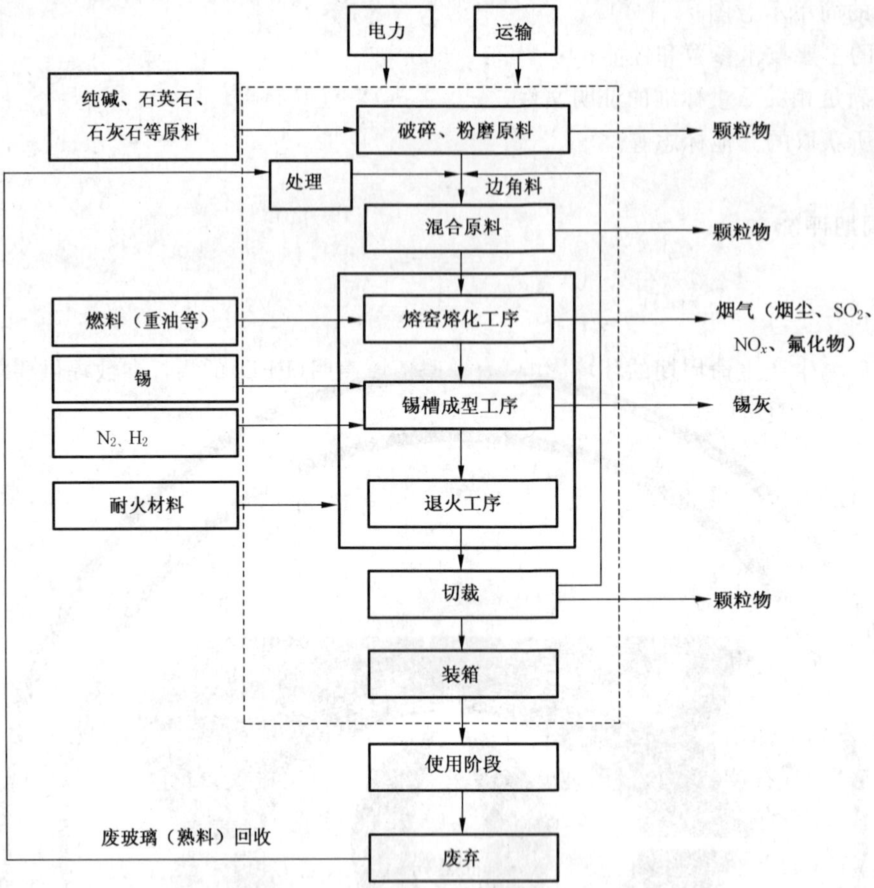

图2　浮法玻璃生产流程图

5.2.3　数据的描述

数据包括企业现场数据和背景数据。

企业现场数据包括浮法玻璃生产阶段的原材料消耗、能耗、污染物排放以及运输等清单数据，对数据的获得方式和来源均应予以说明。

背景数据包括原材料开采与能源生产的清单数据以及原材料运输所需的公路运输清单数据。所有数据应予以详细说明，包括所用的数据库和出版物（或参考书目）年代，运输（包括运输形式、运输距离和运输量）的数据应予以说明。

5.2.4　输入和输出的选择准则

本标准确定的取舍准则为清单分析和环境影响贡献均小于2%的物质和能量流。应遵循：

a）能源的所有输入均列出；

b）原料的所有输入均列出；

c）辅助材料质量小于原料总消耗0.01%的项目输入可忽略；

d）大气、水体的各种排放均列出；

e）危险性固体废弃物排放应列出，小于固体废弃物排放总量1%的一般性固体废弃物可忽略；

f）道路与厂房的基础设施、各工序的设备、厂区内人员及生活设施的消耗和排放，均忽略；

g）取舍原则不适用于有毒有害物质，任何有毒有害的材料和物质均应包含于清单中。

5.2.5 数据质量

5.2.5.1 企业现场数据

浮法玻璃企业应填报的清单数据表,见表1。

表1 浮法玻璃企业填报数据表

序号	项目	物质	单位	备注
1	原辅材料消耗	锡	kg/kg	
		N_2	kg/kg	
		硅砂	kg/kg	运输方式及距离
		石灰石	kg/kg	运输方式及距离
		纯碱	kg/kg	运输方式及距离
		废玻璃	kg/kg	运输方式及距离
		新鲜水	kg/kg	
2	能源消耗	电力	(kW·h)/kg	
		重油或其他燃料	kgce/kg	运输方式及距离
3	环境排放	SO_2	kg/kg	
		NO_x	kg/kg	
		COD	kg/kg	
		颗粒物	kg/kg	
注:硅砂的数量包含了长石、白云石和芒硝的量。				

5.2.5.2 现场数据的质量要求

现场数据的质量要求包括:

a) 代表性:现场数据应按照企业申请单元收集过去一年全年的生产统计数据,申请单元可以是一条生产线、多条生产线、整个企业或集团。

b) 完整性:现场数据应该完整覆盖本标准中确定的所有需要企业填报的生产现场数据。

c) 准确性:现场数据中的资源、能源、原材料消耗数据应该来自于申请单元的实际生产统计记录;环境排放数据优先选择相关的环境监测报告,或由排污因子或物料平衡公式计算获得。所有现场数据均须转换为单位产品,且需要详细记录相关的原始数据、数据来源、计算过程等。

d) 一致性:企业现场数据收集时应保持相同的数据来源、统计口径、处理规则等。

5.2.5.3 背景数据

浮法玻璃生命周期背景数据见表2。

表2 浮法玻璃生命周期背景数据

序　　号	生　产　过　程
1	纯碱生产
2	硅砂生产

表 2（续）

序　号	生　产　过　程
3	石灰石生产
4	废玻璃回收
5	锡生产
6	氮气生产
7	重油（或其他燃料）生产
8	电力生产
9	公路运输

5.2.5.4 背景数据的质量要求

背景数据的质量要求包括：

a) 代表性：背景数据应优先选择代表中国国内平均生产水平的公开生命周期评价（life cycle assessment，LCA）数据，数据的参考年限应优先选择近年数据。在没有符合要求的中国国内数据的情况下，可以选择国外同类技术数据作为背景数据。另外，如果企业的原材料供应商可以提供符合相关 LCA 标准要求的、经第三方独立验证的上游产品 LCA 报告，也可以作为背景数据。

b) 完整性：表 2 所确定的所有背景过程均需提供完整的背景数据，背景数据的系统边界应该从资源开采到这些原材料或能源产品出厂为止。

c) 一致性：所有被选择的背景数据应完整覆盖本标准确定的环境影响类型（如表 3 所示），并且应将背景数据转换为一致的物质名录后再进行计算。同一第三方机构对同类产品 LCA 的背景数据选择应该保持一致，如果背景数据更新，则 LCA 报告也应更新。

5.2.5.5 数据质量评价体系

本标准采用数据质量评价体系对数据质量进行评价，见表 3。

表 3　数据质量评价体系表

数据来源			数据类型					数据时间			
生产现场	文献	其他	测量	计算	平均	估算	未知	0	≤5 年	5 年～10 年	>10 年
5	3	1	5	4	3	2	1	5	4	3	1

该评价体系的数据评价指标有 3 个：来源、类型和时间，并用 5 级分制来定义数据质量。该方法以计算每个数据的得分来判断数据质量（最高 15 分），以计算单元过程所有数据的加权得分来判断工序数据的评价质量。对于质量较差的数据须进行敏感性分析或不确定性分析，通过敏感性检查说明产品生命周期忽略的过程、忽略的现场数据、以及主要的假设等相关因素可能对最终结果造成的影响，说明背景数据选择、现场数据收集与处理是否符合本标准的要求。

5.3 清单分析

5.3.1 数据收集

5.3.1.1 数据收集范围

数据收集范围应涵盖系统边界中的每一个单元过程，数据来源应注明出处。数据收集包括现场数据和背景数据的收集。

5.3.1.2 数据收集步骤

数据收集程序主要步骤包括：

a) 根据单元过程，进行数据收集见附录A。

b) 数据审定：为避免现场报送的数据认为错误的发生，收集的单元过程数据需要经过确认程序。

c) 数据审定的原则：1)物质平衡：主要指生产过程中的投入与产出是否平衡；2)碳平衡：指判断输入的能源、辅料、主原料等的含碳量与输出的CO_2、产品、以及煤气的含量是否平衡；3)工序能耗：计算工序使用的能源与历史数据的平衡情况，最终以平衡率的形式来衡量数据是否合理；4)水平衡：单元过程输入的水量与消耗水量及输出废水量是否平衡(适当考虑蒸发量等因素)。

d) 数据与功能单位的关联，即将收集的实物流的输入输出处理为功能单位的输入输出。

用于Ⅲ型环境声明(EPD)比较时，现场数据和背景数据均应采用相同的数据收集、数据来源和数据格式。

5.3.2 计算程序

数据收集完后，要根据计算程序对该产品系统中每一单元过程与功能单位求得清单结果。计算应以统一的功能单位作为该系统所有单元过程中物、能流的共同基础，求得系统中所有的输入和输出数据。

在此过程中，如发现不合理的数据，应予以替换。

5.3.2.1 数据审定

在数据的收集过程中，应检查数据的有效性。在数据的确认过程中发现明显不合理的数据，应分析原因，予以替换，替换的数据应满足数据质量要求。

对每种数据类型的数据如发现缺失，对缺失的数据要进行断档处理，代之以合理的“非零”数据、合理的“零”数据或采用同类技术单元过程报送的数据计算出来的数值。

5.3.2.2 数据与单元过程的关联

生产工序有多种产品，对一个单元过程确定适宜的基准流，如1 kg产品，并计算单元过程的定量输入和输出数据。浮法玻璃产品生产工序中，不涉及到分配问题。

5.3.2.3 数据与功能单位的关联

计算方法是将各个工序或单元过程的投入产出数据除以产品的产量，即得到功能单位的原材料消耗、能源消耗和环境排放。

5.3.2.4 数据合并

仅当数据类型是设计等价物质并具有类似的环境影响时才允许进行数据合并。同一工序的不同生产设备，若其生产技术水平相当，输入输出种类基本相同，则可采取数据合并。

5.4 浮法玻璃环境影响类型选择

本标准建议完整包括以下4类环境影响类型，并建议采用表4中相应的特征化模型计算影响潜值。

a) 不可再生资源消耗；

b) 全球暖化；

c) 酸化；

d) 富营养化。

表4 环境影响类型及特征化模型

序号	环境影响类型	特征化模型
1	不可再生资源消耗 (non-renewable resource depletion potential)	kg Sb eq.
2	全球暖化 (global warming potential)	kg CO_2 eq.
3	酸化效应 (acidification potential)	kg SO_2 eq.
4	富营养化 (eutrophication potential)	kg PO_4^{3-} eq.

6 附加的环境信息

除上述报告的指标外，其他相关的重要环境信息，如采用的清洁生产工艺、节能减排技术、产品环境特性、企业环境管理等可以在附加环境信息中进行描述。

a) 超薄浮法玻璃技术；

b) 锡槽制造和安装技术的创新；

c) 玻璃熔窑的各种氧气燃烧技术：富氧燃烧、喷氧、富氧空气给补、纯氧燃烧、全部纯氧燃烧；

d) 玻璃熔窑余热发电技术；

e) 一窑双线技术；

f) 玻璃熔窑废气治理技术，如静电除尘技术、烟气脱硫除尘技术和降低含碳氧化物排放的技术。企业获得的环境管理体系认证，开展的清洁生产审核、能源审计等。

7 可比性

当根据本标准制作Ⅲ型环境声明(EPD)报告用于比较时，应满足第5章、第6章、第7章是相同的。

8 支持Ⅲ型环境声明(EPD)报告的要素

依据本标准制作的Ⅲ型环境声明(EPD)报告包括以下内容：

8.1 公司/组织的描述：

8.1.1 联系人、地址、电话、传真、e-mail。

8.1.2 生产过程或环境工作的特别信息(如：EMS)。

8.2 产品或服务的描述：

8.2.1 产品名称(如:品牌、型号等)。

8.2.2 产品照片或图解。

8.2.3 尺寸大小、重量。

8.2.3.1 产品性能(产品说明书);

8.2.3.2 产品类型。

8.3 报告的有效性(有效期)。

8.4 产品的可追溯性(注册号)。

8.5 生命周期评价信息:

8.5.1 功能单位;

8.5.2 系统边界;

8.5.3 数据的描述;

8.5.4 输入和输出的选择准则;

8.5.5 数据质量;

8.5.6 数据收集;

8.5.7 计算程序;

8.5.8 环境影响;

8.5.9 附加环境信息。

8.6 认证机构的信息。

9 验证

提出Ⅲ型环境声明(EPD)的组织应确保数据得到第三方独立验证,验证信息应包含生产企业和第三方验证机构的相关信息。

9.1 公司/组织的描述

公司/组织的名称、生产地点、联系人、联系方式等信息,与生产过程相关的资讯,以及与环境工作相关的特别信息(如环境管理体系认证),也可以包括企业/组织想要突出的特定主题,例如产品符合某些环境准则,或与环境安全与卫生相关的资讯。

9.2 第三方验证机构的描述

第三方验证机构的名称、地址、联系人、联系方式等信息。同时应提供报告审核员、验证过程所遵循的本标准、验证报告有效期等相关信息。

附　录　A
（资料性附录）
数据收集示例

A.1　现场数据收集表见表A.1。

表A.1　现场数据收集表

制表人	制表日期			
报送地点				
数据时间	起始月　　　　终止月			
能量输入				
项目	单位	数量	数据来源	运输方式
重油	kg/kg			
电力	(kW·h)/kg			
天然气	m^3/kg			
煤制煤气	m^3/kg			
燃煤	kg/kg			
煤焦油	kg/kg			
其他燃料	kg/kg			
物料输入				
项目	单位	数量	数据来源	运输方式
石英石	kg/kg			
长石	kg/kg			
白云石	kg/kg			
石灰石	kg/kg			
纯碱	kg/kg			
芒硝	kg/kg			
碎玻璃	kg/kg			
锡	kg/kg			
N_2	kg/kg			
H_2	kg/kg			
耐火材料	kg/kg			
新鲜水	kg/kg			
产品输出				
浮法玻璃				

表 A.1（续）

环境排放				
项目	单位	数量	数据来源	排放方式
SO_2	m^3/kg			
NO_x	m^3/kg			
CO_2	m^3/kg			
CO	m^3/kg			
HF	m^3/kg			
HCl	m^3/kg			
Pb	kg/kg			
粉尘	kg/kg			
颗粒物	kg/kg			

A.2 背景数据收集见表 A.2。

表 A.2 背景数据收集

生产流程	数据来源
纯碱生产	1） 优先选用国家的平均数据； 2） 其次选用行业的平均数据； 3） 也可选用研究文献的数据
重油生产	
公路运输	
电力生产	
锡生产	
H_2 生产	
N_2 生产	
硅砂生产	
废玻璃分选	
石灰石生产	
耐火材料生产	

ICS 27.160
F 12

中华人民共和国国家标准

GB/T 29158—2012

带辅助能源的太阳能热水系统（储水箱容积大于0.6 m^3）技术规范

Technical code for solar-plus-supplementary water heating system (tank capacity more than 0.6 m^3)

2012-12-31 发布　　2013-10-01 实施

中华人民共和国国家质量监督检验检疫总局
中国国家标准化管理委员会　发布

前　言

本标准按照 GB/T 1.1—2009 给出的规则起草。

本标准由全国太阳能标准化技术委员会(SAC/TC 402)提出并归口。

本标准负责起草单位:北京北方赛尔太阳能工程技术有限公司、云南师范大学太阳能研究所、成都市产品质量监督检验院、深圳市嘉普通太阳能有限公司、中国标准化研究院、浙江无限新能源股份有限公司、云南中建博能工程技术有限公司、天普新能源科技有限公司、北京菲斯曼供热技术有限公司、皇明太阳能股份有限公司、广东万和新电气股份有限公司、云南锡业同乐太阳能有限公司、滁州扬子新材料科技有限公司、南京华帝新能源有限公司、嘉兴市同济阳光新能源有限公司、浙江豪瓦特节能科技有限公司、江苏省华扬太阳能有限公司、桑夏太阳能股份有限公司、江苏四方锅炉有限公司。

本标准主要起草人:杨金良、谌学先、王男、贾铁鹰、刘学真、方昭敏、刘雪芬、李仁星、赵一、刘志强、王柱小、张欣、张嘉雷、薛久兵、管金国、韩广田、黄永伟、肖红升、段绪强。

带辅助能源的太阳能热水系统（储水箱容积大于0.6 m^3）技术规范

1 范围

本标准规定了带辅助能源的太阳能热水系统（储水箱容积大于0.6 m^3）的术语、系统分类、技术要求、检验规则等。

本标准适用于单个储水箱有效容积大于0.6 m^3 的带辅助能源的太阳能热水系统。

本标准不适用于热泵辅助加热的太阳能热水系统。

2 规范性引用文件

下列文件对于本文件的应用是必不可少的。凡是注日期的引用文件，仅注日期的版本适用于本文件。凡是不注日期的引用文件，其最新版本（包括所有的修改单）适用于本文件。

GB 4706.1 家用和类似用途电器的安全 第1部分：通用要求

GB 4706.12 家用和类似用途电器的安全 储水式热水器的特殊要求

GB/T 12936 太阳能热利用术语

GB/T 18713 太阳热水系统设计、安装及工程验收技术规范

GB/T 20095 太阳热水系统性能评定规范

GB/T 21434 相变锅炉

GB/T 23150 热水器用管状加热器

GB/T 29160 带辅助能源的太阳能热水系统（储水箱容积大于0.6 m^3）性能试验方法

GB 50015 建筑给水排水设计规范

GB 50041 锅炉房设计规范

JB/T 7985 小型锅炉和常压热水锅炉技术条件

JB/T 10393 电加热锅炉技术条件

ISO 9488:1999 太阳能 词汇（Solar energy—Vocabulary）

蒸汽锅炉安全技术监察规程（劳部发[1996]276号）

热水锅炉安全技术监察规程（劳锅字[1991]8号）

小型和常压热水锅炉安全监察规定（2000年6月15日国家质量技术监督局令[第11号]）

3 术语和定义

GB/T 12936、GB/T 18713、GB/T 20095和ISO 9488:1999界定的以及下列术语和定义适用于本文件。

3.1

带辅助能源的太阳能热水系统 solar-plus-supplementary water heating system

联合使用太阳能和辅助能源，并可不依赖于太阳能而提供所需热水的系统。

3.2

带辅助能源太阳能热水系统的联合运行热性能系数　the coefficient of heat performance of solar-plus-supplementary water heating system

CHP

对于带辅助能源的太阳能热水系统，首先进行太阳能单独加热的热性能试验，再进行太阳能与辅助能源联合运行的热性能试验。后者检测得到的太阳能加热部分集热器单位轮廓采光面积的日有用得热量与前者检测得到的同一性能指标的比值就是该系统的联合运行热性能系数。

4　符号和单位

下列符号和单位适用于本文件。

CHP：带辅助能源太阳能热水系统的联合运行热性能系数，无量纲。

H：太阳能集热器采光口所在平面的日太阳辐照量，单位为兆焦耳每平方米（MJ/m^2）。

5　分类与特征

5.1　按照太阳能与辅助能源联合加热热水的方式分类

按照太阳能与辅助能源联合加热热水的方式，将系统分为如下 3 种类型：

a）　混合加热系统

太阳能和辅助能源两个加热系统共享同一贮水箱，且都对同一贮水箱的水进行加热。两个系统加热存在相互影响的状况。

b）　定温共储系统

太阳能和辅助能源两个加热系统虽共享同一贮水箱，但两个加热系统都是将定温热水直接送入贮水箱储存，除水箱满水或水箱水温过低外，不需要进行太阳能循环加热，正常情况下，两个系统加热不存在相互影响的状况。

c）　分级加热系统

太阳能和辅助能源两个加热系统不共享同一贮水箱，水或介质先由太阳能加热，然后再送入辅助能源加热系统，当水或介质的温度不足时，再由辅助能源将其加热到需要的温度。

5.2　按照辅助能源设备的类型分类

按照辅助能源设备的类别，将辅助能源分为如下 4 种类型：

a）　锅炉辅助加热系统

通过专门用于太阳能热水系统辅助加热的锅炉，进行辅助加热的系统。

b）　换热站辅助加热系统

通过专门用于太阳能热水系统辅助加热的换热站，将热力管网的部分热能用于太阳能热水系统辅助加热的系统。

c）　电加热器辅助加热系统

将电加热器直接安装在太阳能热水系统的贮水箱内，进行辅助加热的系统。

d）　蒸汽直接辅助加热系统

将蒸汽直接通入太阳能热水系统贮水箱进行辅助加热的系统。

6　技术要求

6.1　基本要求

对于带辅助能源的太阳能热水系统，应首先按照 GB/T 20095 和 GB/T 29160 的规定进行太阳能单独加热的热性能试验及其他性能检验。性能检验结果应符合以下要求：

a） 对于太阳能面积配置较小、水箱水量配置较大而又只能按照较大的试验水量进行热性能试验的系统，升温性能指标可以低于 GB/T 20095 的要求，其他性能指标应符合 GB/T 20095 的规定。

b） 对于其他系统，应符合 GB/T 20095 的各项规定。

6.2 辅助能源加热热水能力

6.2.1 系统设计应给出辅助能源设备的类别、单位时间内加热热水的水量和温升等技术指标。

6.2.2 系统实际配置的辅助加热设备应符合设计要求。

6.2.3 按照 GB/T 29160 规定的检测方法进行辅助能源单独加热热水能力检测，其单位时间内加热热水的水量和温升应达到设计要求。

6.3 系统联合运行性能

6.3.1 在进行联合运行热性能系数 CHP 检测试验时，应由系统实际配置的控制器按照正常工作模式进行运行控制。与按照 6.1 规定进行的太阳能单独加热的热性能试验相比，试验水量保持不变，但应关闭或遮盖(40±10)%的太阳能集热器面积，并确保试验结束时试验水温不低于 45 ℃，试验温升值不低于按照 6.1 规定进行试验时的实际温升值。按照 6.1 和 GB/T 29160 进行热性能检测试验时，试验期间的 H 值都应在 16 MJ/m^2～20 MJ/m^2 之间或者都应在 20 MJ/m^2 以上。

6.3.2 对于混合加热系统，应进行联合运行热性能系数 CHP 的检测，在满足 6.3.1 试验条件下检测计算出的 CHP≥0.80。

6.3.3 对于定温共储系统和分级加热系统，不进行联合运行热性能系数 CHP 的检测。

6.4 辅助能源安全性能

6.4.1 锅炉辅助加热系统

6.4.1.1 蒸汽锅炉应符合《蒸汽锅炉安全技术监察规程》。

6.4.1.2 承压热水锅炉应符合《热水锅炉安全技术监察规程》。

6.4.1.3 小型和常压热水锅炉应符合《小型和常压热水锅炉安全监察规定》，常压热水锅炉应确保在常压状态下运行。

6.4.2 电加热管辅助加热系统

电气安全应符合 GB 4706.1 和 GB 4706.12 的要求。

6.5 辅助能源设备

6.5.1 小型锅炉和常压热水锅炉应符合 JB/T 7985 的要求。

6.5.2 电加热锅炉应符合 JB/T 10393 的要求。

6.5.3 相变锅炉应符合 GB/T 21434 的要求。

6.5.4 电加热管应符合 GB/T 23150 的要求。

6.5.5 换热站辅助加热系统符合 GB 50041 的相关要求

6.5.6 蒸汽直接辅助加热系统符合 GB 50015 的相关要求。

7 文件编制

文件编制应符合 GB/T 18713 的规定。

8 检验规则

8.1 检验分类

带辅助能源的太阳能热水系统性能检验分为验收检验和型式检验。

8.2 验收检验

8.2.1 所有带辅助能源的太阳能热水系统交接给用户前，应进行验收检验。

8.2.2 验收检验除按照 GB/T 20095 验收检验的规定及 6.1 的要求进行检验外，还应按照 6.2、6.4、6.5 的要求对系统进行性能检验。

8.3 型式检验

8.3.1 有下列情况之一时，应进行型式检验：

a) 国家质量监督检验机构提出进行型式检验要求的；

b) 合同双方有争议，有一方要求对系统进行型式检验的；

c) 由于其他原因需要对太阳能热水系统进行型式检验的。

8.3.2 型式检验除按照 GB/T 20095 型式检验的规定及 6.1 的要求进行检验外，还应按照 6.2～6.5 的各项要求进行检验。

8.4 判定规则

8.4.1 验收检验的结果除应符合 GB/T 20095 关于验收检验的各项要求外，还应符合 6.2、6.4、6.5 的要求。凡按照 GB/T 20095 进行验收检验不合格的，即判定为不合格；凡按照 GB/T 20095 进行验收检验合格，但按照 6.2、6.4、6.5 进行检验，检验指标中有一项指标不合格的，则判定为不合格。

8.4.2 型式检验的结果应符合本标准的规定和设计要求。凡按照 GB/T 20095 及 6.1 的规定进行型式检验不合格的，即判定为不合格；凡按照 GB/T 20095 及 6.1 的规定进行型式检验合格，但按照 6.2、6.3、6.4、6.5 进行检验，检验指标中有一项指标不合格的，则判定为不合格。

ICS 27.160
F 01

中华人民共和国国家标准

GB/T 29159—2012

全玻璃真空太阳集热管用玻璃管

The glass tube for all-glass evacuated solar collector tubes

2012-12-31 发布　　　　2013-10-01 实施

中华人民共和国国家质量监督检验检疫总局
中国国家标准化管理委员会　发布

前　言

本标准按照 GB/T 1.1—2009 给出的规则起草。

本标准由全国太阳能标准化技术委员会(SAC/TC 402)提出并归口。

本标准起草单位:山东力诺新材料有限公司、北京清华阳光能源开发有限责任公司、北京工业大学、中国标准化研究院、太阳雨太阳能有限公司、山东兖州市晶冠玻璃有限公司、山东曜晖太阳能有限公司、北京玻璃集团公司、北京四季沐歌太阳能技术集团有限公司、北京天普太阳能工业有限公司、桑夏太阳能股份有限公司、江苏元升太阳能集团有限责任公司、江苏省华扬太阳能有限公司、山东一诺新能源科技有限公司、夏津县瑞康太阳能有限公司。

本标准主要起草人:沈长治、殷志强、贾铁鹰、田英良、傅延龄、李德余、周小雯、刘希杰、李旭光、焦青太、薛梅、徐玉和、滕建中、王绍斌、任杰、肖红升、吴道元、黄永伟、王旭、江伟。

全玻璃真空太阳集热管用玻璃管

1 范围

本标准规定了全玻璃真空太阳集热管用玻璃管(以下简称“玻璃管”)的定义、命名、技术要求、试验方法、检验规则及标志、包装、运输和贮存。

本标准适用于全玻璃真空太阳集热管用的玻璃管。

2 规范性引用文件

下列文件对于本文件的应用是必不可少的。凡是注日期的引用文件,仅注日期的版本适用于本文件。凡是不注日期的引用文件,其最新版本(包括所有的修改单)适用于本文件。

GB/T 191 包装储运图示标志

GB/T 2828.1 计数抽样检验程序 第1部分:按接收质量限(AQL)检索的逐批检验抽样计划

GB/T 5432 玻璃密度测定 浮力法

GB/T 6579—2007 实验室玻璃仪器 热冲击和热冲击强度试验方法

GB/T 6580—1997 玻璃耐沸腾混合碱水溶液浸蚀性的试验方法和分级

GB/T 6581—2007 玻璃在100 ℃耐盐酸浸蚀性的火焰发射或原子吸收光谱测定方法

GB/T 12416.2—1990 玻璃颗粒在121 ℃耐水性的试验方法和分级

GB/T 16920 玻璃 平均线热膨胀系数的测定

GB/T 17049 全玻璃真空太阳集热管

GB/T 25968 分光光度计测量材料的太阳透射比和太阳吸收比试验方法

QB/T 2298 双线法测线热膨胀系数

QB/T 3572 硼硅酸盐玻璃化学分析方法

3 术语和定义

GB/T 17049界定的以及下列术语和定义适用于本文件。

3.1

玻璃管节瘤 knot of glass tube

玻璃管上存在与玻璃主体成分有差异的透明瘤状玻璃体。

3.2

析晶 devitrification of glass

玻璃在成型或热加工过程中产生的结晶体。

3.3

玻璃管结石 stone of glass tube

玻璃管内含有的不透明固态夹杂物。

3.4

环切等级 grade of ring cutting;grade of circum-erential stress

利用正交偏振光透过端面平行的玻璃试样,观测玻璃试样内所存在热应力和结构应力的严重程度及所处位置，以不同级别/档别来评价玻璃内部化学成分均匀性的重要指标。

3.5

撞击破损能量　impact damage energy

在撞击作用下，制品或材料破损所需的最低能量。

3.6

气线　airline

在玻璃内被拉成线状的气泡。

3.7

划伤　abrade

因摩擦作用在玻璃表面上形成宽而深的犁痕式破坏。

3.8

擦伤　scratch

不深入玻璃内部的表面磨损。

3.9

偏壁度　wall siding

同一断面上壁厚最大值和最小值之差与公称厚度之比。

3.10

不圆度　out of round

同一断面上直径最大值和最小值之差与公称直径之比。

3.11

直线度　straightness accuracy

玻璃管支撑在间距 1 000 mm 的水平托轮上，玻璃管中央部位径向最大值和最小值之差的一半与玻璃管测量支点间距的比值。

3.12

应力　stress

在玻璃的制造过程中，使玻璃内部发生应变的力。

3.13

黑化　blackness

玻璃材料中某些金属氧化物在还原性火焰作用下金属离子由高价态向低价态转换，致使玻璃发黑的现象。

3.14

结构应力　structure stress of glass

由于玻璃内部的化学组成不均匀而导致结构不均匀所产生的应力。

3.15

热应力　thermal stress of glass

在玻璃成型、退火和热加工过程因温度差而产生的永久应力。

3.16

环切检测　ring cutting test of glass；circum-erential stress test of glass

利用正交偏振光对端面平行的环状玻璃试样内的热应力和结构应力进行检测的方法。

4　产品命名

4.1　命名内容

全玻璃真空太阳集热管用玻璃管产品命名由如下的两部分组成：

第一部分 — 第二部分

——表示全玻璃真空太阳集热管用玻璃管规格尺寸

——表示玻璃材质

4.2 命名标记

第一部分用汉语拼音字母 PGB3.3 表示玻璃管材质为硼硅玻璃 3.3。

第二部分用阿拉伯数字表示全玻璃真空太阳集热管用玻璃管外径/壁厚/长度，以毫米(mm)为单位。

在相邻部分之间用一字线"—"分隔。

4.3 命名示例

采用硼硅玻璃 3.3，应用在太阳能领域，玻璃管外径 58 mm、壁厚 1.8 mm、长度 1 800 mm 的全玻璃真空太阳集热管用玻璃管的标识为：

PGB3.3 — 58/1.8/1800

——玻璃管外径 58 mm、壁厚 1.8 mm、长度 1 800 mm

——玻璃管材质为硼硅玻璃 3.3

5 技术要求

5.1 材质

5.1.1 玻璃管应采用平均线热膨胀系数为 $\alpha_{(50\ ℃\sim300\ ℃)}=(3.3\pm0.1)\times10^{-6}\ K^{-1}$ 的硼硅玻璃，其化学组成应满足表 1 的要求。

表 1 玻璃管基本化学组成

化学组成	SiO_2	Al_2O_3	B_2O_3	R_2O	Fe_2O_3
质量分数/%	80.2±0.3	2.3±0.2	12.7±0.3	4.0±0.2	<0.05
注：R_2O 为一价金属氧化物。					

5.1.2 硼硅玻璃 3.3 的玻璃管口经精切与烤口。

5.1.3 灯工加工部位不允许有黑化现象。

5.1.4 玻璃管抗受紫外曝晒能力要求其太阳透射比下降≤0.03。

5.1.5 玻璃管耐热冲击温差≥230 ℃。

5.2 玻璃管的规格尺寸及偏差

玻璃管的规格尺寸及偏差见表 2。

表 2 玻璃管规格尺寸及偏差

编号	外径/mm		壁厚/mm		长度/mm		直线度/%	偏壁度/%	不圆度/%
	基本尺寸	极限偏差	基本尺寸	极限偏差	基本尺寸	极限偏差			
1	37.00	±0.50	1.60	±0.10	1 200.0～2 000.0	±5.0	≤0.1	≤10.0	≤1.0
2	47.00	±0.70	1.75	±0.10	1 200.0～2 300.0	±5.0			
3	58.00	±0.80	1.80	±0.10	1 500.0～2 300.0	±5.0			

5.3 理化性能

5.3.1 平均线热膨胀系数

$\alpha_{(50\ ℃\sim300\ ℃)}=(3.3\pm0.1)\times10^{-6}\ K^{-1}$

5.3.2 密度

$\rho_{20\ ℃}=(2.23\pm0.02)g/cm^3$

5.3.3 太阳透射比

$\tau_{(AM\ 1.5)}\geqslant0.89$

5.3.4 环切等级

玻璃管环切等级不大于 HQ-8。

5.3.5 耐碱性能

耐碱性能应达到 GB/T 6580—1997 中的 A2 级。

5.3.6 耐酸性能

应达到 GB/T 6581—2007 中的耐酸 1 级。

5.3.7 耐水性能

应达到 GB/T 12416.2—1990 中的耐水 1 级。

5.3.8 撞击破损能量

玻璃管的撞击破损能量应不小于 2.5 J，通过率不低于 95%。

5.4 外观

5.4.1 玻璃管上不得有石棉印、铁锈、铁屑、泥土和油污，不得有目测可见的光学变形，不得有裂纹、划伤。

5.4.2 气线：气线宽度不得超过 0.5 mm；在玻璃管上长度大于 40 mm 的气线不允许存在；长度在 20 mm～40 mm 范围内的气线不允许超过 2 条；管长方向 150 mm 范围内，5 mm～20 mm 的小气线不允许超过 2 条，5 mm 以下的气线不得超过 5 条；距管口端 200 mm 范围内不允许有气线存在。

5.4.3 节瘤:玻璃管上大于 2.0 mm 的节瘤不允许存在;1.5 mm~2.0 mm 的节瘤不得多于 5 个;管长 150 mm 范围内:不大于 1.0 mm 的节瘤不得密集,即 10 mm×10 mm 范围内节瘤不得多于 2 个。

5.4.4 结石:玻璃管上大于 1.0 mm 的结石不允许存在;不大于 1.0 mm 的结石不得密集,即 10 mm×10 mm 范围内结石不得多于 1 个;整支管子上结石不得多于 5 个;结石周围不得有裂纹。

5.4.5 目视玻璃管不得有可见析晶物。

5.4.6 目视玻璃管表面不得有明显的直楞线。

5.4.7 擦伤:单支轻微擦伤长度不超过 100 mm,累计长度不超过 200 mm。

6 试验方法

6.1 材质

6.1.1 化学成分

按 QB/T 3572 测定其氧化物质量分数。

6.1.2 精切与烤口

玻璃管经精切与烤口,手摸管口光滑。

6.1.3 黑化

玻璃管采用还原性火焰熔融时,检查玻璃表面或内部是否有不可擦去的灰黑色。

6.1.4 抗紫外曝晒性

随机选取玻璃管 1 支,沿玻璃管纵向截取 2 片 20 mm×50 mm(宽×长)的玻璃片,表面进行清洁处理。其中一片作为比较基准,不进行辐照,另一片置于功率为 40 W 的、波长为 253.7 nm 的紫外光源下,玻璃片表面距离紫外光源 20 cm,辐照 100 h,然后按照 6.3.3 测试透射比,比较辐照前后的透射比。

6.1.5 耐热冲击

使用符合表 2 规格要求的玻璃管,截成长度为 110 mm±2 mm 的一段,玻璃管两端使用火焰进行烤口加工,经退火消除应力,按 GB/T 6579—2007 中的方法 B 进行耐热冲击试验。

6.2 规格尺寸及偏差

6.2.1 外径

用精度为 0.02 mm 的游标卡尺在距玻璃管两端 100 mm 处、垂直于玻璃管轴线方向测量,结果的平均值即为外径。

6.2.2 不圆度

用精度为 0.02 mm 的游标卡尺在距玻璃管两端 100 mm 处,在同一截面上旋转测定外径最大值 D_M 和外径最小值 D_m,两者之差与公称直径 D_N 之比即为不圆度 O_R,见式(1):

$$O_R = \frac{D_M - D_m}{D_N} \times 100\% \qquad \cdots\cdots(1)$$

6.2.3 壁厚

用精度为 0.01 mm 的测厚仪在同一截面测量 4 个点(各点相隔 90°),测量结果的平均值即为玻璃管的壁厚 WT。

6.2.4 偏壁度

用精度为 0.01 mm 的测厚仪在同一截面上旋转测定的壁厚最大值 WT_M 和壁厚最小值 WT_m，两者之差与公称壁厚 WT_N 之比即为偏壁度 W_S，见式(2)：

$$W_S = \frac{WT_M - WT_m}{WT_N} \times 100\% \qquad \cdots\cdots(2)$$

6.2.5 长度

用精度为 1 mm、长度为 3 m 的钢卷尺测量。

6.2.6 直线度

玻璃管支撑在水平托轮上，托轮间距 L=1 000 mm，将玻璃管旋转 360°，使用精度为 0.02 mm 的千分表读取数值，在托轮中间部位显示的玻璃管外表面径向最大值 H_M 和最小值 H_m 之差的一半与玻璃管测量支点间距 L 的比值即为直线度 S，见式(3)：

$$S = \frac{(H_M - H_m)}{2L} \times 100\% \qquad \cdots\cdots(3)$$

6.3 理化性能

6.3.1 平均线热膨胀系数

按 GB/T 16920 和 QB/T 2298 测定。

6.3.2 密度

按 GB/T 5432 测定。

6.3.3 太阳透射比

按 GB/T 25968，采用波长范围不小于 0.3 μm～2.5 μm 的分光光度计，使用积分球装置，光线分别与玻管上截取的玻璃试样的凸面、凹面垂直入射，两次测量的太阳透射比数据取平均值。

6.3.4 环切等级

按附录 A 所规定的要求进行测定。

6.3.5 耐碱性能

按 GB/T 6580 测定。

6.3.6 耐酸性能

按 GB/T 6581 测定。

6.3.7 耐水性能

在 121 ℃时的耐水性能，按 GB/T 12416.2 测定。

6.3.8 撞击破损能量

利用具有初始势能 E_b 为 15 J～20 J 的钳口形摆锤，对承放于间距为 1 000 mm 的金属支架上的玻璃管进行垂直正交撞击，玻璃管表面与金属支架为点接触，摆锤撞击部位为楔形圆弧面，圆弧面半径为 $R=(3\pm1)$ mm。撞击破损能量等于其破碎时所吸收的能量即所承受的最大临界能量 E_d，剩余能量转化成摆锤上升能量 E_s，其表达式见式(4)：

$$E_d = E_b - E_s \quad \cdots\cdots(4)$$

6.4 外观

6.4.1 外观检测方法用目测裸视及带刻度长尺，并使用10倍的放大镜。

6.4.2 直楞线，用标准封样进行对比。

6.4.3 光学变形，用标准封样进行对比。

7 检验规则

7.1 检验类别

检验分出厂检验和型式检验。

7.2 出厂检验

7.2.1 玻璃管必须经制造厂质量检验部门检验合格并出具检验合格证方可出厂。

7.2.2 抽样按 GB/T 2828.1 规定进行抽样。

7.2.3 采用一次抽样方案。

7.2.4 检查水平为Ⅱ。

7.2.5 合格质量水平(AQL—产品质量接受限)为2.5，包括尺寸、公差及外观。

7.2.6 在每批中理化性能检测按相关试验方法规定要求进行抽样。

7.2.7 在灯箱上对玻璃管外观进行逐支检测。玻璃管包装前，用定尺卡板逐支检测距玻管两端100 mm左右处的玻璃管外径。

7.3 型式检验

7.3.1 正常情况下每半年应至少进行一次型式检验。

7.3.2 产品有以下情况之一时，应随时进行型式检验：

a) 改变产品工艺而影响产品性能时；

b) 停产超过半年，恢复生产时；

c) 国家技术监督检验管理部门提出进行型式检验要求时。

7.3.3 型式检验样品在出厂检验合格的产品中随机抽取，抽取的样品基数不少于50支。

7.3.4 型式检验应按照第5章各项要求进行，结果应符合本标准要求。

7.4 判定规则

材质和理化性能不合格时，判整批产品为不合格。

8 标志、包装、运输、贮存

8.1 标志

按 GB/T 191，每单位包装应有合格证，写明生产厂名、生产日期、规格、采用标准号、生产者及检查者。

8.2 包装

全部使用托盘包装，玻璃管两端用包装材料罩住，机械搬运，避免玻璃管互相摩擦造成擦伤。

8.3 运输

产品运输过程中应轻装轻卸，避免剧烈震动及撞击。

8.4 贮存

玻璃管应存放在干燥、无腐蚀气体的室内。在室外存放时，不得淋雨雪。

附 录 A
（规范性附录）
玻璃管环切检测方法和环切等级分类方法

A.1 测量原理

当一束平面偏振光入射到具有应力或结构不均匀的玻璃时，将会被分解为振动方向相互垂直的两束光，分别为 x 方向和 y 方向，其传播速度为 C_x 和 C_y，由于两束光在玻璃中的传播速度的不同，因此会产生光程差 δ，光程差为两束光折射率的差值（即 $\delta = | n_x - n_y | = \Delta n$），$\Delta n$ 与玻璃中应力 F 成正比，即 $\delta = (C_x - C_y)F = BF$（$B$ 为光弹性常数）。如果在光路中插入一个全波片（其光程差 λ 为 565 nm），其视场背景颜色为紫红色，具有应力或结构不均匀的玻璃制品在视场中会产生干涉色和干涉条纹，通过干涉色和干涉条纹的颜色变化以及干涉条纹形态和粗细程度，可对玻璃制品环切等级进行综合评价和判定。

A.2 测量步骤

A.2.1 试样制作

首先，选取被测玻璃制品，在距离待测玻璃制品端部 50 mm～80 mm 处，利用机械切割或划痕热震装置制备玻璃环，玻璃环高度要求为 10.0 mm±0.2 mm，玻璃环的断面应为新鲜断面或机械抛光面；其次，在玻璃环侧面切开大于 1 mm 的缝隙，用于释放玻璃环内残余的应力，对于长度大于 1 m 的玻璃管，应在长度方向上均分为 3 段，在每段上各截取玻璃环 1 个，用于测量使用。

A.2.2 浸液配制

首先采用阿贝折射仪对待测玻璃制品的折射率进行测量，利用液体物质的折射率加和原理来配制与玻璃制品折射率相近的浸液，目的是为了克服测量过程中空气和承托盘（如培养皿）对玻璃断面的干涉色和干涉条纹颜色的影响。加和原理为：$N_1V_1 + N_2V_2 = N(V_1 + V_2)$，$N$ 为液体折射率；V 为液体体积。其次，在配制时，应选取两种折射率高低不同的液体，通过两者不同体积的混合形成浸液，使其折射率与玻璃制品相同，所配制的液体即为测试浸液。表 A.1 为各种常用液体折射率，供调配浸液时使用。

表 A.1 各种液态物质的折射率

物质	折射率	物质	折射率
四氯化碳	1.460 7	松节油	1.472 1
花生油	1.471 2	玉米油	1.466 2
甘油	1.473 0	橄榄油	1.476 3
液体石蜡	1.466 6	溴代奈	1.621 8

A.2.3 环切检测

采用具有图像采集和带有标尺功能的正交三目偏光显微镜，将全波片、起偏片、检偏片按图 A.1 所示位置关系置于光路中，此时视场的背景干涉色为紫红色。将玻璃环放入无应力透明承托盘（如培养皿）中，注入配制好的浸液（如果测量要求不高时，亦可使用洁净水代替浸液），使浸液超出玻璃环上部高度 1 mm～2 mm 即可。根据干涉色的颜色，可以推断张应力/压应力，张应力颜色表现为蓝/绿色调，压应力颜色表现为黄/橙色调。如果玻璃内部结构存在不均匀情况时，就会形成干涉条纹/干涉条纹带，将视场的图像调整清晰后，即可进行图像采集/拍照。根据所采集图像与环切分级标准图谱进行比对，然后进行环切定级。

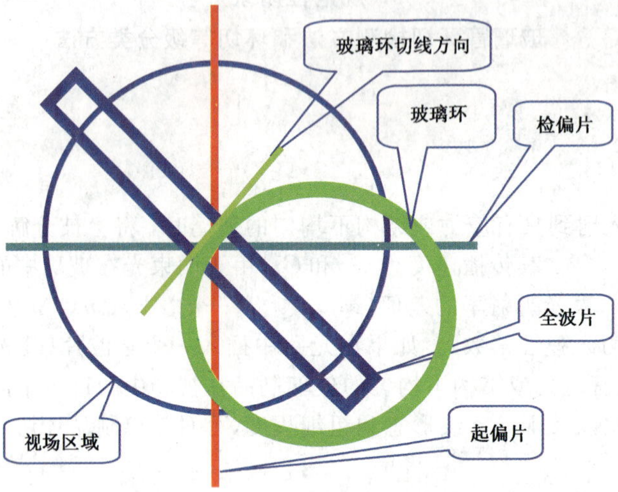

图 A.1　环切检测光路系统位置关系图

A.2.4　环切图像导读

环切图像导读示意图(见图 A.2)是玻璃环切定级的基础，观察者应以玻璃环断面的干涉色与视场背景色的差别来判定其内部存在热应力的严重程度；以玻璃环断面中干涉条纹所处位置、粗细程度、颜色及深浅等判定结构应力大小，综合考虑干涉色和干涉条纹情况，最终根据环切标准图谱来判定环切等级。

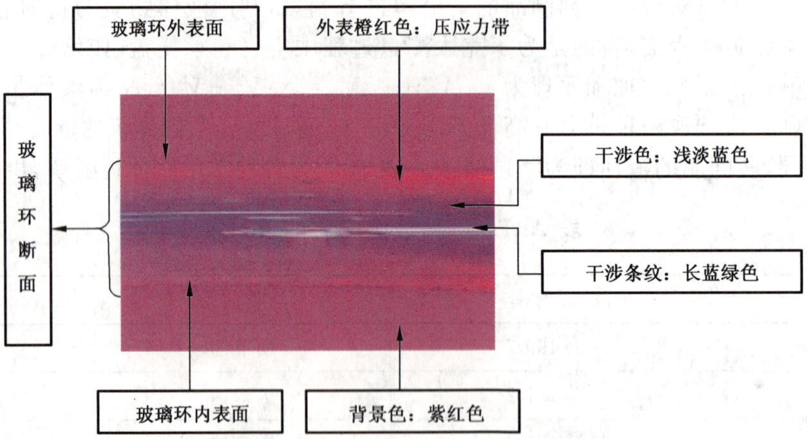

图 A.2　环切图像导读示意图

A.2.5　环切定级

环切定级结合干涉色和干涉条纹颜色、宽度、位置来确定，如表 A.2 和表 A.3 所示。玻璃环切定级标准图谱包括图谱和评价要点，按制品使用性能要求分为 5 级 12 档，包括 A 级、B 级、C 级、D 级、E 级(A 级包括：HQ-1、HQ-2；B 级包括：HQ-3、HQ-4、HQ-5；C 级包括：HQ-6、HQ-7、HQ-8；D 级包括：HQ-9、HQ-10、HQ-11；E 级包括：HQ-12)。

表 A.2 玻璃环切定级标准图谱

环切档别	标准图谱	
HQ-1		
评价要点	干涉色与背景紫红色相同，无干涉条纹，无张应力和压应力	干涉色与背景紫红色相同，无干涉条纹，无张应力和压应力
HQ-2		
评价要点	干涉色与背景紫红色基本相同，断面中心有淡蓝色干涉色，无干涉条纹，外表无张应力	干涉色与背景紫红色基本相同，无干涉条纹，内、外表无明显张应力
HQ-3		
评价要点	干涉色：断面外侧为紫红色，中心为淡蓝色； 干涉条纹：断面中心有少许平行淡蓝色或淡黄色干涉条纹； 玻璃环外表无张应力	干涉色：断面外侧为紫红色，中心有明显的淡蓝色； 干涉条纹：断面中有一根长度不大的干涉条纹； 玻璃环外表无张应力
HQ-4		

表 A.2（续）

环切档别	标准图谱	
评价要点	干涉色：断面外侧为紫红色，中心为很淡的蓝色； 干涉条纹：玻璃断面中心有多条长短不均的蓝绿色干涉条纹； 玻璃环外表无张应力	干涉色：断面外侧为橙黄色，中心为淡蓝色； 干涉条纹：玻璃断面有较少的淡蓝绿色长条纹； 玻璃环外表无张应力
HQ-5		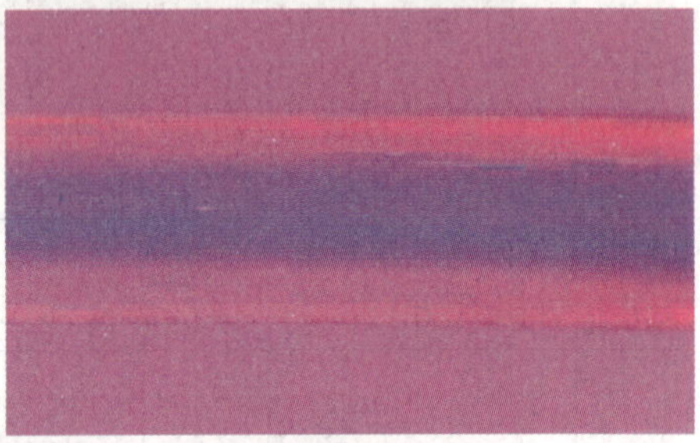
评价要点	干涉色：外表为橙红色，中心有较宽蓝色干涉色； 干涉条纹：中心靠近外侧有明显多条长蓝色干涉条纹； 玻璃环外表无张应力	干涉色：外表为淡橙黄色，中心有较宽蓝色干涉色； 干涉条纹：中心靠近外侧有多条连续淡蓝色干涉条纹； 玻璃环外表无张应力
HQ-6		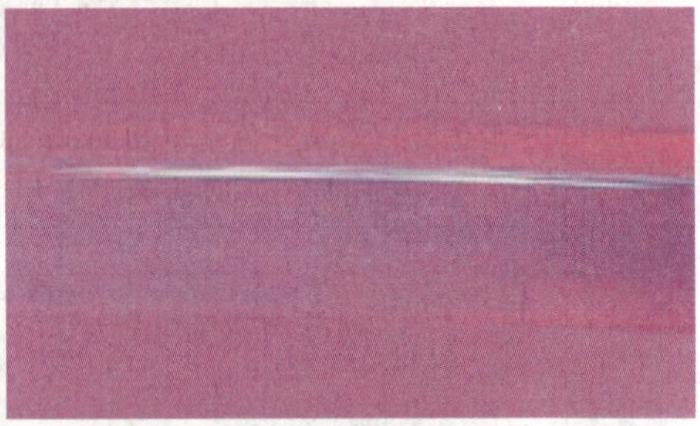
评价要点	干涉色：外表为橙红色，中心为较窄浅蓝色； 干涉条纹：断面中有明显的多条连续的蓝绿色条纹； 玻璃环外表无张应力	干涉色：外表为橙红色，中心有淡淡的浅蓝色； 干涉条纹：断面靠外侧有明显连续的粗蓝绿色条纹； 玻璃环外表无张应力
HQ-7	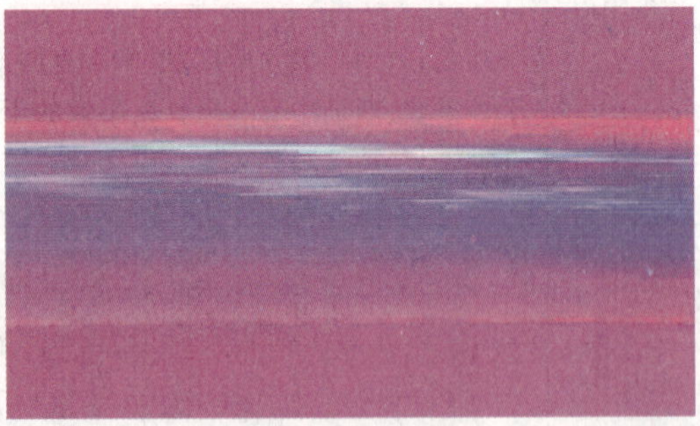	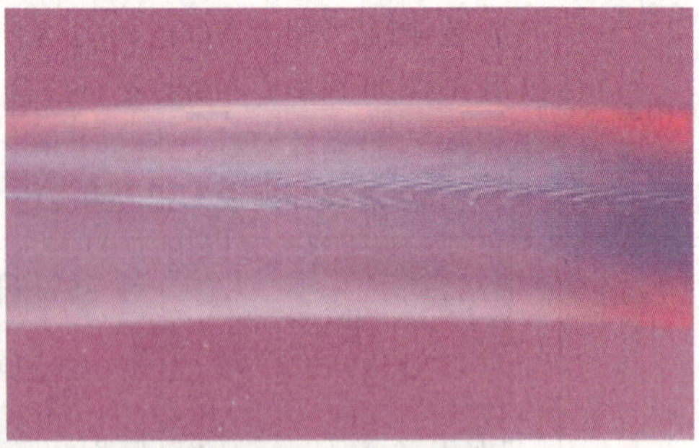
评价要点	干涉色：外表为橙红色，中心为较宽蓝色； 干涉条纹：断面中有明显多条连续长和短蓝绿色条纹； 玻璃环外表无张应力	干涉色：外表为橙黄色，中心为淡蓝紫色； 干涉条纹：断面靠外侧有宽细密的蓝色平行 V 形条纹； 玻璃环外表无张应力

表 A.2（续）

环切档别	标准图谱	
HQ-8	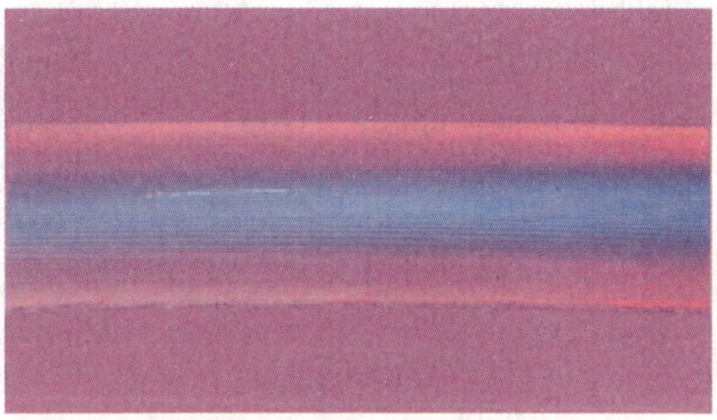	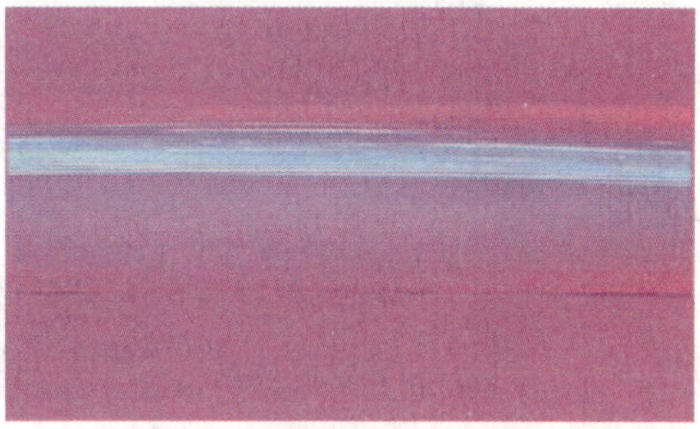
评价要点	干涉色：外表为橙红色，中心为较宽蓝绿色； 干涉条纹：断面中有明显较宽的多条连续平行长条纹； 玻璃环外表无张应力	干涉色：外表为橙红色，中心偏外为蓝绿色； 干涉条纹：断面中心偏外有较宽的蓝绿色连续平行条纹； 玻璃环外表无张应力
HQ-9	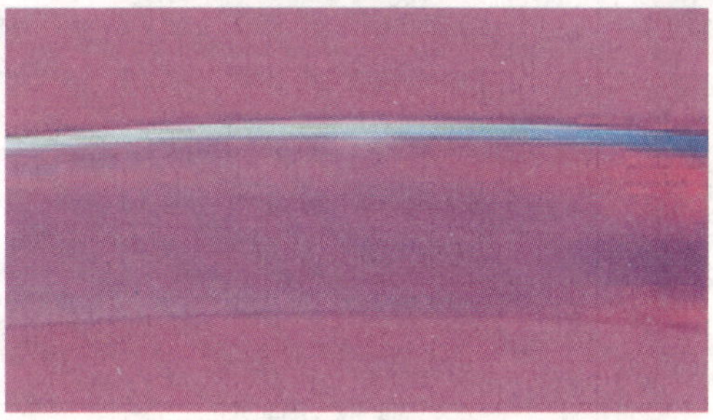	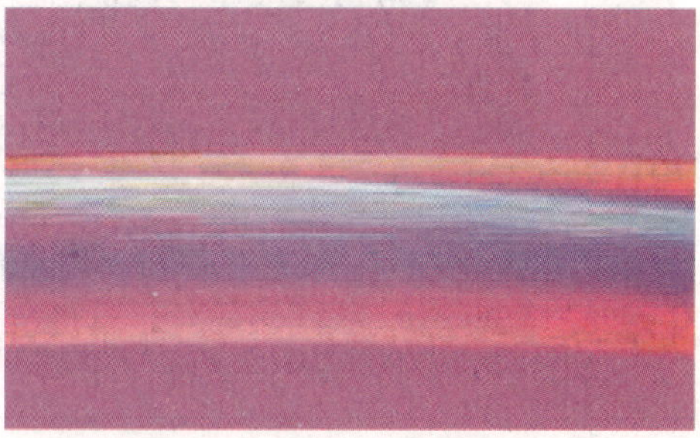
评价要点	干涉色：外表为较窄的明显蓝绿色，中心为较淡蓝色； 干涉条纹：断面内基本没有平行细小条纹； 玻璃环外表有张应力	干涉色：外表为橙黄色，中心为较窄浅蓝色； 干涉条纹：断面内有多条亮黄、淡蓝平行细密宽条纹带； 玻璃环外表有张应力
HQ-10	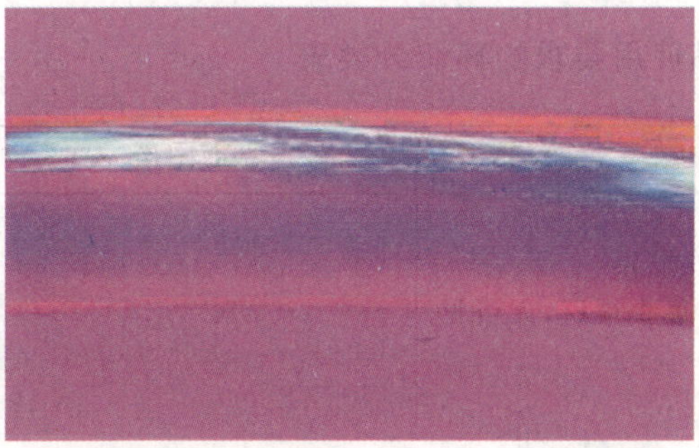	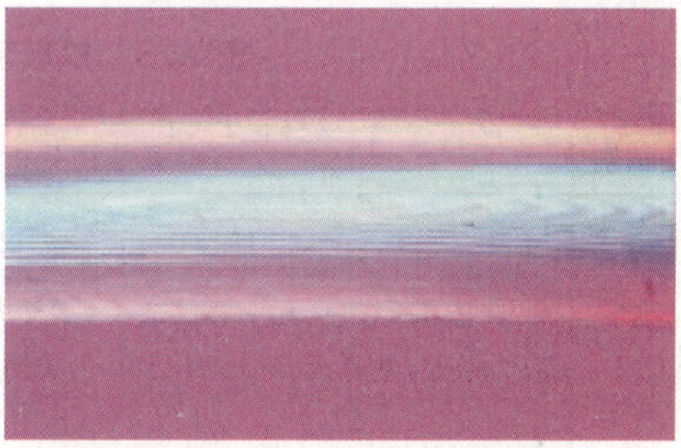
评价要点	干涉色：外表为橙红色，中心为浅蓝色； 干涉条纹：V 形条纹较小，但密集，短条纹亮线较多； 玻璃环外表有张应力	干涉色：外表为橙黄色，中心为淡蓝色； 干涉条纹：断面内有连续平行条纹，亮线较多，有层叠 V 形条纹； 玻璃环外表有张应力

表 A.2（续）

环切档别	标准图谱	
HQ-11	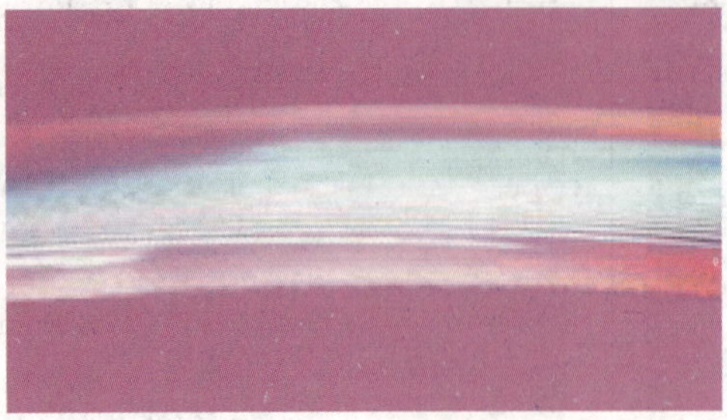	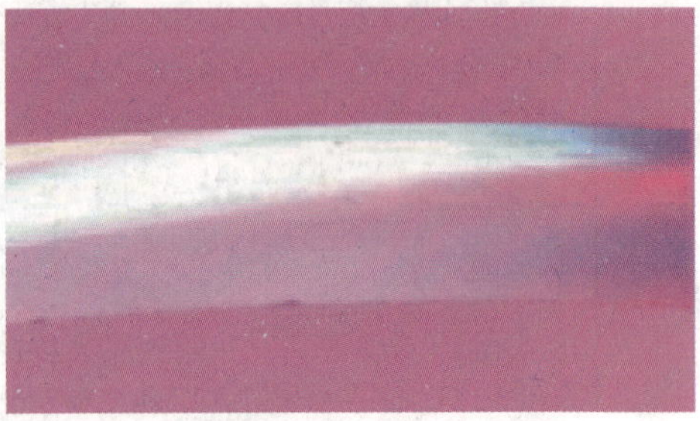
评价要点	干涉色：外表为橙黄色，中心为蓝绿色； 干涉条纹：外表为连续粗蓝绿色条纹或内有严重平行或V形亮线条纹； 玻璃环外表有张应力	干涉色：外表为黄绿色，内部为紫蓝色； 干涉条纹：外表有黄绿色细长条纹，内部条纹细小； 玻璃环外表有张应力
HQ-12		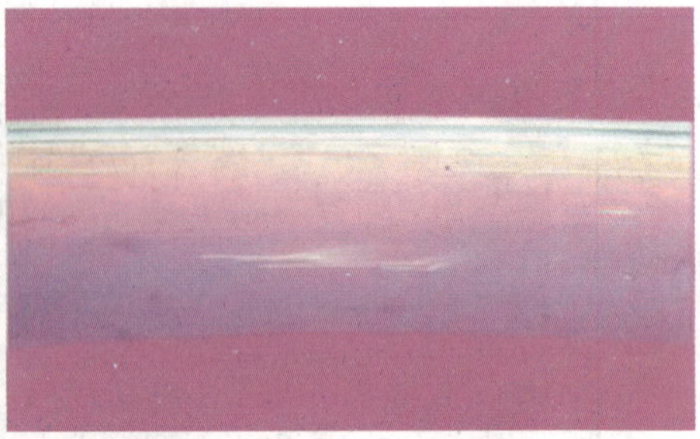
评价要点	干涉色：外表为灰蓝色和金黄色； 干涉条纹：有“套色”效应，有明显V形尖锐蓝绿色重/亮条纹； 玻璃环外表有张应力	干涉色：外表为亮白色，中心有紫红色过渡，内部为亮蓝绿色； 干涉条纹：有“外层”效应，应力条纹组合成为明亮干涉带； 玻璃环外表有张应力

表 A.3　按玻璃制品使用要求的环切分类表

环切档别	显微结构分析	显微图像	环切级别
HQ-1 HQ-2	干涉色为紫红色，无明显热应力，干涉条纹带很少很淡，无可见应力条纹，外表无张应力		A级
HQ-3 HQ-4 HQ-5	干涉色为红色或橙红色，干涉条纹带需仔细才能看出平行细条纹，分布均匀，有少量淡黄、橙黄色压应力条纹及少量细小蓝色张应力条纹，外表无张应力		B级

表 A.3（续）

环切档别	显微结构分析	显微图像	环切级别
HQ-6 HQ-7 HQ-8	干涉色为淡黄色和蓝绿色，局部有较宽界限不清的应力干涉色带，局部平行细条纹清晰，允许有不严重的V形条纹，良好分布的细小及中等蓝-绿色张应力和明亮的黄-白压应力条纹		C级
HQ-9 HQ-10 HQ-11	干涉色为黄灰色和灰绿色，平行条纹粗而严重，V形条纹多，局部的尖锐条纹区非常不规则，亮线较多，外边缘有张应力，有明显的蓝-绿色及淡绿-黄色应力条纹，外表有张应力	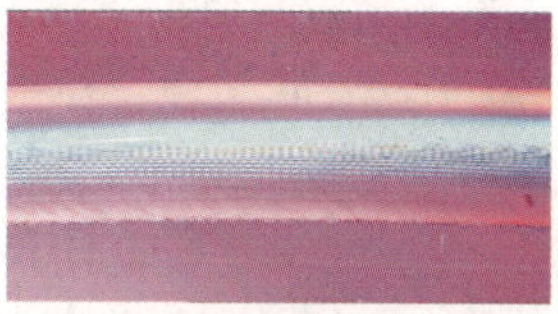	D级
HQ-12	干涉色为灰色和灰蓝色，有“外层”或“套色”效应，局部尖锐条纹多，有明显的蓝-绿色及黄-绿色应力重条纹，外表有张应力		E级

参 考 文 献

[1] 田英良,孙诗兵,张磊.环切检测技术在医药玻璃管生产质量控制方面的应用[J].医药与包装,2010,9(1):16-19.

[2] 田英良,孙诗兵,张磊.环切检测技术在瓶罐玻璃质量控制方面的应用[J].玻璃与搪瓷,2009,37(6):33-38.

[3] 田英良,孙诗兵.新编玻璃工艺学[M].北京:中国轻工业出版社,2009.

ICS 27.160
F 12

中华人民共和国国家标准

GB/T 29160—2012

带辅助能源的太阳能热水系统（储水箱容积大于0.6 m³）性能试验方法

Test methods for solar-plus-supplementary water heating system (tank capacity more than 0.6 m³)

2012-12-31 发布　　2013-10-01 实施

中华人民共和国国家质量监督检验检疫总局
中国国家标准化管理委员会　发布

前　言

本标准按照 GB/T 1.1—2009 给出的规则起草。

本标准由全国太阳能标准化技术委员会(SAC/TC 402)提出并归口。

本标准负责起草单位：云南师范大学太阳能研究所、深圳市嘉普通太阳能有限公司、南京北方赛尔太阳能工程技术有限公司、桑夏太阳能股份有限公司、江苏省华扬太阳能有限公司、浙江豪瓦特节能科技有限公司、嘉兴市同济阳光新能源有限公司、南京华帝新能源有限公司、云南锡业同乐太阳能有限公司、滁州扬子新材料科技有限公司、皇明太阳能股份有限公司、天普新能源科技有限公司、北京菲斯曼供热技术有限公司、广东万和新电气股份有限公司、云南中建博能工程技术有限公司、北京创意博能源科技有限公司、浙江无限新能源股份有限公司、江苏四方锅炉有限公司、兖州晶冠玻璃有限公司、中国标准化研究院。

本标准主要起草人：谌学先、孙帮聪、刘学真、肖红升、黄永伟、韩广田、管金国、薛久兵、张欣、张嘉雷、刘志强、李仁星、赵一、王柱小、刘雪芬、邹怀松、方昭敏、段绪强、朱庆平。

带辅助能源的太阳能热水系统（储水箱容积大于0.6 m³）性能试验方法

1 范围

本标准规定了带辅助能源的太阳能热水系统（储水箱容积大于0.6 m³）的性能试验方法。

本标准适用于单个储水箱有效容积大于0.6 m³ 的带辅助能源的太阳能热水系统。

本标准不适用于热泵辅助加热的太阳能热水系统。

2 规范性引用文件

下列文件对于本文件的应用是必不可少的。凡是注明日期的引用文件，仅注日期的版本适用于本文件。凡是不注日期的引用文件，其最新版本（包括所有的修改单）适用于本文件。

GB 3100 国际单位制及其应用

GB/T 12936 太阳能热利用术语

GB/T 18713 太阳热水系统设计、安装及工程验收技术规范

GB/T 19141 家用太阳能热水系统技术条件

GB/T 19565 总辐射表

GB/T 20095 太阳热水系统性能评定规范

GB/T 29158 带辅助能源的太阳能热水系统（储水箱容积大于0.6 m³）技术规范

ISO 9488:1999 太阳能 词汇（Solar energy—Vocabulary）

3 术语和定义

GB 3100、GB/T 12936、GB/T 18713、GB/T 20095、GB/T 29158 和 ISO 9488:1999 界定的术语和定义适用于本文件。

4 符号与单位

下列符号和单位适用于本文件。

A_c：太阳能热水系统中太阳能集热器的总轮廓采光面积，单位为平方米（m^2）。

c_{pw}：水的比定压热容，单位为千焦耳每千克摄氏度[kJ/(kg·℃)]。

CHP：带辅助能源的太阳能热水系统联合运行热性能系数，无量纲。

E_d：辅助能源为电加热系统时，性能试验期间电能的消耗量，单位为兆焦耳（MJ）。

H：太阳集热器采光口所在平面日太阳辐照量，单位为兆焦耳每平方米（MJ/m^2）。

M_z：辅助能源为蒸汽直接加热系统时，性能试验期间蒸汽的输入量，单位为千克（kg）。

ρ_w：水的密度，单位为千克每立方米（kg/m^3）。

Q_f：系统联合运行热性能试验期间，辅助能源加热系统的供热量，单位为兆焦耳（MJ）。

Q_h：辅助能源为锅炉或换热站加热系统时，性能试验期间热力管网的输入量，单位为兆焦耳（MJ）。

Q_i：性能试验期间第 i 个储水箱被加热水的有用得热量，单位为兆焦耳(MJ)。

Q_s：系统联合运行热性能试验期间太阳能分系统加热水的得热量，单位为兆焦耳(MJ)。

q：辅助能源加热系统单位时间内加热水的得热量，单位为兆焦耳每小时(MJ/h)。

q_{fd}：辅助能源为电加热管辅助加热系统时，单位输入能量加热水的有效得热量，无量纲。

q_{fh}：辅助能源为锅炉或换热站辅助加热系统时，单位输入能量加热水的有效得热量，无量纲。

q_{fz}：辅助能源为蒸汽直接辅助加热系统时，单位输入量加热水的有效得热量，单位为兆焦耳每千克(MJ/kg)。

q_{17}：日太阳辐照量为 17 MJ/m² 时，太阳能分系统独立运行时单位轮廓采光面积的日有用得热量实测值，单位为兆焦耳每平方米(MJ/m²)。

q_{17s}：日太阳辐照量为 17 MJ/m² 时，联合运行热性能试验中太阳能分系统单位轮廓采光面积的日有用得热量实测值，单位为兆焦耳每平方米(MJ/m²)。

t_a：太阳能集热器周围的环境空气温度，单位为摄氏度(℃)。

t_{bi}：性能试验开始时储水箱内贮存水的平均温度，单位为摄氏度(℃)。

t_c：性能试验中冷水的平均温度，单位为摄氏度(℃)。

t_{ei}：性能试验结束时储水箱内贮存水的平均温度，单位为摄氏度(℃)。

τ：辅助能源供热能力试验时间，单位为小时(h)。

Δt：辅助能源加热系统单位时间内加热额定水量的温升，单位为摄氏度每小时(℃/h)。

Δt_i：性能试验期间，第 i 个储水箱内被加热水的温升值，单位为摄氏度(℃)。

V_i：性能试验时第 i 个储水箱的实验水量，单位为立方米(m³)。

W：带辅助能源的太阳能热水系统额定供水量，单位为千克(kg)。

5 试验要求

5.1 系统要求

5.1.1 系统应按设计要求安装调试合格，正常运行时间≥3 d，才能进行热性能试验。

5.1.2 太阳能分系统的储热水箱与辅助能源分系统分离时，其太阳能分系统热性能应不受辅助能源影响。

5.1.3 太阳能分系统的储热水箱与辅助能源分系统为一个整体时，其辅助能源应能通过手动或控制系统关闭。

5.2 测量要求

5.2.1 太阳辐照量

5.2.1.1 总辐射表

应使用一级总辐射表，总辐射表应定期进行校准，在检定周期内总辐射表的年稳定性超过 GB/T 19565 的规定时，应增加总辐射表的校准次数或更换总辐射表。

5.2.1.2 总辐射表的安装

总辐射表应安装在太阳能集热器高度的中间位置，并与太阳能集热器采光平面平行，两平行面的平行度相差小于±1°。

总辐射表的安装位置应避免太阳能集热器的反射对其测量结果产生影响。

应防止总辐射表的座体及其外露导线被太阳直晒。

在整个测试期间，总辐射表不应遮挡太阳能集热器采光，并不被其他物体遮挡。

对于太阳能集热器处在不同采光平面上的太阳能热水系统，应根据太阳能集热器不同的采光平面分别安装总辐射表。

5.2.2 温度

5.2.2.1 准确度和响应时间

测量环境温度的温度仪表的准确度应为±0.5 ℃，测量水温的温度仪表的准确度应为±0.2 ℃。响应时间应小于5 s。

5.2.2.2 温度传感器的安装

应分别测量太阳能集热器和储热水箱周围的环境温度。温度传感器应分别放置在与太阳能集热器中心点高度和储热水箱中心点相同高度的遮阴通风处，分别距离太阳能集热器和储水箱1.5 m～10.0 m的范围内。

系统试验的贮水温度按照GB/T 20095规定的测量方式进行。

5.2.3 储水箱试验水量

测量储水箱内冷水体积的仪表的准确度应为±1.0%。储水箱试验水量按照GB/T 20095规定的测量方式进行测量。

5.2.4 太阳能集热器轮廓采光面积

测量长度的钢卷尺或钢板尺的准确度应为±0.1%。根据GB/T 19141的定义和计算方法，测量计算太阳能集热器的轮廓采光面积。

5.2.5 周围空气速度

测量空气流速的风速仪的准确度应为±0.5 m/s。

5.2.6 计时

计时钟表的准确度应为±0.2%。

5.2.7 锅炉或换热站辅助加热系统输入的热量

测量热力管网输入储热水箱热量的仪表的准确度应为±1.0%。

5.2.8 电加热辅助加热系统输入的电能

测量系统辅助电能的仪表的准确度应为±0.5%。

5.2.9 蒸汽直接加热系统输入的蒸汽

测量系统蒸汽输入量的仪表的准确度应为±1.5%。

6 试验方法

6.1 基本试验

对于带辅助能源的太阳能热水系统，关闭全部辅助加热系统，首先按照GB/T 20095和

GB/T 29158 进行太阳能单独加热的热性能试验，满足以下条件的试验次数≥1。

a) 试验期间平均环境温度：8 ℃≤t_a≤39 ℃；

b) 日太阳辐照量 H≥16 MJ/m²；

c) 环境空气的流动速率不大于 4 m/s。

在太阳能单独加热的热性能试验结果合格后，再进行太阳能与辅助能源联合运行的热性能试验。

太阳能分系统日有用得热量等各项技术要求试验方法按照 GB/T 20095 和 GB/T 29158 的规定进行。

6.2 辅助能源供热水能力试验

6.2.1 试验用冷水要求

试验用冷水应采用该系统投入正常使用时的实际用水，冷水水温 8 ℃≤t_c≤25 ℃。

6.2.2 试验条件

满足以下条件的试验次数≥1。

a) 试验期间平均环境温度：8 ℃≤t_a≤39 ℃；

b) 环境空气的流动速率不大于 4 m/s。

6.2.3 试验方法

试验期间，关闭太阳能分系统与试验储水箱的循环管路。

a) 利用 6.1 基本试验结束时贮存在带辅助能源加热的第 i 个试验储水箱的热水进行辅助能源供热水能力试验。按照 GB/T 20095 的规定在 6.1 基本试验中测量试验储水箱的试验水量 V_i。

b) 试验开始前 30 min，启动储水箱的混水装置进行混水，使试验储水箱上下部水温差值在 1 ℃以内。

c) 试验开始时，启动辅助能源加热，同时关闭储水箱的混水装置，记录试验储水箱上下部水温。储水箱上下部水温的平均值就是试验开始时试验储水箱内的水温 t_{bi}。

d) 当加热至储水箱下部水温的温升≥10 ℃时，停止加热，试验结束。

e) 启动试验储水箱的混水装置。当试验储水箱上下部水温差值降到 1 ℃以内时，记录储水箱上下部水温。储水箱上下部水温的平均值就是试验结束时试验储水箱内的水温 t_{ei}。

f) 记录试验期间辅助加热系统持续加热的时间 τ。

g) 记录试验期间辅助能源的消耗量，即记录锅炉或换热站辅助加热系统输入储热水箱的热量 Q_h 或记录电加热管辅助加热系统消耗的电能 E_d 或记录蒸汽直接辅助加热系统输入储热水箱的蒸汽量 M_z。

6.2.4 结果分析与说明

结果分析与说明如下所示：

a) 辅助加热试验期间试验储水箱内贮存水的温升用式(1)计算：

$$\Delta t_i = t_{ei} - t_{bi} \qquad \cdots\cdots(1)$$

b) 辅助加热试验期间试验储水箱内贮存水的有用得热量用式(2)计算：

$$Q_i = \rho_w V_i c_{pw} \Delta t_i / 1\,000 \qquad \cdots\cdots(2)$$

c) 辅助能源加热系统单位时间内加热水的得热量用式(3)计算：

$$q = \frac{Q_i}{\tau} \qquad \cdots\cdots(3)$$

d) 辅助能源加热系统单位时间内加热额定水量的温升换算用式(4)计算：

$$\Delta t = \frac{1\ 000q}{c_{pw}W} \qquad \cdots\cdots(4)$$

e) 辅助能源加热系统单位输入量加热水的有效得热量用式(5)～式(7)计算：

对于锅炉和换热站辅助加热系统用式(5)计算：

$$q_{fh} = \frac{Q_i}{Q_h} \qquad \cdots\cdots(5)$$

对于电加热器辅助加热系统用式(6)计算：

$$q_{fd} = \frac{Q_i}{E_d} \qquad \cdots\cdots(6)$$

对于蒸汽直接加热系统用式(7)计算：

$$q_{fz} = \frac{Q_i}{M_z} \qquad \cdots\cdots(7)$$

6.3 联合运行热性能试验

6.3.1 试验用冷水要求

试验用冷水应采用该系统投入正常使用时的实际用水，冷水水温 8 ℃$\leqslant t_c \leqslant$25 ℃。

6.3.2 试验条件

满足以下条件的试验次数$\geqslant$1。

a) 太阳辐照量 $H\geqslant$16 MJ/m²(对于太阳能集热器采光面正南放置和南偏东、南偏西放置且试验时间可以达到 8 h 的太阳能热水系统，$H\geqslant$16 MJ/m²；对于太阳能集热器采光面东偏南、西偏南、正东、正西放置但试验时间达不到 8 h 的太阳能热水系统，在当地太阳正午时前 4 h 到太阳正午时后 4 h 期间，正南方向与太阳能集热器同一倾角斜面上的太阳辐照量应 $H\geqslant$16 MJ/m²，并按照 H 值在 16 MJ/m²～20 MJ/m² 之间、$H>$20 MJ/m² 划分成 2 个区间)；

b) 试验期间平均环境温度：8 ℃$\leqslant t_a \leqslant$39 ℃；

c) 环境空气的流动速率不大于 4 m/s。

6.3.3 试验基本要求

太阳能与辅助能源联合运行热性能试验期间，系统控制器按照系统正常工作模式控制辅助能源的开启和关闭。本试验仅对混合加热系统进行测试。

太阳能与辅助能源联合运行热性能试验期间，应采用与辅助能源加热试验相同热值的燃料或较为接近的蒸汽温度。

在进行太阳能与辅助能源联合运行的热性能试验时，除 H 值应符合上述规定外，与太阳能单独加热的热性能试验相比，试验水量不变，关闭或遮盖(40±10)%的太阳能集热器面积，但试验温升值应不低于 6.1 试验的实际温升值。

为确保可比性，按照 GB/T 20095 和本标准进行的两次试验的 H 值都应在 16 MJ/m²～20 MJ/m² 之间或者都应在 20 MJ/m² 以上。

6.3.4 试验过程

试验过程如下所示：

a) 打开系统冷水阀门向系统太阳能和辅助能源加热系统共享水箱注水，注水过程中，应及时排除系统内的空气，储水箱充满水后，按照 GB/T 20095 的规定记录试验期间注入各储水箱的试验水量 V_i。

b) 试验开始前 30 min，启动储水箱的混水装置进行混水，使各储水箱上下部水温差值在 1 ℃以内。试验开始时，关闭储水箱的混水装置。将控制系统置于正常工作状态。按照GB/T 20095 的规定记录试验开始时各储水箱内贮存水的温度 t_{bi}。

c) 试验时间为当地太阳正午时前 4 h 到太阳正午时后 4 h。

d) 试验结束时，启动储水箱的混水装置进行混水，使各储水箱上下部水温差值在 1 ℃以内。按照 GB/T 20095 的规定记录试验结束时各储水箱内贮存水的温度 t_{ei}。

e) 记录试验期间辅助能源的消耗量，即记录锅炉或换热站辅助加热系统输入储热水箱的热量 Q_h 或记录电加热管辅助加热系统消耗的电能 E_d 或记录蒸汽直接辅助加热系统输入储热水箱的蒸汽量 M_z。

6.3.5 结果分析与说明

结果分析与说明如下所示：

a) 试验期间储水箱内贮存水的温升用式(8)计算：

$$\Delta t_i = t_{ei} - t_{bi} \quad \cdots\cdots(8)$$

b) 试验期间储水箱内贮存水的得热量用式(9)计算：

$$Q_i = \rho_w V_i c_{pw} \Delta t_i / 1\ 000 \quad \cdots\cdots(9)$$

c) 试验期间辅助能源加热储水箱内贮存水的得热量用式(10)～式(12)计算：

对于锅炉和换热站辅助加热系统用式(10)计算：

$$Q_f = q_{fh} Q_h \quad \cdots\cdots(10)$$

对于电加热器辅助加热系统用式(11)计算：

$$Q_f = q_{fd} E_d \quad \cdots\cdots(11)$$

对于蒸汽直接加热系统用式(12)计算：

$$Q_f = q_{fz} M_z \quad \cdots\cdots(12)$$

d) 试验期间太阳能分系统加热储水箱内贮存水的得热量用式(13)计算：

$$Q_s = Q_i - Q_f \quad \cdots\cdots(13)$$

e) 折算太阳能辐照量为 17 MJ/m² 时，太阳能分系统单位轮廓采光面积的有用得热量用式(14)计算：

$$q_{17s} = 17 \frac{Q_s}{A_c H} \quad \cdots\cdots(14)$$

f) 带辅助能源的太阳能热水系统联动运行时，性能系数用式(15)计算：

$$\mathrm{CHP} = \frac{q_{17s}}{q_{17}} \quad \cdots\cdots(15)$$

6.4 辅助能源安全要求检查

系统选用的锅炉设备、电气配件应质量合格，并有符合相关标准要求的质检合格证明，锅炉设备应有相关安全许可证书。

6.5 辅助能源设备

系统选用的辅助能源设备应质量合格，并有符合相关标准要求的质检合格证明。

ICS 73.040
D 21

中华人民共和国国家标准

GB/T 29161—2012

中子活化型煤炭在线分析仪

Specifications of on-line analyzer for coal based on neutron activation analysis

2012-12-31 发布　　2013-10-01 实施

中华人民共和国国家质量监督检验检疫总局
中国国家标准化管理委员会　发布

前　言

本标准按照 GB/T 1.1—2009 给出的规则起草。

本标准由中国煤炭工业协会提出。

本标准由全国煤炭标准化技术委员会(SAC/TC 42)归口。

本标准起草单位:煤炭科学研究总院煤炭分析实验室(国家煤炭质量监督检验中心)、江苏广兆科技有限责任公司、煤炭科学研究总院煤化工研究分院、煤炭科学研究总院检测研究分院、南京国晟科技有限公司。

本标准主要起草人:皮中原、宋兆龙、李英华、姜英、方全国、徐爱国、崔国圣。

引　言

中子活化型煤炭在线分析仪采用中子感生瞬发γ射线活化分析技术，实时在线提供煤炭的元素分析和品质特性指标。

本标准仅对中子活化型煤炭在线分析仪的在线检测主系统进行了规定，未对附属的皮带秤和煤炭水分仪(可选件)提出具体技术要求。皮带秤和水分仪的输出信号由在线分析主系统的控制柜采集并进行数据处理。

中子活化型煤炭在线分析仪

1 范围

本标准规定了中子活化型煤炭在线分析仪的组成、分类、技术要求、试验方法、检验规则和标志、包装、随行文件、运输及贮存等。

本标准适用于中子活化型煤炭在线分析仪。

2 规范性引用文件

下列文件对于本文件的应用是必不可少的。凡是注日期的引用文件，仅注日期的版本适用于本文件。凡是不注日期的引用文件，其最新版本(包括所有的修改单)适用于本文件。

GB/T 191 包装储运图示标志

GB 474 煤样的制备方法

GB 4793.1—2007 测量、控制和实验室用电气设备的安全要求 第1部分:通用要求

GB 5172 粒子加速器辐射防护规定

GB 5226.1—2002 机械电器安全 机械电气设备 第1部分:通用技术条件

GB/T 6543 运输包装用单瓦楞纸和双瓦楞纸箱

GB 11806—2004 放射性物质安全运输规程

GB/T 12464 普通木箱

GB 14052 安装在设备上的同位素仪表的辐射安全性能要求

GB 15479 工业自动化仪表绝缘电阻 绝缘强度技术要求和试验方法

GB 18871—2002 电离辐射防护与辐射源安全基本标准

GB/T 19494.2 煤炭机械化采样 第2部分:煤样的制备

GB/T 19952—2005 煤炭在线分析仪测量性能评价方法

3 术语和定义

GB/T 19952—2005 界定的以及下列术语和定义适用于本文件。

3.1

瞬发γ射线中子活化分析 prompt gamma neutron activation analysis(PGNAA)

利用热中子束轰击靶样品中各种元素的原子核，使之俘获热中子后受激生成激发态复合核，在$<10^{-14}$s时间内，退激释放出特征γ射线。根据特征γ射线峰的位置(能量)和强度(峰面积)对元素进行定性和定量分析，可测量煤炭中除碳、氧以外的所有主要元素。

3.2

脉冲快热中子活化分析 pulse fast and thermal neutron activation analysis(PFTNA)

利用脉冲快热中子打在靶材料上，热中子与靶核发生热中子俘获反应产生的瞬发特征γ射线和快中子与靶核发生非弹性散射反应时放出的瞬发特征γ射线。根据特征γ射线峰的位置(能量)和强度(峰面积)对元素进行定性和定量分析，可测量煤炭中包括碳、氧在内的全部主要元素。

3.3

中子活化型煤炭在线分析仪 on-line analyzer for coal based on neutron activation analysis

采用PGNAA和PFTNA技术，利用中子活化分析原理，对处理和输送过程中的煤炭的多个指标

进行实时连续测量的检测系统。

3.4

辐射控制区 radiation controlled area

在辐射工作场所划分的一种区域，在这种区域内要求或可能要求采取专门的防护手段和安全措施，以便：

a) 在正常工作条件下控制正常照射或防止污染扩展；

b) 防止潜在照射或限制其程度。

【GB 18871—2002，定义 6.4.1】

3.5

辐射监督区 radiation supervised area

未被确定为控制区，通常不需要采取专门防护手段和安全措施，但需要经常对职业照射条件进行监督和评价。

【GB 18871—2002，定义 6.4.2】

3.6

静态测量准确度 static test accuracy

仪器对参比样进行静态重复测量结果的平均值与参比值之间的一致程度。

3.7

静态测量精密度 static test precision

仪器对参比样进行静态重复测量结果间的一致程度。

3.8

分析仪示值 analyzer value

用分析仪对试验单元进行试验得到的特定的测量值。

【GB/T 19952—2005，定义 3.7】

3.9

分析仪试验方法 analyzer test method

用分析仪得出被探测的煤炭质量指标的试验方法，所得测定值是被测量真值的估计值。

【GB/T 19952—2005，定义 3.8】

3.10

分析仪动态精密度 analyzer dynamic precision

动态条件下，分析仪示值与比对试验方法(消除了参比试验方法随机误差)测定值之间的一致程度。

【GB/T 19952—2005，定义 3.9】

3.11

参比值 reference value

用参比试验方法对一个试验单元进行试验得到的一个特定的测量值，该值作为参比用于与分析仪示值进行比对。

【GB/T 19952—2005，定义 3.22】

3.12

静态重复性 static repeatability

对置于分析仪探测区下的参比标准样进行重复测定所得到的分析仪示值相互间的一致程度。

【GB/T 19952—2005，定义 3.23】

4 测量原理

利用中子束轰击被测样品，中子与被测样品中各种元素的原子核发生热中子俘获和快中子非弹核反应，极短时间内释放出特征γ射线，利用γ能谱仪探测这些特征γ射线。预先对分析仪进行能量和强度刻度标定，根据各特征峰的位置(能量)和强度(峰面积)对元素进行定性和定量分析。用参比煤样对分析仪的煤质特征参数示值进行标定，根据标定曲线，以及通过的煤量(由皮带秤提供)给出灰分、热值、灰成分等煤质特征结果。

5 分析仪组成和分类

5.1 分析仪组成

分析仪由测量及防护单元和煤质分析单元组成。测量及防护单元包括中子源、γ射线探测器、防护体及慢化体等。按照中子源及γ射线探测器的不同布置，分析仪分为透射式和反射式两种。以透射式为例，分析仪组成示意图见图1。

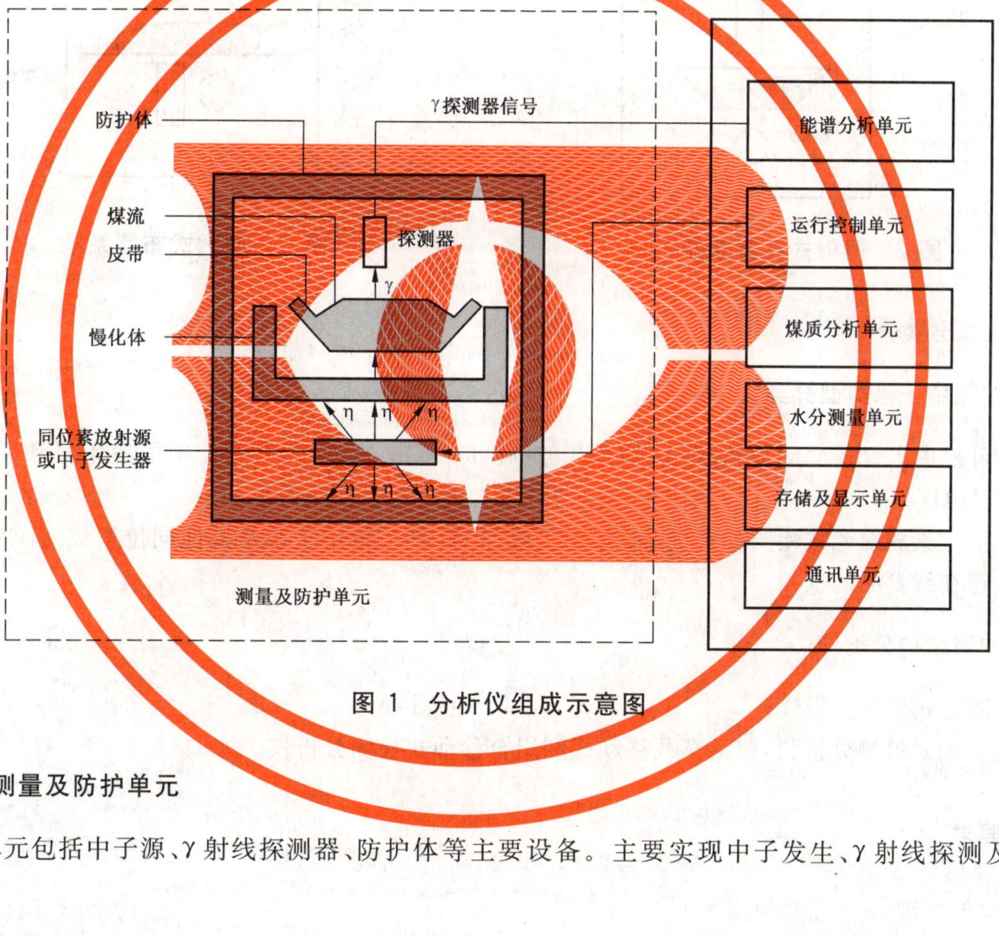

图1 分析仪组成示意图

5.1.1 测量及防护单元

该单元包括中子源、γ射线探测器、防护体等主要设备。主要实现中子发生、γ射线探测及辐射防护功能。

5.1.2 煤质分析单元

该单元的基本组成和应实现的功能如下：

a) 利用数据采集模块、能谱分析模块等，进行γ射线能谱分析，实现元素分析的测定和输出。
b) 利用模型分析、参比样标定等方法，实现煤质特征参数的测定和输出。
c) 利用输入、输出模块，实现系统与外界的输入、输出等功能。
d) 利用存储及显示模块，实现运行数据存储、检测结果的记录、显示、输出等功能。

5.1.3 水分测量单元(可选件)

如需提供水分测定结果,可配置水分测量单元。该单元利用水分检测及控制、输出模块等,实现水分的检测及输出。

5.2 测量及防护单元布置方式

中子活化型煤炭在线分析仪分成透射式布置方式和反射式布置方式。透射式布置方式(图2)中,中子源或中子发生器与γ射线探测器布置在输煤皮带的上下两侧。反射式布置方式(图3)中,中子源或中子发生器与γ射线探测器布置在输煤皮带的同一侧。

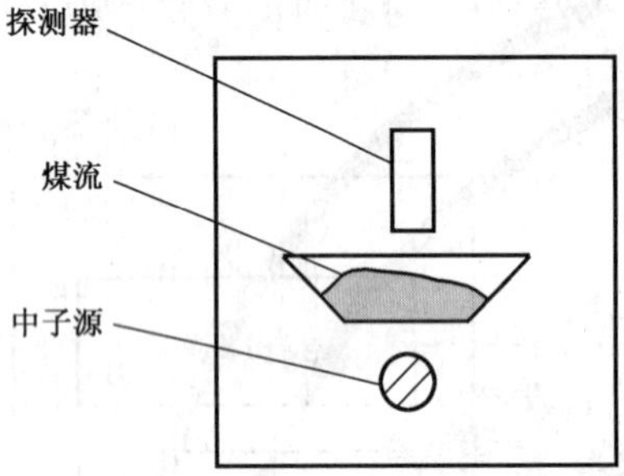

图2 透射式布置系统

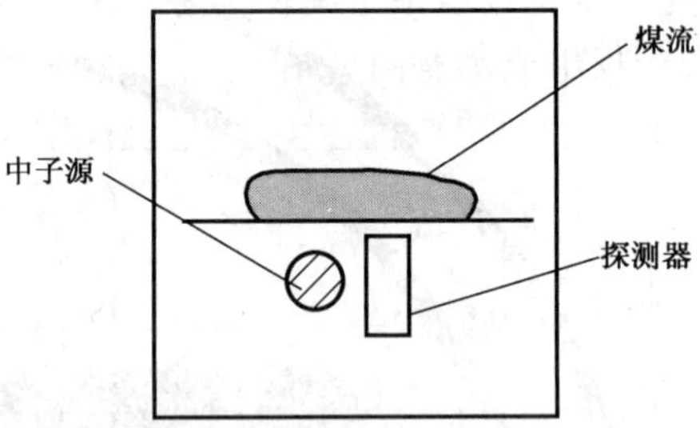

图3 反射式布置系统

5.3 分析仪分类

5.3.1 按照中子源类型分类

a) 可控中子管式检测分析仪:包括采用氘-氚(D-T)14 MeV人工可控中子发生器和采用氘-氘(D-D) 2.5 MeV人工可控中子发生器对煤炭进行在线检测的仪器;
b) 同位素放射源式检测分析仪:采用^{252}Cf或^{241}Am - Be中子源及其他同位素放射源对煤炭进行在线检测的仪器。

5.3.2 按照结构分类

a) 固定式检测分析仪;
b) 移动式检测分析仪,包括车载移动式和组合移动式检测分析仪。

6 技术要求

6.1 结构与外观

6.1.1 分析仪的设计及运行程序应便于操作和维护,并有安全的防辐射措施。
6.1.2 所有控制柜、控制箱、控制台及附属部件应安装正确、外观良好;分析仪各部分表面应无明显的凹痕、划伤、变形和污染;所有控制面板和显示面板上的标记和字迹应清晰可辨。
6.1.3 所有分析仪的外盖板应便于安装和拆卸。框架应具有足够的强度和刚度,在正常搬运中不应产生变形。
6.1.4 主机箱、控制柜应满足通风、散热要求,控制柜应满足防尘、防水要求,防护等级不低于IP54。
6.1.5 控制柜应采取必要的防静电及电磁辐射干扰的防护措施。

6.2 测量性能

6.2.1 测量参数和范围

分析仪应能提供直接测定的元素分析结果及通过转换计算得到的灰分、发热量和煤灰成分等煤质分析结果。分析仪直接测定的元素含量和通过转换计算得到的煤质分析结果的范围见表1和表2的推荐值。

表1 元素分析和范围

测定元素		测量范围/%
中子管式检测系统	放射源式检测系统	
C		40.0～85.0
H	H	0.5～12.0
O		5.0～35.0
N	N	0.3～1.5
S	S	0.2～5.0
Al	Al	0.6～8.0
Si	Si	1.0～12.0
Fe	Fe	0.6～6.0
Ca	Ca	0.3～4.0
Ti	Ti	0.2～1.0
Na	Na	0.2～3.0
K	K	0.2～3.0

表2 煤质特征参数和范围

煤质参数	测量范围
灰分 A_d/%	7.0～65.0
发热量 $Q_{net,ar}$/(MJ/kg)	12.0～29.0
SiO_2(灰中)/%	35.0～60.0
Fe_2O_3(灰中)/%	2.0～17.0
Al_2O_3(灰中)/%	18.0～34.0
CaO(灰中)/%	0.5～13.0
TiO_2(灰中)/%	1.0～4.0
Na_2O(灰中)/%	0.5～2.0
K_2O(灰中)/%	0.5～4.0
如配置水分测定单元	
水分 M_{ar}/%	1.0～40.0
水分 M_{ad}/%	0.5～10.0

6.2.2 **分析仪的稳定性**

分析仪在间隔一定时间(至少 72 h)后对参比样煤质参数的静态测量重复性和示值没有显著性变化。

6.2.3 **静态测量精密度与准确度**

以 2 min 为一个周期的静态测量精密度 P_j 和静态测量准确度 A_j 应符合表 3 和表 4 中推荐值的要求。

表 3 元素分析静态测量性能基本要求

分析指标	测量范围/%	静态测量精密度/%	静态测量准确度/%
C	40.0～85.0	≤1.2	≤1.5
	45.0～65.0	≤1.0	≤1.2
H	0.5～12.0	≤0.4	≤0.5
	5.0～8.0	≤0.3	≤0.4
O	5.0～35.0	≤1.5	≤1.8
N	0.3～1.5	≤0.4	≤0.5
S	0.2～5.0	≤0.3	≤0.3
Al	0.6～8.0	≤0.7	≤0.7
Si	1.0～12.0	≤0.7	≤0.7
Fe	0.6～6.0	≤0.3	≤0.4
Ca	0.3～4.0	≤0.5	≤0.5
Ti	0.2～1.0	≤0.2	≤0.2
Na	0.3～3.0	≤0.4	≤0.4
K	0.3～3.0	≤0.4	≤0.4

表 4 煤质特征分析静态测量性能基本要求

分析指标	测量范围	静态测量精密度	静态测量准确度
灰分 A_{ar}/%	<15.0	≤1.0	≤1.2
	15.0～30.0	≤1.2	≤1.6
	>30.0	≤1.5	≤2.0
发热量 $Q_{net,ar}$/(MJ/kg)	>12.0	≤0.45	≤0.65
如果配置水分测量单元			
水分 M_{ar}/%	<10	≤0.5	≤1.0
	≥10	≤1.0	≤1.6

6.2.4 **分析仪动态精密度**

以 3 min 为一个周期的分析仪动态精密度 P_A 应符合表 5 推荐值的要求。

表 5 煤质特征分析动态精密度基本要求

分析指标	测量范围	分析仪动态精密度(95%置信概率)
灰分 A_{ar}/%	<15.0	≤1.8
	15.00～30.0	≤2.3
	>30.0	≤2.8
发热量 $Q_{net,ar}$/(MJ/kg)	>12.00	≤0.8
如果配置水分测量单元		
水分 M_{ar}/%	<10	≤1.6
	≥10	≤2.0

6.3 分析仪功能

分析仪应具备以下基本功能:

a) 具有对分析仪测量参数进行校正和存储等功能;

b) 分析周期可调整;

c) 能够对处理和输送过程中的煤炭的主要指标进行实时在线检测;

d) 煤质指标实时趋势显示,并可查询历史趋势数据,历史趋势数据保存时间应不少于 6 个月;

e) 具备通讯接口,所有煤质检测数据可远程传输给相关系统;

f) 应具备故障自诊断功能,且能提供远程诊断和远程维护。

6.4 适应性

6.4.1 工作环境条件

a) 温度:10 ℃～30 ℃(控制柜);－30 ℃～50 ℃(测量及防护单元);

b) 相对湿度:5%～95%;

c) 大气压力:0.1 MPa(1 大气压)左右。

6.4.2 皮带输送机条件

用于检测运输皮带上煤炭的分析仪,应适用以下皮带输送机条件:

a) 皮带宽度:通常 800 mm～1 800 mm,超过 1 800 mm 可单独定制;

b) 皮带速度:不限制。

6.4.3 煤流条件

a) 原煤粒度不限制;

b) 皮带煤流厚度≥60 mm。

6.5 防护性能

分析仪的辐射防护性能应符合 GB 5172 或 GB 14052 或 GB 18871—2002 中的相应要求。

6.6 电气安全

6.6.1 设备保护接地

分析仪应设有保护接地，其设备金属表面或任意接地点与接地端子间的电阻应不大于 0.1 Ω。

6.6.2 绝缘性能

分析仪的外引带电回路部分和外露非带电金属部分及外壳之间，以及电气上无联系的各回路之间，电压小于 60 V，绝缘电阻不小于 5 MΩ，电压 60 V～130 V，绝缘电阻应不小于 7 MΩ，电压 60 V～650 V，绝缘电阻应不小于 10 MΩ，电压 650 V～2 000 V，绝缘电阻应不小于 20 MΩ。

6.6.3 介电强度

分析仪应能承受 1 min 工频下耐压试验，不出现击穿和元器件损坏现象。

6.7 连续运行要求

对于可控中子发生器式煤炭在线分析仪，中子发生器每 24 h 启动测试一次，连续运行时间不少于 1 h，其余部分连续运行 72 h 应工作正常，不应有元件、卡件损坏或其他异常情况发生，软件应运行正常。

对于放射源式煤炭在线分析仪，连续运行 72 h，应工作正常，不应有元件、卡件损坏或其他异常情况发生，软件应运行正常。

7 试验方法

警示：

a） 中子活化型煤炭在线分析仪在正常设计和使用时，不会对环境和周围介质产生可观测到的活化现象；

b） 测量及防护单元内含中子源，试验人员严禁拆卸测量及防护单元，以避免辐射损伤；

c） 试验时，工作人员应尽量在安全区或辐射监督区操作；

d） 试验时，工作人员必须进入辐射控制区操作时，应有安全措施并采取专门的防护手段。

7.1 试验条件

a） 供电电压(交流)：(1±10％)×220 V；

b） 供电频率(交流)：50 Hz～60 Hz。

7.2 试验用仪器设备

试验用仪器设备见表 6。

表 6 试验用仪器设备

试验项目	仪器设备名称	精度等级要求
测量性能	煤炭采制化标准规定设备	符合相关标准要求
接地电阻	接地电阻测试仪	毫欧(mΩ)级，测量误差不超过±3％
绝缘电阻	绝缘电阻表(兆欧表)	不低于 500 V，测量误差不超过±10％
介电强度	交直流耐电压测试仪	5 000 V，150 mA 以上，测量误差不超过±5％

7.3 结构与外观检查

采用目测及手动等方法检查,应符合6.1的要求。

7.4 测量性能试验

7.4.1 静态参比煤样的制备

按照GB 474或GB/T 19494.2规定,将选取的煤样(其质量应能覆盖探测区,一般可为100 kg)破碎到粒度小于3 mm,从中缩分和制备出2份100 g的分析样品,用相关国家标准方法测定有关参数的量值,作为静态参比样品的参比值;其余试样置于合适的容器或包装中,作为静态测量参比样。

7.4.2 测量参数和范围

选取5个煤样,其灰分、发热量的量值应包括表1中的大部分测量范围,至少有两个煤样接近范围的上限和下限。按照7.4.1将每个煤样制备成静态参比样品。将静态参比样品置于合适的容器中,放到分析仪探测区下进行测量,分析仪能显示和打印出表1和表2给出的各种参数的测定结果。

7.4.3 分析仪的稳定性

分析仪的稳定性通过在不同时间内对同一参比样品的静态重复测量值变化的显著性进行评定。选择两个合适的静态参比样,其被测量值接近于测量范围的两个端点,按照GB/T 19952—2005中7.3和7.4给出的方法,分别在时间0和时间τ时对两个参比样进行静态重复测量,按照GB/T 19952—2005中B.2.1～B.2.3中给出的方法对静态重复测量结果进行统计分析,系统在时间0和时间τ时对两个参比样的静态测量重复性和示值应无显著性差异。

7.4.4 分析仪静态测量精密度和准确度

7.4.4.1 分析仪的静态标定

进行分析仪的静态测量精密度和准确度测量之前,应使用至少5个涵盖被测量范围的、按7.4.1制备的静态参比煤样对分析仪进行静态标定:

将静态测量参比样放到分析仪探测区下进行测量。记录各参数的分析仪示值。

输入用相关国家标准方法测得的各参数的参比值,仪器自动生成各参数的静态测量标定曲线。

7.4.4.2 静态测量精密度和准确度测量

另外选取5个煤样,其主要参数如灰分、发热量的量值应包括高、中、低测量范围。按7.4.1中的方法分别将每个煤样制备成具有参比值的静态测量参比样。启动分析仪测量系统20 min后,将每个参比样置于在线检测系统的探测区中,以2 min为一个周期进行测量,至少连续进行15个周期的测量。记录每一周期各参数的分析仪示值。

按式(1)计算分析仪对参比样每一参数测定的重复性标准差S_j:

$$S_j=\sqrt{\frac{1}{n-1}\sum_{i=1}^{n}(x_{ji}-\overline{x}_j)^2} \qquad \cdots\cdots(1)$$

式中:

j ——某一参数;

n ——分析仪对某一参数重复测定次数(周期数);

x_{ji} ——分析仪对某一参数的第 i 个周期的测量值；

$\overline{x}_j$ ——分析仪对某一参数重复测定平均值。

按式(2)计算分析仪对参比样某一参数测定的静态测量精密度 P_j：

$$P_j = t_{0.05,n-1} \times S_j \qquad (2)$$

式中：

$t_{0.05,n-1}$——t 分布中的临界值(95%置信概率，双尾)。

按式(3)计算分析仪对参比样某一参数测定的静态测量准确度 A_j：

$$A_j = |\overline{x}_j - R_j| \qquad (3)$$

式中：

A_j——分析仪对参比样某一参数的静态测量准确度；

R_j——用标准方法测得的参比样某一参数的参比值；

$\overline{x}_j$——分析仪对某一参数重复测定平均值。

所得 5 个煤样的各参数的静态测量精密度和静态测量准确度都应符合表 3 和表 4 的要求。

7.4.5 分析仪动态精密度

7.4.5.1 分析仪的动态测量标定

在进行分析仪动态测量精密度试验前，按 GB/T 19952—2005 中 8.3 或 8.4 的方法进行分析仪的动态标定，生成各参数的动态测量标定曲线。

7.4.5.2 分析仪动态精密度试验

在分析仪安装现场，于探测煤流过程中，按照 GB/T 19952—2005 中 9.2 的方法进行分析仪动态精密度测定。所得分析仪动态精密度 P_A应满足 6.2.4 中表 5 的要求。

7.5 分析仪功能试验

启动分析仪运行，观察验证系统是否具备 6.3 规定的功能。

7.6 防护性能测试试验

分析仪防护性能测试按照 GB 14052 规定的方法进行，测试结果应符合 6.5 规定的要求。

7.7 电气安全试验

7.7.1 设备保护接地测试

根据 GB 5226.1—2002 中 19.2，测试电气设备外壳与接地端子的电阻，应符合 6.6.1 的要求。

7.7.2 绝缘性能测量

按照 GB 15479 规定的方法，测量绝缘性能，应满足 6.6.2 的要求。

7.7.3 介电强度试验

按照 GB 4793.1—2007 中 6.8 介电强度试验程序，进行介电强度试验，应满足 6.6.3 的要求，试验电压采用该标准中表 9 电压，允许采用试验电压的内插值法。

7.8 连续运行试验

在试验环境条件下，将测试煤样置入分析仪检测系统内，启动分析仪，连续运行 72 h，连续运行性能应符合 6.7 规定的要求。对于采用可控中子发生器式煤炭在线分析仪，中子发生器每 24 h 启动测试一次，连续运行时间不少于 1 h。

8 检验规则

8.1 检验分类

检验分型式检验和出厂检验。

8.2 检验项目

检验项目见表 7。

表 7 检验项目分类表

序号	名称	出厂检验	型式检验
1	静态精密度和准确度试验	√	√
2	分析仪动态精密度		√
3	防护性能试验	√	√
4	设备接地电阻	√	√
5	绝缘性能试验	√	√
6	介质强度试验		√
7	结构、外观检查	√	√
8	连续运行试验	√	√

8.3 检验

应按照表 7 中所列检验项目对产品进行出厂检验或型式检验。

8.3.1 出厂检验

出厂检验应逐套进行，产品经检验合格后，方可出厂。

8.3.2 型式检验

8.3.2.1 型式检验条件规定

凡遇下列情况之一，应进行型式检验：

a) 新产品定型鉴定前；
b) 产品转厂生产定型前；
c) 连续批量生产的系统每四年一次；
d) 正式投产后，如设计、工艺材料、元器件有重大改变，可能影响产品性能时；
e) 产品停产一年以上又重新恢复生产时；
f) 合同规定时；
g) 出厂检验结果与上次型式检验结果有较大差异时；
h) 国家质量监督机构提出进行型式检验要求时。

8.3.2.2 抽样

型式检验从出厂检验合格的一批产品中任意抽取一套作为样品。

8.4 合格判定

表7中任何一项检验不合格,则该分析仪质量不合格。

9 标志、包装、随行文件、运输及贮存

9.1 标志

每套检测系统必须在显著位置设置字迹清楚的永久性标志或标牌,其内容应包括:

a) 制造厂名称;
b) 分析仪及分系统名称;
c) 分析仪及分系统型号;
d) 制造日期及出厂号;
e) 警示标志或警示说明(警示标志应符合 GB 11806 中规定的放射性符号及标志);
f) 产品标准编号;
g) 注册商标。

9.2 包装

9.2.1 对分系统尽量采用整体独立包装;功能部件采用整体包装;对各组件及零部件应采用内、外分别包装,并应在包装箱内固定,外包装应采用箱装。

9.2.2 分系统或独立功能部件的包装应采用符合 GB/T 12464 中规定的木箱;组件和零部件的包装应采用符合 GB/T 6543 规定的瓦楞纸箱。

9.2.3 放射源的包装应符合 GB 11806 的要求。

9.2.4 分析仪及组件的外包装上应标明运输条件、温湿度要求、堆码高度、负重强度及起吊位置等图示标志。标志的图形、颜色、尺寸及使用方法应符合 GB/T 191 中的相关要求。

9.3 随行文件

产品的包装箱内应装有以下随行文件:

a) 使用说明书,应包含以下内容:
——技术说明书:产品特点,主要用途及适用范围,简要结构组成及工作原理,主要性能及参数,辐射安全保护措施,产品的工作条件,使用环境条件等;
——操作手册:操作及使用中的安全、辐射安全防护说明及注意事项,操作程序、方法、防范措施及误操作的防止等,运行中的操作记录等要求;
——维护手册:故障现象、原因分析及排除方法。日常运行时的维护、保养,正常维修程序,周期检修程序、方法,长期存放时的维护及保养等。

b) 产品合格证,应包含所执行的产品标准号、检验结果及结论、产品编号及生产日期、检验员或检验部门的签章等内容。

c) 备品备件清单。

d) 包装箱目录及装箱单。

9.4 运输和贮存

9.4.1 经包装的分系统或部件应适用于所需的运输方式。车载移动式检查系统还应适用于公路自运。

9.4.2 应严格按照分系统或部件包装箱上标明的运输条件进行装运。

9.4.3 放射源和含放射源系统的运输除应符合上述要求外，还应符合 GB 11806—2004 中第 6 章的相关规定。

9.4.4 包装完好的系统应满足国家标准规定的贮存运输要求，长期不用的系统应保留原包装，在相对湿度不大于 85%的库房内贮存，室内无酸、碱、盐及腐蚀性气体和灰尘、雨、雪侵害。

9.4.5 放射源的贮存：放射源应单独存放，不得与易燃、易爆、腐蚀性物品等一起存放，并指定专人负责保管。对放射源贮存场所应当采取防火、防水、防盗、防丢失、防破坏，防放射线泄漏的安全措施。

ICS 27.010
F 10

中华人民共和国国家标准

GB/T 29162—2012

煤矸石分类

Classification of gangue

2012-12-31 发布　　　　2013-10-01 实施

中华人民共和国国家质量监督检验检疫总局
中国国家标准化管理委员会　发布

前　言

本标准按照 GB/T 1.1—2009 给出的规则起草。

本标准由中国煤炭工业协会提出。

本标准由全国煤炭标准化技术委员会(SAC/TC 42)归口。

本标准起草单位:重庆地质矿产研究院、抚顺矿业集团有限责任公司工程技术研究中心、山西省煤炭地质研究所。

本标准主要起草人:李大华、鲍明福、浮爱青、刘晋芳、梁玉杰、程静。

煤矸石分类

1 范围

本标准规定了煤矸石的分类类别和命名表述。

本标准适用于煤矸石的产出与资源化利用。

2 规范性引用文件

下列文件对于本文件的应用是必不可少的。凡是注日期的引用文件，仅注日期的版本适用于本文件。凡是不注日期的引用文件，其最新版本(包括所有的修改单)适用于本文件。

GB/T 212　煤的工业分析方法

GB/T 214　煤中全硫的测定方法

GB/T 1574　煤灰成分分析方法

3 术语和定义

下列术语和定义适用于本文件。

3.1

煤矸石　Gangue

在煤矿建井、开拓掘进、采煤和煤炭洗选过程中产生的干基灰分＞50%的岩石。

4 分类类别

4.1 按全硫含量分类

煤矸石按全硫的低、中、中高、高划分为四个类别，对应的编码为1、2、3、4。类别划分见表1。其测定方法见GB/T 214。

表1　煤矸石按全硫含量分类

编码	类别名称	全硫($S_{t,d}$)含量范围/%
1	低硫煤矸石	$S_{t,d} \leqslant 1.00$
2	中硫煤矸石	$1.00 < S_{t,d} \leqslant 3.00$
3	中高硫煤矸石	$3.00 < S_{t,d} \leqslant 6.00$
4	高硫煤矸石	$6.00 < S_{t,d}$

4.2 按灰分产率分类

煤矸石按灰分产率的低、中、高划分为三个类别，对应的编码为1、2、3。类别划分见表2。其测定方法见GB/T 212。

表 2　煤矸石按灰分产率分类

编码	类别名称	灰分(A_d)产率范围/%
1	低灰煤矸石	$A_d \leqslant 70.00$
2	中灰煤矸石	$70.00 < A_d \leqslant 85.00$
3	高灰煤矸石	$85.00 < A_d$

4.3　按灰成分分类

煤矸石类型以钙镁含量划分，钙镁含量 $w_{CaO+MgO} > 10\%$ 划分为钙镁型煤矸石，其余为铝硅型煤矸石，对应编码为 1、2。类型划分见表 3。其测定方法见 GB/T 1574。

表 3　煤矸石按灰成分分类

编码	类型名称	钙镁含量 $w_{CaO+MgO}$ 范围/%
1	钙镁型煤矸石	$w_{CaO+MgO} > 10$
2	铝硅型煤矸石	$w_{CaO+MgO} \leqslant 10$

其中铝硅型煤矸石按铝硅比含量的低、中、高划分为三个等级，对应的编码为 1、2、3。等级划分见表 4。

表 4　铝硅型煤矸石按铝硅比

编码	级别名称	铝硅比 $m(Al_2O_3)/m(SiO_2)$ 范围/%
1	低级铝硅比煤矸石	$m(Al_2O_3)/m(SiO_2) \leqslant 0.30$
2	中级铝硅比煤矸石	$0.30 < m(Al_2O_3)/m(SiO_2) \leqslant 0.50$
3	高级铝硅比煤矸石	$0.50 < m(Al_2O_3)/m(SiO_2)$

5　命名表述

煤矸石分类名称的冠名顺序以全硫含量、灰分产率、灰成分分类依次排列。其编码表示为 ××× 或者×××(×)。

——第一位数字表示煤矸石按全硫含量分类。1 为低硫煤矸石，2 为中硫煤矸石，3 为中高硫煤矸石，4 为高硫煤矸石。

——第二位数字表示煤矸石按灰分产率分类。1 为低灰煤矸石，2 为中灰煤矸石，3 为高灰煤矸石。

——第三位数字表示煤矸石的类型。1 为钙镁型煤矸石，2 为铝硅型煤矸石。

——括号内数字表示煤矸石的铝硅等级。1 为 1 级铝硅比，2 为 2 级铝硅比，3 为 3 级铝硅比。

煤矸石的分类类别名读写按其编码对应的分类名依次读写。

——如编码为 321 的煤矸石读写为中高硫中灰钙镁型煤矸石(1 级铝硅比)。

——如编码为 322(1) 的煤矸石读写为中高硫中灰铝硅型煤矸石(1 级铝硅比)。

ICS 73.040
F 10

中华人民共和国国家标准

GB/T 29163—2012

煤矸石利用技术导则

Technical guidance for the utilization of gangue

2012-12-31 发布　　2013-10-01 实施

中华人民共和国国家质量监督检验检疫总局
中国国家标准化管理委员会　发布

前言

本标准按照 GB/T 1.1—2009 给出的规则起草。

本标准由中国煤炭工业协会提出。

本标准由全国煤炭标准化技术委员会(SAC/TC 42)归口。

本标准起草单位:重庆地质矿产研究院、抚顺矿业集团有限责任公司工程技术研究中心、山西省煤炭地质研究所。

本标准主要起草人:朱振忠、鲍明福、刘晋芳、浮爱青、梁玉杰、程静。

煤矸石利用技术导则

1 范围

本标准规定了煤矸石利用的通则和技术要求。

本标准适用于煤矸石的综合利用。

2 规范性引用文件

下列文件对于本文件的应用是必不可少的。凡是注日期的引用文件，仅注日期的版本适用于本文件。凡是不注日期的引用文件，其最新版本(包括所有的修改单)适用于本文件。

GB/T 212 煤的工业分析方法

GB/T 213 煤的发热量测定方法

GB/T 1574 煤灰成分分析方法

GB/T 2847 用于水泥中的火山灰质混合材料

GB 6566 建筑材料放射性核素限量

GB 8173 农用粉煤灰中污染物控制标准

GB/T 17431.1 轻集料及其试验方法 第1部分：轻集料

TB 10001 铁路路基设计规范

JTG F10 公路路基施工技术规范

JTJ 034 公路路面基层施工技术规范

3 通则

煤矸石可利用在燃料、建筑材料、路基填料、化工原料、农业生产和回填等方面。

4 技术要求

4.1 燃料用煤矸石技术要求

循环流化床锅炉燃料用煤矸石收到基低位发热量应大于 6 270 kJ/kg。

4.2 建材用煤矸石技术要求

4.2.1 烧结砖用煤矸石的技术要求

生产烧结砖用煤矸石的二氧化硅、三氧化二铝、放射性等主要指标应符合要求。用于制烧结砖的煤矸石的放射性应该符合 GB 6566 要求，二氧化硅含量通常控制在 55%～70%，三氧化二铝含量通常控制在 15%～25%。

4.2.2 水泥用煤矸石技术要求

4.2.2.1 普通硅酸盐水泥原料用的煤矸石，其二氧化硅含量应大于 35%、三氧化二铝含量应低于 25%。

4.2.2.2 水泥混合材料用过火或者锻烧煤矸石，其烧失量、三氧化硫、火山灰性试验、水泥胶砂 28 d 抗压强度应符合 GB/T 2847 要求。

4.2.3 轻集料用煤矸石技术要求

轻集料用煤矸石应满足 GB/T 17431.1 的要求，且放射性符合 GB 6566 的要求。

4.3 路基用煤矸石技术要求

4.3.1 铁路路基填料用煤矸石压实标准应符合 TB 10001 要求。

4.3.2 公路路基填料用煤矸石强度和粒径应符合 JTG F10 要求。公路路面基层用煤矸石压碎值应符合 JTJ 034。

4.4 回收有益矿产及生产化工产品用煤矸石技术要求

4.4.1 硫精矿用煤矸石技术要求

煤矸石中的硫主要以黄铁矿形式存在，且呈结核状、团块状或者其他易洗出形态时，则可回收其中的硫铁矿。

4.4.2 高岭土用煤矸石技术要求

高岭土用煤矸石，其高岭石含量(质量分数)应大于 80%。

4.4.3 含铝化工产品用煤矸石技术要求

含铝化工产品用煤矸石，其三氧化二铝含量(质量分数)应大于 40%。

4.5 农业用煤矸石技术要求

4.5.1 微生物肥料用煤矸石污染物含量应符合 GB 8173 要求，灰分产率应小于 85%。

4.5.2 有机复合肥用煤矸石污染物含量应符合 GB 8173 要求，有机质含量应大于 20%。

5 检测方法

5.1 应用基低位发热量

煤矸石应用基低位发热量按 GB/T 213 测定。

5.2 二氧化硅、三氧化二铝

分别按 GB/T 212 和 GB/T 1574 测定煤矸石灰分和煤矸石灰中二氧化硅、三氧化二铝含量，换算得出煤矸石中二氧化硅、三氧化二铝的含量。

5.3 放射性

煤矸石放射性按 GB 6566 测定。

5.4 烧失量、三氧化硫、水泥胶砂 28 d 抗压强度

煤矸石烧失量、三氧化硫、水泥胶砂 28 d 抗压强度按 GB/T 2847 第 6 章测定。

5.5 火山灰性试验

煤矸石火山灰性试验按 GB/T 2847 附录 A 进行。

ICS 73.040
D 21

GB

中华人民共和国国家标准

GB/T 29164—2012

煤炭成分分析和物理特性测量标准物质应用导则

Guide for utilization of certified reference materials for composition analysis and physical property measurements of coal

2012-12-31 发布　　2013-10-01 实施

中华人民共和国国家质量监督检验检疫总局
中国国家标准化管理委员会　发布

前　言

本标准按照 GB/T 1.1—2009 给出的规则起草。

本标准由中国煤炭工业协会提出。

本标准由全国煤炭标准化技术委员会(SAC/TC 42)归口。

本标准起草单位:煤炭科学研究总院煤炭分析实验室。

本标准主要起草人:杨华玉、张克芮、孙刚、李英华。

引　言

近年来，煤炭成分分析和物理特性测量标准物质已广泛应用于煤炭实验室中，对保证煤炭试验结果的准确性和可比性起到了很好的作用。但由于一些用户不能正确使用煤炭标准物质，致使“标准值”在某种程度上被“歪曲”使用，影响了测量结果的准确性。另外，除了标定仪器和监控试验过程外，煤炭标准物质在其他方面，如试验方法研究和试验方法确认等方面的应用还不为一些用户所知。为规范煤炭标准物质的正确使用，保证各实验室提供的煤炭检验结果准确可靠，确保在煤炭检验领域建立一条可靠的量值溯源链，并扩展煤炭标准物质的应用范围，特制定本标准。

本标准给出了该类标准物质在各种应用中的试验程序、数据处理和统计判断分析等基本方法和通用原则，使用者可根据特定的标准物质使用目的和要求，制定更具体、适用的试验程序和建立对统计结果的判断准则。

煤炭成分分析和物理特性测量标准物质应用导则

1 范围

本标准给出了煤炭成分分析和物理特性测量标准物质在仪器标定或校准、仪器设备性能评价、试验方法研究和确认、测试质量监控等方面的应用程序和数据分析指南。

本标准适用于煤炭成分分析和物理特性测量标准物质的各种应用。

注：煤炭成分分析和物理特性测量标准物质包括煤和煤灰标准物质，以下简称煤炭标准物质。

2 规范性引用文件

下列文件对于本文件的应用是必不可少的。凡是注日期的引用文件，仅注日期的版本适用于本文件。凡是不注日期的引用文件，其最新版本(包括所有的修改单)适用于本文件。

GB/T 212 煤的工业分析方法

GB/T 18510—2001 煤和焦炭试验可替代方法确认准则

MT/T 1013—2006 煤炭检验中测量不确定度评定指南

3 煤炭标准物质特性量值的类别特点及其应用范围

3.1 可溯源到SI单位、具有长期稳定性的量值

用经典的、可靠的方法定值，量值可溯源到SI(国际单位制)单位，其标准值基本不受煤氧化变质的影响而保持长期稳定性，通常为煤炭标准物质的成分量，如煤中全硫和氮，煤中砷、磷、氯、氟，煤灰中的硅、铝、铁、钙、镁，钛、钾、钠、硫、磷等。

标准物质的这类特性量值可用于仪器的标定或校准，仪器设备性能评价、试验方法研究和确认以及测试质量监控等。

3.2 可溯源到SI单位、具有一定稳定性的量值

定值准确可靠，量值可溯源到SI单位，其标准值易受煤氧化变质的影响而发生变化，通常仅有1年或稍长的稳定性，如煤的发热量和碳的含量。它们一般随煤样的氧化变质逐渐降低，但一年内的变化率不会超过标准值的不确定度。

标准物质的这类特性量值可用于仪器设备性能评价、试验方法研究和确认以及测试质量监控等。

3.3 可溯源到试验方法标准、具有一定稳定性的量值

定值准确可靠，量值溯源到公认的国际或国家标准试验方法，通常称为条件值，具有(1～2)年的稳定性(如煤的挥发分，焦化指标等)或长期的稳定性(如灰分等)。

标准物质的这类特性量值可用于仪器设备性能评价、试验方法研究和确认以及测试质量监控等。

3.4 可溯源到国际或国家标准物质、具有一定稳定性的量值

定值准确可靠，量值可溯源到公认的国际或国家标准物质(根据国际或国家标准方法定值)，如煤的

哈氏可磨性，其标准值具有 3 年以上的稳定性。

标准物质的这类特性值主要用于仪器设备的标定或校准。如成套哈氏可磨性标准物质用于标定哈氏可磨性测定仪，制作工作曲线。

4 煤炭标准物质的使用

4.1 严格按照标准物质证书给出的要求使用标准物质。为此，使用前应认真阅读标准物质证书，充分了解标准值及其不确定度的确切含义，充分了解标准物质的定值、均匀性检验、稳定性和有效期等相关信息。

4.2 称取标准物质前应充分混匀样品，防止样品的粒度离析对测量结果的影响。

4.3 标准物质应始终置于密闭的容器中，保存在阴凉干燥处。称完样品后应立即盖紧容器盖，避免标准物质氧化和水分的显著变化。

5 煤炭标准物质在仪器标定或校准中的应用

5.1 概述

用于仪器标定或校准的煤炭标准物质有两种类型，一种为 3.1 中描述的其特性量值可溯源到 SI 单位且长期稳定的标准物质；另一种为 3.4 中所描述的其特性量值可溯源到国际标准物质的专用标准物质。应保证所用的标准物质均为有证标准物质。

5.2 利用可溯源到 SI 单位的、量值长期稳定的标准物质标定或校准仪器

5.2.1 单点标定法

5.2.1.1 选择与被测煤样（或煤灰样）的基体和特性量值相近的标准物质。

5.2.1.2 对选定的标准物质用欲标定或校准的仪器进行 4 次重复测定，如果 4 次测定结果的极差不超过 1.3 r（r 为相关国家标准规定的重复性限），则以平均值为标准物质的测量值，否则，应查找原因并予纠正，重新进行标定。

5.2.1.3 按式(1)计算仪器校准系数 f：

$$f = \frac{C_{\mathrm{CRM}}}{C_{\mathrm{t}}} \qquad \cdots\cdots(1)$$

式中：

C_{CRM}——标准物质证书中给出的特性量值的标准值；

C_{t} ——标准物质特性量值的仪器测量值（或响应信号）。

5.2.1.4 实际测定中，以仪器测量值（或响应信号）乘以校正系数 f，即可得待测特性量值。

5.2.2 多点标定法

5.2.2.1 选择特性量值基本涵盖被测煤样（或煤灰样）预期量值范围的若干个标准物质。呈线性关系的特性量值，至少选取高、中、低 3 个水平的标准物质；呈非线性关系的特性量值，至少取 5 个水平的标准物质。

5.2.2.2 对每一个标准物质进行 4 次重复测定，如果 4 次测定结果的极差不超过 1.3 r，则以平均值为标准物质的测量值，否则，应查找原因并予纠正，重新进行测定。

5.2.2.3 以测量值（或仪器响应值）为自变量 X，以标准值为因变量 Y，用一元线性回归法建立测量值（或仪器响应值）与标准值的相关关系，见式(2)：

$$Y = a + bX \quad \cdots\cdots(2)$$

呈非线性关系的进行非线性拟合，建立校准曲线。

5.2.2.4　实际测定中，仪器的测量值（或响应值）通过拟合方程式或校准曲线转化为待测特性量值。

5.2.2.5　由仪器校准曲线传递给测量值的不确定度可按 MT/T 1013—2006 中 5.3.1.3 方法评定。

5.2.3　测量值与标准值的基准换算

计算校正系数和建立校准曲线所依据的标准物质的测量值与标准值应为同一基准，若不为同一基准（通常煤标准物质特性量值的标准值以干燥基表示，实际测量值为空气干燥基），应在标准物质测定的同时，另称取 2 份样品，按 GB/T 212 规定的方法测定其空气干燥基水分（M_{ad}），根据水分值将测量值和标准值换算成同一基准后再计算校正系数或建立校准曲线。

5.2.4　标定的有效性检查

选择合适基体和含量的标准物质（非仪器标定所用）1 个～3 个，用标定后的仪器测量其特性量值，每一样品重复测定 2 次。如重复测定平均值落在标准值与测定值的合成扩展不确定度范围内（见 8.4 中 U_C），说明仪器的标定有效；否则，应检查标定程序、标准物质的使用方法或仪器的稳定性等，查明原因并予纠正，必要时重新标定。

5.3　利用量值可溯源到国际标准物质的标准物质标定或校准仪器

5.3.1　概述

有些标准物质的量值溯源到国际标准物质，该国际标准物质特性量值通过公认的国际标准定义和由指定的权威机构定值。各国通过该国际标准物质，用与相应国际标准等效的本国标准试验方法定值，建立各国的国家标准物质，专用于各国有关仪器设备的标定和校准，以此构成不间断的量值溯源链。

5.3.2　标定程序

用待标定的仪器设备对一组标准物质（不少于 4 个），按 5.2.2 所述方法进行测定和结果处理，建立校准曲线。

6　煤炭标准物质在仪器性能评价（或检定、鉴定）中的应用

6.1　概述

6.1.1　用于仪器性能评价的标准物质应尽可能涵盖仪器可能涉及的全部测量范围。

6.1.2　用于仪器性能评价的标准物质应从已用于仪器标定以外的标准物质中选取。如果没有更多的标准物质供选择，允许适量选择已用于标定仪器的标准物质，但必须为另一包装单元。

6.1.3　仪器的测量准确度评价应在仪器测量精密度符合要求的情况下进行。若仪器测量精密度不符合要求，应查找原因并予纠正，使其测量精密度符合要求后，再进行准确度评价。

注：严格意义上讲，测量准确度评价包括精密度和正确度评价两部分，只有精密度和正确度都符合要求时，准确度才符合要求。但在精密度符合要求的情况下，正确度评价可视为准确度评价。

6.2　仪器的测量精密度评价

6.2.1　单个标准物质多次重复测定法

6.2.1.1　用仪器对单个标准物质进行 n 次重复测定（通常为 7 次～15 次），按式（3）和式（4）分别计算重复测定平均值 $\overline{X}$ 和标准差 S_{rep}：

$$\overline{X}=\frac{1}{n}\sum X_i \qquad \cdots\cdots(3)$$

$$S_{rep}=\sqrt{\frac{\sum(X_i-\overline{X})^2}{n-1}} \qquad \cdots\cdots(4)$$

式中：

X_i——仪器对标准物质的单次测量值；

n ——重复测定次数。

按式(5)计算相关国家标准规定的重复测定标准差 $S_{r,GB}$：

$$S_{r,GB}=\frac{r}{2\sqrt{2}} \qquad \cdots\cdots(5)$$

式中：

r——国家标准中规定的重复性限。

6.2.1.2 比较仪器测量标准差 S_{rep} 和国家标准规定的重复测定标准差 $S_{r,GB}$，若 $S_{rep}\leqslant S_{r,GB}$，仪器的测量精密度与国家标准规定的方法精密度无显著性差异，满足要求；若 $S_{rep}>S_{r,GB}$，按式(6)进行 F 检验：

$$F=\frac{S_{rep}^2}{S_{r,GB}^2} \qquad \cdots\cdots(6)$$

将计算所得的 F 值与 F 分布表(见表 1)中查得的临界值 $F_{0.05,n-1}$ 进行比较，若 $F\leqslant F_{0.05,n-1}$，仪器的测量精密度与国家标准规定的方法精密度无显著性差异，符合要求；否则，仪器的测量精密度不符合要求。

表 1 95%置信概率下的方差比(*F* 分布)

自由度	F_t	自由度	F_t	自由度	F_t
4	6.39	15	2.4	26	1.93
5	5.05	16	2.33	27	1.91
6	4.28	17	227	28	1.88
7	3.79	18	2.22	29	1.86
8	3.44	19	2.17	30	1.84
9	3.18	20	2.12	35	1.76
10	2.98	21	2.08	40	1.69
11	2.82	22	2.05	45	1.64
12	2.69	23	2.01	50	1.6
13	2.58	24	1.98	55	1.56
14	2.48	25	1.96	60	1.53

6.2.1.3 需要时，也可根据相关标准的要求进行重复测定，按式(7)计算相对标准差 δ：

$$\delta=\frac{S_{rep}}{\overline{X}}\times 100 \qquad \cdots\cdots(7)$$

将计算值与相关标准的规定值进行比较，判断仪器的测量精密度是否符合要求。

6.2.1.4 仪器对高、中、低含量范围的标准物质分别进行重复测定，按上述方法判断仪器在不同测量范围内测量精密度是否都符合要求。

6.2.2 多个标准物质 2 次重复测定法

6.2.2.1 仪器对一系列(通常不少 7 个)标准物质(尽量涵盖待检仪器可能的测量范围)进行试验。每一标准物质进行2次重复测定。计算每一样品的2次重复测定结果的差值 w_i，如果所有样品的 w_i 都不超过相关国家标准规定的重复性限 r，则仪器的测量精密度与国家标准规定的方法精密度一致，满足要求。否则，应按式(8)计算仪器的重复测定标准差：

$$S_{rep}=\sqrt{\frac{\sum_{i=1}^{n}w_i^2}{2m}} \qquad \cdots\cdots(8)$$

式中：

w_i——仪器对某一标准物质的2次重复测定值之差；

m——样品个数(数据对数)。

6.2.2.2 按6.2.1.2所述方法，将仪器的重复测定标准差 S_{rep} 与相关国家标准规定的重复测定标准差 $S_{r,GB}$ 进行比较，对仪器的测量精密度作出评价。

6.2.2.3 若国家标准中规定的精密度与量值水平有关，应分段进行比较，每一段试验中的样品数应不少于5个(必要时可重复选择标准物质，但必须为另一包装单元)。

6.3 仪器的测量准确度评价

6.3.1 单个标准物质多次测定法

6.3.1.1 用待检仪器对单个标准物质进行 n 次重复测定(通常为7次～15次，可与仪器的测量精密度试验同时进行)，按式(3)计算重复测定平均值 $\overline{X}$，按式(4)计算重复测定标准差 S_{rep}。

6.3.1.2 按式(9)对测量值进行 t 检验，计算统计量 t_c：

$$t_c=\frac{|\overline{X}-R|}{\sqrt{\frac{S_{r,GB}^2}{n}+\left(\frac{U_{CRM}}{2}\right)^2}} \qquad \cdots\cdots(9)$$

式中：

R ——标准物质标准值；

$S_{r,GB}$ ——相关国家标准规定的重复测定标准差，按式(5)计算；

n ——重复测定次数；

U_{CRM} ——标准值的扩展不确定度。

若 $t_c \leqslant 2.000$，仪器的测量值与标准值相比未检出显著性偏倚；若 $t_c > 2.000$，仪器的测量值与标准值相比有显著性偏倚。

6.3.1.3 假定 $\overline{d}$($\overline{d}=\overline{X}-R$)为偏倚估计值，按式(10)计算真实偏倚的95%概率置信限：

$$置信限=\overline{d}\pm\frac{t_{0.05,n-1}\times S_{rep}}{\sqrt{n}} \qquad \cdots\cdots(10)$$

如果真实偏倚的95%概率置信限在标准值和测量值的合成不确定度范围[见式(20)]内，测量结果的偏倚未超出标准值的正常变动范围(近似95%置信概率)。

通常，若 t 检验无显著性偏倚且真实偏倚的95%概率置信限未超出标准值的变动范围，仪器的测量准确度满足要求；否则，仪器的测量准确度不满足要求。

注1：有时会出现 t 检验无显著性差异而真实偏倚的95%概率置信限超出合成不确定度范围的情况，通常此为测量结果的离散度较大所致，仪器的测量准确度不满足要求。

注2：有时还会出现 t 检验有显著性差异而真实偏倚的95%概率置信限在不确定度范围内的情况，此时应对偏倚出现的原因进行分析，若偏倚确由样品特性量值本身属性所为，可判定仪器的测量准确度满足要求；否则，测量准确度不满足要求。

6.3.1.4 按上述方法分别对高、中、低含量范围的标准物质进行测定，如果每一标准物质的测量值的准确度都满足要求，可判定仪器的测量准确度符合要求。

6.3.2 多个标准物质2次重复测定法

6.3.2.1 用仪器对一系列标准物质(通常7个～15个,尽量涵盖待检仪器可能的测量范围,高、中、低每一含量范围至少各选2个)进行测定。每一标准物质进行2次重复测定。计算每个样品的重复测定平均值$\overline{X_i}$。

6.3.2.2 按式(11)、式(12)和式(13)分别计算每一样品测量值与标准值之差值d_i,、差值的平均值$\overline{d}$和差值的标准差S_d。

$$d_i = \overline{X}_i - R_i \qquad (11)$$

$$\overline{d} = \frac{1}{m}\sum d_i \qquad (12)$$

$$S_\mathrm{d} = \sqrt{\frac{\sum (d_i - \overline{d})^2}{m-1}} \qquad (13)$$

式中:

$\overline{d}$ ——差值的平均值;

R_i——第i个被测标准物质的标准值;

m ——样品个数(数据对数)。

计算统计量t_c:

$$t_\mathrm{c} = \frac{|\overline{d}|}{S_\mathrm{d}} \times \sqrt{m} \qquad (14)$$

将t_c值与t分布表(见表2)中查得的临界值$t_{0.05,m-1}$比较,若$t_\mathrm{c} \leqslant t_{0.05,m-1}$,仪器的测量值与标准值相比未检出显著性偏倚,否则,测量值与标准值相比有显著性偏倚。

表2 95%置信概率下双侧分布的t值

自由度	t值	自由度	t值	自由度	t值
4	—	22	20.74	40	2.021
5	2.570	23	2.069	41	2.020
6	2.447	24	2.064	42	2.018
7	2.365	25	2.060	43	2.017
8	2.306	26	2.056	44	2.015
9	2.262	27	2.052	45	2.014
10	2.228	28	2.048	46	2.013
11	2.201	29	2.045	47	2.012
12	2.179	30	2.042	48	2.011
13	2.160	31	2.040	49	2.010
14	2.145	32	2.037	50	2.009
15	2.131	33	2.035	55	2.004
16	2.120	34	2.032	60	2.000
17	2.110	35	2.030	70	1.994
18	2.101	36	2.028	80	1.990
19	2.093	37	2.026	90	1.987
20	2.086	38	2.024	100	1.984
21	2.080	39	2.023		

6.3.2.3 假定$\overline{d}$为偏倚估计值，按式(15)计算真实偏倚的95%概率置信限：

$$置信限 = \overline{d} \pm \frac{t_{0.05,m-1} \times S_d}{\sqrt{m}} \qquad \cdots\cdots(15)$$

如果真实偏倚的95%概率置信限在标准值和测量值的平均合成不确定度范围内，则表明该仪器测量结果的真实偏倚未超出标准值的合理变动范围(近似95%置信概率)。

通常，若 t 检验无显著性偏倚且真实偏倚的95%概率置信限未超出标准值的合理变动范围，仪器的测量准确度满足要求；否则，仪器的测量准确度不满足要求。

注1：有时会出现 t 检验无显著性差异，而真实偏倚的95%概率置信限超出平均合成不确定度范围的情况，通常为测量结果差值的离散度较大所致，仪器的测量准确度不满足要求。

注2：有时还出现 t 检验有显著性差异、而真实偏倚的95%概率置信限在不确定度范围内的情况，此时应对偏倚出现的原因进行分析，若偏倚时由样品特性量值本身属性所为，可判定仪器的测量准确度满足要求；否则，测量准确度不满足要求。

7 煤炭标准物质在试验方法研究和确认中的应用

7.1 概述

煤炭标准物质在试验方法研究中的主要作用是比较在每一试验条件或测量程序下所得结果的准确度(精密度和正确度)，从而选择能获得准确结果的、最适宜的试验条件或测量程序。

煤炭标准物质在试验方法确认中的主要作用是通过按已确立的试验方法对标准物质进行测定，对测量值的正确度进行评估，同时也进行精密度评价，从而对试验方法的有效性进行确认。

用于试验方法研究和确认的煤炭标准物质应尽可能涵盖试验方法适用的全部范围。

试验结果与标准值进行比较时，需按5.2.3换算为同一基准。

7.2 在试验方法研究中的应用

7.2.1 选取若干个标准物质，分别在试验方法拟设计的条件或程序下进行测定。每一样品在每一条件下至少进行2次重复测定。

7.2.2 汇集全部测定结果，进行数据处理。

7.2.2.1 计算每一试验条件下的重复测定标准差 S_{rep}。

每一样品进行2次重复测定时，S_{rep} 按式(8)计算；

每一样品进行2次以上重复测定时，S_{rep} 按式(16)计算。

$$S_{rep} = \sqrt{\frac{\sum_{i=1}^{m}\sum_{j=1}^{n}(X_{ij} - \overline{X_i})^2}{m(n-1)}} = \sqrt{\frac{\sum_{i=1}^{m} S_i^2}{m}} \qquad \cdots\cdots(16)$$

式中：

X_{ij}——第 i 个样品的第 j 次测量值；

$\overline{X_i}$——第 i 个样品的重复测定平均值；

m——样品个数；

n——重复测定次数；

S_i——对每个样品的重复测定标准差。

7.2.2.2 计算测量值与标准值之差 d_i[按式(11)]，差值的算术平均值$\overline{d}$[按式(12)]和差值的标准差 S_d[按式(13)]。

7.2.2.3 按式(14)计算统计量 t_c。

7.2.2.4 按式(15)计算真实偏倚的95%概率置信限。

7.2.2.5　按式(17)计算测定值的算术平均偏差$\overline{h}$：

$$\overline{h}=\frac{1}{m}\sum_{i=1}^{n}|d_i| \qquad \cdots\cdots(17)$$

7.2.3　比较各试验条件下的上述统计参数，做出判断。

7.2.3.1　比较每一试验条件下测量值的重复测定标准差S_{rep}，S_{rep}越小测量精密度越好。

7.2.3.2　比较每一试验条件下测量值与标准值之差的算术平均值$\overline{d}$，$\overline{d}$绝对值越小偏倚(系统误差)越小。

7.2.3.3　对每一试验条件下的$\overline{d}$进行t检验，若$t\leqslant t_{0.05,m-1}$，表明该试验条件下的测量值与标准值间无显著性偏倚，不存在系统误差；否则，测量值有系统误差。

7.2.3.4　比较各试验条件下真实偏倚的95%概率置信限的最大端值，最大端值越小正确度越好。

7.2.3.5　比较每一试验条件下测定值的算术平均偏差$\overline{h}$，$\overline{h}$越小正确度越好。

7.2.4　综合上述统计分析和比较，选择能获得精密度高、正确度好的测量结果的试验条件。

7.2.5　本章所述的方法也适用于不同试验方法的比较。

7.3　在试验方法确认中的应用

7.3.1　概述

试验方法经研究确立后，需对方法的有效性进行确认，主要是对方法的适用性和准确度进行评估。准确度是指测量结果与被测量真值之间的一致性程度。真值通常是不可测得的，但在规定的不确定度范围内，有证标准物质证书中给出的标准值被认为是对真值的有效估计，可作为约定真值使用。有证标准物质在试验方法确认活动中的主要用途是检验测量结果的正确度(也即偏倚)，但如果精密度很差，则不能检出相对较小的偏倚。因此，利用标准物质进行试验方法有效性确认时，除包含对方法正确度的评价外，还应包含对方法精密度的评价；只有方法的精密度和正确度都满足要求，试验方法的准确度才满足要求。

7.3.2　单个标准物质法

7.3.2.1　试验程序和重复测定次数

用待确认的试验方法对单个标准物质进行若干次重复测定，所需最少的测定次数与可接受的最大允许偏倚B值和重复测定标准差S_{rep}有关，可按照GB/T 18510—2001中6.2.2.1的方法确定。可接受的最大允许偏倚B值的大小视检验目的、对检验结果的要求、样品的变异性(或稳定性)和方法的精密度综合确定。

注：如果B值在标准差S_{rep}的±15%的变化范围内选定，所需最少重复测定次数可控制在13～21之间。

7.3.2.2　方法的精密度评估

计算重复测定标准差S_{rep}和相关国家标准规定的重复测定标准差$S_{r,GB}$。比较S_{rep}和$S_{r,GB}$。若$S_{rep}\leqslant S_{r,GB}$，该试验方法的测量精密度与国家标准规定的方法精密度相比无显著性差异，满足要求；若$S_{rep}>S_{r,GB}$，则计算统计量F。若$F\leqslant F_{0.05,n-1}$，该方法的测量精密度与相关国家标准规定精密度无显著性差异；否则，该方法的测量精密度显著比国家标准规定的差。

如果没有相关标准规定的重复测定标准差，可用预期的标准差(方法精密度)代替$S_{r,GB}$进行方法精密度评估。

7.3.2.3　方法的正确度评估

完成足够次数的测定后(见7.3.2.1)，计算测定值的平均值$\overline{X}$[按式(3)]和重复测定标准差S_{rep}[按

式(4)]。计算统计量 t_c,对测定值与标准值之差进行 t 检验,见式(18):

$$t_c=\frac{|\overline{X}-R|}{S_{rep}}\times\sqrt{n} \qquad \cdots\cdots(18)$$

若 $t_c \leqslant t_{0.05,n-1}$,测量结果不存在 B 值大小的偏倚(即不存在实质性偏倚);否则,测量结果至少存在 B 值大小的偏倚。

若测量结果不存在实质性偏倚,该试验方法的正确度满足要求;否则,正确度不满足要求。

7.3.2.4 选择另外几个不同量值水平的标准物质,重复 7.3.2.1~7.3.2.3 的试验和统计分析。若不同含量水平标准物质的测量结果的精密度和正确度都符合要求,则该方法的测量准确度良好,满足要求。

7.3.3 多个(系列)标准物质试验法

7.3.3.1 测定程序和测定结果数

用待确认的试验方法对一系列标准物质(尽量涵盖试验方法可能涉及的全部测量范围)进行测定。每一标准物质 2 次重复测定,以其平均值作为测量值。所需最少的测定结果数与可接受的最大允许偏倚和差值的标准差 S_d 有关,可按照 GB/T 18510—2001 中 6.3.2.1 确定。可接受的最大允许偏倚 B 值的大小视检验目的、对测定结果的要求、样品的变异性(或稳定性)和方法的精密度综合确定。

注:如果 B 值在差值的标准差 S_d 的 ±15% 的变化范围内选定,所需最少的测定结果数可控制在 13~21 之间。

如所需的最少测定结果数多于能获得的标准物质的数目,允许重复选择同一编号的标准物质,但应为另一包装单元。

7.3.3.2 方法的精密度评估

计算每一样品的 2 次重复结果的差值,如果所有的差值都不超过相关国家标准规定的重复性限 r,则该试验方法的测量精密度与国家标准规定的相同,满足要求。否则,计算该试验方法的重复测定标准差 S_{rep}[按式(8)]和相关国家标准的重复测定标准差 $S_{r,GB}$。计算统计量 F,若 $F \leqslant F_{0.05,m-1}$,该试验方法的测量精密度与国家标准规定的相同;否则,该试验方法的测量精密度显著比国家标准规定的差。

如果没有相关标准规定的重复测定标准差 $S_{r,GB}$,可用预期的标准差(方法精密度)代替 $S_{r,GB}$ 进行方法精密度评估。

7.3.3.3 方法的正确度评估

计算每一样品测定值与标准值的差值 d_i、差值的平均值 $\overline{d}$ 和差值的标准差 S_d;按式(14)计算统计量 t_c,对平均差值 $\overline{d}$ 进行 t 检验,若 $t_c \leqslant t_{0.05,n-1}$,该试验方法的测定结果不存在 B 值大小的偏倚,即不存在实质性偏倚。否则,测定结果至少有 B 值大小的显著偏倚。

如测定结果不存在实质性偏倚,试验方法的正确度满足要求。

8 煤炭标准物质在测试质量监控中的应用

8.1 用于测试质量监控的煤炭标准物质的基体应尽可能与日常检验煤样相近,如日常以检验无烟煤为主,最好选用无烟煤标准物质;日常以检验烟煤为主,最好选用烟煤标准物质;以避免基体效应对测量值的影响。

8.2 用于测试质量监控的煤炭标准物质的特性量值应尽可能与被监控的检验煤样相近。

8.3 用于测试质量监控的煤炭标准物质最好安排在一批样品测试的开始和结束时进行测定,使用与日常检验完全相同的测定方法、仪器设备和检验程序。必要时也可在一批样品测试的中间阶段增加对煤炭标准物质的测定。

8.4 按如下方法判断测量结果是否合格、测试过程是否受控：

计算煤炭标准物质某特性量实际测量值与标准值的合成扩展不确定度，见式(19)：

$$U_c(S_{rep}) = 2 \times \sqrt{\left(\frac{U_{CRM}}{2}\right)^2 + \frac{S_{rep}^{\ 2}}{n}} \qquad \cdots\cdots(19)$$

式中：

$U_c(S_{rep})$——标准值和实际测量值的合成扩展不确定度($k=2$)；

U_{CRM} ——标准值的扩展不确定度($k=2$)，由标准物质证书给出；

n ——对标准物质的重复测定次数；

S_{rep} ——对标准物质的重复测定标准差。

也可用相关国家标准规定的重复测定标准差代替实际测定标准差，此时测量值与标准值的合成扩展不确定度限用式(20)表示：

$$U_c(S_{r,GB}) = 2 \times \sqrt{\left(\frac{U_{CRM}}{2}\right)^2 + \frac{S_{r,GB}^{\ 2}}{n}} \qquad \cdots\cdots(20)$$

式中：

$U_c(S_{r,GB})$——测量值与标准值的合成扩展不确定度；

$S_{r,GB}$ ——相关国家标准规定的重复测定标准差；由重复性限 r 按式(5)导出。

若标准物质的测量值与标准值之差不大于上述的合成扩展不确定度 $U_c(S_{rep})$ 或 $U_c(S_{r,GB})$，可认为测量值合格，测试过程受控。否则，测量值不合格，测试过程有问题，未能很好受控。

由式(19)导出的 $U_c(S_{rep})$ 仅适用于对当时测量结果的判断。由式(20)导出的 $U_c(S_{r,GB})$ 适用于对所有使用标准方法的测量结果的判断。用户可根据实际情况选用。

注：有些煤炭标准物质证书给出的"用户参考不确定度"即为由式(20)导出的合成扩展不确定度(其中取 $n=2$)，适用于将标准物质 2 次重复测定平均值与标准值比较时的判断。

8.5 质量监控中所用的标准物质特性量值的标准值与测量值应换算为同一基准后，再进行一致性判断。

8.6 可利用在不同时间但相同试验方法和相同仪器下对标准物质的重复测定结果建立实验室测试质量控制图，观察实验室的测量结果是否受控；同时也可观察是否存在明显的系统误差。